ÖKOLOGIE UND NACHHALTIGKEIT

D1673346

Die Deutsche Bibliothek – CIP-Einheitsaufnahme

Ökologie und Nachhaltigkeit. Eine Querschnittsstudie über Projekte der
Heinrich-Böll-Stiftung im Ausland
Von Theo Mutter, Jochen Töpfer & Christa Wichterich
Hrsg. von der Heinrich-Böll-Stiftung
– 1. Auflage – Berlin: Heinrich-Böll-Stiftung, 2002
ISBN 3-927760-40-4

1. Auflage Berlin 2002
© 2002 Heinrich-Böll-Stiftung
Alle Rechte vorbehalten
Titel: Teilnehmer eines Workshops in Äthiopien besichtigen eine Biogas-Anlage
Gestaltung: push, Berlin
Druck: Druckhaus Köthen
Preis: € 8,–

Bestelladresse: Heinrich-Böll-Stiftung, Hackesche Höfe, Rosenthaler Str. 40/41,
10178 Berlin, Fon: 030-285340, E-mail: info@boell.de, Internet: www.boell.de

ISBN 3-927760-40-4

Theo Mutter, Jochen Töpfer & Christa Wichterich

ÖKOLOGIE UND NACHHALTIGKEIT

EINE QUERSCHNITTSSTUDIE
ÜBER PROJEKTE DER
HEINRICH-BÖLL-STIFTUNG IM AUSLAND

Technische Universität Berlin
Fachgebiet Integrierte
Verkehrsplanung, Sekr. SG 4
Prof. Wilfried Legat
Salzufer 17/19, 10587 Berlin

Heinrich-Böll-Stiftung (Hrsg.)

INHALT

Verzeichnis der Tabellen

Verzeichnis der Grafiken

Anhang

VORWORT DES HERAUSGEBERS

Die vorliegende Studie wurde knapp zwei Jahre vor dem Weltgipfel in Johannesburg in Auftrag gegeben – jenem Weltgipfel in diesem Sommer, der dem Modell der nachhaltigen Entwicklung zum Durchbruch verhelfen soll. Diese nachhaltige Entwicklung ist auch ein Schwerpunkt der internationalen entwicklungspolitischen Zusammenarbeit der Heinrich-Böll-Stiftung.

Ziel der Studie war die Untersuchung der Partnerstrukturen der Heinrich-Böll-Stiftung im Ökologiebereich – und zwar in bezug auf ihre Rahmenbedingungen, Politikfelder und Handlungsstrategien im Süden und in den Transformationsländern Osteuropas. Sie ist damit auch ein Angebot zur Reflexion: für die Stiftung selbst, für unsere Partner und auch für andere in der internationalen Zusammenarbeit tätige Institutionen.

Die Studie wurde zeitgleich mit einem Programm zur Vorbereitung des Weltgipfels für Nachhaltige Entwicklung in Johannesburg erarbeitet, das die Heinrich-Böll-Stiftung in der Absicht durchführt, die zivilgesellschaftliche Beteiligung am internationalen Vorbereitungsprozeß zu stärken und Impulse zur Weiterentwicklung des internationalen Nachhaltigkeitsdiskurses zu geben. In diesem Zusammenhang wäre das von der Stiftung initiierte *Jo'burg Memo* (www.joburgmemo.de) zu nennen, aber auch die Unterstützung der *Women's Action Agenda for a Healthy and Peaceful Planet 2015*.

Die Aufnahme des Rio+10-Programms durch die Partnerorganisationen wurde in dieser Studie mit bedacht. Wichtig war aber vor allem die Frage, unter welchen gesellschaftlichen Ausgangsbedingungen die Partner ihre spezifischen politischen Strategien entwickelt bzw. welche Effekte und Wirkungen sie mit ihrer Arbeit erzielt haben. Eine Wirkungsanalyse im umfassenden Sinne konnte eine solche breit angelegte Studie nicht leisten, aber dafür eine Reihe von Erfahrungen in verschiedenen Politikfeldern

bescheiben. Diese *Lessons Learnt* könnnen als Ausgangspunkte
weiterer Analysen und Monitoringprozesse dienen.

Die Ergebnisse der Studie sollen für einen intensiven Partnerdialog während und vor allem auch nach dem Erdgipfel in Johannesburg genutzt werden. Nach dem Rio+10-Prozeß wird es um eine strategische Weiterentwicklung des Dialogs auf regionaler und globaler Ebene gehen müssen. Das Zusammenwirken lokaler und globaler Politikansätze wurde im Rio+10-Prozeß erstmalig gemeinsam erprobt und ist durchaus unterschiedlich von den Partnerorganisationen aufgenommen worden. Für die Heinrich-Böll-Stiftung bleibt die Herausforderung der Entwicklung einer gemeinsamen politischen Agenda im Nord-Süd-Ost-Politikdialog weiterhin bestehen. Hinzu kommt die neue Herausforderung, die ökologische Dimension stärker in die weltweiten Diskussionen um die Gestaltung der Globalisierung hineinzutragen. So gelang es z.B. erst sehr spät und nur in geringem Ausmaß, ökologische Fragestellungen und den Paradigmenwechsel von der nachahmenden zur nachhaltigen Entwicklung in die Debatte um die UN-Konferenz zur Entwicklungsfinanzierung (Monterrey) zu integrieren.

Wir bedanken uns bei den drei Gutachtern für ihre herausragende Arbeit. Der gesamte Prozeß der Evaluierung mit seiner spezifischen partizipativen Methodik hat an alle Beteiligten hohe Anforderungen gestellt. Unser Dank geht daher auch an alle Kolleginnen und Kollegen in der Heinrich-Böll-Stiftung im In- und Ausland und an die beteiligten Projektpartner. Auch das zeigt diese Studie auf: Wir haben ein beeindruckendes Panorama kompetenter Partnerinnen und Partner sowie innovativer Projektansätze, auf die wir stolz sein können!

Annekathrin Linck

Stabsstelle Evaluierung
und Projektgruppe Rio+10
Heinrich-Böll-Stiftung

Jörg Haas

Referent für Ökologie und Nachhaltige Entwicklung
Koordinator World Summit 2002 Johannesburg
Heinrich-Böll-Stiftung

Zehn Jahre nach dem Weltgipfel in Rio de Janeiro ist die Bilanz
eindeutig: Trotz einer Vielzahl von Initiativen an der Basis und
Reformansätzen in einzelnen politischen Ressorts wurden die
Weichen für eine nachhaltige Entwicklung weltweit nicht umge-
stellt, wie dies der Auftrag des Weltgipfels 1992 war. Die Verschärfung der globalen ökologischen Krisen wie z.b. der Klimawandel, die Desertifikation und die Verringerung von Biodiversität
zeigen, daß die ökologischen Probleme weit von einer Lösung entfernt sind. Zwar löste die Rio-Konferenz einen Partizipationseffekt
für zivilgesellschaftliche Kräfte aus. Doch einer ökologischen
Wende in Politik, Gesellschaft und Wirtschaft stehen immer noch
mächtige Interessenkonstellationen entgegen, ebenso ein nicht-
nachhaltiger Lebensstil in Ländern des Nordens und der Eliten im
Süden und im Osten.

Der Weltgipfel für nachhaltige Entwicklung (WSSD, Rio+10)
im August bzw. September 2002 in Johannesburg soll neuen
Schwung und politischen Willen für eine Nachhaltigkeitswende
der Globalisierung erzeugen. Die Heinrich-Böll-Stiftung beteiligte
sich intensiv am Vorbereitungsprozeß, um das Thema wieder ganz
oben auf die politische Agenda zu setzen. In diesem Zusammenhang befindet sich die Stiftung mit ihren Partnern gegenwärtig in
einem Prozeß der Rückschau, Überprüfung und Weiterentwicklung ihres Konzepts im Bereich »Ökologie und Nachhaltigkeit«.

Die Heinrich-Böll-Stiftung agiert im Inland wie im Ausland als
umweltpolitischer Akteur, der das Konzept der »Politischen Ökologie« verfolgt, d.h. Umweltthemen zum Politikum macht. Unterstützt von ihr haben Umweltorganisationen, zivilgesellschaftliche
Kräfte und politische Institutionen nach Modellen, alternativen
Ansätzen und politischen Regulierungsinstrumenten gesucht, um
den Umweltkrisen auf lokaler, nationaler, regionaler und globaler
Ebene zu begegnen und Lösungsansätze zu entwickeln.

Rund 30% des Budgets der Auslandsarbeit werden von der
Heinrich-Böll-Stiftung jährlich für Vorhaben im Bereich »Öko-

logie und Nachhaltigkeit« aufgewendet. Bei den geförderten Projekten, Programmen und den überwiegend von den Auslandsbüros durchgeführten Kleinmaßnahmen handelt es sich in der
Summe um vielfältige Beispiele umweltpolitischer Aktivitäten und
explorativen Lernens durch zivilgesellschaftliche Akteure. Diesen
umfangreichen Erfahrungsschatz mit einer Reihe innovativer
Ansätze – vom praktischen Umweltschutz bis zur Entwicklung
konstruktiver Alternativen, vom Protest gegen Großprojekte bis
zur Beeinflussung von Recht und Politik – zu dokumentieren und
vergleichend zu analysieren, das ist die Aufgabe dieser Studie.

Insgesamt wurden 67 Projekte untersucht; darüber hinaus gingen 242 Kleinmaßnahmen, die überwiegend von 12 Auslandsbüros durchgeführt werden, in die Analyse ein. In die 67 Projekte
floß zwischen 1997 und 2000 eine Gesamtsumme von etwa 18,6
Mio. DM (ca. 9,5 Mio. €), wovon rund die Hälfte (ca. 9 Mio. DM
oder 4,6 Mio. €) auf Lateinamerika entfiel. Zusätzlich wurden pro
Jahr für die Kleinmaßnahmen im Ökologiebereich von – im Untersuchungszeitraum – 12 Auslandsbüros ca. 3 Mio. DM (rund 1,5
Mio. €) ausgegeben.

Die Projekte, die in den vergangenen Jahren in Mittel-, Südost-,
und Osteuropa, in Thailand, Nahost, Westafrika, am Horn von
Afrika, im südlichen Afrika, in Mittel- und Südamerika und auf
internationaler Ebene gefördert wurden, werden hier einer ein-
gehenden Analyse unterzogen, um inhaltliche, organisatorische
und strategische Ansätze und Erfahrungen zu systematisieren und
vergleichend auszuwerten sowie Lern- und Veränderungsbedarf
für die künftige Arbeit zu definieren.

Erkenntnisleitende Fragen waren: Konnte die Heinrich-Böll-
Stiftung bisher ihr Konzept »Politischer Ökologie« in ihren Programmen umsetzen? In welchen Politikfeldern waren die Partnerorganisationen mit welchen Handlungsstrategien aktiv? Wo
liegen die Stärken der Programme, wo ihre Schwächen, und wo
stoßen die Partnerorganisationen auf Hindernisse? Und wie können die Heinrich-Böll-Stiftung und ihre Partner dazu beitragen,
diese Hindernisse in Zukunft zu überwinden?

15   Abschließend liefert die Studie Ansatzpunkte zur Diskussion
darüber, wie die vorhandenen Potentiale sowie Konzepte und
Strategien weiterentwickelt werden können, damit es nicht bei
sinnvollen Einzelinitiativen bleibt, sondern tatsächlich zu einer
grundlegenden Ökologisierung gesellschaftlicher Strukturen im
globalen Maßstab kommt.

Die Autoren möchten ihren Dank all denen gegenüber zum Ausdruck bringen, die an der Entstehung dieser Studie beteiligt waren
und durch ihr aktives Zuhören, geduldiges Antworten, Erklären
und Mitdenken zum Gelingen beigetragen haben. Ohne sie wäre
diese Analyse nicht möglich gewesen.

Bonn, im Frühjahr 2002

Theo Mutter, Jochen Töpfer, Christa Wichterich

1 METHODISCHES VORGEHEN

1.1 AUFGABENSTELLUNG UND KONZEPT-ENTWICKLUNG

Diese überregionale Querschnittsstudie hat die Aufgabe, die reichhaltigen und unterschiedlichen Erfahrungen der Auslandsarbeit der Heinrich-Böll-Stiftung im Bereich »Ökologie und Nachhaltigkeit« zu sammeln, zu bündeln und zu systematisieren. Dabei sollen die zentralen Konzepte und Ansätze dieser Projektarbeit herauskristallisiert und überprüft werden. Besonderes Augenmerk ist auf die Kohärenz und Integration der beiden zentralen Themen der Stiftungsarbeit, Geschlechterdemokratie und Nachhaltigkeit, zu legen. Aus den Auswertungen sollen Empfehlungen für die weitere Programmentwicklung abgeleitet werden. Auf dieser Grundlage kann dann ein programmpolitischer Klärungsprozeß stattfinden, sowohl stiftungsintern als auch im Dialog mit den Projektpartnern.

Bei dieser Studie handelt es sich insofern um ein innovatives Vorhaben, als diese Form von Querschnittsanalyse von anderen Institutionen in diesem Umfang noch nicht durchgeführt wurde. Deshalb konnte auch nicht auf eine bestehende Methodik zurückgegriffen werden. Es war somit Bestandteil der Aufgabenstellung, methodische Pionierarbeit zu leisten und ein Analyseinstrumentarium für die Ökologieprojekte zu entwickeln, das beide Funktionen erfüllen kann: die Systematisierung der Bestandsaufnahme und die komparatistische Auswertung entlang inhaltlicher und strategischer Fragestellungen. Zentrale methodische Instrumente waren:
- ein Frageraster zur systematischen Erfassung und vergleichbaren Dekodierung der Einzelprojekte (vgl. Anhang);
- sieben Fragenkomplexe für die Partnerorganisationen (vgl. Anhang);
- ein Indikatorenschema, das als eine Art Kompaß für die Bewertung der Projekte und ihrer Aktivitäten dient (vgl. Kap. 8.2).

Die entwickelten Indikatorenfelder erheben keinen Anspruch auf Allgemeingültigkeit oder Übertragbarkeit (auf alle denkbaren Umweltprojekte), denn sie wurden zugeschnitten auf die Spezifik der Stiftungs-Projekte erarbeitet und im Laufe der Analyse kontinuierlich angepaßt. Die von den Partnerorganisationen selbst benannten Indikatoren gingen in diesen Katalog ein.

Der erste Arbeitsschritt im Rahmen der Aufgabenstellung dieser Studie bestand in der gemeinsamen Erarbeitung von Konzept und Arbeitsplan. Die Gutachter und das Koordinationsteam der Stiftung, bestehend aus vier Personen aus verschiedenen Referaten, entwickelten zu Beginn in enger Zusammenarbeit das Gesamtkonzept für das Vorhaben. Dieses Konzept und der Arbeitsplan wurden prozeßbegleitend in gemeinsamer Abstimmung verändert und angepaßt.

In die Untersuchung wurden alle von der Auslandsabteilung der Heinrich-Böll-Stiftung in Berlin geförderten Aktivitäten zum Themenbereich Ökologie und Nachhaltigkeit einbezogen. Dies umfaßt auch eine Reihe von Projekten, die bereits von den drei alten Einzelstiftungen gefördert wurden. Projekte, deren Förderung vor 1998 auslief, wurden nicht aufgenommen. Dabei wurden zwei Kategorien unterschieden und getrennt untersucht: einerseits Projekte und Programme, andererseits Kleinmaßnahmen, die fast ausschließlich von den Auslandsbüros direkt durchgeführt werden. Projekte und Programme – ein Bündel von Einzelprojekten – werden in der Regel über eine mehrjährige Laufzeit gefördert, teils sogar über mehrere Förderphasen. Erfaßt wurden Aktivitäten bis Juli 2001. Projekte und Programme, die für die nächste Zukunft geplant sind, wurden lediglich kursorisch in ihrer Zielorientierung berücksichtigt, um programmpolitische Veränderungen als Perspektiven skizzieren zu können.

Als Informationsquellen und Referenzmaterial sollten ursprünglich vor allem die vorliegenden Evaluierungsberichte dienen. Der Rahmen mußte aber schon zu Beginn erweitert werden, weil in einigen Regionen nur wenige Evaluierungen durchgeführt worden waren. Um die erforderlichen Projektinformationen zu-

19   sammentragen zu können, mußten Projektanträge, Berichte und andere Projektunterlagen hinzugezogen werden. Gleichwohl war die Datenbasis für diese Sekundärerhebung in den verschiedenen Regionen und Projekten unterschiedlich.

Ein weiterer Baustein des methodischen Konzeptes und der Informationsgewinnung war die Beteiligung der Projektpartner zu einem möglichst frühen Zeitpunkt. Den Partnern wurde das Vorhaben vorgestellt und erläutert. Dabei wurde betont, daß nicht die Bewertung der Projektarbeit im Vordergrund steht, sondern daß sich das Erkenntnisinteresse primär auf die hinter den Programmen stehenden Konzeptionen und Strategien richtet, die in bezug auf die Programmpolitik der Heinrich-Böll-Stiftung analysiert werden sollten. Anhand von sieben Fragenkomplexen, die von den Gutachtern erarbeitet wurden, sollten die Partner ihr Selbstverständnis, ihre Strategien und ihre Projektphilosophie sowie eine Einschätzung der konkreten Umsetzung darstellen. Die Antworten stellten neben den Dokumenten eine komplementäre und aktuelle Informationsquelle dar.

Aus der programmpolitischen Schwerpunktsetzung und den durchgeführten Projekten ergibt sich für diese Studie die Einteilung in die Regionen: Mittel-, Südost- und Ost-Europa (MSOE), Thailand, Naher Osten, Westafrika, Horn von Afrika, Südliches Afrika, Mittel- und Südamerika. Die Tabelle zeigt die Verteilung der Projekte und Kleinmaßnahmen auf die Regionen.

Tabelle 1 Verteilung der Projekte in den Regionen

Region	Projekte (laufend : beendet)	Kleinmaßnahmen
MSOE	15 (6 : 9)	Büro Sarajevo: 15 Büro Prag: 20
Thailand	5 (5 : 0)	Büro Chiang Mai: 31
Nahost	3 (0 : 3)	Büro Tel Aviv: 18 Büro Ramallah: 10 Büro Istanbul: 8
Westafrika	2 (0 : 2)	–

Region	Projekte (laufend : beendet)	Kleinmaßnahmen
Horn von Afrika	8 (4 : 4)	Büro Addis Abeba / Nairobi: 17
Südliches Afrika	8 (4 : 4)	Büro Johannesburg: 17
Mittelamerika	5 (3 : 2)	Büro Salvador: 18
Südamerika	18 (12 : 6)	Büro Rio de Janeiro: 4
Andenregion	–	13 (von Berlin aus)
International	3	–
Büro Brüssel	–	34
Büro Washington	–	37
Insgesamt (bis einschließlich Juni 2001)	67	242

1.2 ERSTE PHASE

In der ersten Phase (Oktober 2000 – Februar 2001) wurden auf der Grundlage der vorhandenen Dokumente eine ausführliche Bestandsaufnahme und eine Systematisierung der Auslandsmaßnahmen vorgenommen. In die Untersuchung wurden alle Aktivitäten einbezogen, die einen ökologischen Bezug haben. Die Projektauswahl wurde von der Stiftung vorgenommen. Nach der Zusammenstellung des Materials und der Befragung der Projektpartnerinnen und -partner wurde die systematische Erfassung der Projekte bzw. Programme auf der Basis des entwickelten Fragenrasters (vgl. Anhang) vorgenommen.

Im Zwischenbericht am Ende der ersten Phase wurden die Projekte und Programme in regionalen Überblicken vorgestellt und entlang folgender Kategorien systematisiert:
– Typen von Projektpartnern;
– Inhalte und Sektoren;
– Aktivitäten und Strategien;
– Prinzipien und Grundsatzfragen.

Ein anderes Schema wurde zur Bestandsaufnahme der Kleinmaßnahmen angewendet, da sich die Aktivitäten in ihrer Realisie-

21 rung deutlich von Projekten und Programmen unterscheiden. Sie
    wurden in einer Übersicht entsprechend der folgenden Kategori-
    sierung eingeteilt:
    – Veranstaltung (nach Form und Dauer unterschiedliche Akti-
      vitäten: von zweistündigen Workshops mit wenigen Teilneh-
      merinnen und Teilnehmern bis zu mehrtägigen Konferenzen
      für ein Publikum von mehreren hundert Personen, Seminare,
      Öffentlichkeitsaktionen, Runde Tische, Ausstellungen);
    – Politikdialog;
    – Veröffentlichung (Studien, die die Stiftung in Auftrag gab,
      Dokumentationen von Veranstaltungen, Übersetzungen);
    – Kurzprojekt;
    – Vernetzung;
    – Training (Workshops und Seminare mit eindeutigem Aus- oder
      Weiterbildungscharakter);
    – Individuelle Förderung (Teilnahme einzelner Personen an
      Konferenzen, wie auch Besucherprogramme; meist handelt es
      sich um mehrere geförderte Personen).

Den Abschluß der ersten Phase bildete Mitte Februar 2001 ein
Feedback-Workshop in Berlin mit den Referentinnen und Refe-
renten der Auslandsabteilung. Dort wurden die Ergebnisse vorgestellt und ausführlich diskutiert, ein weiterer Klärungsbedarf artikuliert sowie Leitgedanken und weiterführende Fragestellungen
für die zweite Phase vereinbart.

1.3 ZWEITE PHASE

Die zweite Phase (März bis November 2001) begann mit der Vorstellung der Ergebnisse durch die Gutachter auf einigen Partnertreffen und Regionalworkshops in den Projektregionen. Bei dieser
Gelegenheit wurden zahlreiche Interviews mit Projektpartnerinnen und -partnern geführt. Zusätzlich konnten in einigen Regionen die Auslandsbüros der Stiftung besucht werden. Außerdem
wurden einige Projekte besucht, um Gespräche sowohl mit den
Projektmitarbeitern als teils auch mit der Zielgruppe zu führen.

Die Diskussionen und Anregungen der Projektpartner waren zusätzliche Inputs für die Querschnittsauswertung der zweiten Phase. Darüber hinaus hatten die Gutachter im Juli 2001 Gelegenheit, zeitweise an der Auslandsmitarbeiterkonferenz und am Strategieworkshop der Heinrich-Böll-Stiftung in Berlin teilzunehmen. Dabei konnten weitere Gespräche mit den Auslandsmitarbeitern geführt und wichtige Beobachtungen über programmpolitische Diskussions- und Entscheidungsprozesse gemacht werden.

Als Grundlage für die zweite Phase wurde das Indikatorenschema erarbeitet, das im Laufe der Auswertungen kontinuierlich weiterentwickelt wurde. Die inzwischen 67 Projekte und 242 Kleinmaßnahmen wurden nach den wichtigsten Themenkomplexen analysiert. Dabei wurden die Hauptlinien und Trends der Programmpolitik der Stiftung herausgearbeitet. Die vergleichende Auswertung zentrierte um die wichtigsten Akteursgruppen (Projektpartner sowie deren Zielgruppen und politische Adressaten), die dominanten Politikfelder, in denen die Projekte angesiedelt sind, und die zentralen Handlungsstrategien.

Wie in der ersten Phase wurde auch hier eine iterative Schleife zur Rückkopplung der Ergebnisse eingelegt, indem die Ergebnisse in der Heinrich-Böll-Stiftung vorgestellt und mit einigen Gutachtern und Mitarbeitern der Stiftung unter programmpolitischen und stiftungsstrategischen Gesichtspunkten diskutiert wurden. Anregungen aus diesem Workshop im Oktober 2001 wurden in den hier vorliegenden Bericht eingearbeitet.

Zusätzlich zu der Querschnittsanalyse werden in drei Fallstudien je ein exemplarisches Projekt bzw. Programm aus Osteuropa, Asien und Lateinamerika vorgestellt und dabei zentrale Gesichtspunkte der kontextabhängigen Projektentstehung und des Projektverlaufs sowie die Spezifika des jeweiligen Projektansatzes herauskristallisiert. Bei der zusammenfassenden Auswertung der vergleichenden Analyse sind abschließend neben den Ergebnissen, Erfolgen und Trends auch Hindernisse, Defizite und Lernfelder identifiziert. Die aufgeführten *Good Practices* bündeln noch einmal Erfahrungen *(Lessons Learnt)*, die positiv zu nutzen sind.

2 ÜBERBLICK REGIONEN: RAHMEN-BEDINGUNGEN UND PROJEKTE BZW. PROGRAMME

2.1 MITTEL-, SÜDOST- UND OSTEUROPA (MSOE)

2.1.1 Politische und wirtschaftliche Rahmenbedingungen

Ein kurzer Einblick in die wirtschaftlichen und politischen Rahmenbedingungen der Transformationsstaaten soll die Einordnung der Analyse der Projekte der Heinrich-Böll-Stiftung in der Region MSOE erleichtern. Die fundamentalen Umgestaltungsprozesse der politischen, sozialen, wirtschaftlichen und gesellschaftlichen Verhältnisse in den Ländern Mittel-, Südost- und Osteuropas stellen an die gesamte Bevölkerung und erst recht an die umweltorientierten Akteure und deren Partner und Förderer ganz neue Anforderungen, die nicht mit der Arbeit im Nord-Süd-Kontext vergleichbar sind.

In der realsozialistischen Epoche, in der die Regierungen in den untersuchten Ländern die Verteilung der Ressourcen zentralistisch steuerten, hatte die nachhaltige Nutzung und der Schutz der Natur keine politische Priorität. Im Wettkampf der beiden Gesellschaftssysteme wurde versucht, die Überlegenheit des Sozialismus gegenüber dem Westen unter Beweis zu stellen. Unter dieser Maxime wurde auch die Nutzung der natürlichen Ressourcen betrieben. Die wirtschaftliche Entwicklung wurde vielfach zu Lasten der Natur vorangetrieben. Es entstanden gigantische Staudämme (z.B. an der Donau) oder Industrieanlagen in schützenswerten Regionen (z.B. am Baikalsee in Rußland), die bis heute ganze Ökosysteme nachhaltig schädigen und gefährden.

Die Regierungen verhinderten oder kontrollierten tendenziell alle Versuche von Bürgerinnen und Bürgern, sich selbstorganisiert für Umweltbelange einzusetzen. Es gab jedoch dabei deutliche Unterschiede im Vorgehen der einzelnen Staaten. In der Sowjet-

union war die staatliche Kontrolle wohl am drastischsten. Es existierten dort zwar Umweltschutzorganisationen, diese wurden
jedoch vom Staat kontrolliert und durften nicht selbständig an den
»heißen Themen« arbeiten. Versuche selbstorganisierter Umweltschützer, sich zu Tabuthemen zu äußern, wurden kriminalisiert
oder mit staatlicher Gewalt zum Schweigen gebracht. Das staatliche Medien-Monopol und die politische Zensur waren dabei wichtige Instrumente.

In den Ländern Mittel- und Osteuropas war die staatliche Kontrolle nicht so stark. Die dort ansässigen Umweltgruppen hatten
größere Freiheiten und konnten auch in gewissem Umfang in den
Medien auf Umweltprobleme aufmerksam machen. Teilweise
kooperierten auch Regierungen und Behörden direkt mit den
Umweltgruppen. So gab es in Polen z.b. eine Bürgerinitiative
gegen ein Staudammprojekt, die relativ ungehindert agieren
konnte.

In den meisten untersuchten Ländern gab es auch kleine Gruppen von Wissenschaftlerinnen und Wissenschaftlern in Universitäten, Instituten und Hochschulen, die auf dem Gebiet der Ökologie und des Umweltschutzes relativ unabhängig forschen konnten. Sie hatten jedoch meist keinen Zugang zu unabhängigen
Medien und konnten ihre Erkenntnisse nur einer begrenzten
Fachöffentlichkeit zugänglich machen. Hier trifft die gleiche
Abstufung zu: In der Sowjetunion waren staatliche Kontrolle und
Einflußnahme restriktiver als in den anderen Ländern Osteuropas.

Die MSOE-Länder sind seit Beginn der Transformationsprozesse von ideologischen Systemgegnern des Westens zu Partnern
entwicklungspolitischer Zusammenarbeit geworden. Allerdings
unterscheiden sich die wirtschaftlichen und sozialen Bedingungen
in diesen Ländern grundlegend von den traditionellen Regionen
der Entwicklungszusammenarbeit des Südens. Es gibt gut ausge-
bildete Fachkräfte, eine weitgehend funktionierende Infrastruktur
sowie Gesundheits- und Bildungssysteme. Die Entwicklungsauf-
gaben in diesen Ländern stehen im Zusammenhang mit dem
Übergang in eine andere Wirtschafts- und Gesellschaftsordnung.
Die Mechanismen des zentralistischen Staatswesens werden durch

25   die Gesetze des Marktes ersetzt. Transformationsprozesse dieses
Ausmaßes sind bisher in der Geschichte nicht bekannt, und es gibt
kein allgemeingültiges Erfahrungswissen, wie sie zu bewerkstelligen sind.

In den Staaten der ehemaligen Sowjetunion ist aufgrund der
Größe des Landes noch eine besondere Konstellation zu berücksichtigen. Hier hat sich im Bewußtsein der Bürgerinnen und Bürger die Überzeugung etabliert, daß die natürlichen Ressourcen
grenzenlos und unerschöpflich sind. Die staatlich kontrollierte
Informationspolitik, fehlende unabhängige Kontrollinstanzen und
das rücksichtslose wirtschaftliche Handeln haben den Bürgern
suggeriert, daß Wasser, Boden, Wald, Luft und Bodenschätze in
unermeßlichem Umfang vorhanden seien. Der direkte Übergang
vom Feudalismus in das realsozialistische Regime zu Beginn dieses Jahrhunderts bot auch keinen Raum für die Entstehung einer
bürgerschaftlichen Verantwortung.

Die neuen Umweltorganisationen in den Ländern Mittel- , Südost-
und Osteuropas haben vor diesem Hintergrund heute schwierige
Startbedingungen. Ungeachtet der ungünstigen geschichtlichen
Voraussetzungen entstehen vielerorts selbstorganisierte Bürgerinitiativen und Vereine, die an verschiedenen Themen und Aufgaben im Bereich Ökologie und Nachhaltigkeit arbeiten. In allen
Ländern sind Verfassungsänderungen vorgenommen worden, so
daß Organisierung und freie Meinungsäußerung jetzt möglich
sind. Allerdings werden diese Bürgerrechte besonders in den Staaten der ehemaligen Sowjetunion nicht immer vollständig geachtet
und garantiert. Es gibt Versuche von staatlichen Stellen, die Freiheiten der neuen unabhängigen Verbände einzuschränken und zu
kontrollieren. Darüber hinaus ist die Änderung der Verfassung
noch keine hinreichende Bedingung, um eine lebendige und
verantwortungsvolle Zivilgesellschaft entstehen zu lassen. Weiterführende gesetzliche Regelungen und die Transformation der
kollektiven Mentalität sind Prozesse, die längere Zeiträume in
Anspruch nehmen und bei weitem nicht abgeschlossen sind.

Die Verhandlungen um den Beitritt von Estland, Polen, Slowenien, Tschechien, Slowakei und Ungarn zur Europäischen Union führten zu einer neuen Welle von Reformvorhaben in diesen Ländern. Durch das hohe Tempo der EU-Beitrittsverhandlungen wird ein großer Anpassungsdruck im Bereich der gesetzlichen Regelungen erzeugt. Auch die NGOs bleiben davon nicht unberührt. Ihnen kommt eine neue Rolle in bezug auf das staatliche Handeln zu. Sie werden in Zukunft gemäß den Rechtsnormen der EU stärker als unabhängige Experten angefragt und sollen Gutachten zu ökologischen Fragen erstellen. Damit kommen auf die NGOs neue Herausforderungen zu. Sie werden in dieser Rolle von unabhängigen Kritikern des staatlichen Handelns zu Partnern mit erweiterten Vollmachten und Kompetenzen.

In Rußland dagegen geraten unabhängige Umweltgruppen in jüngster Vergangenheit erneut unter politischen Druck. Sie müssen z.B. seit 2001 alle ihre Einnahmen (auch Spenden) wie Wirtschaftsunternehmen versteuern und unterliegen einer strengeren Berichtspflicht. Es wird eine erweiterte staatliche Kontrolle ausgeübt, in der Kreml-gesteuerten Presse werden sie als Verhinderer des wirtschaftlichen Aufschwungs und als vom Westen manipuliert dargestellt.

2.1.2 Projekte und Programme

Wirtschaften im Sinne von Ökologie und Nachhaltigkeit setzt vor allem ein aufmerksames und verantwortungsvolles Handeln der Bürger und Entscheidungsträger sowie zivilgesellschaftliche Normen und Werte voraus. Diese Voraussetzungen als Alternative zu den Traditionen der bisherigen Staatswesen zu schaffen, ist den Projekten der Heinrich-Böll-Stiftung auf diesem Gebiet ein Anliegen.

Tabelle 2 Projekte MSOE-Länder

Land	Projekt / Programm	Trägerorganisation	Förderzeitraum
Lettland	Förderung des ökologischen Landbaus	Gesellschaft für biologisch-dynamische Landwirtschaft	1993–2000
	Bürgerzentrum »Arcadia«	Arcadia	1992–1999
Polen	Förderung der Selbsthilfebewegung im polnischen Ökologiebereich	FWIE, OTZO	1993–2001
Rumänien	Förderung der Selbsthilfebewegung im rumänischen Ökologiebereich	TER, ECOSENS	1996–2002
Rußland	Presse- und Informationszentrum für Ökologie »AVE-Info«	Ökologisches Zentrum DRONT	1995–2000
	Umweltinformationszentrum in der Baikalregion	Ökologische Baikal Welle	1996–2001
Tschechien Ungarn Ukraine Rußland	Energieentwicklungskonzepte in den MSOE-Ländern	Energy Club*	1994–1998
Rußland Georgien Tschechien Ungarn	Programm Energiepolitik Osteuropa	Energy Club	2001–2004
Polen Tschechien Rußland Ungarn	Förderung des ökologischen Landbaus in Mittel- und Osteuropa	Biokultura, Pro-Bio, Ekoland, Eko Niva	1997–2000
Polen Tschechien Slowakei Ungarn	Programm zum EU-Beitritt: Perspektiven und Probleme in den MSOE-Ländern		1999–2003

* Und andere energiepolitische Organisationen aus Ost- und Westeuropa wie z.B. International Energy Brigades, Hnuti Duha u.a.

Tabelle 3 Kleinmaßnahmen MSOE-Länder

Büro	Veranstaltungen	Politikdialog	Veröffentlichung	Kurzprojekt	Vernetzung	Training	Indiv. Förderung	Total
Sarajevo	3	–	9	1	–	2	–	15
Prag	15	–	–	–	–	5	–	20

Wie die Übersicht zeigt, ist die Heinrich-Böll-Stiftung in Mittel-,
Südost- und Osteuropa seit Beginn der neunziger Jahre aktiv und
arbeitet dort direkt mit Umweltorganisationen zusammen. Es
wurden bis zum Jahr 2000 überwiegend Einzelprojekte gefördert.
Ein Großteil der Förderung für diese Einzelprojekte lief jedoch im
Jahre 2000 aus.

Statt dessen werden Programme jeweils in mehreren Ländern
mit grenzüberschreitenden Aktivitäten durchgeführt. Die Programme in Mittel- und Osteuropa werden von den Büros in Prag,
Sarajevo und Warschau (ab Herbst 2001) und der Berliner Zentrale
koordiniert. Das Büro in Prag ist in einem Ökopavillon untergebracht, der im Rahmen eines Projektes entstanden ist. Es ist für die
Länder Ungarn, Tschechien und Slowakei zuständig. Das Regionalbüro in Sarajevo ist seit der zweiten Jahreshälfte 1999 aktiv und
für die Länder Bosnien-Herzegowina, Kroatien und die Bundesre-
publik Jugoslawien zuständig.

In die folgende Bestandsaufnahme wurden 15 Projekte bzw. Programme und 35 Kleinmaßnahmen der Heinrich-Böll-Stiftung in
zwölf Ländern Mittel-, Südost- und Osteuropas einbezogen. Trotz
regionaler Verschiedenheiten wird die Region dabei als eine Ein-
heit betrachtet, da die politischen, sozialen und wirtschaftlichen
Verhältnisse Ähnlichkeiten aufweisen. In den MSOE-Ländern lassen sich in der Arbeit der Stiftung drei Themenschwerpunkte ausmachen: Energie, Ökologischer Landbau, Ökologische Selbsthilfe.

Energie

Die Reaktorkatastrophe 1986 in Tschernobyl war für viele Menschen in Europa ein großer Schock und der Ausgangspunkt für
Überlegungen über alternative Energiekonzepte. Die Heinrich-
Böll-Stiftung förderte ein Projekt mit dem Titel »Energieentwicklungskonzepte in Mittel- und Osteuropa«. Das Projekt wurde in
Tschechien, Ungarn, Ukraine und Rußland mit dem Ziel durchgeführt, gemeinsam mit Experten und Nichtregierungsorganisationen (NGOs) über langfristige energiepolitische Alternativen

nachzudenken und entsprechende Fachkompetenzen im politischen Dialog einzusetzen. Höhepunkt des Projektes war eine Konferenz in Kiew aus Anlaß des zehnten Jahrestages der Reaktorkatastrophe.

Auf der Grundlage dieses Projektes wurde ein Programm entwickelt, das die Effizienz der Energienutzung in Ungarn, Tschechien, Georgien und Rußland durch Aufklärung verbessern soll. Zur Unterstützung wurde die Schaffung und Fortbildung in einem Netzwerk von NGOs gefördert. Des weiteren sollen energiepolitische Alternativen in diesen Ländern entwickelt und bei den entsprechenden politischen Entscheidungsträgern propagiert werden.

Eine Komponente des Projektes zur Förderung der ökologischen Selbsthilfebewegung in Rumänien beschäftigt sich ebenfalls mit Energienutzung. Es wurde eine Arbeitsgruppe zu diesem Thema ins Leben gerufen, die aus sechs Organisationen besteht und verschiedene Aktivitäten im Bereich Aufklärung und Öffentlichkeitsarbeit durchführt. Dabei werden nachhaltige Formen der Energienutzung bekannt gemacht und Möglichkeiten der Energieeinsparung vorgestellt.

Ökologischer Landbau

Der Ökologische Landbau war für die Heinrich-Böll-Stiftung im analysierten Zeitraum ein zweiter Schwerpunkt der Arbeit. In fünf Ländern wurden drei Projekte zu diesem Thema gefördert. Das größte Programm wurde in Polen, Tschechien, Ungarn und Rußland realisiert. Hier wurden von lokalen NGOs die Voraussetzungen für eine effektive ökologische Landwirtschaft geschaffen. Es wurden Landwirte beraten, Vertriebswege aufgebaut, Studien und Erhebungen durchgeführt und Verbraucherinnen und Verbraucher über neue und geänderte Gesetze aufgeklärt. Eine besonders wichtige Komponente in diesem Projekt war die Vorbereitung der ökologischen Landwirtschaft auf den bevorstehenden EU-Beitritt von Polen, Tschechien und Ungarn. Um das Überleben der Landwirte zu sichern, muß die Produktion den entsprechenden EU-Richtlinien angepaßt werden und eine Zertifizierung erfolgen.

In Lettland wurde der ökologische Landbau durch ein Projekt unterstützt, in dem Landwirte beraten und ein Ausbildungsprogramm für ökologischen Landbau an einer Landwirtschaftsschule installiert wurden. Es wurden ebenfalls Gesetzgebungsinitiativen für die rechtliche Absicherung des ökologischen Landbaus unternommen und ein Netzwerk mit deutschen und internationalen Fachleuten aufgebaut. Darüber hinaus wurden mit einer gesonderten Komponente des Projektes Landfrauen gefördert, vor allem im Bereich Selbsthilfe und Persönlichkeitsentwicklung.

In Rumänien wurde im Rahmen des Projektes zur Förderung der ökologischen Selbsthilfe von sechs Umweltgruppen eine Arbeitsgruppe für Landwirtschaft und Biodiversität gebildet. Diese Gruppe hatte sich das Ziel gesetzt, den ökologischen Landbau und den Agro-Öko-Tourismus in Rumänien zu entwickeln. Dazu wurden eine Bestandsaufnahme über den Zustand der Landwirtschaft gemacht, eine Modellfarm zur Beratung von interessierten Landwirten aufgebaut und Kontakte untereinander sowie zu deutschen und internationalen Fachinstituten hergestellt. Allerdings gestaltet sich die Entwicklung des Agro-Öko-Tourismus in Rumänien aufgrund der schlechten wirtschaftlichen Lage eher schwierig.

Ökologische Selbsthilfe

Die Heinrich-Böll-Stiftung unterstützte in den vergangenen Jahren mehrere Projekte zur Schaffung und Förderung einer vernetzten und leistungsfähigen Umweltbewegung in den MSOE-Ländern. In Lettland wurde ein Bürgerzentrum unterstützt. In einem Haus in einem Park in Riga sollte eine Begegnungs- und Informationsstätte in einem Bürgerzentrum geschaffen werden, wo Bürger aus der Nachbarschaft sich zu umweltrelevanten Fragen informieren und austauschen können. Das Haus konnte aber trotz vieler Anstrengungen nicht für die Bürgerarbeit umgestaltet werden. Dennoch gewann die Trägerorganisation Arcadia während der Projektlaufzeit eine eigene Identität und setzt die Arbeit auch nach Auslaufen der Förderung fort.

In Polen wurde von einem Konsortium aus zwei bedeutenden Umweltorganisationen ein Programm zur Unterstützung von lokalen Umweltgruppen umgesetzt. Im Rahmen des Programms wurden NGOs fachlich, finanziell und logistisch in der Arbeit unterstützt. Es wurden Trainingskurse und Seminare angeboten, Recherchen und Studien durchgeführt, die Abfallwirtschaft verbessert und verschiedene Publikationen herausgegeben. Im Rahmen des Projektes wurden ebenfalls zahlreiche Kontakte zu internationalen Partnern aufgebaut und der Wissenstransfer organisiert (vgl. Kap. 7.1).

Im Rahmen des Projektes in Rumänien haben sich kleine Umweltgruppen zu drei landesweiten Arbeitsgruppen mit den thematischen Schwerpunkten 1) Landwirtschaft und Biodiversität, 2) Verkehr und 3) Energie zusammengeschlossen. Ziel ist es, die Umweltorganisationen strukturell zu unterstützen und einen Beitrag zur Schaffung einer landesweiten Umweltbewegung zu leisten. Die NGOs sollen stärker in politische Entscheidungsprozesse einbezogen werden und umweltrelevante Themen stärker in die öffentliche Diskussion einbringen. Die politischen Verhältnisse sind in Rumänien für ein derartiges Projekt allerdings nicht sehr günstig. Die zivilgesellschaftlichen Strukturen sind eher schwach entwickelt und anfällig. Dieses Arbeitsfeld ist für die Beteiligten Neuland, und es ist unter diesen Bedingungen sehr schwierig, ein Projekt zur landesweiten Vernetzung zu initiieren. Dennoch konnten positive Ergebnisse erzielt werden. Es kann als Erfolg gelten, daß ein Dialog zwischen den Organisationen begonnen wurde und zumindest in zwei der Arbeitsgruppen die Schaffung eines landesweiten Fachverbandes in Erwägung gezogen wird. Insgesamt sind trotz der Fehleinschätzungen der Heinrich-Böll-Stiftung bzgl. der zu leistenden Arbeit und des Tempos der Reformen zu Beginn des Projektes positive Tendenzen erkennbar.

In den Büros Prag und Sarajevo wurden ebenfalls mehrere Kleinmaßnahmen zur Unterstützung der Selbsthilfe im Bereich Ökologie und Nachhaltigkeit durchgeführt. Es wurden nationale und internationale Konferenzen und Treffen von Umweltorganisationen zu verschiedenen thematischen Schwerpunkten durchgeführt, die Herausgabe von Büchern und Zeitschriften wurde finanziell unterstützt, und NGOs wurden strukturell, logistisch und organisatorisch gefördert.

Weitere Aktivitäten

Die Heinrich-Böll-Stiftung hat noch zwei weitere Projekte in Ruß-land gefördert, die nicht den drei oben genannten thematischen Schwerpunkten zuzuordnen sind: das Umweltinformationszen-trum Baikal Welle in Irkutsk und das Presse- und Informations-zentrum Ökologie AWE-Info in Nishnij Nowgorod.

Der Baikalsee ist eines der ältesten und tiefsten Binnengewäs-ser der Erde und zählt mit seinen rund 23.000 Kubikkilometer zu den größten Wasserreservoirs. Er ist von der UNO als schüt-zenswertes Weltnaturerbe eingestuft worden. Der See ist durch vielfältige zivilisatorische Eingriffe des Menschen verschiedenen Risiken und Gefährdungen ausgesetzt. Die Baikal Welle ist eine Umweltorganisation, die sich seit dem Ende der achtziger Jahre für den Erhalt und den Schutz dieser einzigartigen Naturressource ein-setzt. Die »Welle« macht mit Informationsveranstaltungen und teilweise spektakulären Aktionen in der breiten Öffentlichkeit auf die bestehenden ökologischen Probleme aufmerksam. Die Mitar-beiterinnen und Mitarbeiter arbeiten auch in Schulen zum Thema Umwelterziehung. Darüber hinaus werden energiepolitische Alternativen entwickelt und Gesetzgebungsprozesse fachlich unterstützt. Die internationale Vernetzung und die Einbeziehung von lokalen Fachkräften ist ebenfalls eine wichtige Komponente des Projektes.

Der Presse- und Informationsdienst AWE-Info widmet seine Aufmerksamkeit einem anderen Ökosystem – dem Wolgagebiet in Zentralrußland. Das Ziel dieses Projektes ist es, die Medien und die allgemeine Öffentlichkeit regelmäßig und umfassend mit Informationen über Umweltprobleme in der Region zu versorgen. Außerdem werden in diesem Projekt auch NGOs mit Informatio-nen beliefert und haben die Möglichkeit, selbst Informationen zu verbreiten.

33 Mit dem aktuellen Programm der Heinrich-Böll-Stiftung zum EU-Beitritt von Tschechien, Ungarn, Polen und Rumänien wird ein neues Tätigkeitsfeld erschlossen, das jenseits der o.g. thematischen Schwerpunkte liegt. Es ist ein grenzüberschreitendes Programm, das die Perspektiven und Probleme des EU-Beitritts in drei verschiedenen Richtungen bearbeitet. Im Bereich Landwirtschaft und Regionalentwicklung wird die Zukunft der Landwirtschaft in den östlichen Nachbarländern unter ökologischen Gesichtspunkten aufgegriffen. Hier geht es in erster Linie um die Zukunft der europäischen Agrarsubventionspolitik für die Beitrittsländer und damit um die Überlebensfähigkeit der osteuropäischen Landwirte. Im Rahmen einer zweiten Komponente werden die Fragestellungen einer umweltverträglichen Energiepolitik in einem vereinigten und liberalisierten Strommarkt thematisiert. Hier spielt die Zukunft der noch am Netz befindlichen Reaktoren sowjetischer Bauart eine Rolle. Schließlich werden die Probleme der Demokratie und der Rechtsstaatlichkeit bearbeitet. Damit stellt dieses Programm in mehrfacher Hinsicht ein Novum dar. Es arbeitet grenzüberschreitend und umfaßt mehrere zivilgesellschaftliche Sektoren unter den Bedingungen des Wandels.

Ausblick: 2000–2003

Die Projekte und Programme, die die Heinrich-Böll-Stiftung in den neunziger Jahren in den MSOE-Ländern gefördert hat, waren stark von einem gemeinsamen Lernprozeß geprägt. Wurden noch zu Beginn der Arbeit dort vorwiegend Projekte initiiert, die von einer stark idealisierten Vorstellung über die Dynamik und den Verlauf von Transformationsprozessen geleitet waren und teilweise an den tatsächlichen Rahmenbedingungen und Bedürfnissen der Partnerorganisationen vorbei gingen, so haben sich die Qualität, Wirkung und damit die Nachhaltigkeit der gegenwärtigen Projekt- und Programmdesigns deutlich verbessert. Die Maßnahmen werden differenzierter ausgewählt und in der Planungsphase werden die verschiedenen Interessengruppen einbezogen. Dies wird auch an der stärkeren Differenzierung von Programmen in den verschiedenen MSOE-Ländern deutlich. Die Transformationsprozesse sind teilweise von großen Ungleichzeitigkeiten und Verwerfungen gekennzeichnet, so daß in manchen Ländern oder Bereichen Spielräume entstanden, die von den Projektpartnern geschickt ausgenutzt werden konnten. Damit haben sie den Raum, der ihnen zur Einflußnahme und Gestaltung zur Verfügung steht, teilweise selbst kreiert oder sich einfach genommen. Betrachtet man den Charakter der Projekte im Kontext der Entwicklungen und des zeitlichen Verlaufs, so ist festzustellen, daß die Basisintention der Heinrich-Böll-Stiftung konstant geblieben ist, während die Projekte immer stärker und differenzierter den sich wandelnden Bedingungen angepaßt wurden. Daraus ergibt sich heute ein klar erkennbarer Unterschied zwischen den Projekten in den EU-Beitrittsländern und den anderen MSOE-Ländern.

In den **EU-Beitrittsstaaten** unterscheiden sich die Programme zunehmend von den anderen MSOE-Staaten, die nicht in der ersten Beitrittsrunde in die EU aufgenommen werden. In den Beitrittsländern werden von der Heinrich-Böll-Stiftung Projekte gefördert, die verschiedene Aspekte von Ökologie und Nachhaltigkeit im Kontext des bevorstehenden Beitritts bearbeiten. Die Schwerpunkte liegen dabei in den Bereichen Ökolandbau und Energie, wobei in beiden Bereichen auf die Erfahrungen aus vorangegangenen Projekten zurückgegriffen werden kann. Das Thema Ökolandbau wird im Rahmen des Programms zu den Problemen und Chancen des EU-Beitritts bearbeitet, wobei es in den Kontext der Regionalentwicklung eingebunden wird. Die in den vorangegangenen Projekten dominierende Aufbauarbeit mit Produzentenverbänden zur Schaffung der Regularien und die Aufklärung der Verbraucher bilden dabei nun eine wichtige Grundlage. Der Fokus verschiebt sich allerdings von der puren Förderung des Ökolandbaus (Gesetze, Zertifizierung und Verbraucherinformation) hin zur Stärkung des Ökolandbaus in den Beitrittsländern im Kontext der EU-Agrarpolitik. Dabei kommt es zu einer stärkeren Politisierung dieser Arbeit. Die Orientierung bei der Wahl der Adressaten verschiebt sich zugunsten der nationalen Regierungen, Verwaltungen und der EU-Kommission. Die Handlungsstrategien werden ebenfalls dem geänderten Kontext angepaßt und Politikintervention, Umweltbildung und Vernetzung treten stärker in den Vordergrund.

Im Politikfeld Energie und Klima ist ein vergleichbarer Trend zu beobachten. Die in Ungarn, Tschechien und der Slowakei aufgebauten Strukturen und Netzwerke werden jetzt in einem stärkeren Maße in einem politischen Kontext aktiv. Hier geht es um die Stellung der Energiewirtschaft im Kontext des Beitrittsprozesses. Die Projektpartner der Heinrich-Böll-Stiftung bemühen sich um eine transparente und faire Gestaltung des liberalisierten Strommarktes in Tschechien, Polen, Slowakei und Ungarn. Sie fordern von den nationalen Regierungen und den Stromkonzernen die Anwendung von partizipativen Methoden bei der Schaffung des integrierten EU-Strommarktes und vertreten dabei eine advokatorische Position für Umweltbelange. Die Wahl der Methoden und Adressaten verschiebt sich dabei ebenfalls zugunsten einer starken Politisierung. Darüber hinaus werden in diesem Programm auch Maßnahmen durchgeführt, die sich an Energieverbraucher (Haushalte und Betriebe) richten und das Bewußtsein in energiepolitischen Fragen über praktische Ansätze der Energieeffizienz stärken sollen. Diese Maßnahmen werden ebenfalls von NGOs durchgeführt, deren Kapazitäten durch fortlaufende Vernetzungs- und Fortbildungsaktivitäten ausgebaut werden.

Sowohl im Ökolandbau als auch im Politikfeld Energie stellen die Projekte zum Aufbau der Partnerorganisationen, zur Umweltbildung und Vernetzung, die in den neunziger Jahren gefördert wurden, eine wichtige Voraussetzung dar, ohne die die gegenwärtige Arbeit undenkbar wäre. Die Strukturen, Netzwerke und Kapazitäten werden jetzt dazu genutzt, Einfluß auf die Gestaltung der Politik im vereinten Europa auszuüben.

In den **GUS-Ländern** und auf dem **Balkan** dominieren andere politische Mega-Trends die Arbeit der Heinrich-Böll-Stiftung. Die Regierungen sind hier nicht in einen klaren Zeitplan für die Umgestaltung der Gesetze und Regularien bezüglich Demokratisierung oder Ökologie und Nachhaltigkeit eingebunden. Das Tempo der Veränderungen und der sich daraus ergebende Anpassungsdruck sind

also wesentlich geringer. Damit ergibt sich auch für die NGOs und
die Projektpartner der Heinrich-Böll-Stiftung eine geringere
Chance der Einflußnahme und der Mitgestaltung. Die NGOs müssen deshalb andere Handlungsstrategien und Vorgehensweisen
wählen, um die Gesellschaft zu einem bewußteren Umgang mit
natürlichen Ressourcen zu bewegen. Eine wichtige Rolle spielt
dabei nach wie vor die Umweltbildung in der breiten Öffentlichkeit.
Die Schaffung eines Umweltbewußtseins und die Sensibilisierung
für nachhaltiges Wirtschaften stehen dabei im Mittelpunkt. Ein
anderer Aspekt ist die Schaffung und Förderung von Umweltorganisationen und der Ausbau ihrer Managementkapazitäten sowie die
lokale, nationale und internationale Vernetzung von Umweltorganisationen. Der z.B. in Rußland wachsende politische Druck auf die
Umweltorganisationen erfordert die stärkere Konzentration auf die
Wahrung der demokratischen Grundrechte wie freie Meinungsäußerung und Versammlungsfreiheit. Damit wird ein Teil der
ohnehin begrenzten personellen und finanziellen Ressourcen
gebunden. Diese Rahmenbedingungen wirken sich auch auf die
Wahl der Adressaten der Arbeit in den Umweltprojekten aus. Hierbei spielt die Stärkung der lokalen Bevölkerung eine ebenso wichtige Rolle wie die Arbeit mit den Medien und den Entscheidungsträgern in Politik und Wirtschaft. Dabei müssen die beiden letzt-
genannten Gruppen eher als Kontrahenten in den Bemühungen
um eine Ökologisierung der Gesellschaft angesehen werden.

2.2   THAILAND

2.2.1 Politische und wirtschaftliche Rahmenbedingungen

Die jüngere Geschichte Thailands ist durch eine rasante ökonomische Entwicklung zum Schwellenland charakterisiert. Der Wirt-
schaftsboom beruhte auf einer schnellen Industrialisierung und
Überausbeutung natürlicher und menschlicher Ressourcen im
inländischen und ausländischen Hinterland. Vorangetrieben
wurde diese Entwicklung von der gut funktionierenden, zentral-

staatlichen Bürokratie, von politisch korrupten Machtcliquen, vor allem der Militärs, und von Geschäftemachern. Auch wenn dieser Entwicklungsboom keine Verteilungsgerechtigkeit brachte, so konnte doch die Armut im Land erheblich reduziert werden. Die Asienkrise beendete 1997 abrupt die Hochkonjunktur, bewirkte einen Einbruch im Wohlstand und in der intensiven Konsumkultur städtischer Mittelschichten und löste auf dem Land einen neuen Verarmungsschub aus. Langsam erholt sich die Wirtschaft von diesem schweren Rückschlag, doch es werden nur geringe Wachstumsraten für die nahe Zukunft prognostiziert.

Seit der Studentenrevolte Mitte der siebziger Jahre formierten sich zivilgesellschaftliche Kräfte gegen den Entwicklungskurs, der soziale und wirtschaftliche Ungleichheit ebenso wie die innere Kolonisierung des Landes erzeugte. Trotz der Repression, der die sozialen Bewegungen durch die verschiedenen politischen Regime ausgesetzt waren, konnten sich zivilgesellschaftliche Strukturen und Institutionen entwickeln, und NGOs haben sich seit den achtziger Jahren Handlungsräume und Anerkennung erstritten. Ein Großteil der sozialen Auseinandersetzungen in den vergangenen beiden Jahrzehnten waren im Kern ökologische Kämpfe um Ressourcenerhalt und Verteilungskämpfe um Ressourcenkontrolle.

Zunächst wurde versucht, die Krise durch eine weitere Liberalisierung, mehr Auslandsinvestitionen und eine stärkere Ausplünderung lokaler Ressourcen aufzufangen. Dies verschärfte die Interessengegensätze zwischen lokalen Bevölkerungen einerseits und mittelständischen Geschäftsleuten, inländischen und ausländischen Unternehmen andererseits. Der Staat unterstützte primär die Interessen der Privatwirtschaft und setzte bestehende Regelungen und Gesetze zum Schutz und Management lokaler Ressourcen nicht um. Gleichzeitig wurden aufgrund der Kürzung von Haushaltsmitteln Großprojekte ausgesetzt. Dies öffnete zivilgesellschaftlichen Kräften Raum, entsprechende Politiken und Entwicklungsprogramme neu zu verhandeln.

Handhabe dafür gab die neue Verfassung von 1997, die entscheidende Weichenstellungen für Demokratisierung, Dezentralisierung und Ressourcenmanagement unter Beteiligung der

lokalen Bevölkerung enthält. Große Hoffnungen auf Umsetzung
dieser Prinzipien knüpften sich an die Wahl des superreichen
Großindustriellen Thaksin im Januar 2001 zum Premierminister.
Er trat nicht nur mit dem Versprechen zu Armutsbekämpfung,
Sozialprogrammen und Partizipation zivilgesellschaftlicher Kräfte
an, sondern verkündete auch einen Wirtschaftskurs zur Stärkung
des Binnenmarkts. Zweifellos haben sich seit dem Regierungs-
wechsel die demokratischen Spielräume erweitert, aber auch die
Regierung Thaksin verfolgt einen neoliberalen Wirtschafts- und
Entwicklungskurs.

2.2.2 Projekte und Programme

Das Ökoprogramm der Heinrich-Böll-Stiftung besteht unter dem
Obertitel »Unterstützung für die thailändische Umweltbewegung«
aus fünf Teilprojekten und einer Vielzahl flankierender Klein- und
Kurzmaßnahmen, die das Büro in Chiang Mai durchführt. Die
Partnerorganisationen zählen zum Urgestein der sozial- und
umweltpolitischen Bewegung in Thailand und sind tragende Säulen des sich gesellschaftskritisch artikulierenden Teils der thailändischen Zivilgesellschaft. Der Freiwilligendienst TVS fungiert als
vorgelagerte Unterstützungsorganisation für NGOs und CBOs.
Einzelne Organisationen werden seit 1995 von der Heinrich-Böll-
Stiftung gefördert, das Gesamtprogramm seit 1998. Es befindet
sich nun in seiner zweiten Drei-Jahres-Phase (2001–2003).

Tabelle 4 Projekte Thailand

Land	Projekt / Programm	Trägerorganisation	Förderzeitraum
Thailand	TVS	Thai Volunteer Service	1998–2003
	PER	Project for Ecological Recovery	1995–2003
	ETC	Environmental Training Centre	1995–2003
	SENT	Sustainable Energy Network Thailand	1998–2003
	PLANT	Pesticide Legal Action Network Thailand	1999–2003

Tabelle 5 Kleinmaßnahmen Thailand

Büro	Veran-staltungen	Politik-dialog	Veröffent-lichung	Kurz-projekt	Ver-netzung	Training	Indiv. Förderung	Total
Chiang Mai	6	1	10	–	2	1	11	31

Dynamik und Arbeitsweise der Trägerorganisationen waren zunächst durch Konflikte zwischen lokalen Bevölkerungsgruppen und dem Staat bzw. Unternehmen bestimmt. Sie unterstützten soziale Bewegungen an der Basis in ihrem Widerstand gegen die Zerstörung ihres natürlichen Lebensraums und ihrer Existenzgrundlage[1]. Im Zentrum standen Verfügungsrechte über lokale Ressourcen und Kämpfe gegen die Kommerzialisierung natürlicher Gemeinschaftsgüter. Konfliktpunkte waren Staudammbau, Abholzung und Eukalyptusanpflanzung, industrielle Verschmutzung sowie Umweltgefährdung durch Kern- und Kohlekraftwerke. Das Ansetzen bei diesen Konflikten und Widerständen führte zu

---

1 Vgl. hierzu ausführlicher die Fallstudie unter 7.2. Lokalisierung und Gemeinschaftsrechte

einem recht konfrontativen Politikstil und zu polarisierten Aus- einandersetzungen.

In den vergangenen Jahren erweiterten die NGOs ihre Problematisierung über einzelne Entwicklungsprojekte hinaus zu einem integrierten und systemischen Ansatz gegenüber der Umwelt und den Ressourcen. Inhaltliche Schwerpunkte innerhalb des Gesamtprogramms sind:

- Lokale Überlebenssysteme von Land, Gewässern und Wald;
- Energieerzeugung und Energiepolitik;
- Ökolandbau und Agrarpolitik;
- Industrielle Verschmutzung bzw. Vergiftung (vor allem durch die chemische Industrie) und Industriepolitik.

Die Klammer um diese verschiedenen Sektoren ist das Infragestellen der Logik von Entwicklungskonzepten und Politiken, die auf Wachstum, Weltmarkt und die effizientere Ausbeutung lokaler Ressourcen orientieren. Ziel ist letztlich eine Umorientierung des eingeschlagenen Entwicklungswegs, eine wirtschaftliche und kulturelle Rückbesinnung auf das Lokale. Die Projekte sind Etappen in dieser bereits viele Jahre währenden Auseinandersetzung.

Die zentralen Handlungsstrategien der bewegungsorientierten NGOs sind Umweltbildung, Vernetzung und Aufbau von Öko-Bewegungen an der Basis. Informationstransfer, Organisierung und Unterstützung von ökonomisch und sozial marginalisierten Bevölkerungsgruppen bzw. lokalen Gemeinschaften sollen sie befähigen, ihre Interessen an den Ressourcen selbst zu vertreten und Kampagnen für ihre Rechte führen zu können. Dieses ökologische *Empowerment* ist dahingehend erfolgreich, daß das Vertrauen lokaler Gemeinschaften in ihre eigenen ökonomischen und demokratischen Kräfte und ihre Sensibilität für die Schonung ihrer Ökosysteme zunimmt. Politisch gestärkt und sachlich fundiert lernen sie, ihre Positionen und Partizipationsansprüche gegenüber der Politik geltend zu machen. Dagegen führten Kämpfe für die Rückgewinnung lokaler Ressourcen und für eine politische Kurskorrektur in einzelnen Sektoren bisher nur selten zum Erfolg.

41   In jüngster Zeit verstärken die NGOs ihre Anstrengungen, in
eine breitere Öffentlichkeit vor allem in den Städten und Mittelschichten hinein zu wirken. Dabei versuchen sie für diese Zielgruppen neue Zugänge zur Auseinandersetzung mit nicht-nachhaltigen Entwicklungsprojekten zu erschließen: über zu hohe
Stromrechnungen, den Tierschutz, die Bewahrung kultureller Traditionen und Ernährungsgewohnheiten.

Aufgrund ihrer Geschichte bestanden bei einigen NGOs Vorbehalte bezüglich einer Kooperation mit Regierung und Behörden,
die sie jetzt jedoch abbauen. Bei der Interaktion mit der Politik
bemühen sie sich um konstruktive Vorschläge zu Alternativen im
Energiesektor, für die Industrie- und Investitionspolitik, für die
Förderung von Biolandbau durch die Agrarpolitik usw.

Kritik am wachstums- und ressourcenintensiven Entwicklungsparadigma, das in Thailand wie überall vom konsumfixier-
ten Mittelstand mitgetragen wird, und die Diskussion ökologischer und nachhaltiger Alternativen waren auch die zentralen
Themen einer Konferenz mit allen süd- und südostasiatischen
Partnerorganisationen im Februar 2001, die von einer ein-
drucksvollen Ausstellung von Gemälden, Skulpturen und Instal-
lationen von Künstlerinnen und Künstlern aus der Region zur
Frage »End of Growth?« begleitet wurde.

Obwohl die Projekte und NGOs in einem Bewegungszusam-
menhang stehen und sie die Perspektive einer ums Lokale zen-
trierenden und sozial gerechten Entwicklungsstrategie verbindet,
mangelte es in der ersten Programmphase an Koordination und
Kooperation zwischen den verschiedenen Ansätzen. Das Stiftungsbüro in Chiang Mai nutzte daraufhin eine Querschnittsevaluierung von vier Projekten, um einen Diskussionszusammen-
hang und damit eine Plattform für stärkere Kooperation und Synergien zu schaffen. Hier wird auch die Reflexion über die
strategische Zielrichtung der Projekte mit breiterer Bündnispolitik, mehr diskursiven und konstruktiven Politikformen und einer
Perspektive auf Politikbeeinflussung und -gestaltung weitergeführt. Im Umwelt-Programm in Thailand sind jedenfalls die
Gemeinsamkeiten im Ausgangspunkt und in der Perspektive der

Einzelprojekte sehr stark: nämlich die Kritik des herrschenden Entwicklungsparadigmas und die Vision einer am Lokalen und an Gemeinschaftsrechten orientierten alternativen Entwicklung.

2.3 NAHOST-REGION

2.3.1 Politische und wirtschaftliche Rahmenbedingungen

Der zu Beginn der neunziger Jahre in Gang gekommene Friedensprozeß war in Nahost die Grundlage für einen wirtschaftlichen Aufschwung mit wachsender Industrialisierung, grenzüberschreitenden Infrastrukturprojekten und einem Aufblühen des Tourismus in der Region. All dies brachte Risiken und Belastungen für die Umwelt. Gleichzeitig schaffte der Friedensprozeß auch die Voraussetzung dafür, Umweltprobleme auf die öffentliche und politische Tagesordnung zu setzen, was vorher kaum der Fall gewesen war. In Israel und der Türkei entstanden eine Vielzahl von Umwelt-NGOs, und das öffentliche Interesse an einer Regulierung von Umweltproblemen wuchs. Langsamer und zurückhaltender als in Israel kam diese Entwicklung auch in Palästina in Gang, während in Ägypten und Jordanien wirtschaftliche und soziale Probleme die Wahrnehmung von Umweltzerstörung überlagern.

Der Friedensprozeß und die Annäherung zwischen den Staaten, zwischen Juden und Arabern waren der Nährboden für die beiden großen Öko-Projekte im Nahen Osten. Die neue politische Spannungslage erschwerte und belastete die Kooperation aber bereits im Jahr 2000. Die Eskalation von Gewalt und Terror nach dem Regierungswechsel in Israel torpedierten die Aktivitäten förmlich, gleichzeitig wird die öffentliche und politische Aufmerksamkeit von der fortschreitenden Umweltdegradierung abgezogen.

2.3.2 Projekte und Programme

Das Ökoprogramm im Nahen Osten beinhaltet unter dem Titel »Förderung des Umweltbewußtseins« zwei große Projekte, ein kleineres und eine Vielzahl von Kleinmaßnahmen, die von den drei Stiftungsbüros in Ramallah, Tel Aviv und Istanbul durchgeführt wurden.

Tabelle 6 **Projekte Nahost**

Land	Projekt / Programm	Trägerorganisation	Förderzeitraum
Israel, Jordanien, Ägypten	Sustainable Tourism in the Gulf of Aqaba	Friends of the Earth Middle East	1996–2001
Israel	Hitorerut	Green Action	1996–2001
Palästina	Alternativen zu Pestiziden in der Landwirtschaft	Ma'an	1999, 2000

Tabelle 7 **Kleinmaßnahmen Nahost**

Büro	Veranstaltungen	Politikdialog	Veröffentlichung	Kurzprojekt	Vernetzung	Training	Indiv. Förderung	Total
Ramallah	4	–	–	1	3	–	2	10
Tel Aviv	5	–	1	1	–	5	6	18
Istanbul	2	–	–	–	4	1	1	8

Ausgehend davon, daß eine intakte Umwelt ein regionales Gemeingut über die Grenzen hinweg ist, betrachten die beiden Trägerorganisationen Umweltaktivitäten grenzüberschreitend als Vehikel der Kooperation zwischen Juden und Muslims in drei Ländern. Gemeinsame Umweltschutzaktivitäten sollen die Funk-

tion vertrauens- und friedensbildender Maßnahmen haben, um
durch eine gemeinsame Zielgerichtetheit Konfrontationen, interkulturelles Mißtrauen und Grenzen in praktischem Alltagshan-
deln zu überwinden. »Our shared environment« war 1995 ein
Stichwort dafür.

Das Projekt von *Green Action* greift mit israelischen und palästinensischen Jugendlichen einen Mix von Themen und Handlungsansätzen auf. Mit Umweltschutz-Aktionen betreiben die
Jugendlichen die für die Aufbruchsphase grüner Bewegungen typische symbolische Politik, um öffentliche Aufmerksamkeit zu
erzeugen; so kletterten sie auf Bäume, um den Bau eines Highways
zu verhindern. Gleichzeitig setzten sie die *Single Issues* aus ihren
Protesten in einen breiten analytischen Rahmen und diskutierten
z.B. den Zusammenhang von Ökologie, Globalisierung und
Finanzwirtschaft. Politischer Druck wurde durch spektakuläre,
öffentlichkeitswirksame Aktionen erzeugt. Interne organisatorische Probleme führten im Jahr 2001 dazu, daß die Finanzierung
beendet wurde.

Auch beim Tourismus-Projekt im Golf von Aqaba war die Konstituierung von Gemeinsamkeit durch ökologische Aktivitäten
über Ländergrenzen hinweg gleichzeitig Antriebsfeder und Handlungsstrategie. Doch die Maßnahmen blieben eher parallel, als
koordiniert in eine synergieerzeugende Strategie zu münden. Aufklärung für Hotelangestellte und Touristen fand auf der Mikro-
Ebene statt, Säuberungsaktionen wurden am Strand und an den
Korallenriffen durchgeführt. Aber eine politische Stoßrichtung des
Projekts zielgerichtet auf nationale Umweltpolitiken, auf die Tou-
rismusbranche und die Hotelkonzerne wurde nicht erkennbar.
Der erneute gewaltförmige Konflikt und Terror sprengten das Pro-
jekt und die Kooperation auf und führten zur Beendigung der
Unterstützung durch die Heinrich-Böll-Stiftung.

In Palästina propagierte die NGO *Ma'an* in einem Kleinprojekt
durch Öffentlichkeitsarbeit und Trainingskurse für Bauern Alternativen zum Pestizideinsatz in der Landwirtschaft und eine Verbreitung organischer Anbaumethoden. Die Sicherung der natürlichen Ressourcen Land und Wasser sowie der Schutz der fragilen

Böden ist Existenzsicherung in Palästina. Ziel von *Ma'an* ist Ernährungssicherung durch weltmarktunabhängige Produktion und landwirtschaftliche Selbstversorgung.

Die mehr als 30 Kleinmaßnahmen zu Ökologie und Nachhaltigkeit, die die drei Büros in Istanbul, Ramallah und Tel Aviv in der Region durchgeführt haben, decken inhaltlich ein sehr breites Spektrum von umwelt- und nachhaltigkeitsbezogenen Themen ab. Alle drei Büros bereiteten mit lokalen Umwelt-NGOs das Forum zu Nachhaltiger Entwicklung vor, das die Heinrich-Böll-Stiftung im Kontext der Euro-Med-Ministerkonferenz 1999 in Stuttgart organisierte. Dies war ein einmaliges Beispiel für regionale Kooperation zwischen zivilgesellschaftlichen Kräften in sieben Ländern, den drei Stiftungsbüros in der Region und dem Büro der Heinrich-Böll-Stiftung in Brüssel (vgl. Kap. 3.4.1). In Tel Aviv liegt ein Schwergewicht auf der Debatte umweltpolitischer Strategien (Protest, Kommunalpolitik) und eines Nachhaltigkeitskonzepts im Zeitalter der Globalisierung. Ein weiterer Schwerpunkt ist die Umwelterziehung von Kindern.

Ökologische Aktivitäten zu vertrauens- und kooperationsstiftenden Maßnahmen zu machen, war die strategische Grundidee des bisherigen Ökoprogramms, die es wert wäre, fortgesetzt zu werden. Dies wird derzeit jedoch durch das Scheitern des Friedensprozesses und eskalierende Gewalt unmöglich. Für die nahe Zukunft wird deshalb das Schwergewicht auf der weiteren Ausbildung eines Bewußtseins für Umwelt und Nachhaltigkeit in der Öffentlichkeit und auf lokalen Ansätzen liegen. So wird in Ramallah der Aufbau eines Ökogartens mit Umweltbildungszentrum unterstützt. Für israelische Umweltaktivisten und -politiker wird eine Besucherreise nach Barcelona organisiert, um sich vor Ort über die Umsetzung der Agenda 21 zu informieren. Durch eine gemischte Delegation von Mitarbeitern aus Umweltbehörden in Palästina und Jordanien und NGO-Experten bei einem Besucherprogramm in Berlin soll der Dialog zwischen staatlichen Stellen und Zivilgesellschaft angekurbelt werden. Derzeit besteht das Regionalprogramm in einer Vielzahl von Klein- und Kurzmaß-

nahmen der Auslandsbüros, mit denen recht flexibel versucht
wird, trotz der gewalttätigen Auseinandersetzungen in der Region
Fragen von Ökologie und Nachhaltigkeit zu thematisieren.

2.4 WESTAFRIKA

2.4.1 Politische und wirtschaftliche Rahmenbedingungen

Die Sahelländer Niger und Mali haben in den letzten Jahren kaum
für Schlagzeilen gesorgt. Weder die politische Entwicklung hat
große Brüche aufzuweisen, noch kam es zu einer außergewöhnlichen Umweltkatastrophe. Nachdem die bedrohliche Umweltsituation im Sahel vor Jahren als ein alarmierendes Problem wahrgenommen wurde, scheint man sich mittlerweile daran gewöhnt
zu haben und ist zum *Business as usual* übergegangen – gibt es doch
in Afrika brennendere Krisenherde, wo nach Feuerwehraktionen
verlangt wird.

Die wirtschaftliche und ökologische Lage (Desertifikation, Wassermangel etc.) ist aber keineswegs besser geworden, und die
Lebensbedingungen sind weiterhin schlecht. Mit der relativen politischen Beruhigung in den beiden Ländern haben sich zwar die
Ausgangsbedingungen für den Aufbau einer aktiven Zivilgesellschaft verbessert, doch es fehlt im Vergleich zu Lateinamerika und
vielen asiatischen Ländern offensichtlich eine entsprechende Tradition oder eine soziale Bewegung als Fundament, worauf eine
Ökologiebewegung wachsen könnte. Initiativen von oben, wie
durch die Partner-NGOs geschehen, fallen nicht auf genügend
fruchtbaren Boden.

2.4.2 Projekte und Programme

Da die Projekte in der Sahelzone Westafrikas ein gemeinsames
Grundmuster hatten, kann man das Stiftungs-Engagement als ein
Programm verstehen, auch wenn es nur bedingt als solches behandelt oder verwaltet wurde. Ursprünglich waren es drei Projekte in

47 den Nachbarländern Burkina Faso, Niger und Mali. Das Burkina-Projekt hat in seiner kurzen Laufzeit kaum Aktivitäten entwickelt und wurde aufgrund der extrem spärlichen Datenlage und der Beendigung vor 1998 nicht in die Analyse einbezogen. Auch die beiden anderen Projekte in Mali und Niger sind inzwischen beendet, das Projekt in Mali wurde aufgrund von zusätzlichen Schwierigkeiten bei der Finanzverwaltung abgebrochen.

Tabelle 8	Projekte Westafrika		
Land	Projekt / Programm	Trägerorganisation	Förderzeitraum
Mali	Förderung der ökologischen Landwirtschaft	Association Ecologie et Population, AEP	1996–1998
Niger	Förderung der Ökologiebewegung und der Umweltbildungsarbeit	Comité Federatif des ONG et Associations CFOA	1993–1998

Bei den Projektträgern handelte es sich um relativ junge Umwelt-NGOs die nach 1992 entstanden sind. Sie hatten eine deutliche Nähe zu den dortigen Grünen bzw. Ökologie-Parteien. Die Ökologie-NGOs, die im Grunde erst nach der Konferenz in Rio entstanden, sollten durch die Projekte gestärkt und gefördert werden. Auch wenn die Projekte explizit so angelegt waren, daß keine Parteienfinanzierung stattfand, war es durchaus beabsichtigt, sowohl die Umweltbewegung als auch indirekt die Ökologie-Parteien und das entsprechende Potential zu fördern. So standen Sensibilisierung, Öffentlichkeitsarbeit und Aufklärung in Schulen und mit Jugendlichen ganz oben in der Liste der Ziele neben dem praktischen Umweltschutz, der sich in Mali auf den Ökolandbau konzentrierte und in Niger Begrünungsaktionen und Aktivitäten im städtischen Bereich vorsah.

In beiden Ländern waren Umweltbewegung und Bewußtsein so gut wie nicht vorhanden bzw. sehr schwach ausgeprägt. Es hätte einer starken und tatkräftigen Organisation bedurft, um einen spürbaren Schritt nach vorne zu machen. Dafür waren die jungen NGOs offensichtlich auch mit ausländischer Unterstützung durch die Heinrich-Böll-Stiftung nicht in der Lage, ja, sie kamen kaum aus den Startlöchern heraus, und greifbare Ergebnisse blieben letztlich aus. In Mali (und ganz besonders in Burkina Faso) ist der Abnabelungsprozeß von der Partei nie vollständig vollzogen worden. Die Umweltgruppen und ihre Protagonisten entsprangen nicht wirklich einer sozialen Bewegung und fanden in der Bevölkerung keine Verankerung.

Nach einer Förderphase wurden alle Ökologie-Projekte in Westafrika beendet. Die in die dortigen Projektpartner gesetzten Erwartungen wurden nicht erfüllt, und das Programm ist als fehlgeschlagen anzusehen. Diese Entwicklung wirft die Frage auf, welcher Zusammenhang zwischen der Initiative für die Projekte und ihrer Stabilität besteht; in Niger kam der Anstoß z.B. aus der deutschen Botschaft, also von oben und außen. Derzeit fördert die Heinrich-Böll-Stiftung im Ökologiebereich in der Region keine Projekte oder sonstigen Maßnahmen.

Der Problemdruck ist allerdings nach wie vor vorhanden, deshalb erstaunt es, daß die Umweltthematik keinen kräftigeren Rückhalt in der Bevölkerung findet. Dies legt die Vermutung nahe, daß die *top-down*-Initiativen zumindest bisher nicht die richtigen Fragen gestellt haben oder diese nicht entsprechend zu vermitteln vermochten bzw. Information und Aufklärung nicht die erhofften Erfolge zeitigten. Ein neuer Anlauf, der gerade in dieser ökologisch so labilen Weltregion angezeigt ist, muß die Rückschläge intensiv analysieren und gemeinsam mit den Betroffenen (den sog. Endbegünstigten und den vermittelnden Akteuren der Zivilgesellschaft) neue Antworten und Wege suchen.

2.5 HORN VON AFRIKA

2.5.1 Politische und wirtschaftliche Rahmenbedingungen

Die Dürren und Hungerkatastrophen am Horn von Afrika waren in den vergangenen Jahrzehnten immer wieder Alarmsignale für die sich verschärfende ökologische Krise in der Region. Doch wegen der langen Serie kriegerischer Konflikte wurden Umweltprobleme und Umweltpolitik vernachlässigt. Regionale Nahrungsmitteldefizite und sogenannte »Hungertaschen« sind in Äthiopien chronisch. Sie haben ihre Ursache nicht nur in ausbleibenden Regenfällen, sondern ebenso in der ökologischen Instabilität semi-arider Böden und der geringen Produktivität der Landwirtschaft, in die Kleinbauern wegen der hohen Abgaben an den Staat nicht investieren mögen. Bisher gelang es der äthiopischen Regierung nicht, die örtlichen Defizite durch Umverteilung von Überschüssen in anderen Gebieten des Landes auszugleichen. Während sie die Versorgung der Hungernden im Frühjahr 2000 der internationalen Gemeinschaft überließ, kaufte sie für eine halbe Milliarde Mark Waffen ein.

In Eritrea verliefen der Wiederaufbau des Landes und die wirtschaftliche Entwicklung nach der Unabhängigkeit bei weitem nicht so wie erhofft, obwohl der neue Staat vom Westen u.a. als geostrategischer Stützpunkt gegen den Islamismus stark unterstützt wurde. Das selbstbewußte Setzen von Konditionen für Geber und die entwicklungskonzeptionelle Inkohärenz der eritreischen Führung hatten 1997 den Rückzug vieler ausländischer Hilfsorganisationen zur Folge. Auch die Ausbildung demokratischer und zivilgesellschaftlicher Strukturen blieb weit hinter den Erwartungen zurück und fiel 1998 der neuen Kriegspolitik vollends zum Opfer.

Die wirtschaftlichen Entwicklungsperspektiven sind in beiden Ländern trotz Auslandshilfen eher düster. Durch den Grenzkrieg zwischen Eritrea und Äthiopien, die damit einhergehende Mobilisierung und drastisch gesteigerte Militärausgaben wurden sie weiter beeinträchtigt. Außer den militärischen Ausgaben wuchsen weltmarktabhängig die Kosten für Ölimporte, während die Preise für Kaffee, dem Hauptdevisenbringer Äthiopiens, verfielen. Hauptdevisenbringer Eritreas sind Überweisungen der Auslandseritreer, die für den Krieg erheblich angekurbelt und für die Aufrüstung genutzt wurden.

Ein Friedensvertrag beendete im Dezember 2000 endlich den Grenzkrieg, und im Februar 2001 rückten UN-Friedenstruppen in eine Pufferzone zwischen den beiden Ländern ein. Doch in beiden Ländern löste der Krieg eine Tendenz zu autoritärer und repressiver

Staatlichkeit aus. Demokratisierung, Formierung zivilgesellschaftlicher Kräfte und ihre Partizipation werden durch die an der Macht
befindlichen Cliquen der beiden Regierungsparteien zunehmend behindert. In beiden Gesellschaften werden gleichzeitig die regierungs-
kritischen und Demokratie fordernden Stimmen lauter. In Äthiopien
zeigte sich dies bei der Parlamentswahl im Mai 2000 in einer nie
gekannten öffentlichen Regierungskritik und einem Schlagabtausch
mit der Opposition. Im Laufe der Entscheidungen zum Grenzkrieg
fand eine sich vertiefende Spaltung der äthiopischen Regierungspartei statt. Zur Sicherung ihrer Macht ging die Regierungsfraktion
mit zunehmender Repression, ja, brutaler Gewalt gegen Kritiker vor
und schlug eine Studentenrevolte Ostern 2001 gewaltsam nieder.

Auch in Eritrea stürzte der Krieg die Regierung in eine Legiti-
mationskrise. Ein »Berlin-Manifest«, das 13 eritreische Intellektuelle im Ausland im September 2000 formulierten, warf ein kritisches Schlaglicht auf den Stand der Demokratisierung. In der
Regierungspartei kam es wie in Äthiopien zu einer internen Spaltung, die zur Entlassung führender Minister und schließlich zur
Verhaftung der Kritikergruppe G 15 führte, nachdem diese ihren
Appell an die Verhandlungsbereitschaft des Präsidenten mit einer
Dokumentation ihrer Auseinandersetzungen ins Internet gestellt
hatte. Ähnlich wie in Äthiopien bewirkt jedoch die staatliche
Repression derzeit eine Verstärkung der Forderungen nach Demo-
kratisierung und politischer Transparenz in der Zivilgesellschaft.

In der konfliktbeladenen und entwicklungspolitisch prekären
Situation der jüngsten Vergangenheit nahm der Druck auf die
Umwelt durch Überausbeutung von Ressourcen, insbesondere
von Böden und Vegetation, zu. Gleichzeitig blieben die Mittel und
Anstrengungen von Regierungen, Behörden, Institutionen und
zivilgesellschaftlichen Organisationen, Umweltschutzmaßnahmen durchzuführen, völlig unzureichend.

Zivilgesellschaftliche Strukturen sind in den Ländern sehr
unterschiedlich entwickelt: In Eritrea werden NGOs nicht zugelassen, in Äthiopien bestehen zwar seit langer Zeit Hilfsorganisationen, aber regierungsferne NGOs werden häufig vom Staat in
ihrer Arbeit behindert.

In Somaliland – dem dritten Land am Horn von Afrika, wo die Heinrich-Böll-Stiftung Umwelt-Projekte unterstützt – ist gerade eine vielfältige NGO-Landschaft aufgeblüht. Somaliland spaltete sich 1991 von Somalia ab und baute eine eigene Regierung auf. In einem Referendum im Mai 2001 entschieden sich 97 Prozent der Bevölkerung für die Unabhängigkeit. Von der internationalen Staatengemeinschaft wird Somaliland nicht als Staat anerkannt. Die geringe Funktionsfähigkeit der Regierung bewirkte einen hohen Selbstorganisierungsgrad der Bevölkerung und die Formierung einer großen Anzahl von NGOs. Konflikte zwischen den Clans drohen an den Grenzen, und die Region Puntland neigt zu einem Bündnis mit der neuen Regierung in Mogadischu.

In allen drei Ländern sind somit die wirtschaftlichen Rahmenbedingungen äußerst prekär, die politische Situation ist instabil, und die Regierungen in Äthiopien und Eritrea stehen an einem Scheideweg zwischen dem eingeschlagenen Kurs autoritärer Staatlichkeit und den verstärkten Demokratisierungsforderungen.

2.5.2 Projekte und Programme

Die Durchführung des gesamten Programms stand unter schwierigen Vorzeichen: Zum einen war das Büro der Heinrich-Böll-Stiftung in Addis Abeba wegen Problemen bei der Registrierung, Ausweisung der Büroleiterin und letztlich Schließung des Büros nur beschränkt funktionsfähig. Im Jahr 2000 wurde der Sitz des Regionalbüros nach Nairobi verlegt. Zum anderen drängte der Grenzkrieg zwischen Äthiopien und Eritrea das Thema Ökologie erneut in die politische Bedeutungslosigkeit ab.

Infolge dieser Rahmenbedingungen war das Umweltprogramm lange in einer Art Orientierungs- und Identifikationsphase, in der versucht wurde, durch Aufbau einer Kooperationsstruktur ein Fundament für systematische umweltpolitische Arbeit zu schaffen. Oberstes Ziel ist, verschiedene umweltpolitische Akteure durch Kapazitäts- und Institutionenentwicklung zu stärken und zu vernetzen, damit sie Ökologie in der Region durch Bewußtseinsbildung zum öffentlichen und politischen Thema machen können.

Tabelle 9 **Projekte Horn von Afrika**

Land	Projekt / Programm	Trägerorganisation	Förderzeitraum
Äthiopien	Establishment and Strengthening of School Environmental Education and Protection Clubs	LEM Ethiopia	1993–1999
	National Capacity Development for Cleaner Industrial Production	Chemical Society of Ethiopia + Ethiopian Private Industries Association	1996–1998
	Small Scale Mushroom Cultivation	Ethiopien Society for Appropriate Technology	1996–1998
	Environmental Rehabilitation: Baumschule	HUNDEE	1997–2000
	Umweltschutzbüro in Addis Abeba	Stadtverwaltung Addis Abeba	1998–2000
	Vernetzung, Aus- und Fortbildung	Stiftungsbüro Addis Abeba	1999–2000
Eritrea	Aufbau des eritreischen Umweltamts (Landwirtschaftsministerium) + Umweltradio (Erziehungsministerium)	Eritrean Agency for the Environment	1997–1999
Somaliland	Think Trust	Ministerium für ländliche Entwicklung und Umwelt	1998–2000

Tabelle 10 **Kleinmaßnahmen am Horn von Afrika**

Büro	Veranstaltungen	Politikdialog	Veröffentlichung	Kurzprojekt	Vernetzung	Training	Indiv. Förderung	Total
Addis Abeba, seit 2000 Nairobi	3	1	4	3	3	1	2	17

Aufgrund der politischen Voraussetzungen ist die Partnerstruktur in dieser Region ungewöhnlich, ja einmalig in der gesamten Stiftungs-Partnerlandschaft: sowohl staatliche als auch nicht-staatliche Träger werden unterstützt. In keiner anderen Region werden staat-

53　liche Stellen durch Projektmittel so stark gefördert. Hauptgrund war, daß die bereits existierenden Umweltbehörden innerhalb der staatlichen und städtischen Verwaltungen konzeptionell noch in den Startlöchern steckten und in ihrer Handlungsfähigkeit schwach waren, aber vor der Notwendigkeit standen, umweltpolitische Regulierungen zu formulieren und umzusetzen.

Sowohl staatliche als auch zivilgesellschaftliche Akteure haben einen hohen Bedarf an Kapazitäts- und Kompetenzbildung sowie an Institutionenförderung. Pragmatisch unterstützt die Heinrich-Böll-Stiftung die wenigen umweltpolitisch wichtigen und profilierten Akteure sowohl im NGO- als auch im staatlichen und kommunalen Bereich. Auf diese Weise zielt das Programm zum einen auf eine Stärkung zivilgesellschaftlicher Strukturen, zum anderen auf kooperative Staatlichkeit und verfolgt so einen Demokratisierungs- und Partizipationsansatz aus zwei Richtungen.

Mit drei Projekten in drei Ländern – Umweltamt Eritrea, Umweltministerium Somaliland, Umweltbüro Addis – ist die Stärkung staatlicher und kommunaler Akteure in Umweltbehörden ein Schwerpunkt des Programms. Anliegen war die Institutionalisierung von Umweltpolitik im Regierungsapparat und die Erarbeitung von Regelwerken, damit ökologische Erwägungen und Wertsetzungen im politischen Entscheidungsprozeß und im Entwicklungskurs Bedeutung gewinnen. Nachdem die Heinrich-Böll-Stiftung in Eritrea 1995 bereits die Erstellung eines Nationalen Umweltmanagementplans unterstützte, wurde von 1997–99 der Aufbau des Umweltamts im Landwirtschaftsministerium gefördert. Hauptaktivitäten des Umweltamts waren Trainingsmaßnahmen, um untere Verwaltungsangestellte und Dorfälteste für Umweltprobleme und partizipative Methoden zu sensibilisieren, die Verteilung des Nationalen Umweltplans sowie die Erarbeitung eines Instrumentariums und von Studien zur Messung von Pestizidrückständen, industrieller Verschmutzung und Abfallmanagement in Gesundheitseinrichtungen. Das Erziehungsministerium baute im Auftrag des Umweltamts ein »Umweltradio« auf. Mit den Stiftungsmitteln wurde ein Studio ausgestattet. Insgesamt 52 Rundfunkbeiträge wurden produziert und gesendet.

Wegen des Grenzkriegs und anderer Prioritätensetzungen (ein Fahrradprojekt wurde als nicht prioritär vom Umweltamt abgelehnt) wurden jedoch nur zwei von sechs geplanten Projektkomponenten umgesetzt. Vor allem der Aufbau von Umweltforen auf Distriktebene, die eine Stärkung der Zivilgesellschaft in ihrem umweltbezogenen Handeln bewirken sollten und damit vielleicht die Abwesenheit von Umwelt-NGOs hätten kompensieren können, fand nicht statt. Nach Aussagen von Behördenmitarbeitern hat das Amt nach Beendigung der Finanzierung durch die Heinrich-Böll-Stiftung kaum noch Mittel zur Weiterführung der Aktivitäten, der Umweltrundfunk konnte keine neuen Beiträge mehr produzieren. Deswegen will die Heinrich-Böll-Stiftung die Förderung des Umweltradios wieder aufnehmen.

Das Fördervolumen für das Ministerium für Weideentwicklung und Umwelt in Somaliland war im Vergleich mit Eritrea nur gering. Unterstützt wurde lediglich ein *Think Tank*, ein Expertenpool, der sich überwiegend aus im Ausland ausgebildeten, somalischen Rückkehrern zusammensetzte und das Ministerium in fachlichen Einzelfragen und bei der Erarbeitung mehrerer Richtlinien und eines Umweltgesetzes beriet.

Die Förderung des Umweltbüros in der Stadtverwaltung Addis Abeba bestand vor allem in Ausstattungshilfe und in der Durchführung eines Workshops zu industrieller Umweltverschmutzung. Entscheidend war, daß das Umweltbüro seine Vorbehalte gegen eine Kooperation mit zivilgesellschaftlichen Kräften überwand und inzwischen gemeinsam mit ihnen Aktionen in der Stadt durchführt. Das Stiftungsbüro in Addis Abeba kooperierte bei einer Reihe von Aktivitäten mit dem Umweltbüro, weil es sowohl als Verbindungsglied zur Provinzregierung von Addis Abeba fungieren als auch als umweltpolitischer Katalysator in die Öffentlichkeit hineinwirken kann.

Das Projekt »Aus- und Fortbildung« sowie »Vernetzung« des Stiftungsbüros in Addis Abeba bestand aus einer Serie von Workshops zu einzelnen Sektoren, technischen Verfahren und Initiativen zur öffentlichen Bewußtseinsbildung. Adressatenschaft war ein Fachpublikum von Medienleuten, Mitarbeitern in

55 Behörden, NGOs sowie Experten. Anliegen war Kapazitätsbildung und Stärkung unterschiedlicher Akteure für umweltpraktische und umweltpolitische Aktivitäten. Netzwerkbildung ist in der Region wegen der gesellschaftspolitischen Schwäche der Akteure unabdingbar, um Multiplikations- und Synergieeffekte zu erzeugen. Um die Wirkung dieser (einmaligen) Inputs zu sichern und die Netzbeziehungen zu konsolidieren, sollen in Zukunft *Follow-up*-Strukturen mit einzelnen Partnern als nationalen Knotenpunkten aufgebaut und Nachfolge-Workshops organisiert werden. Auffallend bei diesem Netzwerk ist die angestrebte Verknüpfung von staatlichen Stellen und zivilgesellschaftlichen Gruppierungen.

In einem Projekt zur Verbesserung des industriellen Umweltschutzes in Addis Abeba kam erstmals eine erfolgreiche Kooperation mit Unternehmen zustande. Mitarbeiter von Industriebetrieben in Addis Abeba wurden fortgebildet, um ein Abfall-Audit in ihren Betrieben durchzuführen, Pläne zur Abfall- und Verschmutzungsreduzierung zu entwerfen und umweltfreundliche Technologien und Managementmethoden einzuführen. Mit diesem Pionierprojekt wurde das Problem industrieller Umweltverschmutzung erstmalig in Äthiopien konstruktiv bearbeitet.

Einen interessanten Ansatz, der die Regeneration des lokalen Ökosystems mit der Rekonstruktion des Gewohnheitsrechts lokaler Gemeinschaften verbindet, verfolgt *Hundee* in Oromia in Äthiopien. Baumschulen, die indigene Sorten erhalten, der Aufbau von Umweltclubs, die die Verantwortung für die Regeneration von Böden und Vegetation übernehmen, und die selbstbestimmte Formulierung von Rechten über Zugang und Nutzen der Ressourcen durch die Dorfgemeinschaften sind die ökologischen, sozialen und kulturellen Säulen dieses integrierten Konzepts.

Die Einzelprojekte des Programms am Horn von Afrika waren bisher sektoral breit gestreut und von den Handlungsansätzen und -ebenen her sehr verschieden – von Basisinitiativen wie einkommensschaffendem Pilzanbau über die Unterstützung von Umweltclubs in Schulen bis zur staatlichen Landnutzungsplanung. In

Addis Abeba kristallisierte sich im Laufe der Zeit – mit dem Pro-
jekt zur Verbesserung des industriellen Umweltschutzes, mit der
Umweltbehörde in der Stadtverwaltung als Kooperationspartner
sowie mit einigen Einzelmaßnahmen des Stiftungsbüros – das
Abfall- und Verschmutzungsmanagement als ein sektoraler
Schwerpunkt heraus. Während ansonsten bisher keine inhaltliche
Schwerpunktsetzung erfolgte, sollen in Zukunft thematische
Akzente auf der Bekämpfung von Bodendegradierung, Verlust der
Biodiversität und Wasserknappheit liegen.

Stärkung der sehr unterschiedlichen Akteure und Vernetzung
werden auch in Zukunft die zentralen Anliegen und Bausteine des
Programms sein. Es gelang überdies, neue Akteurinnen für den
Umweltschutz zu mobilisieren: In Somaliland wurden Kleinpro-
jekte von zwei Mitgliedsorganisationen des Frauendachverbands
NAGAAD unterstützt. Für die neue Förderphase haben 15 Frauen-
NGOs in dem Verband Anträge für Umweltprojekte vorgelegt.

Umweltpolitik und ein Nachhaltigkeitsdiskurs sind in der
Region immer noch wenig entwickelt. Der in mehreren Ländern
von der Heinrich-Böll-Stiftung unterstützte Vorbereitungsprozeß
auf den Weltgipfel 2002 in Johannesburg kann hier als Motor wirken und außerdem die Vernetzung der Akteure intensivieren.

2.6 SÜDLICHES AFRIKA

2.6.1 Politische und wirtschaftliche Rahmenbedingungen

Wirtschaftliche Grundlage der SADC-Staaten sind vor allem die
Förderung mineralischer Rohstoffe und die Agrarproduktion. Die
Region ist zunehmend dominiert und durchdrungen von der
führenden Wirtschaftsmacht Südafrikas. Mit der von der Weltbank
beeinflußten GEAR-Strategie *(Growth, Employment and Re-Distribution Macro-Economic Strategy)* steuert die südafrikanische Regierung seit 1996 vor allem auf Wachstum und Weltmarktintegration
hin. Exportorientierung und Attraktivität für ausländische Investoren gelten als wichtigste Maxime, seit die Regierung Mbeki einen

klareren neoliberalen Kurs einschlägt. An den großen sozialen Ungleichheiten im Land und das heißt an der prekären Überlebenssituation der armen und marginalisierten Bevölkerung hat der neoliberale Weg bisher kaum etwas geändert, so daß die Unzufriedenheit der schwarzen Bevölkerungsmehrheit wächst.

Die südafrikanische Regierung verfolgte in der Post-Apartheid-Phase eine rasche Industrialisierung als Entwicklungsstrategie, ohne daß die notwendigen ökologischen Erwägungen und Kontrollen institutionalisiert gewesen wären. Vor den Wahlen von 1999 wurden dann jedoch eine Reihe sektorspezifischer Umweltpolitiken formuliert und der *National Environment Management Act* verabschiedet. Die Umsetzung dieser ökologisch und sozial teils recht progressiven Regulierungen (vor allem zum Wassersektor, zu Küstenzonen und zum Verschmutzungs- und Abfallmanagement) ist allerdings durch fehlende Kapazitäten und Mittel in der Verwaltung blockiert oder gefährdet.

In Südafrika bestand im Apartheid-Regime eine vor allem von der weißen Bevölkerung getragene Natur- und Artenschutzbewegung. Die vielen umweltbezogenen Initiativen, die sich nach Ende der Apartheid entwickelten, haben einen anderen Charakter. Sie verknüpfen soziale und ökonomische Problemlagen mit den ökologischen und stellen nachdrücklich die Frage ökologischer und Ressourcengerechtigkeit im Sinne von Lasten- und Nutzenverteilung (Stichwort »Umweltgerechtigkeit«).

Die Räume und Chancen *(Opportunity Windows)* für zivilgesellschaftliche Beteiligung an der Auseinandersetzung um Rechte und Ressourcen sowie an der Formulierung von Umweltpolitik waren vor allem zu Beginn der Post-Apartheid-Phase groß. In Simbabwe sind zivilgesellschaftliche Strukturen weitgehend ausgebildet, leiden in ihrer Handlungsfähigkeit jedoch erheblich unter den politischen Konflikten, wobei die Regierung gegen kritische Positionen zunehmend repressiv vorgeht. Im Wahlkampf 2000 machte die regierende ZANU-PF, die ihre Macht erstmalig von einer Oppositionspartei, der *Movement for Democratic Change* (MDC), ernsthaft bedroht fühlte, die jahrelang blockierte Landreform zum zentralen

Wahlkampfthema und steuerte die gewaltsame Besetzung weißer
Farmen durch sogenannte »Veteranen des Befreiungskampfes«.
Die innenpolitischen Konfrontationen in Simbabwe werden
durch die heftigste Wirtschaftskrise seit der Unabhängigkeit mit
einer galoppierenden Inflation und Versorgungsengpässen ver-
schärft. Elektrizität, Treibstoff und für die Produktion notwendige
Güter und Ersatzteile können nur noch in ungenügendem Umfang
importiert werden. Der Bergbau wie auch der Tourismus sind quasi
zum Stillstand gekommen. Mit Verweis auf die Menschenrechts-
verletzungen, die Repressionen der Regierung und die Beteiligung
am Kongo-Krieg haben multilaterale Institutionen ihre Kreditzah-
lungen ausgesetzt, ausländische Geber ihre Hilfe eingefroren. Die
Kriegführung kostet das Land täglich mehr als eine Million Dollar,
während die Kriegsgewinne durch Ressourcenabschöpfung in
private Taschen fließen. Proteste aus der Zivilgesellschaft werden
mit brutalen Methoden und massiven Behinderungen der Medien
und der Justiz unterdrückt, die Wiederwahl Mugabes im März
2002 wurde durch Manipulation sichergestellt.

2.6.2 Projekte und Programme

Im südlichen Afrika unterstützte die Heinrich-Böll-Stiftung im
Zeitraum von 1996–1998 Projekte unter dem Titel »Umwelt-Aus-
bildung von Basisgruppen« mit den Zielen, zivilgesellschaftliche
Strukturen zu fördern, das umweltpolitische Bewußtsein in loka-
len Bevölkerungsgruppen zu stärken und die Arbeitsfähigkeit der
Umweltorganisationen zu steigern. Neben dieser Zielpriorität der
Kapazitäts- und Institutionenbildung vor allem im Post-Apartheid-
Südafrika wurden noch keine sektoralen Schwerpunkte gesetzt.
Dagegen hat das zweite Stiftungs-Ökoprogramm 1999–2001 deut-
lich drei sektorale Schwerpunkte: Das Kernstück ist der Bergbau
in Südafrika, zwei weitere Standbeine sind Biodiversität (vor allem
in Simbabwe und perspektivisch regional) und, als regionaler
Schwerpunkt in den Kleinmaßnahmen, Wassermanagement,
angestoßen durch den Bericht der Welt-Staudamm-Kommission
WCD, die ihren Sitz in Südafrika hatte.

Die beiden Themen Bergbau und Biodiversität werden in den Projekten sowohl praktisch an der Basis als auch politisch bearbeitet. Zeitlich stoßen die Projekte genau in die Phase der notwendigen Formulierung und Umsetzung umweltpolitischer Regelungen und sondieren Räume und Möglichkeiten, um Politiken zu beeinflussen und mitzugestalten. Gleichzeitig zielen die beiden sektoralen Schwerpunkte des Ökoprogramms in die beiden Kern-Wirtschaftszweige hinein: Rohstoff- und Agrarproduktion.

Tabelle 11 Projekte südliches Afrika

Land	Projekt / Programm	Trägerorganisation	Förderzeitraum
Südafrika	Monitoring Environment and Community Health, MECH	Environmental Monitoring Group, EMG	1996–1998
	Environmental First Aid Fund, EFAF	EMG	1996–1998
	Mining and Environment	EMG	1997–2003
	Mining and Environment	Group for Environmental Monitoring, GEM	1999–2001
	Biodiversity	IUCN	2000
	Nuclear Energy Costs the Earth	Earthlife Capetown + Johannesburg	1999–2000
Simbabwe	Local Seed Production	Natural Farming Network, NFN	1996–1998
	Biodiversity, Modern Biotechnologies Lobbying and Networking Initiative	Community Technology Development Trust, CTDT	1998–2001

Tabelle 12 Kleinmaßnahmen südliches Afrika

Büro	Veranstaltungen	Politikdialog	Veröffentlichung	Kurzprojekt	Vernetzung	Training	Indiv. Förderung	Total
Johannesburg	3	–	5	1	4	1	2	16

Insgesamt fällt beim Ökoprogramm die Konzentration auf Südafrika auf. Sie ist dadurch gerechtfertigt, daß sich im Post-Apart-
heid-Südafrika herausragende zivilgesellschaftliche Handlungsspielräume und Chancen demokratischer Partizipation eröffneten.

Die NGO *Environmental Monitoring Group* (EMG) ist seit Jahren
eine tragende Säule der geförderten Maßnahmen in Südafrika.
Sie hat mit unterschiedlichen Projektansätzen im Sinne explorati-
ven Lernens experimentiert und diese in Eigenevaluierungen als
Lessons Learnt sehr gut ausgewertet. Das inzwischen ausgelaufene
Projekt *Monitoring the Environmental and Community Health*
(MECH) setzte bei dem Zusammenhang von Umwelt und
Gesundheit in Bergbaugemeinden an und zielte darauf ab, die
unmittelbare Betroffenheit der Anwohner als Einstiegspunkt für
Informationsvermittlung, Datensammlung und Mobilisierung zu
nutzen. Mit dem *Environmental First Aid Fund* (EFAF) bot es
Umweltgruppierungen an der Basis finanzielle Unterstützung und
Training für kleine Aktivitäten an. Im derzeit laufenden Bergbau-
Projekt will es Betroffene, Politik und Unternehmen in einen
Dialog bringen und, ausgehend von der Mikroebene einer Berg-
baugemeinde, staatliche und Unternehmenspolitik beeinflussen.

Bei allen Projekten stieß EMG auf das Problem, daß die Prioritäten der betroffenen Bevölkerung auf ökonomischen und sozialen Problemen liegen, nicht aber auf ökologischen. Entsprechend
ist ihre Bereitschaft zur Mobilisierung, zum umweltpolitischen
Engagement oder dazu, gar umweltpolitisch konzeptionell aktiv
zu werden, beschränkt. So stellte sich bei EFAF heraus, daß es
den Initiativen und Gruppierungen an der Basis häufig an Fach-
und Arbeitskapazitäten und organisatorischen Strukturen fehlte.
Die Finanzspritzen, die der Erste-Hilfe-Fonds anbot, konnten
wenig zur Lösung umweltpolitischer Problemlagen beitragen und
bestenfalls zur Symptombearbeitung genutzt werden. Gebraucht
wird vielmehr an der Basis eine langfristige Unterstützung, die
Kapazitäten und Institutionen bildet und Initiativen stärkt, die die
Ownership für die Bearbeitung ökologischer Probleme übernehmen können. Weil eine Bearbeitung von Strukturen und nicht

nur von Symptomen notwendig ist, sind keine schnellen Lösungen zu erwarten.

In den beiden aktuellen Bergbau-Projekten verfolgen EMG in Witbank und die *Group for Environmental Monitoring* (GEM) in Gauteng einen Mehr-Ebenen-Ansatz: Sie sind sowohl mithilfe von CBOs in Bergbau-Gemeinden aktiv als auch in der Lobbyarbeit, um Politik, Gesetzgebung und Unternehmen zu beeinflussen. Interessant ist die Mittler- und Knotenfunktion, die die NGOs auf einer Meso-Ebene zwischen der Basis, Politik und Wirtschaft übernehmen, und die Mehrdimensionalität bzw. Multifokalität ihrer Aktivitäten und Adressaten. Beide NGOs pflegen nicht nur eine Vernetzung von Organisationen an der Basis, sondern bauen auch diskurs- und dialogorientierte *Multi-Stakeholder*-Kontakte auf. Eine Beeinflussung der neuen Gesetzgebung zum Bergbau *(White Paper on Mineral and Mining Policy)* ist teilweise gelungen, in wichtigen Punkten konnten aber die Wirtschaftsunternehmen ihre Interessen durchsetzen. In einem Fall hat GEM seine Mittlerrolle zwischen betroffenen Gemeinden und Bergbauunternehmen mit Erfolg gespielt, so daß eine Firma sich zu einem besseren Abraummanagement bereit fand.

Im Energiebereich wurden die Öffentlichkeit über Vorbereitungen für die Nutzung von Atomenergie aufgeklärt und Informationen über alternative Energiequellen verbreitet. Ziel der Aktivitäten ist Kapazitätsbildung, damit von zivilgesellschaftlicher Seite eine kompetente Beeinflussung der Energiepolitik geleistet werden kann. Als nächster Schritt ist eine Vernetzung der Initiativen, die zum gesamten nuklearen Brennstoffkreislauf im südlichen Afrika arbeiten, beabsichtigt.

In Simbabwe arbeitete das *Natural Farming Network* (NFN) nur auf der praktischen Ebene zur Verbreitung ökologischen Landbaus, während der *Community Technology Development Trust* (CTDT) im von der Stiftung geförderten Projekt[2] über internationale Vereinbarungen aufklärt, sie in Entwürfe für nationale Gesetzgebungen

---

2 In anderen, nicht von der Heinrich-Böll-Stiftung geförderten Projekten macht CTDT Basisarbeit zur Verbreitung ökologischen Landbaus und indigener Sorten.

und Politiken übersetzt und eine zivilgesellschaftliche Partizipation bei den Politikprozessen fördern und sichern will. In mehreren Workshops wurden zunächst zivilgesellschaftliche Kräfte und andere *Stakeholder* auf nationaler Ebene in Simbabwe zusammengebracht, um eine Informations-, Verhandlungs- und Konzeptionsbasis zu den Themen Biodiversität und Biotechnologie herzustellen. Dann wurde mit einem Regional-Workshop eine Vernetzungs- und Lobbyinitiative für das ganze südliche Afrika geschaffen.

Die laufende Förderphase ist dadurch gekennzeichnet, daß zum einen sektorale Schwerpunkte identifiziert und bearbeitet wurden. Zum anderen verfolgt sie als strategisches Ziel, zivilgesellschaftliche Stärke und Expertise zur Beeinflussung von Politik einzusetzen und umweltpolitisch eine Vermittlung zwischen der mikro-, meso- und makropolitischen Ebene zu schaffen, d.h. einen Bogen zu schlagen zwischen, einerseits, den Bedürfnissen und Interessen von Bevölkerungsgruppen an der Basis und, andererseits, Politik, Wirtschaft und den Instrumenten internationaler *Governance* wie z.B. Konventionen. Deshalb hat das Programm im Laufe der Förderphasen einen klaren umweltpolitischen Charakter gewonnen. In Zukunft werden die vier sektoralen Schwerpunkte – Bergbau, Biodiversität, Energie, Wasser – weitergeführt, wobei sich die regionalen Zugänge und vernetzte Ansätze im südlichen Afrika verstärken. Weitere Qualifizierung der Zivilgesellschaft – ökologisches *Empowerment* – zur Beteiligung an politischen Diskursen über Umweltressorts und Nachhaltigkeit ist Ziel der Weiterführung des Programms. Ein besonderer Akzent wird dabei auf der Einbeziehung einer Geschlechterperspektive in die umweltbezogenen Maßnahmen liegen, weil Umwelt- und *Gender*-Programm in Zukunft integriert sein werden.

Das Großereignis des *World Summit on Sustainable Development* mit Johannnesburg als Konferenzort im September 2002 warf lange Schatten voraus auf das Programm der Heinrich-Böll-Stiftung. Es eröffnet für die zivilgesellschaftlichen Akteure einen neuen Zugang zu den Themen Ökologie und Nachhaltigkeit. Das

Stiftungsbüro in Johannesburg gab den NGOs entscheidende Anstöße und inhaltliche Impulse, sich auf die Vorbereitung einzulassen, so daß eine NGO-Koalition zustande gekommen ist, die an einer eigenen, afrikanischen Agenda für die Konferenz arbeitet.

2.7 LATEINAMERIKA

2.7.1 Politische und gesellschaftliche Rahmenbedingungen

Die politisch-gesellschaftlichen Rahmenbedingungen, in denen die Umweltprogramme in Lateinamerika angesiedelt sind, haben sich in den letzten zwei bis drei Jahrzehnten entscheidend verändert. Ein Blick zurück in die siebziger Jahre hilft zur Einordnung der Umweltthematik und Umweltorganisationen in den Kontext der sozialen Bewegungen. In dieser Zeit waren fast alle Länder des Subkontinents von Militärdiktaturen beherrscht und die politisch-gesellschaftlichen Auseinandersetzungen richteten sich gegen den Staat und diejenigen, die über ihn ihre Macht ausübten, die Militärs und die herrschende Oligarchie (nicht zu vergessen die internationalen Interessen, vor allem der USA). In der Opposition entstanden starke Organisationen und Gruppierungen, deren Fokus die Menschenrechte und die Demokratisierung waren. Von Umwelt und Ökologie war bis in die achtziger Jahre so gut wie nirgends die Rede. Gleichzeitig gab es vereinzelt Gruppen, die sich um den Erhalt von Natur und Ressourcen sowie um die langfristige Sicherung der natürlichen Lebensgrundlage kümmerten, ohne dies damals mit dem Begriff der Nachhaltigkeit zu benennen. Diese Gruppen agierten in ihrem eigenen Bereich, man kann sagen: weitgehend isoliert von den politischen Zusammenhängen. Eine Verbindung zu den sozialen Bewegungen gab es fast nicht. Zu unterschiedlich schien der politische Adressat (damals als Gegner bezeichnet) und die Konfrontationslinie wurde als eine andere gesehen. Es sei beispielsweise an die Kämpfe der Bergarbeiter und ihrer Frauen in Bolivien erinnert, bei denen Ökologie und Nachhaltigkeit nie

Erwähnung fanden. Nur wenige Organisationen sahen ihre Umwelt-Arbeit schon sehr früh als ein politisches Projekt, wie eine sehr kleine Gruppe von Organisationen, die alternative Landwirtschaft propagierten.

Der Umschwung kam im Laufe der achtziger Jahre, als die Militärregimes nach und nach in ganz Lateinamerika von formal demokratischen Regierungen abgelöst wurden und die Befreiungskriege in Mittelamerika mit Verhandlungslösungen endeten. Zum einen hatte der Kampf für die Demokratisierung eine grundlegend andere Qualität bekommen; denn nach der Konfrontation, die von den Militärs ausgegangen war, galt es jetzt, die gewonnenen Freiräume zu nutzen und aktiv mitzugestalten; die Zivilgesellschaft begann sich zu organisieren. Zum anderen waren eine Reihe von Umweltproblemen und deren Auswirkungen auf die Bevölkerung immer bedrohlicher geworden, und die Zusammenhänge von Umweltproblemen mit den ökonomischen, sozialen und politischen Rahmenbedingungen wurden immer deutlicher gesehen. Katastrophen, wie die Explosion der Chemiefabrik im indischen Bhopal und Gigaprojekte wie der Sobradinho-Staudamm im Nordosten Brasiliens und der Aluminiumkomplex Carajás in Amazonien rüttelten wach. Hinzu kam der Einfluß von Intellektuellen, die aus dem Exil zurückkehrten. Sie haben im Ausland, vor allem in Europa, die Ökologiediskussionen verfolgt und teilweise Kontakt zur grünen Bewegung gehabt. Einen weiteren wichtigen Impuls gaben die Vorbereitungen für die UNCED-Konferenz 1992 in Rio de Janeiro.

Je näher der Termin der Rio-Konferenz rückte, desto mehr konnte man eine wahre Gründerzeit für Umweltorganisationen beobachten, vor allem in Brasilien. Zwar trennte sich danach die Spreu vom Weizen, doch eine Reihe von Umweltgruppen hatte Bestand. Neben den Neugründungen wurde von vielen, vor allem von den großen und renommierten NGOs das Thema Umwelt aufgenommen und bearbeitet. Bei den politischen Auseinandersetzungen sind Ökologie und Nachhaltigkeit und damit die Hinterfragung des Entwicklungsmodells zu einem Muß geworden. Es ist deshalb nicht zufällig, daß bei der inzwischen weniger kämpferisch als viel-mehr intellektuell ausgerichteten Bewegung in Lateinamerika die Projekte stärker auf der konzeptionellen und der Beratungsebene angesiedelt sind und weniger im praktischen Umweltschutz.

Die Konfrontationslinie zu den vorherrschenden, ökologiefeind-lichen Kräften hat mit der Veränderung des politischen Klimas eine entscheidende qualitative Verschiebung erfahren. Der kooperative Ansatz ergänzt heute die Konfrontation – eine Form der Auseinandersetzung, die noch vor kurzem in Mittelamerika unvorstellbar schien. Durch diese Veränderungen wurde es mög-lich, die Stoßrichtung, »gegen etwas« umzukehren in »für etwas«. Dieser Weg hat sich für die Organisationen und ihre Pro-jekte unter den gegenwärtigen Rahmenbedingungen oft als der erfolgreichere erwiesen, wenn man gestalterisch einwirken will. Der neue Stil im Umgang mit den politischen Adressaten darf aber nicht darüber hinwegtäuschen, daß der Block an der Macht in Sachen »Ökologie und Nachhaltigkeit« mit dem Status quo des jetzigen Wirtschaftsmodells ganz gut lebt. Der neue Stil im Um-gang miteinander darf folglich nicht als Schmusekurs mißver-standen werden, denn die »Knackpunkte« der Auseinander-setzung bestehen weiterhin.

Stabilität und Durchschlagskraft der Ökologieorganisationen hängen sehr stark mit ihrem Ursprung und ihrer Verankerung in den sozialen Bewegungen zusammen. Es kommt entscheidend auf die Verzahnung der Ökologiefragen mit den sozialen und wirt-schaftlichen Belangen der Bevölkerung an. In Bolivien beispiels-weise haben trotz einer langen kämpferischen Tradition der sozia-len Bewegungen viele der zahlreichen heutigen NGOs eine städti-sche Ausrichtung; vielen fehlt eine intensive Verbindung zur Basis und ihrem Aktionsraum. Wohl deshalb ist es den Projektpartnern in den Hochanden bisher nicht gelungen, in der Zivilgesellschaft und im öffentlichen Raum eine wichtige Rolle bei den Umwelt-fragen zu spielen, obwohl die inzwischen vorhandenen Gesetze einen günstigen Ansatzpunkt bieten. In Chile und Brasilien, aber auch in Uruguay gab es schon immer eine aktive Gruppe kritischer

Intellektueller, für die die politische Öffnung und der Rückenwind
des »Nach-Rio-Diskurses« das richtige Klima schufen, um sich
produktiv einzubringen; das Projekt *Cono Sur Sustentable* ist das
richtige Wasser für diese Fische.

Die wirtschaftlichen Probleme und die Finanzkrisen in fast allen
Ländern Lateinamerikas haben auch ihre guten Seiten, auch oder
gerade für die Umweltentwicklung. Aufgrund des Geldmangels
kann nicht mehr jedes Großprojekt realisiert werden. Gleichzeitig
ist auch die internationale Diskussion so aktiv und laut geworden,
daß die Finanzierungsorganisationen die berechtigten kritischen
Einwände nicht mehr einfach überhören und übergehen können
(z.B. Weltkommission für Staudämme). Die unkontrollierte De-
regulierung (z.B. Energiemarkt in Chile und Bergwerksprivati-
sierung in Bolivien) zeigt aber auch die Grenzen staatlicher Ent-
scheidungsmöglichkeiten bzw. der Einflußnahme durch noch so
konstruktive Alternativvorschläge der Zivilgesellschaft. Die Umlen-
kung des Rio San Francisco in Nordostbrasilien und die Straße
durch den brasilianischen Amazonasurwald entlang der Nord-
grenze sind z.Z. nicht mehr auf der Tagesordnung. Die Konzentration auf die verbleibenden Problemprojekte kann die Kräfte bündeln. Allerdings fällt auf, daß sich die Projekte der Heinrich-Böll-
Stiftung mit einigen der wichtigen Brennpunkten in Lateinamerika
nicht auseinandersetzen, wie z.B. Wasserstraßengroßprojekte und
stärkere Einbeziehung der indigenen Bevölkerung im Kampf für
den Erhalt ihrer Lebensräume.

2.7.2 Projekte und Programme in Mittelamerika

Das Öko-Programm in Mittelamerika, das mit Abschluß der laufenden Förderphasen ausläuft, umfaßt bzw. umfaßte drei Projekte; zwei weitere Projekte werden ebenfalls vom Büro in San Salvador betreut. Das Projekt mit dem Verbraucherschutzinstitut in
El Salvador (CDC) hat den Fokus auf Aufklärung der Verbraucher
gelegt; es versteht sich als Beitrag zur Demokratisierung von In-

formation und der Beeinflussung von Kauf- und Konsumverhalten. Forschung, Beratung sowie Politikberatung und -monitoring sind die Aktivitäten von CDC.

Tabelle 13	Projekte Mittelamerika		
Land	Projekt / Programm	Trägerorganisation	Förderzeitraum
El Salvador	Verbraucherschutz in den Bereichen Pflanzenschutzmittel und Pharmazeutika	Centro de Defensa del Consumidor CDC	1995–2005
	Regionale Umweltentwicklung des Beckens des Rio Lempa	Fundación Rio Lempa FUNDALEMPA	1997–2002
Guatemala	Aktionsplan Wald im Maya-Gebiet	Instituto de Investigación y Desarollo Maya	1997–2002
Nicaragua	Stärkung von Umweltorganisationen	Instituto para el Desarollo Sostenible und Centro de Derecho Ambiental	1997–1998
Kuba	Umwelterziehung und Umgang mit Hausmüll	Fundación António Nuñez Jiménez und Parque Metropolitana de La Habana	1996–2002

Tabelle 14	Kleinmaßnahmen Mittelamerika							
Büro	Veranstaltungen	Politikdialog	Veröffentlichung	Kurzprojekt	Vernetzung	Training	Indiv. Förderung	Total
El Salvador	3	–	6	7	1	1	–	18

Das Programm »Vernetzung ökologischer Zusammenhänge in Mittelamerika« umfaßte jeweils ein Projekt in Guatemala, in El Salvador, in Nicaragua und in Cuba. Bei allen vier Projekten ist praktischer Umweltschutz Bestandteil des Projektes, der mit der Komponente der Umweltbildung verbunden wird. Das Ziel der Projekte besteht folglich nicht nur in der Formulierung von Forderungen

an Regierung und Verwaltung, sondern die Organisationen haben
sich die Realisierung der eigenen Vorstellungen selbst als Aufgabe
gestellt. Im Maya-Projekt heißt das, daß indigene Know-how zu
nutzen und sich für den Erhalt der Naturressourcen und ihre nachhaltige Nutzung einzusetzen. Am Rio Lempa in Salvador sind Ressourcenmanagement und Erosionsschutz die Aktivitäten der NGO,
für die aktiv die Kooperation mit Regierungsstellen gesucht wird.
Etwas schwieriger ist die Situation in Kuba (Verwertung von Hausmüll): Die Einbeziehung staatlicher Stellen ist unumgänglich, und
vom Umweltbereich dürfen keine gesellschaftspolitischen Veränderungen ausgehen. Das Projekt in Nicaragua, das von zwei Organisationen durchgeführt wurde, hat seine Aktivitäten eingestellt.
Der im Titel »Koordinationsprogramm Ökologie in Mittelamerika« formulierte Anspruch wird von den Projekten im Grunde
nicht realisiert. Es besteht kaum eine länderübergreifende Zusammenarbeit und Vernetzung. Die Klammer wurde von der Heinrich-
Böll-Stiftung vorgenommen. Austausch und Zusammenarbeit
sind innerhalb des jeweiligen Landes mit anderen NGOs und
Gruppen viel intensiver.

Bei allen Projekten in Mittelamerika geht es darum, einen konstruktiven Beitrag zu leisten, d.h. konkrete Vorschläge zu erarbeiten, die vom Gesetzgeber, der Regierung oder der Verwaltung
übernommen oder berücksichtigt werden. Oder die NGO-Teams
nehmen das Heft selbst in die Hand und führen die praktischen
Umweltschutzmaßnahmen als Projektaktivitäten durch. Die Form
der Auseinandersetzung charakterisiert sich weniger als Konfrontationskurs, sondern sie besteht vielmehr darin, selbst konstruktiv
die Initiative zu ergreifen, um den eigenen Vorstellungen und Forderungen Nachdruck zu verleihen. Die Aktivitäten der Ökologiebewegung haben nur noch wenig gemein mit den Kämpfen der
sozialen Bewegungen vor noch gar nicht so langer Zeit. Es werden
nicht nur proaktiv Projekte und Programme entwickelt und selbst
umgesetzt, sondern es wird auch die Zusammenarbeit mit Verwaltung und Regierung gesucht, um die ökologischen Ansätze auf
diesem Wege in den öffentlichen Strukturen zu verankern.

2.7.3 Projekte und Programme in Südamerika

Es bietet sich an, diese Region noch einmal zu unterteilen, und
zwar in Brasilien, Andenregion und das Cono-Sur-Programm
(das auch Brasilien teilweise einbezieht).

Tabelle 15 Projekte Südamerika

Land	Projekt / Programm	Trägerorganisation	Förderzeitraum
Brasilien	Umwelt und Demokratie: Forschung und gesellschaftliche Bildung	Federação de Orgãos de Assistência Social e Educacional FASE Amazonien	1997–2004
	Umwelt und Demokratie: Umweltbildung in Rio	Instituto Brasileiro de Análises Sociais e Económicas IBASE	1992–2001
	Frauennetzwerk Brasilien	Comunicação, Educação, Infomação em Género CEMINA	1996–2002
	Netzwerk zu Frauengesundheit und Umwelt	Rede de Desenvolvimento Humano REDEH	1996–2002
	Förderung angepaßter Landnutzung im nordostbrasilianischen Trockengebiet	Instituto Regional da Pequena Agropecuária Apropriada IRPAA	1992–2000
	Förderung angepaßter Landnutzung im nordostbrasilianischen Trockengebiet	Associação Regional de Convivência Apropriada à Seca ARCAS	1998–2001
	Förderung angepaßter Landnutzung im nordostbrasilianischen Trockengebiet Gesundheitsprogramm	Associação dos Pequenos Productores, Valente APAEB	1992–2000
	Förderung der regenerativen Landwirtschaft	Fundação Gaia	1991–1999
Bolivien	Umweltforum	Foro Boliviano sobre Medio Ambiente y Desarollo FOBOMADE	1997–2000 ab 2001 im Programm Cono Sur Sustentable
	Umweltprogramm Bolivien: Vernetzung und Materialsammlung	Grupo de Acción y Reflexión sobre Medio Ambiente GRAMA	1995–1999

Land	Projekt / Programm	Trägerorganisation	Förderzeitraum
Bolivien	Rechtsberatung für Dorfgemein-schaften im Bergbaugebiet Potosí	Investigación Social y Asesoramiento Legal Potosí ISALP	1995–2000 ab 2001 im Programm Cono Sur Sustentable
	Förderung zivilgesellschaftlicher Umweltpolitik	Asociación de Investiga-ciones de Promoción y Educación AIPE	1995–1999
Chile	Ökologisches Bildungsprogramm	Instituto de Ecologia Política IEP	1994–2000 ab 2001 im Programm Cono Sur Sustentable
	Zukunftsfähiges Chile – Landespro-gramm von Cono Sur Sustentable	Chile Sustentable (Netzwerk von NGOs)	1998–2003
Uruguay	Zukunftsfähiges Uruguay – Landes programm von Cono Sur Sustentable	Redes: Friends of the Earth Uruguay	1998–2003
Brasilien	Zukunftsfähiges und demokratisches Brasilien – Landesprogramm von Cono Sur Sustentable	Projeto Brasil Sustentavel y Democrático	1998–2003
Argentinien	Ökologische Energiepolitik, Projekt im Programm Cono Sur Sustentable	Taller Ecologista, Rosário	2001–2003
Paraguay	Nachhaltige Regionalentwicklung, Projekt im Programm Cono Sur Sustentable	Sobrevivência	2001–2003

Tabelle 16 Kleinmaßnahmen Südamerika

Büro	Veran-staltungen	Politik-dialog	Veröffent-lichung	Kurz-projekt	Ver-netzung	Training	Indiv. Förderung	Total
Rio de Janeiro	–	–	–	2	2	–	–	4
Andenregion Referat in Berlin	6	–	4	–	2	1	–	13

Zahlenmäßig war das Projektengagement der Heinrich-Böll-Stiftung in Brasilien bisher sehr umfangreich, einige Projekte sind zu Programmen zusammengefaßt. Im Trockengebiet des Nordostens wurden die drei Agrar-Projekte, deren Förderung inzwischen ausgelaufen ist, unter dem Schirm »Angepaßte Landnutzung« als Programm verwaltet. Beim anderen Programm, das FASE-Amazonien-Projekt in Amazonien und IBASE in Rio verbinden soll, ist die inhaltliche Klammer relativ schwach ausgeprägt. Ein weiteres ehemaliges Agrar-Projekt ist *Gaia*, regenerative Landwirtschaft im Süden des Landes. Das Frauennetzwerk REDEH und das Frauengesundheitsprojekt CEMINA arbeiten eng zusammen und werden inzwischen im Verbund gefördert; die Umweltaktivitäten der beiden NGOs sind aber nicht stark ausgeprägt. Weitere brasilianische NGOs sind am länderübergreifenden Programm *Cono Sur Sustentable* beteiligt (s. unten).

Sowohl von den Inhalten als auch von der Partnerstruktur und dem Projektansatz her weisen die Projekte eine große Bandbreite auf. Bei den Landwirtschaftsprojekten *Gaia* und den drei Projekten im Nordosten steht die technische Beratung von Kleinbäuerinnen und -bauern im Vordergrund. Die Verbreitung von alternativen Ansätzen und Bewußtseinsbildung stehen an zweiter Stelle. Umweltbewußtsein und Sensibilität für nachhaltiges Wirtschaften sollen anknüpfend an die eigene Betroffenheit, nämlich die Sicherung der Ernährungs- und Lebensgrundlage, aufgebaut werden. Durch die praktische Projektarbeit sollen Demonstrationseffekte erzeugt werden, bei denen die regenerative Landwirtschaft *(Gaia)* bzw. angepaßte ökologische Agrartechniken überzeugend angewandt werden. Zielgruppe sind dabei die Kleinbäuerinnen bzw. Kleinbauern, die einerseits in die alternativen Anbaumethoden durch die Trainingskurse und praktische Anwendung eingewiesen werden und andererseits Multiplikatoren für die weitere Verbreitung sein sollen. Einen direkten politischen Adressaten gibt es hier nicht, vielmehr soll durch die gleichzeitige Förderung von Bauernorganisationen ein *Empowerment*

stattfinden. Die Praxis zeigt, daß diese Organisationen der Basis
an Selbstbewußtsein gewinnen, sich zunehmend politisieren und
als politische Akteure in Erscheinung treten und Forderungen
aufstellen.

Für den anderen Projekttyp stehen die Projekte von FASE-Amazonien und IBASE sowie teilweise auch REDEH / CEMINA. Der
Arbeitsansatz unterscheidet sich insofern von den oben dargestellten Projekten, als diese dem Typ Beratungs-NGO (oder Experten-NGO) zuzurechnen sind. Diese NGOs arbeiten fast nirgends
direkt mit der Zielgruppe an der Basis, sondern sie verstehen ihren
Beitrag als Vermittlung, indem sie eng mit Vereinigungen und
Organisationen der Zielgruppe zusammenarbeiten. Sie beraten
diese Organisationen und konzentrieren einen Gutteil ihrer Aktivitäten auf den konzeptionellen Bereich, indem sie Untersuchungen machen, angewandte, praxisorientierte Forschung betreiben,
Informationsmaterial erstellen und sich nicht zuletzt am theoretischen Diskurs und an der Lobbyarbeit beteiligen.

Diese Form von Aktivitäten ist in der recht großen brasilianischen
NGO-Familie nicht ganz unumstritten; die basis- und praxisorientierten Gruppen neigen dazu, diesen theoretisch-konzeptionellen
Beitrag nicht entsprechend zu würdigen und sehen darin gelegentlich eine Abgehobenheit und Distanz zu den praktischen
Anforderungen und Bedürfnissen der Bewegung und derer, die sie
tragen. Nichtsdestotrotz wird die Relevanz dieses Bereichs als komplementäres Standbein zu den aktionsorientierten NGOs immer
klarer gesehen und akzeptiert. Ohnehin weist das Spektrum der
Projektpartner der Stiftung keine Gruppe auf, die aktiv an den
Umweltkonflikten beteiligt ist. Es charakterisiert die brasilianische, wenn nicht überhaupt die lateinamerikanische Bewegung,
daß sich der Fokus der Konfrontation von der Militanz und dem
aktiven Widerstand (außer der Landlosenbewegung MST) auf eine
stärker theoretisch-konzeptionelle Ebene verlagert hat. Es fand in
gewisser Weise eine Intellektualisierung der Auseinandersetzung
statt. Das Spektrum der von der Heinrich-Böll-Stiftung geförderten Projekte ist somit ein Spiegelbild der Realität.

Aus der Sicht des Einfluß- oder Veränderungspotentials ist diese Strategie z.Z. erfolgversprechender als der direkte Konfrontationskurs. Partner wie REDEH oder auch FASE und IBASE werden auch von Regierungs- und anderen öffentlichen Stellen als kompetente Fachleute akzeptiert, ernst genommen und angefragt. Die Untersuchung des Kleinkreditprogramms für Landwirte in Amazonien (FASE-Amazonien) hat in ganz Brasilien eine große Resonanz gefunden und bereits jetzt einiges bei den entscheidenden Stellen bewegt. REDEH z.B. wurde von öffentlichen Stellen direkt an Studien beteiligt; eine deutlichere Anerkennung der Fachkompetenz kann man sich kaum vorstellen. Künftig werden alle Ökoprojekte in Brasilien im Nachhaltigkeitsprogramm zusammengefaßt, für das ein inhaltlicher Rahmen erarbeitet wurde.

Andenländer und Cono Sur

Im Öko-Bereich gab es das Ökoprogramm in Bolivien (ECOBOL) und das ökologische Bildungsprogramm in Chile (IEP), das ab 2001 ins Cono-Sur-Programm integriert wurde. In Bolivien wurden die vier im Umweltbereich tätigen Projekte auf Initiative der Heinrich-Böll-Stiftung, wie die Partner betonen, zu einem Programm zusammengefaßt. In der Realität arbeiteten die vier Projekte (ISALP, AIPE, FOBOMADE UND GRAMA) recht eigenständig und eine Zusammenarbeit in einem gemeinsamen Programm ist kaum wahrzunehmen. Dies verwundert deshalb, weil die inhaltliche Orientierung der Projektarbeit der vier Partner deutliche Schnittmengen hat: Stärkung der Umweltorganisationen und Schaffung von Kompetenz zur Kontrolle der öffentlichen Umweltpolitik sowie Förderung der Vernetzung stehen durchgängig im Vordergrund. Die NGO GRAMA hat die Vernetzung von Umwelt-NGOs als explizites Ziel, war dabei im eigenen Lande nicht sonderlich erfolgreich. Sie hat aber den Kontakt zum Ausland gepflegt und die Verbindung der bolivianischen Bewegung (soweit man im Umweltbereich davon sprechen kann) und Diskussion zu den Nachbarländern hergestellt.

Die wenig aktive Kooperation der bolivianischen NGOs untereinander spiegelt gewissermaßen die Schwäche der Umweltbewegung wider. Keiner der NGOs ist es bisher gelungen, eine Führungsrolle zu übernehmen und ein gemeinsames Agieren mit den erhofften Synergieeffekten zu initiieren. Damit wird auch die politische Einflußnahme bzw. die Kontrolle der öffentlichen Verwaltung ihrer effektiven Wirkung beraubt. Angesichts der Verabschiedung einer Reihe von Umweltgesetzen und der Dezentralisierung von politischen Kompetenzen sind durchaus Ansatzpunkte für eine wirksame Kontrolle der Durchsetzung gegeben, die es zu nutzen gilt. Die konservative bolivianische Regierung zeigt an der Umsetzung der Umweltbestimmungen wenig Interesse und bietet somit ausreichend Angriffsflächen, die von den Umwelt-NGOs konsequenter genutzt werden könnten.

Die Zusammenarbeit mit IEP in Chile konzentriert sich auf das Programm APA als einem zentralen Aufgabengebiet des Instituts. APA steht für Basisumweltversorgung, d.h. auf kommunaler Ebene sollen mit verschiedenen Akteuren vor Ort lokale Lösungen erarbeitet werden. In einigen Pilotmunizipien wurde parallel zur praktischen Arbeit eine Methode entwickelt, die von der partizipativen Bestandsaufnahme von Umweltproblemen ausgeht, Vorschläge für ökologische Prävention erarbeitet und dabei großes Gewicht auf die Umwelterziehung (Öko-Clubs) legt. IEP sieht sein Projekt als umweltpolitisches Modell und setzt auf den Multiplikatoreffekt. Im Cono-Sur-Programm verstehen sich die Mitarbeiterinnen und Mitarbeiter als lokaler Fuß und als Verbindungsglied für die Bodenhaftung der Konzepte.

Das Programm *Cono Sur Sustentable* kann als Herzstück des Lateinamerikaprogramms gesehen werden, seine anspruchsvolle Aufgabenstellung geht weit über die Ökologiethematik hinaus und greift die grundlegenden Fragenkomplexe der Nachhaltigkeit auf. Das Programm setzt sich bisher zusammen aus den drei Länderprogrammen zum Thema Zukunftsfähigkeit in Brasilien, Chile und Uruguay, die ihrerseits ein Konsortium zahlreicher NGOs nicht nur aus dem Umweltbereich sind. Seit 2001 arbeitet je ein Projekt aus Argentinien und Paraguay im Programm mit und zwei der Partnerorganisationen aus Bolivien wurden ebenfalls ins Programm integriert. Institutionen und Personen aus der Wissenschaft sind ebenso eingebunden wie Gewerkschaften und NGOs sowie Gruppen aus unterschiedlichen gesellschaftlichen Bereichen und Arbeitszusammenhängen. Allein das chilenische Ökologie-Netzwerk RENACE hat 147 Mitgliedsorganisationen. Vernetzung ist hier nicht nur Anspruch, sondern sie wird intensiv praktiziert. Auf Länderebene findet in unterschiedlichen Zusammenhängen eine enge Kooperation statt, wenn es gilt, Themen zu bearbeiten oder Regionalstudien zu erstellen. Die Diskussion zwischen den Ländergruppen wird in kontinuierlichem Austausch und regelmäßigen Arbeitsworkshops geführt.

Diese organisatorisch sehr aufwendige Konstruktion hat sich bisher als tragfähig und produktiv erwiesen. Einige der beteiligten NGOs, die großen Organisationen IEP in Chile und FASE und IBASE in Brasilien, sind zugleich Träger separater von der Heinrich-Böll-Stiftung finanzierter Projekte.

Dieses komplexe Großprogramm, an dem sich in den Ländern ein breites Spektrum gesellschaftskritischer Kräfte und Personen beteiligt, wird durch verschiedene Klammern zusammengehalten: 1) gleiche Fragestellung, 2) gemeinsam abgestimmte Methodik und 3) regelmäßiger Austausch. Die Gruppe zeichnet sich durch eine sehr grundsätzliche Kritik am herrschenden Entwicklungsmodell aus und formuliert alternative Konzepte für umfassende Nachhaltigkeit. Die Studien sollen nicht im akademischen Raum stehen bleiben, sondern im nächsten Schritt an die Basis und in die politische Arena vermittelt werden, um Veränderungsprozesse anzustoßen. Die konzeptionelle Arbeit stellt einen Referenzrahmen für die Organisationen und Gruppen dar, die im praktischen Bereich tätig sind. Nicht zuletzt ist auch die Lobbyarbeit und die Beratung von Regierung und anderen öffentlichen Stellen und Entscheidungsträgern aus Wirtschaft und Gesellschaft Bestandteil des Programms.

2.8   INTERNATIONALE PROJEKTE

Derzeit unterstützt die Heinrich-Böll-Stiftung drei Projekte, die sowohl transnationale Vernetzung betreiben als sich auch auf die Ebene von internationalen Verhandlungen und *Global Governance* beziehen. Alle drei Projekte sind im Vorbereitungsprozeß des Weltgipfels 2002 stark engagiert. Alle drei Trägerorganisationen dieser Projekte haben ihren Sitz in Asien, zwei in Indien, zwei sind Frauennetzwerke.

Tabelle 17   Internationale Projekte

Sitz	Projekt	Trägerorganisation	Förderzeitraum
Indien	Diverse Women for Diversity (DWD)	Research Foundation for Science, Technology and Ecology	1999–2001
Thailand	Women and the Environment Task Force (WEN)	Asia Pacific Forum on Women, Law and Development (APWLD)	1999–2001
Indien	Global Environmental Governance	Centre for Science and Environment (CSE)	2001–2003

Diverse Women for Diversity (DWD) ist ein internationales Bündnis von Organisationen und Fachfrauen zum Themenschwerpunkt Biodiversität und Ernährungssicherheit mit Sitz in Neu Delhi, Indien. Vandana Shiva, die Initiatorin des Projekts, hatte eine Leerstelle in der Vernetzung von Frauenorganisationen bezüglich des Themas Ernährungssicherung festgestellt und will diese mit DWD füllen. Das Projekt verfolgt zwei Handlungsstrategien:

– Einmischung bei den internationalen Regierungsverhandlungen über Konventionen auf UN-Ebene und Abkommen bei der Welthandelsorganisation WTO zu Biodiversität, Biosafety und TRIPS;
– Aufbau eines internationalen Frauennetzwerks durch elektronische Vernetzung und die Organisierung von regionalen Workshops.

Oberziel ist die Erhaltung von kultureller und biologischer Vielfalt. Betont wird, daß es sich um eine Initiative aus dem Süden handelt, die die Sicht von Süd-Frauen zum Ausgangspunkt nimmt, weil sie das »größte Potential haben, um Alternativen zu schaffen«. Ausgehend vom Süden ist eine Süd-Nord-Solidarisierung durch »globale Koalitionen« von Frauenbewegungen und -netzwerken angestrebt. Auch auf der Ebene von *Global Governance* soll der alte Nord-Süd-Gegensatz durch die Suche nach gemeinsamen Problemlösungen überwunden und Bündnisse zwischen progressiven Süd- und Nord-Regierungen und den globalen Frauenkoalitionen gebildet werden.

Auf der Verhandlungsebene liegen die herausragenden Leistungen des Projekts: Den international renommierten Expertinnen gelang es, durch eine sachlich fundierte Positionierung, Lobbying und Kapazitätsbildung von Delegierten zu beraten und die Beschlußvorlagen sowie die letztendlich verabschiedete Formulierung politischer Regularien erfolgreich zu beeinflussen. Dagegen blieb der Vernetzungsansatz eher auf einer hohen, kontinentalen Ebene stecken. Zwar wurden »kontinentale« Vernetzungsworkshops durchgeführt, für Nord- und Südamerika in Seattle, für Europa in Prag, für Afrika in Nairobi. Da sich die Arbeitskapazitäten jedoch auf die Ebene internationaler Verhandlungen konzentrieren, wurde der Netzwerkaufbau von der kontinentalen Ebene hinunter auf die nationale und lokale Ebene nicht weiter verfolgt. Vielmehr wurde darauf gehofft, daß sich nach der Initialzündung durch die Regionalworkshops der Netzwerkaufbau im Schneeballeffekt von oben nach unten als Selbstläufer vollziehen würde. Dies geschah jedoch – außer in Indien – nicht in nennenswertem Umfang.

Die Vernetzung soll auch eine Mobilisierung gegen die Globalisierung bewirken, die vor allem als *Corporisation* – Übernahme der Weltwirtschaft durch transnationale Konzerne des Nordens – verstanden wird. Unterstützt werden nationale Kampagnen und lokale Kräfte, die Widerstand gegen die Einführung von Gentechnologie in der Landwirtschaft, gegen Privatisierung und Patentierung von geistigem Eigentum leisten, sowie Gruppierungen, die in lokalen Initiativen wie biologischem Landbau Ernährungssicherung herzustellen versuchen. Angestrebt ist keine Institutionalisierung und Etablierung formaler Infrastrukturen für das Netzwerk, sondern eine flexible, informelle Form der Mobilisierung und Organisierung. Ziel ist es, *People* – gemeint sind Menschen an der Basis – zu wichtigen Themen zum richtigen Zeitpunkt zu *empowern*, damit sie politisch aktiv werden und Themen auf die politische Tagesordnung setzen können. Dabei müssen *Cross Spaces* vom Lokalen zum Globalen und umgekehrt, politische Verbindungs- und Handlungsräume geschaffen werden. Ein Beispiel dafür ist die Vernetzung indischer Gruppierungen, die zu Landwirtschaft, Ernährung und Gesundheit arbeiten, im Kampf gegen TRIPS, die DWD im Jahr 2001 in Gang setzte. In einer nächsten Phase will die Heinrich-Böll-Stiftung den Aufbau eines regionalen Netzwerks in Südasien fördern.

Das zweite internationale Projekt ist beim *Asia Pacific Forum on Women, Law and Development* (APWLD) mit Sitz in Chiang Mai, Thailand, angesiedelt. Das regionale Frauenrechtsnetzwerk arbeitet in fünf Arbeitsgruppen *(Task Forces)*. *Women and the Environment Task Force* (WEN) ist das von der Heinrich-Böll-Stiftung unterstützte Projekt. Nach der Konstituierung der Arbeitsgruppe sind die beiden Hauptaktivitäten von WEN: eine vergleichende Zusammenstellung und Auswertung von Umweltgesetzen in acht Ländern aus einer Geschlechterperspektive sowie Studien in sieben Ländern über die Vor-Ort-Auswirkungen des Abkommens zu Landwirtschaft der Welthandelsorganisationen WTO auf Frauen *(Agreement on Agriculture)*.

Ziel ist es, Frauenrechte an der Nutzung natürlicher Ressourcen durch die Anerkennung von Gewohnheitsrechten oder durch eine Reform der nationalstaatlichen Gesetzgebung zu sichern und Partizipation an umweltpolitischen Entscheidungen zu gewährleisten. In einer interessanten Kombination von Handlungsebenen und -ansätzen forscht WEN auf lokaler und nationaler Ebene und betreibt *Advocacy* auf nationaler und internationaler Ebene.

Bei internationalen Konferenzen und regionalen Verhandlungen mischt sich das Netzwerk in staatliche und zivilgesellschaftliche Debatten ein, um eine Geschlechterperspektive einzubringen. Dabei vertritt WEN eine prononciert kritische Position gegenüber der neoliberalen Globalisierung und der wachsenden Macht transnationaler Konzerne auf dem Weltmarkt, lehnt eine neue Runde von Liberalisierungsverhandlungen bei der WTO ebenso ab wie die Patentierung lebender Organismen und fordert die Streichung des WTO-Abkommens zu Landwirtschaft. Bei der regionalen asiatisch-pazifischen Vorbereitung auf den Weltgipfel 2002 will die Gruppe eine koordinierende Rolle für Frauenorganisationen übernehmen.

Erst seit Anfang 2001 unterstützt die Heinrich-Böll-Stiftung das Projekt zu Globalen Umweltverhandlungen des *Centers for Science and Environment* (CSE). Bisher hat das CSE zwei Bestandsaufnahmen der internationalen Umweltverhandlungen vorgelegt. Die 2000 *(Green Politics – Global Environmental Negotiations)* und 2001 publizierten Bände sind umfassende aktuelle Konvolute der Themen und Verhandlungsrunden zu Umwelt-Abkommen und dokumentieren eine hohe Sachkenntnis und die reichen Erfahrungen von CSE bei globalen Umweltverhandlungen. Sie eröffnen zivilgesellschaftlichen Kräften einen breiten Zugang zu Informationen und Wissen, auf deren Grundlage Interventionen in internationale Politik und *Governance*-Regime sachkundig erfolgen kann. Damit leisten sie Kapazitätsbildung für die internationale Umwelt-NGO-Gemeinschaft. Der zweite Band mit dem Titel *Poles Apart* wird im Zuge der Rio+10-Prozesses verbreitet.

Diese Wissensvermittlung ist auch eine Grundlage für die zweite Aktivität von CSE in diesem Projekt, nämlich die Vernetzung von Umwelt-NGOs in Südasien, vor allem von NGOs die zum Thema Klima arbeiten. Sie sollen mit aktuellen Informationen auf dem laufenden gehalten und für eine Einflußnahme auf die Verhandlungen fit gemacht werden. Ihre Kapazitätsbildung soll zur Stärkung der Süd-NGO und ihrer Position bei den Klimaverhandlungen beitragen und zu ausgeglicheneren Verhandlungsstrukturen führen. Ein Pool und die Vernetzung von Experten und Klimaprofis werden aufgebaut. Und schließlich sollen auch Medienleute über die Sache informiert und für eine gute Berichterstattung über die Verhandlungen qualifiziert werden.[3]

---

3 Dieses Projekt ist in die weiteren Kapitel dieser Studie nicht eingegangen, weil seine Laufzeit beim Abfassen der Studie gerade erst begonnen hatte.

3.1 AUSLANDSBÜROS

Die Auslandsbüros der Heinrich-Böll-Stiftung stellen ein zentrales und strategisch wichtiges Element der internationalen politischen Arbeit dar. Die Präsenz der Heinrich-Böll-Stiftung vor Ort schafft einerseits eine Nähe zum politischen und gesellschaftlichen Geschehen in den Ländern, andererseits eine enge Verbindung zu den Partnerorganisationen. Das Thema Ökologie und Nachhaltigkeit wird von fast allen Büros als Querschnittsthema und als ein inhaltlicher Fokus der grünen-nahen politischen Bildungsarbeit bearbeitet. Zwei weitere zentrale Querschnittsthemen der Auslandsarbeit der Heinrich-Böll-Stiftung sind Geschlechterdemokratie und der Komplex Demokratisierung und Menschenrechte. Daneben setzen die Auslandsbüros in einem breiten thematischen Kaleidoskop unterschiedliche Akzente, angepaßt an den gesellschaftlichen und politischen Kontext des jeweiligen Landes. Die folgende Aufstellung gibt Aufschluß über die bestehenden Büros, ihre Zuständigkeiten und das Gründungsjahr.

Tabelle 18 Die Auslandsbüros der Heinrich-Böll-Stiftung

Standort	Bürotyp	Zuständigkeit	Gründungsjahr
Lahore	Regionalbüro	Bangladesh, Pakistan, Indien, Sri Lanka	1993
Istanbul	Länderbüro	Türkei	1993
Phnom Penh	Projektbüro	Kambodscha	1994
Addis Abeba, Nairobi	Regionalbüro	Äthiopien, Eritrea, Somalia, Somaliland, Sudan, Kenia, Uganda, Tansania	1995 Umzug 2000
San Salvador	Regionalbüro	Guatemala, El Salvador, Honduras, Nicaragua, Costa Rica, Panama, Kuba, Mexiko	1995

Standort	Bürotyp	Zuständigkeit	Gründungsjahr
Johannesburg	Regionalbüro	Südafrika, Namibia, Botswana, Mosambik, Simbabwe, Mauritius	1997
Lagos	Projektbüro bis 2001, jetzt Länderbüro	Nigeria	1996
Tel Aviv	Länderbüro	Israel	1997
Moskau	Länderbüro	Rußland	1998
Brüssel	Dialogbüro	EU, EU-Beitrittsstaaten	1998
Washington	Dialogbüro	Nordamerika, UN	1998
Prag	Dialogbüro	Tschechien, Slowakei, Ungarn	1999 (1990–1998 Kontaktbüro)
Sarajevo	Regionalbüro	Bosnien-Herzegowina, Kroatien, BR Jugoslawien	1999
Ramallah	Regionalbüro	Palästina, Jordanien, Ägypten, Libanon, Syrien	1999
Chiang Mai	Regionalbüro	Thailand, Kambodscha, Süd-Korea, Malaysia, Philippinen, Burma (Laos, Vietnam)	1999
Rio de Janeiro	Länderbüro	Brasilien	1999
Neu Delhi	Projektbüro	Indien	2001
Warschau	Projektbüro	Polen	2001

Seit Beginn der neunziger Jahre bestanden parallel drei grünen-nahe Stiftungen mit unterschiedlichen Schwerpunkten in drei deut-schen Städten: die Heinrich-Böll-Stiftung (alt) in Köln, die Frauen-Anstiftung in Hamburg und Buntstift in Göttingen. 1997 fusio-nierten diese drei Einzelstiftungen und zogen nach Berlin um. Die Einrichtung von Auslandsbüros bzw. die Frage, ob sich die politi-sche Arbeit im Ausland von Deutschland aus effizient organisieren läßt, wurde anfangs in den drei Einzelstiftungen kontrovers dis-kutiert. Konsens bestand darüber, daß Auslandsbüros nicht als Kofferträger für Parteimitglieder auf Reisen fungieren sollten. Die Vorteile von Auslandsbüros wurden darin gesehen, daß sie:

– gesellschaftliche Prozesse im Land besser einschätzen können,
– Initiativen, Bewegungen und Entwicklungen aufspüren,

- Projektpartner identifizieren,

- Themen frühzeitig besetzen, gemeinsame Themen mit
  grünen Bewegungen und Parteien sondieren,
- länderübergreifende Aktivitäten in der Region steuern,
- Vernetzung »grüner« Kräfte im Land und der Region an-
  kurbeln,
- Brücken zwischen »grünen« Kräften in Deutschland, Europa
  und dem Rest der Welt schlagen,
- zivilgesellschaftliche Formierung in den politischen Raum
  hinein befördern,
- eventuell, aber nicht automatisch, grüne Parteibildungspro-
  zesse unterstützen können.

Einige der Büros wurden noch vor der Fusion der Einzelstiftungen gegründet. So hat z.b. die Heinrich-Böll-Stiftung (alt) schon 1990 in der Tschechoslowakei, 1991 in Pakistan, 1993 in der Türkei und 1994 in Kambodscha Büros aufgebaut. Buntstift hat 1992 in Nicaragua und 1995 in Mittelamerika seine Arbeit aufgenommen. Als letzte der drei Teilstiftungen entschied sich die Frauen-Anstiftung, ein Büro in Südafrika aufzubauen.

Die Unterscheidung in Dialog-, Regional-, Länder-, Projekt- und Kontaktbüro entstand mit der wachsenden Zahl von Büros und reflektiert die unterschiedlichen geographischen Zuständigkeiten, politischen Handlungsfelder und Aufgaben. Die Unterscheidung ist jedoch nicht immer zweifelsfrei vorzunehmen, Überschneidungen sind nicht auszuschließen. Die Dialogbüros Washington, Brüssel und Prag sollen die Verständigung zwischen zivilgesellschaftlichen Akteuren des Nordens, Südens und Ostens und den internationalen NGOs untereinander verbessern helfen, aber auch den Austausch mit internationalen staatlichen Akteuren intensivieren. Regionalbüros sind die politische und administrative Repräsentanz der Heinrich-Böll-Stiftung in der betreffenden Region. Länderbüros sind die politische und administrative Repräsentanz der Heinrich-Böll-Stiftung in dem betreffenden Land. Projektbüros sind die Schnittstellen zu den Projektpartneren, die Programme umsetzen und implementieren.

83 Der Zuwachs an Büros ist noch nicht abgeschlossen. Ende des Jahres 2001 wurde in Indien ein Büro und im Zusammenhang mit dem Programm zum EU-Beitritt von Polen, Tschechien, Slowakei und Ungarn auch ein Projektbüro in Warschau eröffnet.

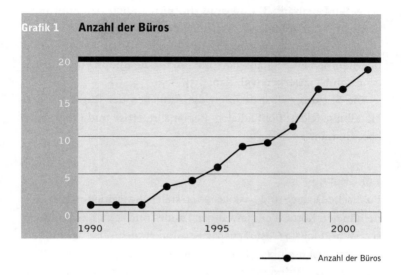

Grafik 1 **Anzahl der Büros**

●———— Anzahl der Büros

Die Grafik verdeutlicht, daß seit der Fusion der drei grünen-nahen Stiftungen mehr als die Hälfte aller Auslandsbüros entstand. In den Jahren von 1997 bis 1999 wurden insgesamt neun neue Büros eröffnet. Beflügelt durch die institutionelle Vereinigung von Mitteln und Kapazitäten begann die Stiftung, eine weltweite Struktur aufzubauen. Diese gleicht im Ansatz der Struktur anderer deutscher politischer Stiftungen. Diese Gründungswelle entsprach der Tendenz zu stärkerer internationaler Vernetzung und liegt zudem im allgemeinen Trend zur Dezentralisierung bei Organisationen der Entwicklungszusammenarbeit.

Die Büros sind Stätten der Begegnung und des Austausches zwischen gesellschaftspolitischen Akteuren sowie Kristallisationspunkt für Diskussionen und Auseinandersetzungen rund um das Themenspektrum der Heinrich-Böll-Stiftung. Sie agieren dabei auch als Vermittler zwischen deutschen und europäischen

»grünen« oder ökologisch orientierten Kräften im zivilgesellschaftlichen oder staatlichen Bereich einerseits und grünen-nahen
Akteuren und Partnerorganisationen im Ausland. Ökologie und
Nachhaltigkeit ist dabei ein inhaltlicher Schwerpunkt, der zur Iden-
titätsbildung und dem politischen Profil der Auslandsbüros entscheidend beiträgt. Damit sind die Büros auch Anknüpfungspunkte für horizontale, vertikale, nationale, regionale und internationale Vernetzung zwischen zivilgesellschaftlichen Akteuren und
übernehmen eine Katalysatorfunktion für die Bildung und Gestaltung von Netzwerken (vgl. Kap. 6.3).

Die Stiftung selbst definiert die Aufgaben der Büros für drei
Handlungsfelder: Politikdialog, Regionalexpertise und Programmkoordination.

Politikdialog

Politische Dialoge und Diskussionen sollen die grünen-nahen Themen in den Kontext des jeweiligen Landes und seiner Kultur übersetzen und lokale Gesprächspartner und strategische Verbündete
in einen Diskurs über Ökologie und Nachhaltigkeit einbeziehen.
Dies setzt die aufmerksame Beobachtung gesellschaftlicher Tendenzen und Entwicklungen voraus. Die Kleinmaßnahmen ermöglichen es den Büros, den Transfer und das »Herunterbuchstabie-
ren« ökologischer Erkenntnisse und Informationen in die jeweiligen Kontexte zu leisten. Dies kann in Form von Konferenzen,
Seminaren und Workshops aber auch als Publikation, Studie oder
Besuchsreise von lokalen Fachkräften nach Europa geschehen.

Regionalexpertise

Die Büros der Heinrich-Böll-Stiftung agieren gleichzeitig auch als
»Seismographen« für gesellschaftliche und politische Trends in
den Zielländern. Sie generieren Informationen zu den ökologie-
relevanten Themen, erstellen Berichte und Analysen und beraten
damit Gremien und Personen aus der Heinrich-Böll-Stiftung, der
Partei Bündnis '90/Die Grünen und ihrem Umfeld.

Programmkoordination

Dieser Tätigkeitsbereich umfaßt alle Stadien des Projekt- und Programm-Managementzyklus: von der Programmentwicklung über die Implementierung und Durchführung bis zur Administration und Evaluierung. Insbesondere bei der Entwicklung von Programmen gemeinsam mit Kooperationspartnern vor Ort kommt den Auslandsbüros eine wichtige Funktion zu. Die Büromitarbeiter fungieren dabei als Bindeglied und Vermittler zwischen der Heinrich-Böll-Stiftung und ihren Partnern. Sie müssen die Förderpolitik der Stiftung und ihrer Zuwendungsgeber mit den aktuellen Bedingungen in den jeweiligen Ländern abstimmen und in konkrete Maßnahmen über- und umsetzen.

Beim Treffen der *Global Greens*, dem Vernetzungstreffen grüner Bewegungen, Parteien und zivilgesellschaftlicher Kräfte in Canberra im April 2001 (http://www.global.greens.org.au/) wurde deutlich, daß die Heinrich-Böll-Stiftung aufgrund ihrer global gestreuten Projektpartnerschaften und durch ihre Beziehungen zu grünen Bewegungen und Parteien eine besondere Stellung in der internationalen grünen »Familie« einnimmt.[4] Ihr spezifisches Profil besteht darin, dank ihrer Kooperationen wie kaum jemand sonst in der Lage zu sein, im transnationalen Maßstab Themen und Trends zu identifizieren, zu bearbeiten und politische Einmischung zu fördern.

3.2 PROGRAMMPOLITIK: PLANUNG UND UMSETZUNG

Ein zentrales Forum für eine Abstimmung zwischen Auslandsbüros und Zentrale ist die jährlich stattfindende Auslandsmitarbeiterkonferenz (AMK). Hier kommen die Büroleiter und teils auch Programmkoordinatoren aus den Auslandsbüros mit den Referatsleitern und -mitarbeitern aus der Zentrale und dem Stif-

---

4 Das Konstrukt von parteinahen politischen Stiftungen gibt es nur in Deutschland.

tungsvorstand zusammen, um die inhaltliche und strategische Ausrichtung der Stiftungsarbeit zu diskutieren. Erfahrungen werden reflektiert, ausgewertet, ausgetauscht und neue Ideen zur Auslandsarbeit entwickelt. Diese interne Reflektion wird jedes Jahr ergänzt durch einen Strategie-Workshop, an dem auch Vertreter der Partei und andere Experten teilnehmen. Diese beiden miteinander verkoppelten Treffen sind die wichtigsten gemeinsamen Abstimmungsplattformen für die Auslandsarbeit und stecken den inhaltlichen und strategischen Rahmen und zukunftsorientierte Leitlinien oder Eckpunkte für die Weiterarbeit ab. In diesem Rahmen soll sich die Auslandsarbeit in einzelnen Ländern bewegen und ihn, angepaßt an die je spezifischen Kontexte, ausfüllen.

Als weiteres Planungsinstrument wurden im südlichen Afrika, in Mittelamerika und Brasilien und im Ansatz auch am Horn von Afrika Programmplanungs-Workshops mit den Partnerorganisationen aus der Region und der Heinrich-Böll-Stiftung nahestehenden Personen und Gruppierungen eingeführt. Diese Form von Regionaltreffen verbessert die Partizipations- und Eingriffsmöglichkeiten für die Partner, so daß sie ihre Einschätzungen der Problemlagen und Umsetzungsmöglichkeiten in einzelnen Ländern einbringen und Prioritätensetzungen maßschneidern können.

Bisher verläuft die Abstimmung über Programme überwiegend zwischen dem regional zuständigen Referat in der Zentrale und den entsprechenden Auslandsbüros. Zur Ökologie- und Nachhaltigkeitsthematik, vor allem im Rio+10-Prozeß, leistet das Umweltreferat in Berlin wichtige konzeptionelle und strategische Vor- und Zuarbeit. Als Querschnittsreferat gelingt es ihm auch, Inlands- und Auslandsarbeit der Heinrich-Böll-Stiftung zu verknüpfen. Gleichwohl wäre der von der Stiftung in einer Reihe von Ländern angestoßene Rio+10-Prozeß allein von Berlin aus nicht machbar gewesen. Die Auslandsbüros konnten den NGOs vor Ort wichtige und kräftige Impulse geben, so daß in verschiedenen Ländern Partner aktiviert und motiviert werden konnten, sich an der Vorbereitung auf den Weltgipfel 2002 aktiv zu beteiligen.

1999 beschloß die Stiftung eine Dezentralisierung durch die Verlagerung von administrativer und programmpolitischer Verantwortung für Projekte und Programme von der Zentrale an die Auslandsbüros. Diese Dezentralisierung ist ein Prozeß, der in den verschiedenen Regionen unterschiedlich und ungleichzeitig verläuft. Teilweise sind die Projektzuständigkeiten noch nicht endgültig geregelt. Insgesamt erhielten die Auslandsbüros jedoch erweiterte Vollmachten und wurden dadurch aufgewertet.

Den meisten Büros ist es gelungen, in der politischen Öffentlichkeit der jeweiligen Länder ein »grünes« institutionelles Profil aufzubauen. Neben der Projektarbeit wird dies insbesondere durch Veranstaltungen und Kleinmaßnahmen geprägt, die noch stärker als die Projekte mit dem Stiftungsbüro identifiziert werden. Sie greifen ökologische Fragestellungen aus dem nationalen Kontext auf, können flexibel auf aktuelle Ereignisse reagieren, entwickeln regionale Zuschnitte der Themen und beschäftigen sich mit globalen Problemen. Exemplarisch für die Erarbeitung regionaler Zugänge und für regionale Vernetzung waren die Euro-Med-Kooperation und Vernetzung von Umwelt-NGOs (Ramallah, Istanbul, Tel Aviv, Brüssel vgl. Kap. 3.4.1) sowie die Aktivitäten im Umfeld der Welt-Staudamm-Kommission, zum Wassermanagement in der Region südliches Afrika und zum Aufbau eines regionalen Netzwerks zu Wasserressourcen (Johannesburg).

Unter den globalen Themen sind vor allem zu nennen:
- Wirtschaftsweise und Wirtschaftswachstum (Chiang Mai, Tel Aviv, vgl. Kap. 5.6);
- Globalisierung (Chiang Mai, Tel Aviv, vgl. Kap. 5.4);
- Klima (Brüssel, Washington, vgl. Kap. 5.3);
- Gentechnologie und Biodiversität (Addis Abeba, San Salvador, vgl. Kap. 5.1);
- Rio+10-Vorbereitung (vgl. Kap. 5.5).

Mit ihrer Themenspanne und dem Handlungsbogen vom Lokalen bis zum Globalen setzen die Auslandsbüros einen zentralen Punkt der Charta der *Global Greens* um, die in Canberra formuliert wurde:

»Die Global Greens sind unabhängige Organisationen aus verschiedenen Kulturen und mit unterschiedlichem Hintergrund, die
ein gemeinsames Ziel teilen, und – um dies zu erreichen – sowohl
global als auch lokal handeln müssen.«

3.3 VOM PROJEKT ZUM PROGRAMM

Bei der Entwicklung von Programmen haben die Auslandsbüros
eine zentrale Funktion als inhaltliche und organisatorische Vermittler. Ohne ihre Präsenz in der Region und den dadurch möglichen intensiven Austausch ist die Erarbeitung von konsistenten
und der Problemlage der Partner angepaßten Programmen kaum
denkbar. Immer noch sind die meisten der von der Heinrich-Böll-
Stiftung geförderten Maßnahmen Einzelprojekte. Die Bündelung
zu Regionalprogrammen hatte bisher sehr stark administrativen
Charakter oder resultierte aus den Vorgaben des BMZ. Eine
Zusammenarbeit der Projekte in diesen Programmen fand praktisch nicht statt. Eine Ausnahme bildet lediglich das Cono-Sur-
Programm, das ohne Auslandsbüro entstand. Es ist aber dadurch
charakterisiert, daß es auf der einen Seite in den Ländern auf
stabile Partnerorganisationen mit einem weitgehend vorstruktu-
rierten Programm bauen konnte und auf der anderen Seite von
Berlin aus eine überdurchschnittlich intensive Begleitung erfuhr.

Das Anliegen der Stiftung, die Auslandsarbeit auch inhaltlich
stärker durch Programme zu strukturieren und zu bündeln, entwickelt sich in den Regionen unterschiedlich. Ausgangspunkt für
ein wirkliches Zusammenarbeiten ist das In-Beziehung-Setzen
der Partner der jeweiligen Region und die Diskussion gemeinsamer Fragestellungen bei nationalen und regionalen Treffen. In dieser Interaktion bildet oder bestätigt sich ein ökologischer Grundkonsens, der sich durch eine Strukturkritik an Umweltzerstörung
und den Bezug auf normative Leitorientierungen und Visionen
herstellt. Aus diesem Grundkonsens entwickelt sich wiederum als
Identität das Gefühl bei den Kooperationspartnern und der Heinrich-Böll-Stiftung, »an einem Strang zu ziehen«, was in einigen

Regionen sogar »Heinrich-Böll-Stiftungs-Familie« genannt wird. Diese »Stiftungs-Familie« oder Kooperation macht zunächst noch kein Programm aus, ist aber der institutionelle und infrastrukturelle Zusammenhang, aus dem heraus eine fachlich-inhaltliche Kooperation entsteht. Eine ganz wichtige Funktion für das Aneinanderrücken der Einzelprojekte und die Koordination von Projekten zu Programmen auch unter Einbezug anderer gleichgesinnter NGOs oder potentieller Partnerorganisationen haben hier die Auslandsbüros. Sie stoßen die notwendigen Diskussionen an und übernehmen oft eine Art Hebammen- und Regierolle, agieren als neutrale Mediatoren oder Bündnisvermittler zwischen oft getrennt arbeitenden Zirkeln.

In Thailand entstehen diese intensiveren Interaktionen unter den Partnern auf der Grundlage der gemeinsamen Kritik am herrschenden Entwicklungsmodell. Ergebnis ist eine Collage von Projekten mit Widerstands- und Alternativelementen und der Bearbeitung unterschiedlicher Sektoren. Die Elemente dieser Collage greifen ineinander und verzahnen sich, überschneiden oder ergänzen einander und sollen schließlich von außen betrachtet als eine Umweltbewegung mit einer spezifischen Stoßrichtung und Perspektive erscheinen. Derzeit löst der Vorbereitungsprozeß auf den Weltgipfel 2002 einen neuen Identifikations- und Integrationsschub für die Partnerorganisationen aus. Auch in Südafrika sind es momentan vor allem die Vorbereitungen für die Johannesburg-Konferenz, die die Projektpartner und ihre Aktivitäten zusammenwachsen lassen. Am Horn von Afrika konzentriert sich der Programmgedanke auf die intensivere Vernetzung der Partner. In Brasilien werden ab 2002 die Ökologieprojekte in einem Programm zusammengefaßt, das vom Büro in Rio aus den Erfahrungen von über zehn Jahren entwickelt wurde. Nicht weitergeführt wird das Ökologieprogramm in Mittelamerika; Ökologiefragen werden teilweise innerhalb der anderen Programme bearbeitet.

Cono Sur Sustentable ist sicher das bisher konsistenteste Programm mit allen Charakteristika, die ein Programm ausmachen. Es wurde

im Unterschied zu den anderen Programmen von Anfang an als
Programm diskutiert und geplant. Gemeinsame Thematik und abgestimmtes methodisches Vorgehen sowie regelmäßiger Austausch auf den Arbeitstreffen sind die starken Klammern.

In Osteuropa ergeben sich durch den EU-Beitritt grenzüberschreitende Fragen, die sich aus der Transformation der gesellschaftlichen und politischen Verhältnisse ergeben. Die Heinrich-Böll-Stiftung legt mit ihren Partnerorganisationen ein besonderes Augenmerk auf die Politikbeeinflussung im Sinne ökologischer Fragestellungen in der Agrar- und Energiepolitik. Diese Fragen betreffen alle Beitrittsstaaten. Die Projektaktivitäten werden von den in den vorangegangenen Projekten geschaffenen Netzwerken getragen.

3.4 DIE DIALOGBÜROS BRÜSSEL UND WASHINGTON

Die beiden Büros in Brüssel und Washington spielen in der Auslandsstruktur eine Sonderrolle als Dialogbüros. Sie sind an politisch zentralen Macht- und Schaltzentralen angesiedelt und agieren in Regionen, in denen keine Projekte gefördert werden. Dadurch kommt ihnen im Verbund der Auslandsbüros primär eine Servicerolle zu.

3.4.1 Brüssel

Mit der Eröffnung des Büros in Brüssel besetzte die Heinrich-Böll-Stiftung 1998 einen strategisch bedeutenden Ort der Politik und des Lobbying. Als Dialogbüro arbeitet das Brüsseler Büro in drei Richtungen und fungiert als Knotenpunkt für Informationen und Kontakte:
- europapolitisch, einschließlich der Ost-Erweiterung der EU;
- transatlantisch in Kooperation mit dem Washington-Büro;
- süd-nord- bzw. nord-süd-politisch zusammen mit Regional- und Länderbüros der Heinrich-Böll-Stiftung sowie mit Partnerorganisationen in Ländern des Südens.

Die europapolitischen und transatlantischen Aktivitäten werden aus Mitteln des Auswärtigen Amtes finanziert, während das Ministerium für wirtschaftliche Zusammenarbeit und Entwicklung (BMZ) seit 1999 ein Süd-Nord- bzw. Nord-Süd-Dialog-Programm unterstützt.

Die intensivste Arbeitsbeziehung besteht im Dreieck Brüssel, Washington und dem Westreferat der Heinrich-Böll-Stiftung in Berlin. Die Kooperationsachse mit den Auslandsbüros der Stiftungsbüros im Süden ist bisher am schwächsten ausgebildet. Intensivere Beziehungen wurden nur im Rahmen des Euro-Mediterranen Kooperationsprojekts mit den Büros in Tel Aviv, Ramallah und Istanbul gepflegt. So ist es bisher noch nicht gelungen, eine Zusammenarbeit mit den anderen Auslandsbüros regelmäßig und verbindlich zu gestalten, obwohl das Brüsseler Büro sich ihnen gegenüber prinzipiell in der Rolle eines Dienstleisters für Informationstransfer, zur Kontaktvermittlung und zum Türöffnen bei Lobby- und Anlaufstellen der EU-Politik betrachtet. Z.B. wurden mit je einem Besucherprogramm – vermittelt über die Büros in El Salvador und Moskau – Partnern aus dem Süden und Osten Zugänge zu EU-Institutionen und -Strukturen eröffnet.

Ökologie und Nachhaltigkeitsthemen waren von Anfang an ein deutlicher Schwerpunkt der europapolitischen Aktivitäten und rangierten von der Anzahl der Maßnahmen her im Jahr 2000 auf Platz eins. Im Rahmen des Süd-Nord-Dialog-Programms wurden im Jahr 2000 mehr als 41 Prozent der Mittel für Maßnahmen zum Themenkomplex Umwelt und Nachhaltigkeit ausgegeben. Zwischen 1998 und Ende 2000 rangierten dabei die beiden Schwerpunkte Energie- und Klimapolitik weit vorne in der Rangliste bearbeiteter Umweltthemen. Eine nachhaltige Europäische Energiepolitik und die Einführung einer EU-Energie-Steuer wurden diskutiert. In den Debatten und in einem Positionspapier zur internationalen Klimapolitik wurde eine Vorreiterrolle der EU in Sachen Kyoto-Protokoll und Klimawandel befürwortet. Im November 2000 wurden die Vorbereitung von NGOs auf die Klima-Konferenz (COP6) in Den Haag, ihre Teilnahme und die Publikation eines täglichen Newsletters aus »Südsicht«, *Equity*

Watch, durch das *Centre for Science and Environment* (CSE) aus
Indien unterstützt.

Nur vereinzelte Aktivitäten beschäftigten sich mit nachhaltiger Finanzwirtschaft, Waldbewirtschaftung, Patentierung und Gentechnologie, Verkehr, Verbraucherschutz, Großstaudämmen und Öko-Landbau. Ab Mitte 2000 und verstärkt im Jahr 2001 orientierte man sich dann mit Maßnahmen auf den nächsten Weltgipfel in Johannesburg hin und initiierte eine Strategiedebatte unter NGOs (vgl. Kap. 5.5).

Ein weiterer Schwerpunkt war im Euro-Mediterranen Kooperationsprojekt die Vernetzung von NGOs aus dem südlichen und östlichen Mittelmeerraum zum Thema Umwelt und Nachhaltigkeit im Jahr 1999. Es ist das einzige Projekt, wo drei Auslandsbüros der Stiftung – nämlich die im Nahen Osten – zielgerichtet und direkt zusammenarbeiteten und sich auch mit dem Brüsseler Büro abstimmten. Ein breites Bündnis von Umwelt-NGOs zielte mit einem intensiven Konsultations- und Lobbyprozeß im Jahr 1999 darauf, Umweltfragen in die Agenda der euro-mediterranen Außenminister zu integrieren, in der sie bis dahin unterbelichtet waren. Zunächst hatte im Vorfeld der Außenminister-Konferenz eine Koalition von Umwelt-NGOs aus dem mediterranen Raum, das *Comité de Suivi*, eine NGO-Erklärung an die Minister vorbereitet. In einer Beratung an sieben Runden Tischen im südlichen und östlichen Mittelmeerraum wurde dieser Entwurf diskutiert: in Marokko, Algerien, Ägypten, Palästina, Israel, Jordanien und in der Türkei. Der Entwurf der NGO-Erklärung wurde an die Außenminister geschickt und jeder Runde Tisch entsandte drei Repräsentanten zu dem zivilgesellschaftlichen Umweltforum in Stuttgart, das das *Comité* zusammen mit der Heinrich-Böll-Stiftung und der EU-Kommission am Rande des Barcelona-III-Gipfels der Außenminister organisierte. Die Ministerrunde lehnte es aber ab, die NGOs mit Beobachterstatus an ihren Verhandlungen teilnehmen zu lassen und sich die Ergebnisse des NGO-Forums anzuhören. Dies war ein Rückschlag für zivilgesellschaftliche Partizipation und Transparenz von politischen Entscheidungsprozessen.

Auf ihrem Umweltforum verabschiedeten die NGOs ihr Positionspapier. Darin fordern sie u.a. eine euro-mediterrane Nachhaltigkeitsstrategie und die Entwicklung eines Euro-Med-Gebiets für
nachhaltigen Handel, eine Internalisierung von Umwelt- und
sozialen Kosten und eine Umweltverträglichkeitsprüfung für die
vorgeschlagene Freihandelszone in der Region und andere Wirt-
schaftsaktivitäten. Diese Erklärung fand die offizielle Unterstützung der spanischen und dänischen Regierung. Die deutsche EU-
Ratspräsidentschaft organisierte im Anschluß einen Dialog zwischen NGOs und Regierungsvertretern über ökologische Themen
– ein Novum im politischen Barcelona-Prozeß. So war das Kooperationsprojekt zwar keine durchgängige Erfolgsgeschichte des politischen Dialogs zwischen Zivilgesellschaften und Regierungen,
aber ein gutes Bespiel von zivilgesellschaftlichem *Empowerment*
und umweltpolitischer Vernetzung.

3.4.2 Washington

Im gleichen Jahr wie das Brüsseler Büro wurde auch in Washington das Dialogbüro eröffnet mit einer ähnlichen Finanzierungs-
struktur: Die transatlantischen Aktivitäten werden vom Auswärtigen Amt finanziert, der Süd-Nord-Dialog aus Mitteln des Ministe-
riums für Entwicklungszusammenarbeit, BMZ. Bei den vier
thematischen Schwerpunkten der Arbeit in Nordamerika rangiert
nachhaltige Entwicklung an erster Stelle:
– Nachhaltige Entwicklung;
– Außen und Sicherheitspolitik;
– Internationale Finanz- und Strukturpolitik und UN-Reform;
– Nord-Süd-Vernetzung.

Innerhalb der Ökologie und Nachhaltigkeitsthematik spielen
Klima und Energie eine herausragende Rolle. Sie sind auch die
zentralen Themen der transatlantischen Zusammenarbeit (vgl.
Kap. 3.4.1). Dieses Gebiet wird in verschiedenen Zusammenhängen bearbeitet: durch Kontakte zu US-NGOs, zu Umweltverbän-
den und zu UN-Organisationen sowie in einer aktiven Öffentlich-

keitsarbeit. Weiterhin wurden zahlreiche Veranstaltungen durchgeführt und ein umfangreiches Besuchsprogramm deutscher Politiker und Experten betreut. Anläßlich der Klimavertragsstaatenkonferenz (COP5) in Buenos Aires im Oktober 1998 wurde zusammen mit dem *Center for Sustainable Development in the Americas* vor der Konferenz ein Presse-Briefing durchgeführt und nach Abschluß der Konferenz eine Auswertung. Der Klimafrage wird bei der Arbeit in den USA angesichts der Blockadepolitik der Regierung ein besonderer Stellenwert eingeräumt. Dazu hat auch die in Berlin erfolgte Veröffentlichung einer Studie von 1999 beigetragen, in der die Umsetzung des Kyoto-Klima-Protokolls ohne eine Beteiligung der USA diskutiert wird. Die Stiftung konnte bei diesem Konfliktthema in den USA ein strategisch wichtiges und hochaktuelles Papier vorlegen, das 2001 erneut aufgelegt wurde.

Der strategische Standort wird auch genutzt, um Umweltpolitik und Nachhaltigkeit in den verschiedenen Facetten zu bearbeiten und Aktivitäten für Politik und Fachöffentlichkeit durchzuführen. Dies reicht von Begleitveranstaltungen anläßlich von Besuchen deutscher Politiker bis zu internationalen Konferenzen zu globalen Umweltfragen. Dabei wird versucht, auch US-Politiker anzusprechen oder aktiv einzubeziehen. Eine wichtige Aufgabe sieht das Büro-Team auch darin, international relevante Themen in bezug auf supranationale Organisationen wie UN, WTO, Weltbank etc. aufzugreifen. Vor wichtigen Konferenzen werden zum jeweiligen Thema meist Workshops oder Podiumsveranstaltungen mit prominenten Fachleuten veranstaltet.

Dem Weltgipfel 2002 wird vom Washington-Büro deshalb eine strategische Bedeutung beigemessen, weil davon ausgegangen wird, daß die US-Regierung die Konferenz nutzen wird, um ihr angeschlagenes umweltpolitisches Image aufzubessern. Im April 2001 wurde in der deutschen UN-Vertretung eine Konferenz mit 150 NGO- und Regierungsvertretern sowie Delegierten von multilateralen Institutionen durchgeführt zum Thema »The Road to Earth Summit 2002«.

Die Kooperation mit den Süd-Büros und den Projektpartnern, speziell in Lateinamerika, ist bisher noch nicht sehr intensiv. Die

Funktion als Servicestelle in Washington für die Südbüros bei bestimmten Themen wird z.Z. ausgebaut. Ein erster Schritt ist die spanische Version der Homepage des Büros. Dieser Service wurde bereits von Projektpartnern (FASE in Brasilien und IEP in Chile) als wichtige Funktion genannt und der Bedarf geäußert, den Kontakt des Büros zur Informationsbeschaffung bei der Weltbank und der Inter-Amerikanischen Entwicklungsbank zu nutzen.

Tabelle 19	**Kleinmaßnahmen Brüssel und Washington**							
Büro	Veran-staltungen	Politik-dialog	Veröffent-lichung	Kurz-projekt	Ver-netzung	Training	Indiv. Förderung	Total
Brüssel	13	2	9	–	3	2	5	34
Washington	20	4	10	1	–	–	2	37

4 AKTEURE

Zentrales Selbstverständnis und Organisationsidentität der Heinrich-Böll-Stiftung ist, in ihrer Auslandsarbeit als Förderer politischer Einmischung in Sachen Ökologie und Nachhaltigkeit zu wirken und zivilgesellschaftliche Kräfte in anderen Ländern zu eben dieser politischen Einmischung zu befähigen und sie dabei zu unterstützen. Oberstes Ziel dieser Kooperation ist eine Ökologisierung von Gesellschaft und Politik in den jeweiligen Ländern. Rolle und Aufgabe der Partnerorganisationen ist entsprechend, als Akteure oder Anschubkräfte für eine solche Ökologisierung zu wirken. Das bedeutet, sie fungieren als Agenten struktureller Veränderung in ihren Gesellschaften.

4.1 TRÄGERORGANISATIONEN

Kooperationspartner der Heinrich-Böll-Stiftung und Trägerorganisationen der Projekte sind in der Mehrzahl zivilgesellschaftliche Akteure, meist NGOs. Nur bei vier der 67 Projekte sind staatliche Stellen Kooperationspartner. Grundlage für die Projektpartnerschaft sind gemeinsame Wertorientierungen und verbindende umweltpolitische Ziele.

4.1.1 Nicht-Regierungsorganisationen

Diese NGOs sind in der Mehrzahl mit weniger als 20 Beschäftigten kleine und überwiegend junge Gruppierungen, die in den neunziger Jahren entstanden sind. Einige der großen NGOs in Lateinamerika haben ihren Ursprung allerdings bereits in den sechziger Jahren, nahmen das Umweltthema aber erst Ende der achtziger Jahren auf. Zwei Partnerorganisationen in Thailand stammen aus sozialen Bewegungen der achtziger Jahre.

Nur in Lateinamerika sind unter den Projektpartnern große, landesweit operierende und z.T. international vernetzte NGOs zu finden. In vielen Ländern wirken kleine NGOs allerdings durch Öffentlichkeitskampagnen und Lobbying über ihren lokalen oder regionalen Aktionsradius hinaus. Eine größere Reichweite oder ein Multiplikationseffekt entstehen häufig auch durch Vernetzung. Die unterschiedlichen Gründungswellen, aus denen die Umwelt-NGOs zeitverschoben in den Regionen hervorgegangen sind, haben zwei Ursachen: Zum einen reflektieren sie das ungleichzeitige Entstehen eines ökologischen Bewußtseins bzw. von Umweltaktivitäten im jeweiligen Land. Zum anderen sind sie hochgradig abhängig von den politischen Rahmenbedingungen und den demokratischen Möglichkeiten in den Ländern. So fand nach den politischen Umbrüchen in Mittel-, Süd- und Osteuropa und in Südafrika jeweils ein regelrechter Boom an NGO-Gründungen und -Registrierungen statt. In Lateinamerika war dieser Boom unmittelbar vor der UNCED-Konferenz in Rio 1992 zu verzeichnen. Überall war dieses Umweltengagement der ersten Stunde überwiegend von ehrenamtlicher Arbeit und von zivilgesellschaftlicher Verantwortung getragen.

Entstanden ist kein einheitlicher Typus von Umwelt-NGOs oder zivilgesellschaftlichen Öko-Akteuren. Von den Organisationsstrukturen, der inhaltlichen Schwerpunktsetzung und den Handlungsprofilen her besteht eine Pluralität von Organisationen, das, was Castells eine »kreative Kakophonie von Umweltaktivismus« nennt (Castells 1997, S.112).

Von ihren Entstehungshintergründen her lassen sich verschiedene NGO-Typen unterscheiden:

– Basis- und Bewegungs-NGOs[5]. Sie entstanden aus sozialen Bewegungen heraus, aus Basis- und Bürgerinitiativen oder einem Umweltaktivismus der ersten Stunde. Sie basieren auf unmittelbarer Betroffenheit und umweltpolitischem Engagement der Beteiligten und werden dementsprechend anfänglich vollständig von einem ehrenamtlichen, bürgerschaftlichen

---

5 Der Begriff der Bewegungsorganisation geht auf Dieter Ruchts Untersuchung verschiedener sozialer Bewegungen zurück, vgl. Rucht 1994.

Engagement getragen. Häufig sind die Gruppen eine institutionalisierte Form sozialer Proteste. In Lateinamerika und Thailand liegt der kämpferische Ursprung einer Reihe von Gruppen
oder auch Personen, die später Umweltgruppen gründeten, in
den sozialen und Demokratisierungsbewegungen. Die Ökologisierung der lateinamerikanischen NGOs fand kurz vor und
vor allem nach der Rio-Konferenz statt.

- Der zweite NGO-Typus sind Organisationen, die auf dem Hintergrund fachlicher Expertise gegründet wurden und meist spe-
zialisiert sind. Die Akteure haben häufig einen wissenschaftlich-intellektuellen Hintergrund oder sind Wissenschaftler, die
ihre Tätigkeit mit einer Praxis in der NGO – meist in Form von
Beratungstätigkeit – verknüpfen wollen. Zusätzlich spielen sie
dann z.B. in Südafrika und Simbabwe in der Öffentlichkeit und
Politik eine advokatorische Rolle für Interessengruppen an der
Basis. In Lateinamerika kommen einige der Akteure ursprünglich aus Basis- oder Bewegungszusammenhängen und haben
sich das Experten- und Intellektuellen-Standbein zusätzlich
zugelegt. In den MSOE-Ländern sind die meisten Partnerorganisationen solche Expertengründungen; entsprechend sind
sie in den Städten ansässig und aktiv, während nur wenige
Partner in ländlichen Regionen arbeiten.

- Eine dritte Gruppe von Partnerorganisationen sind staatlich
gesteuerte oder vom Staat in die NGO-Landschaft gepflanzte
Organisationen, z.B. in den MSOE-Ländern oder in Ägypten.
Die Abhängigkeit von staatlichen Organen ist in MSOE ambi-
valent, da Abläufe manchmal durch die guten Kontakte zu
Behörden und Verwaltungen effektiver werden.

- In den MSOE-Ländern gingen einige NGO-Gründungen auch
aus älteren informellen Vereinigungen hervor. In der Sowjetunion führten diese Gruppierungen vor der Wende ein Schattendasein unter den Bedingungen eines totalitären Kontroll- und
Sicherheitsapparats und bestanden überwiegend aus Dissiden-
ten (z.B. *Baikal Welle*). In den Ländern Mittel- und Osteuropas
waren die staatlichen Sanktionen dagegen nicht so streng und
die Vereinigungen hatten daher größere Handlungsspielräume.

– Die Partnerorganisationen im Bereich des Ökolandbaus in Mitteleuropa sind Produzentenvereinigungen. Bei ihnen steht der wirtschaftliche Aspekt einer Zusammenarbeit im Mittelpunkt. Dies war auch das leitende Motiv für die Trägerschaft eines Pilzanbauprojekts in Äthiopien.

– In Westafrika entstanden NGOs im Umfeld von Ökologie-Parteien oder wurden von ihnen initiiert. Der Ansatz, diese zarten Pflänzchen durch Projektpartnerschaft großzuziehen, muß jedoch als mißlungen betrachtet werden, vor allem weil es den NGOs nicht gelang, sich von der Partei zu emanzipieren.

Finanzierungsmöglichkeiten aus Eigenmitteln wie Mitgliedsbeiträgen oder lokalen Steuermitteln sind überall gering. Erst die Außenfinanzierung im Projekt-Format macht die Gruppierungen auf Dauer handlungsfähig, aber sie verändert auch die Organisationen. Langjährige Erfahrungen mit umweltpolitischer Arbeit und die zunehmende Spezialisierung der NGOs führen zusammen mit den Qualitätsanforderungen ausländischer Geber an die Tätigkeiten zu einer Professionalisierung.

Bestanden z.B. die Aktivitäten der Basis- und Bewegungsorganisationen anfänglich zu einem großen Teil in spontanen Reaktionen auf Umweltschäden und entsprangen einer Protest- und Konfliktdynamik, so müssen die NGOs für die Finanzierungsphasen Projektanträge mit dreijähriger Vorausplanung vorlegen und sind gedrängt, in Planungskoordinaten zu denken. Ihre Organisationsentwicklung verlief also häufig vom politischen Aktionismus zur *log-frame*-geplanten Professionalität. Dieser Trend zur Professionalisierung und Institutionalisierung hat die Unterschiede zwischen den oben genannten ersten beiden NGO-Typen zunehmend eingeebnet. Deshalb besteht das Organisationsprofil der meisten Partnerorganisationen aus einer Kombination von fachlicher Expertise und ökologischem Engagement. Viele der NGO-Mitarbeiterinnen und -Mitarbeiter vereinen in ihren Biographien inzwischen beides. In einigen Ländern wie z.B. Rumänien stellen sie eine neue Elite dar, die ihren beruflichen Werdegang mit hohem ökologischem Verantwortungsbewußtsein verknüpft.

In der Mobilisierung von Finanzmitteln aus dem Ausland und im Eingehen auf die administrativen Anforderungen der Geber sind die NGOs sehr unterschiedlich versiert. Die meisten Partnerorganisationen klagen über den administrativen Mehraufwand, den die Finanzabrechnungen bedeuten. Die großen lateinamerikanischen Partner sind dagegen aufgrund ihrer reichhaltigen Erfahrungen mit verschiedensten Gebern in der Lage, sich auf die unterschiedlichen administrativen Feinheiten einzustellen. IBASE hat z.b. für die Einwerbung und Beschaffung von Finanzierungen eine eigene *Fundraising*-Abteilung eingerichtet, die weitgehend unabhängig von den inhaltlichen Bereichen arbeitet.

Zwei deutlich negative Auswirkungen der Abhängigkeit von ausländischer Finanzierung zeigen sich bei einigen Partnern bzw. in einigen Regionen: die Anpassung an Förderkonjunkturen und die Konkurrenz untereinander um Mittel. Einige NGOs schauen zuerst, wie sich die Organisation und Aktivitäten finanzieren lassen und maßschneidern danach entsprechende Projektanträge. Dies hat zwangsläufig auch eine Konkurrenz zwischen den NGOs zur Folge. So ließ der Boom von NGO-Gründungen in den MSOE-Ländern zu Beginn der neunziger Jahre so viele kleine NGOs entstehen – in Rußland sind es derzeit bereits ca. 300.000 Organisationen –, daß nun ein »sozialer Darwinismus« einsetzt. Dieser bringt eine Selektion der Organisationen nach dem Prinzip »Survival of the fittest« mit sich. So gibt es zwei Szenarien für die Entwicklung der NGOs: Sie sind (a) geschickt genug, Zuwendungen von ausländischen Geldgebern zu erhalten, um Personal zu beschäftigen und Projekte durchzuführen; (b) die Organisationen operieren auf ehrenamtlicher Basis, und ihr Wirkungskreis und ihre Ergebnisse bleiben entsprechend limitiert.

Die allgemein in der Landschaft der Ökologie-NGOs zu beobachtende Professionalisierung führt zu einer Fokussierung auf Expertise. Doch das bedeutet bei den Partnerorganisationen der Heinrich-Böll-Stiftung – im Gegensatz zu vielen anderen Umwelt-NGOs – keine Einengung der Perspektive und Schmalspurspezialisierung. Im Gegenteil: Es besteht ein Trend zu einer thematischen Öffnung und Erweiterung. Dafür gibt es mehrere Ursachen: 1) Die Trägerorganisationen bearbeiten immer häufiger integrierte Zusammenhänge wie z.b. verschiedene Ressourcen oder Sektoren in einem Ökosystem; 2) sie schaffen mehr regionale Zugänge und Kooperationen in einzelnen Sektoren; 3) sie arbeiten auf verschiedenen Ebenen und in unterschiedlichen gesellschaftlichen Kontexten – in lokalen Gemeinschaften, in einer breiteren Öffentlichkeit, in der Politik – und sind von daher gezwungen, ihr Spezialthema oder ihren Sektor in einen breiteren sozio-politischen Kontext zu stellen. Überhaupt fällt bei den Umweltorganisationen in den Ländern des Südens – im Gegensatz zu denen des Nordens und des Ostens – auf, daß sie ökologische Fragestellungen mit Fragen sozialer Gleichheit und Gerechtigkeit verknüpfen.

Am ehesten ist der überwiegende Teil der Partnerorganisationen in den MSOE-Ländern als *Single-Issue-NGOs* zu betrachten. Dort sind die Organisationen meist auf ein thematisch oder lokal einzugrenzendes Thema fixiert. Entsprechend greifen die Projektpartner in dieser Region kaum komplexere Zusammenhänge zwischen Umwelt, Wirtschaft, Handel und Gesellschaft auf, wie dies in den Debatten um Nachhaltigkeit in Lateinamerika, Thailand oder Südafrika geschieht.

In der Finanzierungspraxis der Heinrich-Böll-Stiftung hat sich die Tendenz herausgebildet, in Zukunft keine informellen Basisorganisationen (CBOs), die mit den Abrechungsanforderungen der Heinrich-Böll-Stiftung überfordert wären, und auch keine multinationalen NGOs zu unterstützen[6]. Vielmehr fungieren die meisten Partnerorganisationen als Katalysatoren für die Basis und für lokale Gruppierungen. In den Lateinamerika-Programmen besteht eine klare Tendenz hin zu den Experten- und Beratungs-NGOs. Mit einer Reihe von basisorientierten NGOs läuft die Kooperation gerade aus.

---

6 Die zukünftige Unterstützung von Panos in Äthiopien stellt eine Ausnahme dar. Grund ist der Mangel an einheimischen Umwelt-NGOs in Äthiopien.

In den neunziger Jahren hat die Stiftung mit den meisten Partnerorganisationen über viele Jahre und mehrere Förderphasen kooperiert. Kontinuität der Kooperation war bestimmend, nicht Partnerwechsel.

Die Stiftung ist den Partnerorganisationen gegenüber in einer Doppelrolle: Einerseits will sie politischer Bündnispartner sein und dies als grünen-nahe, politisch klar positionierte Stiftung ganz besonders im polischen Handlungsfeld Ökologie und Nachhaltigkeit; andererseits ist sie Geber und trägt als Vertragspartner des BMZ Verantwortung für die Verwendung der Mittel gemäß den deutschen Vorschriften. Die Finanzierung schafft unvermeidbar ein asymmetrisches Macht- und Abhängigkeitsverhältnis, während gleichzeitig politisch-inhaltlich eine Partnerschaft auf Augenhöhe angestrebt wird. Dieses Dilemma ist letztlich nicht auflösbar. Die Heinrich-Böll-Stiftung muß mit ihren Partnerorganisationen ständig einen Mittelweg zwischen ihren beiden Aufträgen finden. Diese Gratwanderung ist nicht einfach und verlangt diplomatisches Geschick und interkulturelles Feingefühl. Mit den meisten Partnerorganisationen konnte jedoch ein politisches Vertrauens- und Dialogverhältnis aufgebaut werden. Sie schätzen die Heinrich-Böll-Stiftung als politischen Weggefährten und würdigen das Engagement in der Sache und die Anstöße, die von den Stiftungs-Mitarbeitern kommen; einige wünschen sich mehr inhaltlichen und strategischen Dialog mit der Stiftung, mehr politischen Austausch und Impulse.

4.1.2 Staatliche Projektträger

Insgesamt ist es Strategie der Heinrich-Böll-Stiftung, nicht selbst mit Regierungen zu verhandeln, sondern zivilgesellschaftliche Kräfte in die Lage zu versetzen, umweltpolitische Verhandlungen zu führen und teils auch Fort- und Weiterbildung für Regierungsangestellte zu betreiben. Kapazitätsbildung von Mitarbeitern von Ministerien fördert die Heinrich-Böll-Stiftung teilweise durch Besucherreisen nach Deutschland. So informierten sich thailändische Ministerielle über den deutschen Kohlebergbau, über die rechtlichen Grundlagen für Umsiedlung und die Wiederaufforstung ehemaliger Tagebauflächen, um daraus Lehren für die eigene Energiepolitik zu ziehen. In Polen profitieren die Verwaltungsangestellten von Fortbildungsmaßnahmen über EU-Umweltregularien, die von den dortigen Stiftungs-Partnern angeboten werden. Von der Regel, zivilgesellschaftliches *Empowerment* zu unterstützen, gibt es jedoch in zwei Regionen Ausnahmen.

Am Horn von Afrika und in Kuba hat sich ein ganz anderer Typ von Projektpartnerschaft entwickelt, nämlich die direkte Unterstützung staatlicher und städtischer Stellen bzw. Kooperation mit ihnen. Es gab mehrere Gründe dafür, am Horn Mitte der neunziger Jahre diese Kooperation in größerem Ausmaß zu erproben. Zum einen ist der Aufbau zivilgesellschaftlicher Organisationen und Institutionen im ökologischen Sektor noch unterentwickelt. In Äthiopien existieren nur wenige handlungsfähige umweltpolitische NGOs, in Eritrea sind NGOs überhaupt nicht zugelassen. Andere ökologisch orientierte Kräfte, die als Trägerorganisationen geeignet wären, haben sich in der Zivilgesellschaft noch nicht herausgebildet. Zum anderen bestand mit der Etablierung neuer Regierungen nach der Beendigung der kriegerischen Konflikte in der Region die Notwendigkeit, Umweltbehörden im Verwaltungsapparat aufzubauen, die nationale Umweltpolitiken und staatliche Regulierungsmechanismen erarbeiten. Von diesen Umweltbehörden wurde wiederum erwartet, daß sie zivilgesellschaftliche Strukturen aufbauen oder stärken würden, um sie in die Lösung ökologischer Probleme, die Formulierung von Politiken und die Implementierung von Maßnahmen einzubeziehen.

Einen anderen Hintergrund hat die Zusammenarbeit mit dem kubanischen Staat. In Kuba verlangt die Regierung die Einbeziehung staatlicher Stellen in die Trägerschaft von Projekten. Daraus resultiert die Doppelträgerschaft der NGO *Fundación António Nuñez Jimenez de la Naturaleza y el Hombre* mit der Städtischen Parkverwaltung von Havanna. Aufgabe des Projektes ist es, bei der Umsetzung der nationalen Umweltpolitik (1997 wurde die Nationale Umweltstrategie veröffentlicht) mitzuwirken, jedoch ist eine Veränderung der staatlich gelenkten sozialen Entwicklung ausdrücklich ausgeschlossen.

4.2 BEZUGSGRUPPEN UND POLITISCHE ADRESSATEN

4.2.1 ... aus NGO-Sicht

Die Mehrzahl der Projektpartner der Heinrich-Böll-Stiftung spielt in den Projekten eine Vermittler- und Katalysatorenrolle gegenüber der Basis oder einer breiteren Öffentlichkeit einerseits und der Politik andererseits. Der in diesem politischen Handlungsfeld oft verwendete Begriff Zivilgesellschaft beschreibt ein sehr heterogenes Kräfte- und Interessenspektrum, angesiedelt zwischen den privaten Haushalten, dem Staat und dem Markt.

In den vielfältigen Interaktionsarenen und Beziehungsgefügen der NGO-Partner lassen sich zwei Akteursgruppen unterscheiden: nämlich einmal Bezugs- oder Zielgruppen, mit denen kooperiert wird, zum anderen politische Adressaten, an die sich umweltpolitische Forderungen richten. Bezugsgruppen sind – diesem Verständnis nach – vor allem Basisinitiativen oder -bewegungen, Gruppen von Betroffenen wie z.B. Bäuerinnen oder eine Bergbaugemeinde, die allgemeine Öffentlichkeit, Wissenschaftler und Medienleute sowie andere NGOs und ihre Netzwerke. Als politische Adressaten, mit denen teils eine kooperative, teils eine eher konfrontative Beziehung besteht, werden zentrale oder relevante Entscheidungsträger in der Gesellschaft verstanden. Dazu zählen die Legislative, Ministerien, staatliche und kommunale Verwaltungen sowie internationale *Governance*-Institutionen, aber auch die Privatwirtschaft und darin meist die Industrie. Auf die oft ambivalente Beziehung der NGOs zu Staat und Politik wird weiter unten eingegangen (vgl. Kap. 6.2).

Eine Reihe von Trägerorganisationen sehen sich selbst als Knotenpunkt inmitten einer multiplen Bezugs- und Adressatenstruktur. Das folgende Schaubild gibt in schematischer Form einen idealtypischen Überblick über die Arena möglicher Arbeitsbezüge und Interaktionen.

Grafik 2 Die Bezugsgruppen

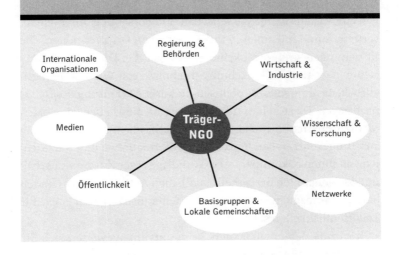

Ein Schwerpunkt in den Beziehungsgeflechten liegt in der Interaktion mit der Basis und lokalen Gemeinwesen. Dies sind teilweise informelle Gruppierungen wie Selbsthilfeinitiativen, *Community Based Organisations* (CBOs) oder soziale Bewegungen; andererseits sind es einzelne Gruppen von Betroffenen, vor allem in der ländlichen Bevölkerung. Vor allem wegen der (allerdings teilweise auslaufenden) Projekte zum Ökolandbau stellten Bäuerinnen und Bauern in der Vergangenheit die stärkste Zielgruppe dar. Eindeutig ist, daß bisher mehr Projekte in ländlichen Gebieten durchgeführt wurden, die mit ländlicher und dörflicher Bevölkerung zusammenarbeiteten, und weniger Projekte sich an städtische Bevölkerungsgruppen wandten und sich mit urbanen Umweltproblemen beschäftigten. Insgesamt sind häufig Frauen die Zielgruppe, manchmal aber auch Jugendliche und Schüler, selten allerdings Verbraucher und entsprechende Organisationen. Insgesamt werden wenig Maßnahmen in den Gebieten indigener Völker durchgeführt[7], obwohl doch in ihren Lebensgebieten bekanntlich Ressourcenausbeutung und Umweltzerstörung in großem Umfang stattfinden.

---

7 Auch das Maya-Projekt in Guatemala wird 2002 auslaufen.

Es fällt auf, daß außerhalb Lateinamerikas kaum mit Gewerkschaften kooperiert wird. In den meisten Projekten besteht dagegen ein Austausch mit Wissenschaft und Forschung, mit Medienvertretern und mit anderen nicht-staatlichen Organisationen. Die Beziehungen sind meist keine Einbahnstraße: Die Trägerorganisationen greifen auf Forschungsergebnisse von Wissenschaftlern zurück, die ihrerseits die politisch-praktische Erfahrung der NGOs nachfragen. Diese liefern Informationen an die Medien oder bilden Medienschaffende für eine umweltpolitische Berichterstattung aus, umgekehrt wollen Journalisten Informationen und Nachrichten von ihnen bekommen. Auf Grundlage einer Zusammenarbeit mit den genannten drei gesellschaftlichen Akteursgruppen finden häufig Kampagnen für eine breite Öffentlichkeit oder auch für Teilöffentlichkeiten statt.

Im Laufe des untersuchten Zeitraums intensivierten sich die Interaktionen mit politischen Adressaten, vor allem mit Regierungen, Behörden und mit Kommunalverwaltungen. Auch hier wenden sich NGOs durch Lobbying, mit politischen Vorschlägen und Partizipationsforderungen an Politik und Verwaltung. Andererseits konsultieren Regierungen und Verwaltungen auch immer häufiger NGOs wegen ihrer Basisnähe und Fachkompetenzen. Es entstehen mehr Dialog-, Beratungs- und Verhandlungsforen.

Insgesamt wenig wenden sich die NGOs an politische Adressaten in internationalen Organisationen und der Wirtschaft. Tendenziell aber nehmen zivilgesellschaftliche Gruppierungen UN-Foren und Gremien wie auch die internationalen Finanz- und Handelsinstitutionen zunehmend als Referenzpunkte. Auch zur Industrie, lokal ansässigen Unternehmen und transnationalen Konzernen werden inzwischen häufiger Kontakte aufgenommen, in einer mehr dialogischen Form in *Multi-Stakeholder*-Runden, in einer konfrontativen Form in Protest- und Widerstandsaktionen.

Die Entstehungsgeschichte der NGOs hat häufig einen Einfluß auf ihre Interaktion mit anderen Akteuren. Teilweise fällt es Basis- und Bewegungsorganisationen wie z.B. einigen der thailändischen

Gruppen schwer, Dialoge und Verhandlungen mit Politikern und Wirtschaftsmanagern aufzunehmen oder Bündnisse mit Fraktionen der Mittelschichten einzugehen. Dagegen tun sich Experten-NGOs, die aus akademischen Kreisen stammen, des öfteren nach eigenen Aussagen schwer mit ihrer Einschätzung und Einbeziehung lokaler Bevölkerungsgruppen. In Lateinamerika hat sich häufig eine Komplementarität zwischen Bewegungs- und Beratungs-NGOs entwickelt, wobei der Beitrag der Experten-NGOs in der Erarbeitung ökologischer und politischer Konzepte und in der aktiven Politikbeeinflussung besteht.

Ein immer wiederkehrender Diskussionspunkt unter den Partnerorganisationen selbst ist die Frage der Anbindung an eine Basis. Für die NGOs in Thailand und am Horn von Afrika ist die Verwurzelung an der Basis das Lebenselixier. Die Trägerorganisationen haben eine Basisverankerung, auch wenn sie selbst nicht dort tätig sind oder nur einzelne Mitarbeiter z.B. in die lokalen Gemeinschaften gehen. In Südafrika setzen Selbsthilfegruppen an der Basis in Kooperation mit den Trägerorganisationen die Projekte praktisch um, in Äthiopien mobilisieren zwei NGOs Umweltclubs an Schulen bzw. in Dörfern, in deren Eigenverantwortung dann die Aktivitäten weitgehend liegen sollen, in Thailand sind die NGOs die Impulsgeber und Unterstützer für Basisorganisationen in den lokalen Gemeinschaften.

Die NGOs im südlichen Afrika diskutierten selbstkritisch die Gefahr für die ökologischen Experten, die Bodenhaftung zu verlieren und von der Basis abzuheben. Auch in Lateinamerika wird dieser Vorwurf angesichts der Professionalisierung von NGOs, die eigentlich alle aus den sozialen Bewegungen kommen, gelegentlich laut. Vor allem jene, die auf dem internationalen Parkett auftreten, müssen sich mit dieser Kritik auseinandersetzen, und sind sich der Ambivalenz bewußt. Es wird auf der anderen Seite auch die Notwendigkeit gesehen, daß es erfahrener und kompetenter Vertreter bedarf, um die eigenen ökologischen Interessen auf politischer Ebene zu vertreten, vor allem auch bei internationalen Foren. Die Herausforderung des Basisbezugs stellt sich in der jetzt begonnenen Phase besonders für die Partner des *Cono Sur Susten-table*-Programms, von denen erwartet wird, ihre recht akademisch formulierten Konzepte der Ebene des politischen Handelns der Basis anzupassen.

In Mitteleuropa sind dagegen die Partnerorganisationen im Projektfeld Ökolandbau – also Vereinigungen von Bäuerinnen und Bauern – stark auf ihr lokales Umfeld und ihren Anliegen fixiert. Ihnen fehlen teilweise Zeit und Mittel, aber auch die etablierten Verfahren und die demokratischen Handlungsmöglichkeiten, um sich Kontakte zu Regierungen und Verwaltungen aufzubauen. In den MSOE-Ländern gibt es bei Partnerorganisationen mit einem wissenschaftlichen Hintergrund den Trend, komplexe ökologische Zusammenhänge so kompliziert darzustellen, daß Menschen an der Basis diese nicht mehr verstehen. Die Wirkung dieser Vermittlungsschwierigkeiten wird oft unterschätzt und kann zur Entkoppelung der Umweltorganisationen von ihrer Basis führen.

In den Projektaktivitäten übernehmen die NGOs ihren Zielgruppen, aber teilweise auch den politischen Adressaten gegenüber eine dienstleistende Rolle, die auf der Nutzung der wichtigsten Ressource, über die sie verfügen, beruht: ihr fachliches und strategisches Wissen. Aufbau, Management und Vermittlung dieses Wissens machen die zentralen Nervenstränge der Beziehungen der NGOs zu den Bezugsgruppen aus.

4.2.2 ... aus Sicht der staatlichen Träger

Die staatlichen Träger agieren auf der Politik- und Rechtsebene, indem sie umweltpolitische Regularien formulieren und verabschieden, aber wirken auch von dieser Ebene hinunter in die Zivilgesellschaft und in die Basis hinein, indem sie diese Umwelt-Richtlinien und Gesetze umsetzen. Im Projektdesign ist es ihre Aufgabe, kooperative und partizipative Staatlichkeit zu entwickeln und die Zivilgesellschaft und die lokal von Umweltschäden betroffene Bevölkerung in diese beiden Prozesse einzubeziehen. Das Umweltministerium in Somaliland machte dies umstandslos, weil es ohne die Expertise und die Partizipation der Bevölkerung zu schwach ist, um überhaupt eine Umweltpolitik initiieren zu können. Das Umweltschutzamt in Addis Abeba überwand seine Vorbehalte gegen zivilgesellschaftliche Gruppen und kooperierte mit ihnen beim städtischen Umweltschutz, weil z.b. ein verbessertes Müllmanagement ohne Beteiligung zivilgesellschaftlicher Gruppen, die wiederum die städtische Bevölkerung zu mobilisieren versuchen, nicht machbar ist. Das eritreische Umweltamt im Landwirtschaftsministerium führte Umweltbildungsprogramme für die Bevölkerung durch, vor allem für lokale Führer und Älteste, versäumte aber die Umsetzung der Aufgabe, zivilgesellschaftliche Strukturen aufzubauen, die die *Ownership* für die notwendige Bearbeitung ökologischer Fragen der Basis übernehmen könnten. Insgesamt besteht hier wenig Öffnung und Flexibilität gegenüber dem Konzept zivilgesellschaftlicher Partizipation.

Die Umweltbehörden sind eingespannt in das gesamtpolitische Regime und abhängig davon, daß die politische Führung der Umweltpolitik ein politisches Gewicht beimißt und einen politischen Ermessensspielraum einräumt. Im Kabinett haben Umweltminister oder -beauftragte mit ihrem »weichen« Ressort wenig Bedeutung und geringe politische Durchsetzungskraft gegenüber den »harten« Ressorts. Wie stark die Umweltämter von den politischen Prioritäten und Direktiven der Regierung abhängig sind, zeigte sich kürzlich in Eritrea, als die Durchführung von Umweltverträglichkeitsprüfungen bei unternehmerischen Vorhaben ausgesetzt wurde.

Um der Umweltpolitik mehr Gewicht zu geben und ihre Einflußnahme auf die Regierung zu verstärken, gehen die Umweltämter mit einigen anderen Behörden in der (Stadt-) Verwaltung strategische Allianzen ein. Auch die eritreischen Ministeriellen arbeiten Hand in Hand mit gleichgesinnten Ministerien *(Line Ministries)*. Die Frage strategischer Bündnisse stellt sich damit nicht nur auf zivilgesellschaftlicher Ebene, sondern auch innerhalb der staatlichen bzw. städtischen Ebene.

Die meisten Partnerorganisationen arbeiten in Netzwerken und bemühen sich auch um eine weitere Vernetzung ihrer Aktivitäten, um die eigene zivilgesellschaftliche Position zu stärken und um Synergieeffekte zu erzielen (vgl. Kap. 6.5). In drei Projekten sind die Trägerorganisationen jedoch selbst transnationale Netzwerke: *Diverse Women for Diversity* (DWD) und die Arbeitsgruppe *Women and the Environment des Asia-Pacific Forum on Women, Law and Development* (APWLD) sind transnationale Bündnisse von Frauenorganisationen und Expertinnen. Die Vernetzung im komplexen Programm *Cono Sur Sustentable,* das bisher die Länderprogramme zur Nachhaltigkeit von Brasilien, Chile und Uruguay zusammenführte, ist in dieser Form weitgehend eine Initiative und ein Konstrukt der Heinrich-Böll-Stiftung und entsprechend von der Programmfinanzierung abhängig.

Vernetzung findet überwiegend monothematisch statt, d.h. zwischen Umweltorganisationen und nicht mit Gruppierungen, die andere politische Schwerpunkte bearbeiten. Strategische Bündnisse in andere Bewegungen hinein sind jedoch in Lateinamerika und in Thailand insofern gelungen, als die Projektpartner Teil sozialer Bewegungen waren und sind und in diese ökologische Problemstellungen eingebracht und mit sozialen und politischen Fragen verknüpft haben. Eine Liaison und Allianz verschieden thematischer Organisationen und Bewegungen sind jedoch offenbar in anderen Regionen schwerer herstellbar. Dies gilt in bezug auf Frauenorganisationen, Gewerkschaften und andere soziale Gruppierungen, in Südafrika auch bezüglich der starken AIDS-Bewegung.

Eine für die Wirksamkeit der Projekte wichtige Frage ist, ob die Trägerorganisationen, ihre Netzwerke und Aktivitäten Teil einer Umweltbewegung sind, ob sie in einer breiten Basis verwurzelt und politisch legitimiert sind. Sind sie lokal, national oder auch international eingebettet in soziale Unterstützungs-, Diskurs- und Vernetzungsstrukturen? Im südlichen Afrika wurde diese Frage in einem Workshop der Heinrich-Böll-Stiftung 1998

111   diskutiert[8]. Als Kriterien für eine Bewegung wurden aufgestellt: gemeinsame Vision, Vernetzung, koordinierter politischer Aktivismus, interne demokratische Strukturen und Kapazitätsbildung. Die Schlußfolgerung der Analyse lautete: Obwohl eine Vielzahl von Initiativen existiert, kann im südlichen Afrika nicht von einer Umweltbewegung die Rede sein, die über eine breite oder gar eine Massenbasis verfügt, ihre vielen Themen in einen Diskurs integrieren und koordiniert Aktionen durchführen würde.

Neben dem Verständnis von sozialer Bewegung, die auf einer Massenbasis beruht, hat sich in den vergangenen Jahren entsprechend neueren Tendenzen in der NGO-Landschaft jedoch noch ein anderes Verständnis von Bewegung entwickelt. Die vernetzten Strukturen, Kommunikationen und Kooperationen von NGOs und Verbänden mit einer – wenn auch sehr vagen oder breiten – Vision von nachhaltiger Entwicklung und einer gemeinsamen Mission zur Ökologisierung von Gesellschaft werden inzwischen auch häufig als Umweltbewegung bezeichnet. Dabei agieren die einzelnen Netzwerkmitglieder als Infrastruktur dieser Bewegung.

Das thailändische Ökoprogramm nennt sich selbst »Unterstützungsprogramm für die Umweltbewegung«. Tatsächlich gibt es in Thailand seit den achtziger Jahren eine soziale Basisbewegung, die sich häufig an Konflikten um Ressourcenverfügung entzündete und die Problematik sozialer und ökonomischer Entwicklungsungleichheiten mit dem Umweltthema verknüpfte. Die NGOs und Projekte des Programms sind stark in diesem breiteren sozialen Bewegungskontext verankert und stellen ihn gleichzeitig neu her. Bisher liegt die Basis der Bewegung vor allem in lokalen Gemeinschaften auf dem Land, noch nicht in den Mittelschichten. Ziel des Unterstützungsprogramms ist es, die Infrastruktur, die Kooperation und die Synergieanstrengungen der einzelnen Trägerorganisationen zu stärken.

Auch in Lateinamerika kann man trotz der Vielzahl von Gruppen und NGOs schwerlich von einer durch eine breite Basis getragenen Umweltbewegung sprechen, wenn man die Kriterien aus

---

8   Vgl. den Beitrag von David Fig: The State of the Environmental Movement in Southern Africa, 31.3.1997, in der Dokumentation des Workshops.

Südafrika als Meßlatte anlegt. Viele der auch im Umweltbereich
aktiven NGOs sind aber allgemein in den sozialen Bewegungen
verankert und sehen ihren Beitrag darin, die Ökologiefrage in die
Auseinandersetzungen um Demokratie und für gerechte soziale
Strukturen zu integrieren. Wie in Thailand engen die Akteure in
Lateinamerika ihr Aufgabengebiet deshalb nicht auf Umweltfragen
ein, sondern haben einen breiteren Aktionsradius um den Fokus
der Nachhaltigkeit.

Am Horn von Afrika, in Nahost und in den MSOE-Ländern
kann von Umweltbewegungen keine Rede sein. Es existieren in
diesen Regionen keine sozialen Protestbewegungen gegen Umweltzerstörung, Raubbau an Ressourcen und Entzug der eigenen
Lebensgrundlagen.

Die Frage des Bezugs auf Grüne Parteien taucht in mehreren Ländern auf. Dabei stellt sich in der politischen Praxis heraus, daß
nicht alles, was sich grün nennt, in seinen politischen Wert- und
Zielorientierungen mit der Heinrich-Böll-Stiftung und ihren Partnerorganisationen kompatibel ist. In Israel machte das Auslandsbüro der Heinrich-Böll-Stiftung die Erfahrung, daß »grüne« Parteien als Kooperationspartner politisch nicht geeignet waren. In
Südafrika kandidierte im Wahlkampf eine Grüne Partei, mit der
die Partnerorganisationen der Heinrich-Böll-Stiftung sich nicht
solidarisierten, da es in einigen politischen Grundsatzfragen keinen Konsens geben konnte. Die Grüne Partei in Brasilien hat einen
sehr engen, ausschließlich ökologischen Ansatz, der die viel wei-
terreichenden gesellschaftspolitischen Vorstellungen der Partner
kaum einbezieht und auch nur einen Teil des programmatischen
Ansatzes der deutschen Grünen abdeckt. Viel mehr Berührungs-
punkte gibt es in Brasilien mit der Arbeiterpartei PT. In Chile hat
eine grünen-nahe Gruppierung, angeführt von Vertreterinnen und
Vertretern der Partnerorganisationen *Chile Sustentable* und IEP, für
die letzten Wahlen eine Partei gegründet, die aber nicht Grüne,
sondern *Alternative Partei für den Wechsel*, PALC, heißt. Charakteristisch für die umweltbezogenen lateinamerikanischen Parteien
ist, daß nicht nur Umweltbewegte, sondern vor allem Alt-Linke zu

den Gründern zählen, als Partei hat sich dieser Zusammenschluß allerdings nach der Wahl wieder aufgelöst.

In Westafrika wurde zwar darauf geachtet, daß die Projekte nicht direkt Parteien finanzieren, aber durch die Förderung von grünen-nahen NGOs sollte erklärtermaßen eine Basis für eine grüne Partei geschaffen werden. Die Vorhaben in Mali und Niger sind abgebrochen worden, weil es weder gelungen ist, die enge Verzahnung der NGOs mit der Partei zu lockern, noch konnte durch Maßnahmen zur Bewußtseinsbildung die Basis für eine Partei geschaffen werden.

In Thailand findet derzeit eine Diskussion zur Gründung einer Grünen Partei statt, an der die Partnerorganisationen beteiligt sind. Beim Regionaltreffen der Partner der Heinrich-Böll-Stiftung im Februar 2001 wurden folgende strategische Grundfragen erörtert:

– Ist eine Partei die richtige Form und bietet sie bessere Möglichkeiten, Politik direkt an die Basis und zu den Armen in den Dörfern zu bringen bzw. an ihren Bedürfnissen auszurichten?

– Wäre eine Partei ein effizienteres Instrument, um die Zerstörung der Ökosysteme und *Livelihoods* der Armen zu verhindern?

– Ist dies der richtige Zeitpunkt, daß oppositionelle Kräfte sich als Partei formieren sollten, um politische Reformen herbeizuführen?

– Wie kann sich das Verhältnis von Bewegung, NGOs und Partei gestalten? Folgen Bewegungen und Parteien nicht völlig verschiedenen Dynamiken, nämlich Bewegungen den Bedürfnissen der Menschen und Parteien Machtinteressen?

– Wird eine Partei nicht zwangsläufig vom repräsentativen System und seinen Machtstrukturen kooptiert und korrumpiert?

Das Interesse an einem Erfahrungsaustausch mit Grünen Parteien in anderen Ländern, zum Beispiel in Deutschland, war groß. Trotz heftiger Gegenrede schienen die Stimmen, die für eine Parteigründung sind, in der Mehrzahl zu sein. Dabei wurde betont, daß eine mögliche Grüne Partei auf der lokalen, kommunalen und

Provinz-Ebene zu arbeiten beginnen müsse, weil sie dort am meisten Einfluß gewinnen und gleichzeitig den Kontakt zur Bewegung sichern könnte. Außerdem wird gehofft, daß im Zuge von Dezentralisierungsprozessen der *Local Governance* mehr Autorität zukommen wird. Die lokalen Gemeinschaften müßten zu einer »Schule der Politik« werden.

4.4 LEGITIMITÄT DER TRÄGERORGANISATIONEN

Öffentlichkeit und Politik haben in den vergangenen Jahren verstärkt die demokratische Legitimation von NGOs und ihr Mandat als zivilgesellschaftliche Akteure hinterfragt. Von staatlicher Seite wird die Legitimität vor allem in Konfliktsituationen mit NGOs in Frage gestellt, wobei häufig eine Konkurrenz der Demokratieverständnisse aufbricht: parlamentarisch repräsentative Demokratie versus direkte oder Basisdemokratie. Eine Reihe von Partnerorganisationen der Heinrich-Böll-Stiftung diskutieren aber auch selbst die Fragen einer demokratischen Basis *(Constituency)* und der Rechenschaftspflicht. Sie setzen sich mit dem häufig erhobenen Vorwurf auseinander, selbstdeklarierte und eben nicht demokratisch gewählte Repräsentanten und Anwälte gesellschaftlicher Gruppen zu sein und lediglich die eigene Agenda und Partikularinteressen zu vertreten.

Die Projektträger, die an der Basis verwurzelt sind, legitimieren sich als Vertreter der lokal Betroffenen und geben deren umweltbezogenen Interessen eine Stimme. Die NGOs in Südafrika diskutierten mit ihrem hohen Maß an Selbstreflektion auf einem Workshop im Herbst 2000 folgenden Widerspruch: Einerseits vermitteln sie Betroffenen vor Ort ihre Experten-Analyse und Bewertung der Umweltsituation und leiten sie teils überhaupt erst zur Identifikation ihrer Umweltprobleme und Interessen an; andererseits übernehmen sie nach außen eine Stellvertreterrolle und repräsentieren auf politisch und fachlich professionelle Weise die Anliegen der lokalen Bevölkerung. Dieses Dilemma versuchen sie durch ökologisches *Empowerment* aufzulösen, das die Betroffenen selbst in die Lage versetzen soll, ihre Interessen auch nach außen zu vertreten. Konsens herrschte dabei unter den NGOs, daß sie versuchen müssen, ihre Basis in eine breitere Öffentlichkeit zu erweitern.

Die thailändischen Projektpartner legitimieren sich durch ihre Verankerung an der Basis und durch den normativen Bezug auf lokale Gemeinschaftsrechte, die auch zum Teil in der Verfassung festgeschrieben sind. Der Rechtsansatz bzw. die Berufung darauf, daß die NGOs verfassungsmäßig garantierte Rechte umsetzen, schafft eine Legitimationsgrundlage. Die Hoffnung auf eine größere demokratische Legitimität ist für einige thailändische NGOs ein Motiv, eine grüne Partei zu gründen und sich an Wahlen zu beteiligen.

Interessant ist, daß die äthiopische NGO *Hundee* ihre Legitimation ebenfalls aus der Berufung auf Gewohnheitsrecht und lokale Kultur bezieht. Die Organisation, die in der Oromo-Region arbeitet, sieht sich selbst zwar als von außen kommenden Akteur, legitimiert sich aber durch den Bezug auf die Oromo-Kultur, weil sie aus den überbrachten Regeln der Ressourcennutzung ihre Handlungsansätze und aus der Lebensphilosophie der Boran ihre ethischen Grundsätze ableitet: »Wir arbeiten innerhalb und aus der Oromo-Kultur heraus.« Legitimität wird als Reflex auf die Akzeptanz in der Gemeinschaft verstanden, die im Fall von *Hundee* groß ist, weil sie nach eigenen Aussagen »tatsächlich Bedürfnisse und Rechte der Oromo-Gemeinden aufgreifen«.

Auch wenn die Advokatenrolle in Lateinamerika vor allem der großen NGOs gelegentlich von der eigenen Basis hinterfragt wird, so wird die Frage nach der Legitimation primär von staatlicher Seite gestellt. Die politischen Adressaten wollen durch die formale Frage nach der Berechtigung dafür, daß die NGOs als Sprachrohr für die Betroffenen fungieren, offenbar dem zivilgesellschaftlichen Widerpart von der bereits im Vorfeld den Wind aus den Segeln nehmen.

Die Frage der Legitimation durch eine breitere Bevölkerungsgruppe wird in den MSOE-Ländern so nicht gestellt. Würden die bestehenden Umwelt-NGOs die ökologischen Themen nicht advokatorisch aufgreifen, würde es gar nicht geschehen. Es handelt sich also um ein selbsterteiltes Mandat, das durch die Mitglieder in den Organisationen bestärkt ist.

Eng verknüpft mit der Frage der Legitimität ist die der *Ownership* der Aktivitäten. Die Frage der *Ownership* zielt darauf, wer die Verantwortung trägt und die Regie führt für das Projekt der Ökologisierung der Gesellschaften und Politiken. Gelingt es den Trägerorganisationen, soweit ein ökologisches *Empowerment* an der Basis zu betreiben, daß Betroffene und einzelne gesellschaftliche Gruppen ihre ökologischen Anliegen in die eigenen Hände nehmen und als selbständige Akteure gegenüber der Politik und Vertretern anderer Interessen in der Gesellschaft durchsetzen können? Gelingt es, eine Trägerschaft in der Öffentlichkeit, eine »kritische Masse« zu bilden, so daß dieses Projekt auch ohne Initiativen der NGOs weiterläuft und nachhaltig ist?

Erklärtes Ziel der thailändischen Projektpartner ist, primär Befähigungspolitik für lokale Gemeinschaften zu leisten und keine Stellvertreterrolle für diese zu übernehmen, auch wenn die NGOs in der städtischen Öffentlichkeit und der Politik manchmal eine advokatorische Funktion für ihre Interessen und Rechte ausüben. Sie distanzieren sich von anderen zivilgesellschaftlichen Kräften, die wohlfahrts- und fürsorgeorientiert sind oder lediglich Regierungsprogramme legitimieren und implementieren. Durch ihre engen Kontakte mit der Basis – einige NGO-Aktivisten leben in den Dörfern mit den lokalen Gemeinschaften und unterstützen sie im Alltag bei ihren politischen Kämpfen – sehen die NGOs sich auch stark als Teil und tragende Säulen der Bewegung.

Dies ist ähnlich bei FASE in Amazonien, wo ebenfalls keine Trennungslinie zwischen Bewegung und NGO gezogen werden kann, weil die Mitarbeiterinnen und Mitarbeiter selbst in den Organisationen der Bewegung aktiv sind, nicht selten als die treibenden Kräfte, und deshalb auch nicht unterschieden wird, in welcher Rolle sie jeweils agieren. Trotzdem ist es in Lateinamerika bei den NGOs erklärtes Ziel, *Ownership* und damit die Initiative für das politische Handeln abzugeben. Doch die Abnabelung fällt in der

Realität schwer. Schließlich verstehen sich die meisten NGOs auch in der Rolle als Advokaten immer noch als Teil der Bewegung und wollen sich deshalb nicht aus dem politischen Kampf zurückziehen, weil sie sich in der Gruppe der *Owner* als Teilhaber sehen. Noch schwieriger wird es für die Partner von *Cono Sur Sustentable*, den Stab zu übergeben. Auf der lokalen Ebene fällt es leichter, die Aufgabe an die Organisationen, die *empowered* werden, zu übergeben, aber auf der Makro-Ebene, der politischen Bühne des Landes, bedarf es zweifellos noch auf absehbare Zeit dieser NGOs, um das Projekt an die Zivilgesellschaft zu übergeben – wer immer diese repräsentiert, wenn nicht die NGO selbst.

Auch in den MSOE-Ländern ist es den Projektpartnern bisher nicht durchgehend gelungen, *Ownership* für die Projektdurchführung und damit für eine anhaltende und aktive Verantwortung für die Ökologisierung von Gesellschaft und Politik in die Hände anderer Akteure zu legen. Es sind gute Ansätze des *Empowerment* der betroffenen Bevölkerung und von Entscheidungsträgern in Politik, Wirtschaft und den Medien zu beobachten, doch diese Ansätze sind noch nicht zu einem tragfähigen Zusammenspiel der verschiedenen politischen und gesellschaftlichen Akteure ausgereift. Würde sich die Heinrich-Böll-Stiftung mit ihrem Engagement aus den MSOE-Ländern heute zurückziehen, so würden mit Sicherheit die angefangenen Entwicklungen unterbrochen und die durch die Projektpartner bereits erzielten Erfolge nicht weiterentwickelt werden.

In der Tradition der grünen Bewegung und der 1980 gegründeten
Grünen Partei in Deutschland ist die Heinrich-Böll-Stiftung einem
politischen Verständnis von Ökologie verpflichtet. »... wir verstehen die ökologische Frage als Feld gesellschaftlicher, politischer
Auseinandersetzung, als einen Ort der Politisierung von Menschen, und nicht vorrangig als ein technologisches, Planungs-
oder Managementproblem. Uns geht es um Politische Ökologie.«
(Heinrich-Böll-Stiftung, unveröffentl. Konzeptpapier, März 2001)

Die historische Leistung grüner Bewegungen bestand darin,
ökologische Probleme nicht nur thematisiert, sondern politisiert,
d.h. zum Politikum gemacht zu haben. Die Politisierung ökologischer Themen findet zum einen durch politische Bildung und
Schaffung eines ökologischen Bewußtseins der Öffentlichkeit statt,
zum anderen durch Einflußnahme auf die Politik.

Das breite Spektrum der Umweltpolitik wird in Verwaltung
und Management in unterschiedliche Sektoren eingeteilt. Ein
prinzipieller Nachteil der Konstruktion umweltpolitischer Sektoren ist, daß sie künstlich trennt, was in der Realität zusammen-
hängt. In den realen Problemlagen, auf die die Partnerorganisationen in den Projekten reagieren, sind Themen und Sektoren
nicht säuberlich und ressortförmig getrennt, sondern untrennbar
verknüpft und voneinander abhängig. Es ist unvermeidbar, daß
eine Einteilung in Sektoren historische, kontextuelle und politische Zusammenhänge zerschneidet. So weigerten sich bei einem
Treffen Anfang 2001 süd- und südostasiatische Partnerorganisationen, eine Prioritätenliste von ökologischen Problemen und
Sektoren zu erstellen, unter anderem, weil diese in ihrem politischen Handeln integriert sind.

Im folgenden ist deshalb eine analytische Strukturierung in
Politikfelder vorgenommen worden. In jedem der Politikfelder
agieren die Projektpartner sektorüberschreitend und auf mehreren

119 Handlungsebenen. Der methodische Ansatz, Politikfelder zu identifizieren und zum Analysegegenstand zu machen, will der Ver-
schränktheit von Themen und Strategien Rechnung tragen. Es
werden zunächst vier Politikfelder näher betrachtet, deren Bearbeitung bisher Schwerpunkte in der gesamten Auslandsarbeit der
Heinrich-Böll-Stiftung darstellen. Dann wird das aktuelle und zeitlich fest umrissene Politikfeld Rio+10 dargestellt und schließlich
werden zwei Politikfelder analysiert, in denen ein starker Handlungsbedarf in naher Zukunft vorliegt.

Außer den sieben hier ausführlich dargestellten Politikfeldern sind
zwei weitere zu nennen, in denen die Projekte arbeiten, die jedoch
von geringerer Bedeutung sind:
- Abfallbeseitigung und Müllmanagement sind Thema in einigen Projekten – von der praktischen Säuberung verschmutzter
  Parks und Wohngebiete bis zur Beeinflussung der Kommunalpolitik bei der Anschaffung von Müllverbrennungsanlagen.
  Müllmanagement ist eins der wenigen typisch städtischen
  Umweltprobleme, das in den Projekten bearbeitet wird. (Addis
  Abeba, Havanna)
- Die umwelt- und gesundheitsschädigenden, ja überlebensge-
  fährdenden Auswirkungen von Bergbau werden seit vielen Jahren von Projektpartnern in Südafrika bearbeitet. In Bolivien soll
  mit Aufklärungsarbeit Druck auf die Bergwerksunternehmen
  ausgeübt werden, die Einleitung giftiger Abwässer in die Flüsse
  zu beenden.

Nur punktuell bearbeitet sind die Politikfelder:
- Verbraucherschutz und Konsum: Das Verbraucherschutzzen-
  trum in San Salvador klärt Verbraucher auf und macht Politikberatung, indem Gesetzesentwürfe für den Verbraucherschutz erarbeitet werden. IEP in Chile betreibt mit einigem
  Erfolg Verbraucheraufklärung und Kampagnen für bewußten
  Konsum. In Thailand wird partizipative Forschung mit Ver-
  brauchern zu Pestizidrückständen in Nahrungsmitteln durchgeführt.

– Umwelt und Gesundheit: Die Frauen-NGO REDEH in Brasilien hat Gesundheitsthemen als Arbeitsschwerpunkt. In Südafrika wurde in Bergbaugemeinden Aufklärungsarbeit über Gesundheitsschäden als Folge der Verschmutzung durch den Bergbau durchgeführt.

– Verkehr: In Israel führt eine NGO Protestaktionen gegen einen Highway durch.

5.1 ÖKOLOGISCHE LANDWIRTSCHAFT UND SCHUTZ DER BIODIVERSITÄT

Die industrialisierte Agrarproduktion und die Nutzung von Gentechnologien in der Landwirtschaft stellen eine wachsende Gefährdung für Mensch und Umwelt dar. Die Risiken des Einsatzes von synthetischen Dünge- und Schädlingsbekämpfungsmitteln werden weltweit zunehmend kritisch betrachtet. BSE und MKS zeigen, daß die Industrialisierung und Chemisierung der Landwirtschaft sich selbst ad absurdum und geradewegs in eine Ernährungskrise führen. Monokulturen schädigen ganze Landstriche und bieten keine Chancen, regionale oder nationale Ernährungssicherheit nachhaltig herzustellen. All diese Tendenzen bilden die Grundlage für eine zunehmende Nutzung und Verbreitung von ökologischen Landbaumethoden, die von der Heinrich-Böll-Stiftung weltweit als Alternative zu den konventionellen Methoden gefördert wird.

5.1.1 Ökolandbau

In **Mittel-, Süd- und Osteuropa** hat der ökologische Landbau in der Arbeit der Heinrich-Böll-Stiftung einen hohen Stellenwert. Es wird sowohl versucht, die lokalen Initiativen bei der Umsetzung von neuen Landbaumethoden zu unterstützen, als auch eine Anpassung und Zusammenarbeit mit den bestehenden westeuropäischen Strukturen zu fördern. Dies gilt insbesondere für die EU-Beitrittsländer. Es zeichnen sich deutlich zwei Phasen in der Förderung der Heinrich-Böll-Stiftung im Bereich Ökolandbau ab.

121 Von 1993 bis 1999 wurden drei Projekte gefördert, die überwiegend die Einführung ökologischer Methoden in der Landwirtschaft zum Ziel hatten. Dabei ging es um die Weiterbildung der Bäuerinnen und Bauern, die Förderung des Absatzes, die Aufklärung der Konsumenten, Zertifizierung der landwirtschaftlichen Betriebe und die Schaffung entsprechender gesetzlicher Grundlagen. Diese Projekte wurden sowohl in Beitritts- als auch in Nicht-Beitrittsländern durchgeführt. In dem Projekt in Lettland wurde die Entwicklung des ökologischen Landbaus über insgesamt acht Jahre unterstützt. Im Rahmen des Projektes zur Förderung der Selbsthilfe im rumänischen Ökologiebereich arbeitete eine Arbeitsgruppe, bestehend aus vier Organisationen in verschiedenen Landesteilen, zum Thema Landwirtschaft und Biodiversität. Dort wurde eine Modellfarm eingerichtet, auf der sich Bauern und Mitarbeiter landwirtschaftlicher Kleinbetriebe über Methoden des Biolandbaus informieren können. Das dritte Projekt zum ökologischen Landbau wurde grenzüberschreitend in Rußland, Ungarn, Polen und Tschechien implementiert. Hier wurde mit einer Partnerorganisation in jedem der vier Länder an der Weiterentwicklung der Vermarktung, der Schaffung gesetzlicher Grundlagen, der Zertifizierung der landwirtschaftlichen Betriebe und der Fortbildung der Produzenten gearbeitet. Da drei der vier Länder EU-Beitrittsländer sind, wurde ein besonderer Fokus auf die bevorstehenden Anpassungen an die EU-Regelungen gesetzt.

Die zweite Phase der Förderung der Heinrich-Böll-Stiftung im Bereich Ökolandbau konzentriert sich auf die EU-Beitrittsländer und die in diesem Zusammenhang bevorstehenden Veränderungen für den ökologischen Landbau. Zudem wird der Landbau im Kontext der Regionalentwicklung gesehen, was einen umfassenderen Ansatz verspricht. Der Unterschied zur ersten Phase der Förderung spiegelt sich auch in dem Sachverhalt wieder, daß der Ökolandbau nur eine Komponente des Programms zum EU-Beitritt ist und damit gleichwertig mit den Themen Energiepolitik und Demokratieentwicklung behandelt wird. Die positiven Erfahrungen aus dem vorangegangenen Projekt in den Beitrittsländern werden in

die Umsetzung des Programms zum EU-Beitritt einfließen. Dieses Programm wird in Polen, Ungarn, Tschechien und der Slowakei durchgeführt.

Das Büro Prag hat – neben der Energiepolitik – einen zweiten
wichtigen Handlungsschwerpunkt in der Förderung des ökologischen Landbaus. Im Ökopavillon werden seit 1998 eine ganze
Reihe von Kleinmaßnahmen zu diesem Thema durchgeführt.
In verschiedenen Veranstaltungsreihen wurde über biologischen
Anbau aufgeklärt und Fortbildung angeboten. Dabei reichte das
thematische Spektrum vom Biogarten bis zu Risiken der Biotechnologie. Einen weiteren Schwerpunkt bildete die Absatzförderung
und Verbraucherinformation für Bioprodukte. Jedes Jahr wird ein
Biojahrmarkt veranstaltet, der den Produzenten die Gelegenheit
gibt, ihre Erzeugnisse dem Publikum zu präsentieren. Diese Veranstaltungen wurden mehrfach auch von hochrangigen Politikern
des Landes (z.B. Präsident Vaclav Havel) besucht, was für das
hohen Ansehen des Büros Prag und die Bedeutung dieser Arbeit
in der Tschechischen Republik spricht.

Lateinamerika bietet mit seinen starken sozialen Gegensätzen und
dem Miteinander von arm und reich einen anderen Ansatzpunkt
für die stärkere Nutzung von Methoden des Ökolandbaus. Hier
wird er insbesondere im Kontext der Ernährungssicherung
betrachtet. In Brasilien war der Ökolandbau über viele Jahre ein
wichtiger Programmteil. Der semi-aride Nordosten, das Armen-
haus des Landes, bildete dabei einen Schwerpunkt mit den Kleinbauern als Zielgruppe. Die angepaßten Anbausysteme wurden in
diesen Projekten als Kernstück für die grundlegende ökologische
Umgestaltung (vgl. Kap. 5.2) gesehen. Eine starke Komponente in
diesen Projekten stellt folglich, ganz besonders in der Anfangs-
phase, die Einführung bzw. Anpassung alternativer Agrartechniken dar. Die verarmten kleinbäuerlichen Haushalte im Trockengebiet sollen auf diese Weise in die Lage versetzt werden, ihre
Ernährungssicherheit zu gewährleisten und ihre Lebensbedingungen zu verbessern. Von Anfang an wurde aber auch in der Verbreitung und dem Multiplikatoreffekt eine wichtige Aufgabe der

123   Projektarbeit gesehen. Dies war nicht eine Vorgabe der Heinrich-Böll-Stiftung, sondern stellt ein eigenes Anliegen der Projektpartner im Nordosten dar. Das Projekt *Gaia* im Süden des Landes beschränkte sich bewußt auf die Landwirtschaft und hatte im Gegensatz zum Nordosten nicht das Ziel, über die Verbreitung von angepaßten Anbaumethoden hinaus politische Zeichen zu setzen und das Projekt als Pilotmodell für eine grundlegend andere Wirtschafts- und Agrarpolitik zu sehen. Diese Projekte, bei denen die Umsetzung im Vordergrund steht und die in ihrer Projektstruktur anderen Agrarberatungsprojekten der Entwicklungszusammenarbeit ähnlich sind, werden von der Heinrich-Böll-Stiftung nicht weiter gefördert.

Einen programmpolitisch anderen Stellenwert hat der ökologische Landbau im FASE-Projekt im ostbrasilianischen Amazonasgebiet. Dort ist er nicht Ausgangspunkt des Ansatzes, sondern eingebettet in ein Gesamtkonzept. Diese Projektkomponente ist sozusagen als Ergebnis der Analyse entstanden und wird als Bestandteil eines lokalen Ökosystems betrachtet. Erfolgreiche Beispiele aus der Arbeit in den landwirtschaftlichen Versuchsstationen für ökologische Techniken der tropischen Agroforstwirtschaft werden gemeinsam mit den Kleinbauernfamilien im Kontext nachhaltiger Nutzungssysteme in Amazonien umgesetzt. Die Mischkulturen dieses alternativen Modells tragen deutlich zur Verbesserung der Lebensbedingungen der Bevölkerung bei, weil sie auf Dauer bessere Erträge bringen als konventionelle Anbaumethoden mit einer Sorte auf dem Feld.

Die Beispiele des Ökolandbaus in Amazonien haben auch eine klare politische Stoßrichtung, denn FASE will dieses Erfolgsmodell den konventionellen Techniken entgegenstellen und ihnen die schuldige Anerkennung sichern. Bisher ist die Vergabe von Krediten und staatlicher Förderung an Kleinbauern mit der Bedingung verknüpft, die konventionellen Methoden anzuwenden, die von der staatlichen Agrarberatung propagiert werden. Diese bringen nicht nur – wie inzwischen belegt werden konnte – geringere Erträge, sondern sie verpflichten die Bauern auch, kostspielige Agrarchemikalien einzusetzen.

Mit einem erheblich bescheideneren politischen Ansatz ist der Ökolandbau in der Region Mittelamerika nur im Maya-Projekt in Guatemala integriert. Auch dort ist Ökolandbau Bestandteil eines umfassenden Konzeptes, bei dem es darum geht, ein integriertes System von Waldnutzung umzusetzen. Ziel ist es, in den Maya-Gebieten mit ökologischen Methoden die landwirtschaftliche und die Forstproduktion zu verbessern. Dabei ist ausdrücklich gefordert, traditionelle indigene Kenntnisse neu zu beleben und einzubeziehen bzw. auf ihnen aufzubauen. Fünf Baumschulen wurden eingerichtet, in den Dörfern wurden Ausbildungsworkshops mit praktischer Anleitung in der Lokalsprache durchgeführt.

Ernährungssicherung steht auch in **Afrika** im Vordergrund. In Simbabwe wurde allerdings auf einer wesentlich praktischeren Ebene, mit Methoden des ökologischen Anbaus zu arbeiten, angesetzt. Das *Natural Farming Network* (NFN) in Simbabwe betreibt Kapazitätsbildung zum Ökolandbau bei seinen Mitgliedsorganisationen und führt Kurse über organische Anbaumethoden in Schulen durch. Zu herkömmlichen Gemüsesorten wird geforscht, das Netzwerk berät Bäuerinnen bei der *in-situ*-Saatgutvermehrung von Landsorten. Küchengärten wurden verbessert und ökologische Modellfarmen aufgebaut, um zu demonstrieren, daß organischer Landbau ohne Markt-Inputs auskommen und eine Familie ernähren kann. Unklar bleibt, wie nachhaltig die Bäuerinnen von den Bio-Methoden überzeugt sind und sie anwenden, obwohl sie körperlich anstrengender sind – ein Problem, das von NFN nicht bearbeitet wurde. NFN gelang es nicht, zusätzlich zur praktischen Verbreitung angepaßter Anbaumethoden auch Lobbyarbeit für ein agrarpolitisches Umsteuern in Richtung Ökolandbau zu betreiben und rechtliche Fragen der Agro- und Biodiversität in ihre Arbeit einzubeziehen.

Genau diese Brücke von der praktischen Arbeit zur Politikbeeinflussung schlägt PLANT in **Thailand**. Die NGO versteht sich als *Watchdog* gegenüber Pestizideinsatz und Genmanipulation in der thailändischen Landwirtschaft und als Schaltstelle der Informationsvermittlung zwischen der landwirtschaftlichen Praxis und einer breiten Öffentlichkeit, der Wissenschaft und der Regierung. Der Pestizideinsatz hat sich in zwei Jahrzehnten in Thailand, begünstigt durch die Regierungspolitik, mehr als verdreifacht. In der Asienkrise, als die Preise für importierte Dünge- und Pflanzenschutzmittel stiegen, setzten die Bäuerinnen und Bauern vermehrt billigere, veraltete Mittel ein, die besonders umwelt- und gesundheitsschädlich sind.

Die NGO erstellt Informationsmaterialien für spezielle Zielgruppen wie Verbrauchergruppen, Bauern- und Community-Organisationen und führt mit einzelnen Bevölkerungsgruppen partizipative Forschung zu Pestizidrückständen in Nahrungsmitteln durch. Sie bemüht sich vor allem, direkte persönliche Beziehungen zwischen Produzenten und Konsumenten aufzubauen. So organisiert sie z.B. *Strawberry Tours* für Stadtbewohner von Chiang Mai aufs Land. Mit einem anderen, nicht von der Heinrich-Böll-Stiftung geförderten Programmteil unterstützt PLANT Biobauern bei ihrem Anbau und der Vermarktung ihrer Produkte in der Stadt. Als Mitglied eines nationalen Netzwerks hat sie erfolgreich Lobbyarbeit dafür betrieben, daß organische Landwirtschaft in den 8. Entwicklungsplan der Regierung eingeschlossen wurde und dafür auch staatliche Mittel bereit gestellt werden.

Durch organische Methoden läßt sich die ständig wachsende Abhängigkeit von Agrar-Inputs von außen reduzieren, d.h. Biolandbau ist ein Schritt zu *Self Reliance*. Wie PLANT zielt auch *Ma'an* in **Palästina** auf die Reduktion von Pestizideinsatz als ein Einstiegstor zur Agrarwende. *Ma'an* hat sich der Propagierung von Methoden des Ökolandbaus und der biologischen Schädlingsbekämpfung verschrieben, mit dem Ziel einer weltmarktunabhängigen Landwirtschaft in Palästina. Organische Methoden hat sie in einer Artikelserie in den beiden größten Tageszeitungen, auf ihrer Website und durch eine Serie von Informationsblättern publik gemacht. Besondere Adressatenschaft sind aber Bauern in verschiedenen Landesteilen, die sie für organische Landbaumethoden ausbildete.

Organische Anbaumethoden sind ein Instrumentarium zur nachhaltigen Ernährungssicherung, Biodiversität ist die Grundlage dafür. Monokultureller Anbau, hybrides Saatgut und agro-industrielle Inputs trugen bislang entscheidend zum Verschwinden und Vergessen indigener Pflanzensorten und dem entsprechenden bäuerlichen Erfahrungswissen bei. Derzeit ist lokale und nationale Biodiversität durch die Patentierung von Saatgut und durch Genmanipulation durch Agrarkonzerne einmal mehr gefährdet. Deshalb verbinden eine Reihe von Partnerorganisationen die Verbreitung von Biolandbau an der Basis mit Aufklärungsarbeit über und dem Kampf gegen Gentechnologie und Patentierung geistigen Eigentums (TRIPS) in der Öffentlichkeit und auf der politischen und rechtlichen Ebene. In den Anstrengungen zum Schutz der Biodiversität wird ein Bogen von der Praxis zu politischen Regularien und Gesetzen geschlagen.

Erst neuerdings wurde das Thema Gentechnologie als Arbeitsbereich in die **lateinamerikanischen Projekte** aufgenommen, obwohl die Diskussion, vor allem im Bereich des Ökolandbaus, schon vor geraumer Zeit begonnen hat. Doch auch dort ist die Gentechnologie kein zentrales Thema, da die Kleinbauern, an die sich die Ökologie-Projekte vorwiegend richten, nur teilweise in die nationalen Wirtschaftskreisläufe integriert sind. Dadurch pflegt die ökologische Landwirtschaft teilweise ein Nischendasein, indem vorwiegend für den Eigenbedarf und die regionalen Märkte produziert und die Saatgutvermehrung möglichst marktunabhängig organisiert wird.

Das Thema wird in viel stärkerem Maße von den NGOs aufgegriffen, die sich mit konzeptionellen Fragen und politischen Fragestellungen beschäftigen. Dabei werden die Bedrohung für die Nahrungssicherung, die fehlende Kontrolle über die Qualität der Produkte sowie mögliche unabsehbare Folgewirkungen thematisiert. Problematisiert werden mangelnde Kontrollen beim Import sowie das Fehlen eines gesetzlichen Rahmens bezüglich der Verbreitung und Deklarierung genetisch manipulierter Organismen und Produkte *(Biosafety)*. Derzeit konzentrieren sich die Maßnahmen vorwiegend auf Informations- und Aufklärungsarbeit, um ein kritisches Bewußtsein zu schaffen.

Ein anderer Ansatzpunkt für die Thematik ist die grundsätzliche Ablehnung der Patentierung von natürlichen und menschlichen Ressourcen, lebendiger Organismen sowie des lokalen und traditionellen Know-how. Darin wird nicht nur die fremde Aneignung und Kommerzialisierung von Gütern gesehen, die der Gemeinschaft gehören bzw. für die Bevölkerung frei zugänglich und nutzbar sein müssen, sondern es wird mit Recht befürchtet, daß durch Patentierung eine weiterreichende wirtschaftliche Abhängigkeit geschaffen wird. Patentierung führt dazu, daß der Zugang zu Ressourcen und ihre Nutzung monopolistisch geregelt und von Konzernen unter wirtschaftlichen Gesichtspunkten betrieben werden. Vor diesem Hintergrund ist es erstaunlich, welch geringen Stellenwert diese beiden eng zusammenhängenden Problemfelder in den Zukunftskonzeptionen des Cono-Sur-Programms haben. Die bisher vorliegenden Länderprogramme berücksichtigen die Frage in den entsprechenden Sektorstudien nur marginal, wie z.B. bei Landwirtschaft und Biodiversität. Biodiversität wird eher in einem konservierenden Sinne verstanden, indem die Artenvielfalt erhalten und gepflegt werden soll, die Verbindung zur Gentechnologie wird nicht hergestellt.

Gegenüber den bisher vorliegenden Dokumenten, Berichten und Studien aus den Projekten stellen die jüngst entwickelten und geplanten Aktivitäten ein Kontrastprogramm dar. Der Nachholbedarf und die Aktualität des Themas wurden offenbar bei den Partnern erkannt und umgehend in den Aktivitätenplan aufgenommen. Den derzeit laufenden Informationsveranstaltungen und der Behandlung des Themas in verschiedenen Netzwerken in Lateinamerika sollen konkrete Forderungen und Vorschläge an die Politik folgen, die von entsprechenden Kampagnen begleitet werden – auch im Cono-Sur-Programm wurde die Gentechnologie und die Patentierung auf dem Jahresarbeitstreffen 2001 als gemeinsames Querschnittsthema ins Programm aufgenommen.

Diverse Women for Diversity (DWD), das internationale Frauennetzwerk zu Biodiversität und Ernährungssicherung, das auf
den Schutz biologischer und kultureller Vielfalt zielt, hat auf der
internationalen Verhandlungsebene erheblichen Einfluß auf die
Formulierung und Verabschiedung des Protokolls zu *Biosafety*
gehabt. Es ging um die Festlegung international verbindlicher
Sicherheitsstandards für die Weitergabe, den transnationalen Handel und die Verwendung von gentechnisch manipulierten Organismen, um die menschliche Gesundheit, die Biodiversität und
andere Organismen vor Kontamination zu schützen. Unter anderem auf DWD-Initiative wurde dazu erstmals in einem international verbindlichen Umweltabkommen das Vorsorgeprinzip definiert. Es erlaubt Regierungen, Schutzmaßnahmen wie ein Import-
verbot ohne endgültigen wissenschaftlichen Beweis negativer
Auswirkungen von Gentechnik zu veranlassen. Außerdem wurde
ein umfassendes Informationsrecht des Importlandes über mögliche Risiken festgelegt. Diese Regelung ist gerade für viele Länder
des Südens wichtig, die nicht über ausreichende Kapazitäten für
eine Bewertung solcher Gefahren verfügen.

Ein Beispiel für die Bedeutung dieses Abkommens und die Eingriffsmöglichkeiten, die es in bisher intransparente und undemokratische Entscheidungen über den Handel mit genmanipulierten
Organismen eröffnet, ist **Thailand**. Dort drängen Agrarmultis wie
Monsanto und *Novartis* auf die Zulassung gentechnisch veränderter
Pflanzen wie Bt-Baumwolle und Bt-Mais. Beim Zulassungsverfah-
ren wurde nicht berücksichtigt, daß in Thailand Teile der Baum-
wollpflanze als Nahrungsmittel und für medizinische Zwecke
genutzt werden. Erst auf Druck der NGO-Koalition für alternative
Landwirtschaft, zu der auch PLANT gehört, wurden Vertreterinnen
und Vertreter von Bauern- und Verbrauchergruppen wie auch unabhängige Wissenschaftler zu dem Verfahren zugelassen. Dies ist
ein Fall, wo zivilgesellschaftliche Kräfte unter Berufung auf das *Biosafety*-Protokoll darauf drängen können, das Vorsorgeprinzip über
die Umsetzung des von der WTO geforderten Patentschutzes, über
Handelsinteressen und Liberalisierungsdruck zu stellen.

129 *Diverse Women for Diversity* gelang es in **Indien**, wo die Organisation angesiedelt ist, eine Verkopplung der Ebene internationaler Regularien – der Biodiversitäts-Konvention und dem TRIPS-Abkommen bei der WTO – mit der nationalen Politik-Ebene einerseits und Frauenorganisationen auf der lokalen Ebene andererseits. Die Klammer für die unterschiedlichen Handlungsebenen war der Bezug auf »Ernährungsrechte«. 1999 brachte DWD die Forderung nach Ernährungsrechten mit der *National Alliance for Women's Food Rights* in den indischen Wahlkampf ein. In landesweiten Kampagnen wandte sich DWD gegen »Biopiraterie«, den Diebstahl von pflanzengenetischen Ressourcen, gegen Patentierung von lebenden Organismen, von Heilmitteln, einheimischen Sorten und Saatgut sowie gegen eine unsoziale monopolistische Preisbildung durch Patentierung, z.B. bei AIDS-Medikamenten. Kürzlich wurde in dieser Kampagne gegen Patente das Recht auf Saatgut noch stärker mit dem Recht auf Gesundheit verknüpft, und es fand eine Vernetzung von NGOs, die zu Landwirtschaft und Ernährung arbeiten, mit Gesundheitsorganisationen statt.

2001 führte DWD als Reaktion auf eine weitere Handelsliberalisierung und zunehmende Importe von Nahrungsmitteln eine öffentliche Anhörung zu Hunger und Recht auf Ernährung durch. Die indische Regierung reagierte darauf mit *Food-for-Work*-Programmen und der Senkung der staatlich kontrollierten Preise für Grundnahrungsmittel. Gleichzeitig entwarf DWD ein System der Direktvermarktung von Reis und Getreide durch die Bäuerinnen an städtische Konsumentinnen und Konsumenten.

Die Nutzung der Biodiversität und lokaler Ökosysteme für die Ernährungssicherung wird praktisch unterstützt durch den Aufbau von Saatgutbanken, Forschung zu Landsorten und durch organischen Landbau[9]. Gleichzeitig wird versucht, das indigene Wissen der Bäuerinnen zu erhalten und aufzuwerten – an der Basis durch Saatgut- und Erfahrungsaustausch, auf der politisch-öffentlichen Ebene durch den Kampf gegen Patentierung von geistigem Eigentum. Es waren in erster Linie die Bäuerinnen als Hüterinnen

---

9 *avdanya*, ein Netzwerk von Organisationen von Bäuerinnen, die organischen Landbau betreiben, wird nicht von der Heinrich-Böll-Stiftung unterstützt.

des Saatguts, die die Kenntnisse über Saatgutvermehrung und -veredelung sowie über die medizinische Nutzung von Pflanzen über Generationen sammelten und tradierten. Deshalb organisierte DWD einen *People's-Science*-Kongreß, auf dem Wissenschaftler und Wissenschaftlerinnen mit Bäuerinnen, Aktivistinnen und Frauengruppen zusammenkamen und Gegenpositionen zu »modernen« Technologien wie Genmanipulation bezogen.

Farmers' Rights, Rechte der Landwirte an den einheimischen Sorten und ihrem Saatgut, stehen auch im Zentrum der Aktivitäten von CTDT in **Simbabwe**. Sie versuchen, das Konzept von Gemeinschaftsrechten als Ausnahme von dem WTO-regulierten Patentschutzsystem (TRIPS) umzusetzen. Auf der praktischen Ebene ermuntert und unterstützt CTDT Bäuerinnen, in den lokalen Gemeinschaften Saatgut zu sammeln, auf den Farmen selbst biologische Charakterisierung und qualitativ hochwertige Saatgutvermehrung vorzunehmen und kollektive Saatgutbanken einzurichten. Hauptanliegen ist nicht nur die Sensibilisierung für den Schutz der Biodiversität, sondern auch eine Beweisführung, daß Bäuerinnen und Bauern vor Ort in der Lage sind, biologische Vielfalt zu erhalten und marktunabhängig zu vermehren. Dazu werden einzelne erfahrungs- und biodiversitätsreiche Bäuerinnen als Schlüsselpersonen für die Registrierung, Vermehrung und den Erfahrungsaustausch in einem »Genpool« identifiziert.

Gleichzeitig förderte CTDT den Aufbau einer nationalen Genbank, an der die Bauern und Bäuerinnen, nicht aber Privatunternehmen, im Notfall Zugriffs- und Nutzungsrechte haben. Auf der rechtlich-politischen Ebene hat CTDT eine Modellgesetzgebung zur Biodiversität entworfen, in der kleinbäuerliche Betriebe von der WTO-Verordnung zum Patentschutz ausgenommen werden und der Schutz indigener Pflanzen und indigenen bäuerlichen Wissens ohne Patentierung festgeschrieben wird. In dem von CTDT eingerichteten Koordinationskomitee zur Biodiversität wird in Verhandlungen mit Regierungsvertretern versucht, diese *Farmers' Rights* durch weitere Ausnahmeregelungen auszudehnen.

Das Konzept der *Farmers' Rights* und des rechtspolitischen Schutzes der Artenvielfalt vor Kommerzialisierung und Patentierung durch die Agrar- und Pharmaindustrie hat CTDT auch in einem regionalen Workshop verbreitet. Es wird überprüft, ob sich das simbabwische Modellgesetz auf die Rechtssysteme der anderen SADC-Länder übertragen läßt. Ziel ist eine gemeinsame Gesetzesgrundlage der SADC-Staaten zum Schutz der Biodiversität und eine gemeinsame Position bei den WTO-Verhandlungen. Der Ansatz von CTDT, die unterschiedlichen Handlungsebenen – lokal / national / regional – im Kampf gegen die genetische Verarmung der Region zu verkoppeln, ist beispielhaft über das südliche Afrika hinaus.

Tabelle 20 Projekte Ökolandbau

Land/Region	Organisation	Projekt	Förderzeitraum
Lettland	Gesellschaft für bio-dyna-mische Landwirtschaft	Förderung des ökologischen Landbaus in Lettland	1993–2000
Rumänien	TER u.a.	Förderung der Selbsthilfe-bewegung im rumänischen Ökologiebereich, AG Landwirt-schaft und Biodiversität	1996–2002
Ungarn, Polen, Tschechien, Rußland	Biokultura, Ekoland, ProBio, Eko Niva	Förderung des ökologischen Landbaus in MOE	1997–2000
Polen, Tschechien, Slowakei, Ungarn	Biokultura, Ekoland, ProBio, Eko Niva, FWIE	EU-Beitritt: Perspektiven und Probleme in den MSOE-Ländern Komponente: Landwirtschaft und Regionalentwicklung	1999–2003
Simbabwe	Natural Farming Network (NFN)	Dörfliche Saatgut-Produktion im Kampf gegen die genetische Erosion	1996–1998
Thailand	Producer-Consumer Net-work in Northern Thailand	Pesticide Legal Action Network Thailand (PLANT)	1999–2003
Palästina	Ma'an	Bekämpfung chemischer Pestizide durch Bereitstellung von Alternativen	1999–2000
Brasilien	IRPAA, Juazeiro	Förderung der angepaßten Landnutzung im nordost-brasilianischen Trockengebiet	1992–2000

Land/Region	Organisation	Projekt	Förderzeitraum	132
Brasilien	ARCAS, Cicero Dantas	Förderung der angepaßten Landnutzung im nordost-brasilianischen Trockengebiet	1998–2001	
	FASE Amazonien	Forschung und gesellschaftliche Bildung im Bereich Umwelt und Demokratie	1997–2004	
	Fundação GAIA, Porto Alegre	Förderung von regenerativer Landwirtschaft	1991–1999	
Guatemala	PafMaya	Aktionsplan Wald	1997–2002	
El Salvador	Centro de Defensa del Consumidor	Verbraucheraufklärung / Politik-beratung, Verbraucherschutz	1995–2005	
Mali	Association Ecologie et Population	Förderung einer ökologischen Landwirtschaft	1996–1998	

Tabelle 21 Kleinmaßnahmen Ökolandbau

Büro	Kleinmaßnahme	Zeit
Prag	Messe: Biojahrmarkt	09/1998
	Messe: Biojahrmarkt	09/1999
	Messe: Biojahrmarkt	09/2000
	Seminar: der Biogarten	04/1999
	Seminar: der Biogarten	04/2000
	Konferenz: Ökolandbau in Ungarn	08/2000
	Konferenz: Ökolandbau und EU-Erweiterung	11/2000
	Konferenz: Ökolandbau in der Slowakei	11/2000
	Gesprächsforum: Ökolandbau in Mitteleuropa	11/2000
	Gesprächsforum: Ökolandbau in Mitteleuropa	12/2000
	Seminar: das ABC der gesunden Landschaft	06/1998
El Salvador	Erforschung des rechtlichen Rahmens beim Umgang mit genetisch behandelten Produkten	2000
	Besuche und Erfahrungsaustausch in Europa zum politischen Umgang mit Gentechnologie und Patenten	12/2000
	Fortbildungsseminar zu Fragen der Gentechnologie	06/2001
Andenreferat/ Peru	Publikation: »Beiträge der biologischen Schädlingsbekämpfung in der nachhaltigen Landwirtschaft«	1998
Brüssel	Besucherprogramm für 2 Experten aus Ungarn und Tschechien	12/2000
	Besucherprogramm für 10 Experten in Zusammenarbeit mit den Stiftungsbüros in San Salvador und Rio de Janeiro zu gentechnisch veränderten Organismen	12/2000

5.2 LOKALE ÜBERLEBENSSYSTEME – LIVELIHOOD

5.2.1 Komplexe Ressourcensysteme

Lokale Überlebenssysteme sind Lebens- und Wirtschaftsraum für lokale Gemeinschaften. Meist haben diese den Zugang, die Nutzung und den Erhalt der natürlichen Ressourcen, die ihre Existenzgrundlage darstellen, durch ein eigenes Regelsystem und durch überbrachte Wissenssysteme gemanagt. Ihr akkumuliertes Erfahrungswissen und die entsprechenden Fähigkeiten sind eine bedeutende kollektive Ressource für die integrierte Nutzung mehrerer Ressourcen. Es gehörte zur überbrachten Überlebensstrategie, nicht nur ein einziges Nutzungsstandbein zu haben, sondern eine Mischwirtschaft zu betreiben, meist Agrar-, Forst-, Vieh- und Fisch- bzw. Wasserwirtschaft. Vielfalt der Ressourcen, Biodiversität und Kreislaufsysteme bedeuteten Überlebenssicherheit.

Diese überbrachten Regelsysteme, die sich – ganz pragmatisch und eigennützig – um eine Balance von Nutzung und Erhalt der Ressourcen bemühten, sind durch Umweltkrisen, Kriege oder durch Interventionen von außen, z.b. durch Steuerungs- und Kontrollansprüche des Zentralstaats, zusammengebrochen. Gleichzeitig verschärfen von außen kommende Unternehmen die Konkurrenz um die ohnehin verknappten Ressourcen, die Biodiversität schrumpft durch zunehmenden *Cash-Crop*-Anbau, Monokulturen und Mono-Wirtschaft, die nicht mehr auf integrierter Ressourcennutzung basieren. Das alles führt zur Degradierung und weiteren Gefährdung lokaler Ökosysteme und lokaler Ökonomien, die von ihnen abhängig sind.

Die in diesem Politikfeld aktiven Projekte und Partnerorganisationen bemühen sich um die Rettung der integrierten lokalen Öko-, Ökonomie- und Kultursysteme sowohl praktisch an der Basis, durch Proteste und Widerstand gegen die gesellschaftlichen Kräfte und Maßnahmen, die sie bedrohen, als auch auf der konzeptionellen und politischen Ebene, indem sie alternative Entwicklungsansätze aus dem Lokalen ableiten und in einer Lokalisierung begründen (vgl. Kap. 5.4).

5.2.2 Nutzen und Schützen

Schutz lokaler Ökosysteme als Überlebensgrundlage der lokalen Bevölkerung ist allererstes Anliegen aller **thailändischen Partnerorganisationen**. Im Nordosten des Landes, Isaan, sind Flußsysteme und Feuchtland, Land und Wald die konstituierenden Elemente dieser Ökosysteme, die starken jahreszeitlichen Veränderungen unterworfen sind. Aufgrund ihrer »lokalen Weisheit«, ihrer durch Erfahrung angesammelten Kenntnisse und angepaßten Fähigkeiten, nutzen die lokalen Gemeinschaften die Ressourcen durch eine Mischökonomie von Fisch-, Land- und Forstwirtschaft. Beides, Ökologie und Ökonomie, sind in ihre Kultur eingebettet, die starke animistische Züge trägt. So hat z.b. jedes Dorf einen »Geisterwald«, ein kleines Waldgebiet, das im wesentlichen unangetastet bleibt, weil dort die Ahnengeister wohnen. Bedroht sind diese Ökosysteme durch Staudammbau, Privatisierung von Land und nachfolgendem Plantagenanbau z.b. von Eukalyptus, d.h. durch eine Regulierung der Ressourcen in großem Maßstab zwecks effizienterer, privatwirtschaftlicher Nutzung. Das Management der lokalen Ressourcensysteme durch die Anwohner findet dagegen im kleinen Maßstab statt und folgt Regeln des Gemeinschaftseigentums an Wäldern und Gewässern bzw. Gewohnheitsrechten. In der Rückkehr zu angepaßten Land-, Wald- und Wassernutzungsmethoden durch Entwurzelung von Eukalyptusanpflanzungen und Wiederaufforstung mit indigenen Sorten und durch ökologische Feldwirtschaft sehen z.b. einige Jugendgruppen in den Dörfern ein Chance, ohne verstärkte Abhängigkeit von außen und intensiveren Pestizideinsatz die lokale Ressourcenbasis zu erhalten und als Existenzgrundlage zu nutzen.

In den Küstenregionen Südthailands sind die Ökosysteme Hinterland – Küste – Küstengewässer vor allem durch Industriebetriebe, geplante Kraftwerke, Aquakulturen mit Garnelen- und Fischzucht sowie durch Abwasseranlagen gefährdet, von denen gesundheitliche Beeinträchtigungen der Bevölkerung wie auch Verseuchung von Luft, Wasser und Böden ausgehen. Damit ist die Existenzgrundlage der lokalen Gemeinschaften in der Land- und

135   Fischwirtschaft und im Tourismus bedroht. Schon jetzt ist die
Kontaminierung der Küstengewässer mit Schwermetallen laut For-
schungsberichten, die von der Regierung vorsorglich unter Ver-
schluß gehalten werden, so hoch, daß ein Teil der in Thailand
reichlich verzehrten und auch exportierten Meeresfrüchte gesund-
heitsgefährdend sind. Die Fischbestände sind bereits durch Über-
fischung durch Trawler empfindlich reduziert. Das bedeutet, daß
die Zerstörung der lokalen Ressourcensysteme bereits im vollen
Gange ist und deshalb erstes Ziel der Projektarbeit ist, sie aufzuhalten und ihr entgegenzuwirken. Gleichzeitig muß das indigene
Wissen der lokalen Gemeinschaften erhalten oder wieder wachge-
rufen und gefördert werden, weil dies die Grundlage für die angepaßte und nachhaltige Nutzung der Ökosysteme war.

Die thailändischen Partnerorganisationen unterstützen den
Erhalt lokaler Ökosysteme praktisch auf der *Community*-Ebene
und durch Widerstand gegen große Entwicklungs- und Industrie-
projekte, die lokale Überlebenssysteme durch die Umstrukturierung der natürlichen Ressourcen zerstören. Gleichzeitig setzen sie
dieser Zerstörung durch Intervention von außen eine Lokalisierung auf der konzeptionellen und politischen Ebene als Gegenmodell entgegen.

In **Äthiopien** arbeitet die Organisation *Hundee* in einer Region ex-
tremer Umweltdegradierung und Ressourcenknappheit. Dieser
Niedergang der lokalen Ökosysteme ist eine Folge von Abholzung
und Bodenerosion, Überweidung und Übernutzung der Böden. Ver-
knappung von Brennholz und eine Abnahme der Bodenfruchtbarkeit, die die Bauern und Bäuerinnen mit erhöhtem umweltschädi-
gendem Einsatz von Agrarchemikalien auszugleichen versuchen,
sind akute Alarmzeichen der Degradierung. *Hundee* hat Baumschulen als Einstiegspunkte für die Regeneration der Ressourcensysteme und der Biodiversität benutzt. Sie knüpft dabei an traditionelle, auf Gewohnheitsrechten innerhalb der Oromo-Gemein-
schaften beruhende Systeme des Managements der natürlichen
Ressourcen an. Bei den Bauern und Bäuerinnen mußte erst Vertrauen aufgebaut werden, daß andere Baumsorten als Eukalyptus

überhaupt auf ihren ausgemergelten Böden gedeihen. Die Organisation propagiert Diversifizierung und indigene Sorten, damit die
reiche Biodiversität Äthiopiens nicht weiter reduziert wird. Zur
Schaffung von Akzeptanz in der einheimischen Bevölkerung ist die
wirtschaftliche Nutzbarkeit angepaßter Sorten und Methoden wichtig. Neben den praktischen Maßnahmen wie dem Aufbau der Baumschulen oder der Anleitung zum Kompostieren sensibilisiert *Hundee* die lokalen Gemeinschaften für die Schäden, die sie selbst der
Umwelt z.b. auch durch verstärkten Pestizideinsatz zufügen. Sie
mobilisieren lokale Umweltclubs, um die Ressourcen Schritt für
Schritt zu regenerieren, Ernährungssicherheit wieder herzustellen
und die Gewohnheitsrechte und -praktiken wieder in Kraft zu setzen,
die das maßvolle Management der lokalen Ökosysteme regulierten.

In **Somaliland** führte das Kleinprojekt *Candlelight* einer Mitgliedsorganisation des Frauendachverbands NAGAAD praktische Maßnahmen und Bildungsarbeit zum Schutz der fragilen und hochgradig degradierten Umwelt durch. Integriert in ein *Food-for-Work*-
Programm des *World Food Programme* konnten im Gebiet des
Ga'an Libah-Berges Konturlinien mit Erdwällen, -gräben und
Steinterrassen an den Berghängen angelegt werden. Gleichzeitig
wurden Baumsetzlinge zur Neubepflanzung verteilt. Ziel ist, die
Bodenerosion aufzuhalten und das die Berghänge herunterstür-
zende Regenwasser im Erdreich zu binden. Damit soll die Region
als Wassereinzugsgebiet regeneriert, die lokale Biodiversität
geschützt und das lokale (Trocken-)Klima beeinflußt werden. Die
Bewohner der angrenzenden Siedlungen sind daran interessiert,
herkömmliche Arrangements der *Communities* zum Umweltschutz und Ressourcenmanagement wiederzubeleben. Diese
lokale Regulierung von Nutzung und Schutz der Ressourcen
wurde seit Anfang der neunziger Jahre nicht mehr beachtet, als
sich in den Wirren des Kriegs und der Regierungslosigkeit Pasto-
ralisten an den Berghängen niederließen und die gesamte Vegetation durch Überweidung zerstörten. Durch Bodenerosion sickert
Wasser nun nicht mehr in den Boden ein, der Grundwasserspie-
gel ist bereits gesunken. Die durchgeführten Maßnahmen zum

Erosionsschutz zeigten bei den Regenfällen des Jahres 2001 erste Erfolge: Wasser- und Bodenerosion sind merklich reduziert.

Die stärkste Bedrohung für das lokale Ökosystem am **Golf von Aqaba** geht derzeit vom Tourismus und dem Ausbau einer touristischen Infrastruktur und Dienstleistungsökonomie aus. Das Drei-Länder-Projekt am Golf von Aqaba wollte das Ökosystem der Küste vor allem vor den umweltzerstörenden Einflüssen dieses nicht-nachhaltigen Tourismus bewahren. Der zeigt sich in unregulierter Expansion von Hotelbauten und touristischer Infrastruktur, in Verschmutzung von Strand, Sand und Wasser und in der Plünderung von Korallenriffen durch tauchende Touristen. Mit Säuberungsaktionen am Strand und unter Wasser wurde praktische Abhilfe geschaffen, durch Aufklärung und Umweltbildung für die einheimische Öffentlichkeit, die Tourismusindustrie und Touristen sollte dafür sensibilisiert werden, daß mit der Zerstörung des wunderbaren Ökosystems an der Küste, etwa wegen eines fehlenden Abfall- und Abwässermanagements, der Tourismus sich langfristig selbst den Ast absägt, auf dem er sitzt.

Auch die israelische NGO *Green Action* führte öffentlichkeitswirksame Aktionen zum Schutz lokaler Ökosysteme durch und mobilisierte israelische und palästinensische Jugendliche für gemeinsame Aktivitäten. Sie bestiegen Baukräne, um auf die illegale Bebauung der Küste und Strände aufmerksam zu machen, die nach israelischem Recht auf einer Breite von 100 Metern für die Öffentlichkeit zugänglich sein sollten. Sie lenkten damit die Aufmerksamkeit vom praktischen Umweltschutz auf die Tatsache, daß die Umwelt einer wirtschaftlichen Prioritätensetzung zum Opfer fällt.

5.2.3 Praktische und konzeptionelle Ansätze in Lateinamerika

Die Projekte, die in Lateinamerika auf die Entwicklung oder Erhaltung lokaler Überlebenssysteme abzielen, gehen meist von einer praktischen Aktivität oder einem konkreten Aktionsbereich aus, indem sie die Projektarbeit in einen lokalen Gesamtzusammen-

hang stellen. Einige dieser Projekte setzen bei praktischen Umweltschutzmaßnahmen (z.B. Waldbewirtschaftung, Aufforstung, Ökolandbau) an, die in einen ganzheitlichen Ansatz eingebettet werden.
Die Mehrheit aber hat ihren Ursprung in der Beschäftigung mit dem
ökologischen Landbau, aus dem die Erkenntnis resultiert, die Nach-
barbereiche, sowohl im praktisch-technischen als auch im politischen und bewußtseinsbildenden Sinne, einzubeziehen. Im Projektziel geht es darum, in einem lokalen, überschaubaren Raum
Bedingungen zu schaffen, die als ökologisch ausgewogen und als
nachhaltig bezeichnet werden können. Die Komplexität dieses
Ansatzes bringt es zwangsläufig mit sich, daß es je nach Situation
zu Überschneidungen mit anderen Politikfeldern, z.B. ökologischem Landbau und alternativen Entwicklungsmodellen, kommt.

Im bisherigen Umweltprogramm in Mittelamerika gehören
das Maya-Projekt »Aktionsplan Wald« in Guatemala und FUN-
DALEMPA »Regionale Umweltentwicklung am Rio Lempa«, in
Salvador zu diesem Politikfeld. Beide Projekte haben zum Ziel, das
lokale Ökosystem zu verbessern und partizipative Nutzungsformen einzuführen. Am Rio Lempa sollen durch das Projekt einerseits die ökologischen Bedingungen des Flußbeckens durch Aufforstung verbessert werden, andererseits wird die lokale Verwaltung in Planung und Nutzung einbezogen, Aufklärung und
Bewußtseinsbildung werden betrieben. Letztendlich soll die lokale
Wirtschaft durch nachhaltige Ressourcennutzung gestärkt werden. Im Maya-Projekt geht es ebenfalls um die Pflege und Nutzung
der Ressourcen. Im Mittelpunkt des lokalen Wirtschaftssystems
steht der Wald unter Einbeziehung von ökologischem Landbau.
Nutzungsrechte und Nutzungsformen auf der Basis von indigenem Wissen sind tragende Elemente in diesem lokalen Ökosystem, das auf ein alternatives Entwicklungsmodell abzielt. Es ist
das einzige Projekt in Lateinamerika, das explizit indigenes Wissen und die Strukturen der indigenen Gemeinschaften aktiv ins
Projektkonzept einbezieht.

In Südamerika konzentrieren sich die Projekte in diesem Politikfeld auf Brasilien. Dort sind zwei Typen zu unterscheiden: Zum
einen sind es Projekte, die ihren Ursprung im ökologischen Land-

bau und der Agrarberatung haben und den Ansatz von *Livelihood* auf der Basis der Landwirtschaft entwickeln. Zum anderen handelt es sich um Projekte, bei denen die Projektpartner indirekt als Mittler die lokalen Akteure beim Aufbau ökologisch ausgewogener lokaler Systeme fördern und beraten.

Die Projektpartner des ersten Projekttyps, die alle im brasilianischen Nordosten angesiedelt sind, haben von Beginn an ihren Agrarberatungsansatz umfassender verstanden. Sie agieren fast ausschließlich in kleinbäuerlich strukturierten Regionen direkt mit der Zielgruppe, der Bevölkerung, den Bauern und Bäuerinnen, so daß sich praktisch alles um die Landwirtschaft dreht, die auch das Kernstück der lokalen Ökosysteme darstellt und fast deckungsgleich ist mit der lokalen Ökonomie. Hier ist die Trennungslinie zum ökologischen Landbau nur schwer zu ziehen. Die zweite Säule, die den *Livelihood*-Ansatz trägt, ist Wasser – vorwiegend für Mensch und Tier und nur in geringerem Umfang für die Bewässerung. Der Mangel an dieser Ressource hat im Trockengebiet seit jeher große Probleme verursacht, deshalb ist Wassermanagement ein ganz zentrales Element. Gleichwohl geht es den Projektpartnern – die in verschiedenen Zusammenhängen kooperieren – um weit mehr als nur um die Anwendung und Verbreitung ökologischer Agrartechniken. Diese sind in ihrem Verständnis Bestandteil eines umfassenderen Ökosystems. Als weiteres Thema gehören daher die Schonung der natürlichen Ressourcen und ihre sinnvolle Nutzung zu den prioritären Themen bei der Bewußtseinsarbeit.

Beim zweiten Typ spielt *Livelihood* selbst eine vermittelte Rolle bei der konkreten Projektarbeit, ist aber als Vision oder Zielvorstellung permanent präsent. Es stellt den Rahmen dar, innerhalb dessen die Organisation oder Gruppe gefördert bzw. beraten wird. Konkret sieht das so aus, daß FASE in Amazonien vor Ort die Gruppen, Gewerkschaften, Frauenorganisationen und andere zur Gestaltung lokaler Überlebenssysteme anhält und aktiv berät; es handelt sich dabei um Ökosysteme in Siedlungsgebieten des tropischen Regenwaldes, die zugleich der Lebens- und Wirtschaftsraum der Bewohner sind. Sehr viel mittelbarer erfolgt dies in Einzelfällen auch im Rahmen der Beratungsaktivitäten von IBASE in

Rio de Janeiro. Der Ansatz, der bei der Beratung für ein ökologisches Gesamtprogramm auf der Insel Paquetá praktiziert wurde,
zielt auf die Schaffung eines lokalen Ökosystems ab. Paquetá ist ein
Naturschutzgebiet, das als Wohn- und Touristeninsel genutzt wird,
und wo IBASE nach einer Ölkatastrophe die lokalen Initiativen und
teilweise spontan entstandenen Gruppen beriet. Durch kontinuierliche fachliche Begleitung wurde erreicht, daß die lokalen Initiativen statt einer einmaligen Entschädigungssumme ein ökologisches Gesamtprogramm für die Insel erkämpfen konnten. Diese
beiden Projekte unterscheiden sich von denen im Nordosten
grundlegend, da sie auf der konzeptionellen und politischen Ebene
arbeiten; trotzdem werden sie hier aufgeführt, da sie es als erklärtes Ziel verstehen, lokale Überlebenssysteme bei ihrer Bewußtseinsarbeit und durch ihre politische Arbeit zu fördern.

Bei der Programmpolitik der Heinrich-Böll-Stiftung in Lateinamerika zeichnet sich in diesem Politikfeld die Tendenz ab, die praktisch orientierten Projekte, die sich von konventionellen EZ-Pro-
jekten anderer Durchführungsorganisationen kaum unterscheiden, nicht weiterzuführen. Vielmehr werden künftig verstärkt
Vorhaben gefördert, die konzeptionell arbeiten, d.h. die Modellcharakter haben oder die in Richtung politischer Einflußnahme abzielen. Im Zusammenhang von lokalen Überlebenssystemen kann
auf eine gewisse *Grassroot*-Komponente nicht verzichtet werden,
und man wird nicht ganz ohne eine Einbeziehung von praktischen
Aktivitäten auskommen. Dort, wo es bei dem Erhalt und der indigenen Entwicklung lokaler Ökosysteme um handfeste Konflikte
geht, wird ebenfalls ein Projektansatz mit einem konkreten Praxisbezug erforderlich sein.

5.2.4 Weltnaturerbe

In MSOE wird das Politikfeld »Lokale Überlebenssysteme« lediglich
im Projekt am Baikalsee und in zwei Kleinmaßnahmen des Büros
Sarajevo mit der bosnischen Organisation *Grüne Neretwa* thematisiert, die sich um die Erhaltung eines durch einen geplanten Staudammbau bedrohten Ökosystems des Flusses Neretwa bemüht.

Das Projekt, das explizit auf die Erhaltung eines Ökosystems ausgerichtet ist, ist die *Baikal Welle* in Irkutsk, Rußland. Dieses Projekt ist aufgrund der wachsenden Bedrohung für das Ökosystem Baikalsee entstanden. Der Baikalsee ist eines der ältesten und tiefsten (1.620 m) Binnengewässer, zählt mit seinen rund 23.000 Kubikkilometern Wasser zu den größten Süßwasservorräten der Erde und ist von der UNO als schützenswertes Weltnaturerbe eingestuft. Es gibt im und am Baikalsee ca. 2000 Tier- und Pflanzenarten, die ausschließlich dort vorkommen. Die bekannteste von ihnen ist die Süßwasserrobbe, die im Norden des Sees lebt.

Der See ist durch vielfältige zivilisatorische Eingriffe des Menschen verschiedenen Risiken und Gefährdungen ausgesetzt. An der Südostküste des Sees wurde in den siebziger Jahren ein großes Zellulosekombinat errichtet. Das für die Zelluloseherstellung reichlich benötigte reine Wasser wird dem See entnommen und nach der Nutzung ungeklärt in den See geleitet. Die Verschmutzung des Sees ist zwar noch lokal begrenzt, stellt aber eine deutliche Gefahr für das gesamte Ökosystem dar. Experten gehen davon aus, daß der See sich bei einer sofortigen Abschaltung des Kombinates in den nächsten 50 Jahren noch selbst regenerieren würde, aber nur bei einer sofortigen Einstellung der hochgiftigen Einleitungen.

Der See hat eine Durchschnittstemperatur von weniger als zehn Grad. Das Wachstum von Organismen vollzieht sich deshalb extrem langsam. Ein Omul, eine Fischart im Baikalsee, erreicht seine volle Größe von ca. 25 cm Körperlänge erst nach elf Jahren. Der extensive Fischfang im Baikal stellt ein Gefahr für die Fauna dar, da die Fische nicht genug Zeit haben heranzuwachsen und oft vor dem Laichen gefangen werden. Die Erträge der Fischerei gehen seit Jahren zurück, es droht eine nachhaltige Störung des biologischen Gleichgewichts.

In Rahmen des Projektes werden verschiedene Aspekte des Schutzes und der Erhaltung des Ökosystems berücksichtigt und bearbeitet. Es gibt sowohl Komponenten, die sich auf die Abfallwirtschaft und Energienutzung beziehen, als auch solche, die sich auf Aufklärung und Information relevanter Bevölkerungsteile kon- zentrieren. Das Oberziel der Organisation und die Summe all ihrer Aktivitäten läuft jedoch letztendlich auf die Erhaltung des Ökosystems Baikalsee hinaus.

Tabelle 22 Projekte »Lokale Überlebenssysteme«

Land/Region	Organisation	Projekte	Förderzeitraum
Guatemala	PafMaya	Aktionsplan Wald	1997–2002
El Salvador	Fundación Rio Lempa Regionale	Umweltentwicklung des Beckens des Rio Lempa	1997–2002
Brasilien	IRPAA, Juazeiro	Förderung angepaßter Landnutzung im nordostbrasilianischen Trockengebiet	1992–2000
	ARCAS, Cicero Dantas	Förderung angepaßter Landnutzung im nordostbrasilianischen Trockengebiet	1998–2001
	FASE Amazonien	Forschung und gesellschaftliche Bildung im Bereich Umwelt und Demokratie	1997–2004
	IBASE, Rio de Janeiro	Forschung und gesellschaftliche Bildung im Bereich Umwelt und Demokratie	1992–2001
Cono Sur, hier: Chile, Paraguay, Uruguay	Nationale NGO-Zusammenschlüsse auf Landesebene in Uruguay Chile; in Paraguay: Sobrevivência	Cono Sur Sustentable. Erarbeitung von Konzepten für ein Nachhaltiges Land	1998–2003 (Paraguay seit 2001)
MSOE	BÖW	Umwelt- und Informationszentrum in der Baikalregion	1996–2001
Thailand	EMSP	Ecological Movement Support Programme	1995–2003
Israel, Jordanien, Ägypten	Friends of the Earth Middle East	Sustainable Tourism in the Gulf of Aqaba	1996–2001
Äthiopien	HUNDEE	Environmental Rehabilitation	1997–2003

Tabelle 23 Kleinmaßnahmen Lokale Überlebenssysteme

Büro	Kleinmaßnahme	Zeit
Sarajevo	Training für NGO-Fachkräfte der Organisation »Grüne Neretwa«	1999–2000
	Herausgabe eines Jahreskalenders »Planet Neretwa«	1999
Chiang Mai	Buchserie zu nachhaltigem Ressourcenmanagement in Wassereinzugsgebieten	2000
Horn von Afrika	Kleinprojekt in Somaliland: Candlelight for Health and Education	2001

5.3 ENERGIE UND KLIMA

5.3.1 Nachhaltige Energiepolitik

Die gegenwärtig praktizierten Energieerzeugungs- und -nutzungskonzepte basieren überwiegend auf fossilen Energieträgern, die früher oder später erschöpft sein werden, oder auf Kernenergie, deren unüberschaubare Risiken durch den Reaktorunfall von Tschernobyl deutlich vor Augen geführt wurden. Für die nachhaltige Entwicklung der Gesellschaften und Volkswirtschaften werden Konzepte der Energieerzeugung und -nutzung benötigt, die weniger oder keine negativen Folgen oder Risiken für die Umwelt und den Menschen haben. In diesem Sinne fördert die Heinrich-Böll-Stiftung Projekte, die einen Beitrag für die Energiewende leisten. Dabei werden sowohl konzeptionelle Überlegungen und der Informationstransfer über alternative Energien gefördert wie auch praktische Ansätze der Energieeinsparung.

In den **MSOE-Ländern** nehmen Projekte im Energiebereich einen wichtigen Stellenwert ein. Zusammen mit dem Ökolandbau ist der Energiesektor das wichtigste Politikfeld der Heinrich-Böll-Stiftung in diesen Ländern. Die Energieeffizienz ist in Osteuropa bis zu fünfmal geringer als im EU-Durchschnitt. Die Verschwendung

durch ineffiziente Energieerzeugung und -übertragung und in-
effizienten Verbrauch ist immens. Die Reaktorkatastrophe von
Tschernobyl 1986 war außerdem für viele Menschen Europas ein
großer Schock und der Ausgangspunkt für Überlegungen über
alternative Energiekonzepte. Die Heinrich-Böll-Stiftung initiierte
deshalb ein Projekt mit dem Titel »Energieentwicklungskonzepte
in Mittel- und Osteuropa«. Das Projekt wurde in Tschechien,
Ungarn, Ukraine und Rußland mit dem Ziel durchgeführt,
gemeinsam mit Experten und NGOs langfristige energiepolitische
Alternativen zu entwickeln und entsprechende Fachkompetenzen
im politischen Dialog einzusetzen.

Anknüpfend an die positiven Ergebnisse und Erfahrungen dieses Projektes wurde ein Programm für mittel- und osteuropäische
Länder entwickelt, das die Energieeffizienz in Mitteleuropa, Georgien, Ukraine und Rußland durch Aufklärung und die Weiterentwicklung des bereits bestehenden NGO-Netzwerkes verbessern
soll. Im Rahmen dieses Programms soll ein tragfähiges Netzwerk
von ost- und westeuropäischen NGOs gestärkt werden, das durch
Modellprojekte und Aufklärung einen bewußteren Umgang mit
jedweder Form von Energie bewirkt. Dabei werden sowohl Wege
und Möglichkeiten der Energieeinsparung als auch Formen der
Energieerzeugung aus erneuerbaren Quellen berücksichtigt. Die
Partner arbeiten dabei einerseits mit ihren nationalen Regierungen, andererseits werden die Aktivitäten der internationalen
Finanzinstitute im Hinblick auf nachhaltige Energiekonzepte
für Mittel- und Osteuropa kontrolliert (z.B. durch die NGO *Bank
Watch*). Dabei wird die Schaffung von gesetzlichen Grundlagen
für erneuerbare Energiequellen ebenso bearbeitet wie die Reduzierung von CO_2-Emissionen durch Verbesserung der Energieeffizienz. Das Thema Reaktorsicherheit ist immer noch aktuell, da
z.B. der tschechische Reaktor in Temelin erst kürzlich fertiggestellt wurde und bei einem möglichen Störfall durch seine Lage
große Teile West- und Osteuropas gefährden würde. Das Netzwerk der Partnerorganisationen wird durch regelmäßige Treffen
und Fortbildungen von der Heinrich-Böll-Stiftung unterstützt.
Dieses Programm ist gleichzeitig auch Inbegriff für die deutliche

Erweiterung des Handlungsschwerpunktes von der ausschließlichen Kritik an der Nutzung von Atomenergie hin zur Unterstützung der Verbesserung der Energieeffizienz und der Nutzung erneuerbarer Energieformen.

In Rumänien arbeitet eine Arbeitsgruppe im Rahmen des Projektes zur Förderung der Selbsthilfe im Ökologiebereich am Thema Energie. Die Arbeitsgruppe besteht aus sechs Organisationen in verschiedenen Städten des Landes, die jeweils eigene Aktivitäten im Bereich Aufklärung und Öffentlichkeitsarbeit durchführen. Sie wird von der Organisation TER in Bukarest koordiniert. Es werden nachhaltige Formen der Energienutzung landesweit propagiert und Möglichkeiten von Energieeinsparung vorgestellt. In Rumänien sind ökologische Organisationen gerade erst im Entstehen, und es gibt noch keine landesweit funktionierenden Strukturen. Neben der fachlich-thematischen Arbeit muß deshalb gleichzeitig noch viel Aufbauarbeit für den Ökologiesektor insgesamt geleistet werden.

Im Büro Prag wurden eine ganze Reihe von Kleinmaßnahmen zum Thema Energiepolitik durchgeführt. Dies entspricht auch dem primären Zweck des Büros Prag, das in einem eigens errichteten Ökopavillon untergebracht ist. Dieser Pavillon ist nach Gesichtspunkten der Energieeinsparung gebaut worden und dient als Anschauungs- und Aufklärungsobjekt für Energiesparmöglichkeiten. Gleichzeitig wird der Pavillon als Treffpunkt und Veranstaltungsort für andere Gruppen und NGOs genutzt, die der Heinrich-Böll-Stiftung in Prag nahe stehen oder von ihr gefördert werden. In den zurückliegenden vier Jahren wurden im Ökopavillon verschiedene Seminare und Konferenzen zu energierelevanten Themen wie Energieeinsparung, Energie aus Biomasse, Umwelt- und Energiepolitik etc. durchgeführt. Vom Büro Prag wurden auch die Aktivitäten im Zusammenhang mit dem Protest gegen das Atomkraftwerk im böhmischen Temelin koordiniert. Dieser kürzlich fertiggestellte Reaktor, der sehr nahe an der Westgrenze Tschechiens und damit in der Mitte Europas liegt und nicht den westeuropäischen Sicherheitsnormen entspricht, stellt eine Bedrohung für Zentraleuropa dar. Verschiedene europäische Umwelt-

gruppen haben dagegen protestiert und das Büro Prag hat diesen
Protest teilweise koordiniert. Im Rahmen des Programms zum EU-
Beitritt wird dem Büro Prag in enger Abstimmung mit dem im
Aufbau befindlichen Büro Warschau eine wachsende Bedeutung
zukommen. Es ist geplant, die gut entwickelten Kontakte und die
Infrastruktur des Büros in Prag in das Programm im Bereich Ener-
giepolitik (Laufzeit von 1999–2003) einzubringen.

Das Büro in Sarajevo hat im Jahr 2000 die »Studie über die
Energiezukunft der Region Panonien im Lichte nachhaltiger Ent-
wicklung« gefördert. Diese Studie wurde von der Öko-Initiative
Grüne Osijek erstellt.

Aufklärung der Öffentlichkeit über die Risiken der Kernenergie
und die Verhinderung von Atommeilern steht in **Thailand** im Zentrum der Arbeit energiepolitischer NGOs. Das *Sustainable Energy
Network* in Thailand, SENT, gilt als die wichtigste unabhängige
Informationsquelle über Atomkraft im Land. Derzeit gibt es noch
kein Atomkraftwerk in Thailand, aber die technischen Vorbereitungen und politischen Rechtfertigungen laufen in die Richtung.
SENT arbeitet schwerpunktmäßig an der Basis mit lokal »betroffenen« Gemeinschaften, die in der Nähe eines Atomforschungs-
zentrums leben. Außerdem unterstützte es Gemeinden in Südthailand, in deren Gebiet zwei Kohlekraftwerke mit Beteiligung
ausländischer Investoren gebaut werden sollen. Die lokale Bevölkerung will den Bau verhindern, weil sie Umweltschäden auf dem
Land und in der schönen Küstenregion befürchtet, aber auch, weil
sie nicht informiert oder konsultiert, sondern vor vollendete Tatsachen gestellt wurde. Die Regierung hatte entsprechende Verträge
mit ausländischen Firmen bereits abgeschlossen. Die betroffene
Bevölkerung reagierte mehrfach mit sehr konfrontativen Methoden auf die Regierung und die Unternehmen, wenn sie sich übergangen fühlte oder aber Versuche der Vereinnahmung witterte.
SENT half ihnen, den Fall in die städtische Öffentlichkeit zu
tragen und dort die Bevölkerung für Umwelt- und Tierschutz in
der Küstenregion zu mobilisieren. Dabei wurden Fehler in der
Umweltverträglichkeitsprüfung für eine Skandalisierung genutzt.

147 Entgegen den Aussagen in der UVP gibt es in der Region Korallenriffe, Delphine und Wale in den Küstengewässern, die durch
die Verschmutzung gefährdet würden. Durch Kooperation mit
Umweltaktivisten in Finnland konnte die beteiligte finnische
Firma zum Ausstieg aus dem Projekt bewegt werden. Die beteiligten japanischen und US-amerikanischen Investoren konnten
jedoch bisher nicht zum Rückzug veranlaßt werden.

Der Erfolg der Proteste besteht darin, den Bau zu verzögern und
damit der Regierung Bedenkzeit und Argumente dafür zu geben,
aus den Verträgen auszusteigen. Gleichzeitig versucht das Netzwerk in einer Öffentlichkeitskampagne auch der energiever-
schleudernden Stadtbevölkerung in Bangkok zu vermitteln, daß in
Thailand bereits Überkapazitäten bestehen und neue Kraftwerks-
bauten deshalb nicht notwendig sind. Dafür nimmt SENT auch die
Energieerzeugung in Nachbarländern in den Blick, die sich dem
überversorgten Thailand als Importeure anbieten. Ansatzpunkt
für die städtische Kampagne war eine Aufklärung darüber, daß die
Stromrechnungen in die Höhe geschnellt waren, weil Ausgleichs-
zahlungen für Fehlinvestitionen im Energiebereich auf die städtische Bevölkerung umverteilt wurden.

Öffentlichkeit und Medien stellten die Energiepolitik bisher
nicht in Frage, sondern folgten der Devise: Egal wie, Hauptsache
– mehr Strom für Wirtschafts- und Wohlstandswachstum! Gegen
diesen *Mainstream* propagierte SENT eine Energiewende durch
Dezentralisierung und die Nutzung erneuerbarer Energiequellen
wie z.B. Biomasse unter demokratischer Beteiligung der lokalen
Bevölkerung. Für umweltpolitische Bildungsarbeit mit der ener-
gieverwöhnten Mittelschicht sind besondere Ansatzpunkte notwendig. So setzte ihre Öffentlichkeitskampagne zu Atomkraft bei
dem gefährlich leichtfertigen Umgang mit atomaren Abfällen an
und betrieb gleichzeitig Lobbyarbeit für eine Transparenz der Energiepolitik und für alternative Energien. Motto: Alternativen sind
möglich.

Auch *Earthlife Africa* verfolgt in **Südafrika** die drei miteinander
verknüpften Ziele:
- »atomkraftfreies« Land (in Koeburg in Südafrika steht das einzige Atomkraftwerk Afrikas),
- nachhaltige Erzeugung von Energie,
- demokratische Partizipation an und Transparenz von Energiepolitik.

Die Pläne für die zivile Nutzung von Atomkraft werden zur Zeit ohne breite öffentliche Diskussion vorangetrieben. Die Aktivitäten der NGO sind im Kern Kapazitätsbildung anderer NGOs und der Regierungspartei, kritische Aufklärung der Öffentlichkeit und Lobbying. Sie führte Kampagnen gegen die Verschiffung radioaktiven Materials, gegen die Erprobung von Kernkrafttechnologien und gegen den nuklearen Brennstoffkreislauf bis zur Endlagerung durch, denn in Südafrika soll eine neue Generation von Atomreaktoren entwickelt werden. Außerdem macht die Organisation Lobbyarbeit für eine Umweltverträglichkeitsprüfung von Atomkraftanlagen.

Insgesamt bewegen sich die von der Heinrich-Böll-Stiftung in **Lateinamerika** geförderten Aktivitäten im Energiesektor auf der konzeptionellen und auf der Makro-Ebene, deren Ziel es ist, auf die Energiepolitik insgesamt und die rechtlichen Rahmenbedingungen Einfluß auszuüben, indem konkrete Alternativkonzepte angeboten werden.

Die Energiefrage wird im Programm *Cono Sur Sustentable* als eigenständiges Thema bearbeitet. In jedem der Länderprogramme von Brasilien, Chile und Uruguay arbeitet eine eigene Arbeitsgruppe an der Energiefrage, in den Nachhaltigkeitsprogrammen für jedes Land ist dem Thema ein eigenes Kapitel gewidmet. Unter der Ausgangsfragestellung eines umfassenden Nachhaltigkeitskonzeptes werden der herrschenden Energiepolitik Konzepte für eine Energieversorgung auf der Basis erneuerbarer Energien sowie der effizienteren Energienutzung entgegengestellt.

In den jeweiligen Ländern wurde die Energiepolitik analysiert, und darauf aufbauend wurden Modelle für eine alternative, vor

149 allem nachhaltige Energiepolitik erarbeitet. Die verschiedenen Formen der Energiegewinnung werden dabei ebenso kritisch hinterfragt wie die Versorgungssysteme und der Verbrauch bzw. die Einsparpotentiale. Trotz der grundsätzlichen Kritik am herrschenden Wirtschaftsmodell fallen die Vorschläge im Energiebereich gemäßigt aus: Es wird keine radikale Kehrtwendung gefordert. Energiepolitik wird von den lateinamerikanischen Partnern als nachhaltig betrachtet, wenn sie die Energieversorgung des Landes sicherstellt und weitgehend unabhängig von Rohstoffimporten ist. Die Herausforderung besteht darin, die Umweltbelastung bei der Energiegewinnung im Vergleich zu heute drastisch zu reduzieren, dabei jedoch alle Bevölkerungsgruppen und Regionen ausreichend zu versorgen.

Die Aktivitäten im Programm umfassen konzeptionelle Vorschläge und Szenarien, die auf der Produktionsseite für eine konsequente Diversifizierung der Energieträger zugunsten von erneuerbaren Quellen, vor allem von Wind und Sonne, plädieren. Wasserkraft zählt zwar auch zu den erneuerbaren Energieträgern, aber gerade ihre Nutzung ist oft Auslöser heftiger Umweltkonflikte, weil für die Kraftwerke fast immer der Bau von Großstaudämmen erforderlich ist. Eine Diversifizierung wird auch auf der Seite der Energieversorger gefordert, denn die Monopolstellung von Konzernen entmündigt den Verbraucher. In der dezentralen Energieversorgung auf der Basis von Hybrid-Systemen (d.h. verschiedener Energiearten) wird für eine flächendeckende Versorgung mit wirtschaftlich und ökologisch verträglichen Formen geworben. Große Eingriffe in die Natur, wie Großstaudämme, sollen vermieden werden.

Das technische Potential muß für die Wirtschaftlichkeit und den Umweltschutz bei der Erzeugung ebenso ausgeschöpft werden wie bei der Übertragung und beim Verbrauch. Dazu werden gesetzliche Regelungen und Anreize zur Energieeinsparung gefordert. Die Vorschläge umfassen einen umfangreichen Forderungskatalog, der sich vorwiegend an die Politik richtet. Von ihr wird verlangt, daß sie die Rahmenbedingungen für die Umsetzung der nachhaltigen Energiepolitik schafft.

In Brasilien hat die Versorgungskrise des Jahres 2001 aufgrund von Wassermangel in den Stauseen dem Thema zu einer besonderen Aktualität verholfen, die vom Landesprogramm *Brasil Sustentavel* aufgegriffen und genutzt wird. Von den Publikationen, die in Brasilien zu den einzelnen Themenblöcken des Programms erstellt wurden, war das Buch zur Energiekonzeption schnell vergriffen. Um die politische Konjunktur zu nutzen, will die Arbeitsgruppe in die Neuauflage die aktuellen Neuerungen in der brasilianischen Energiepolitik einarbeiten.

Für Uruguay wurden drei Szenarien erarbeitet und im vor kurzem erschienenen Gesamtband *Uruguay Sustentable* detailliert ausgeführt. Dabei wurden auch die Konsequenzen betrachtet, wobei die Autoren klar für den Ausbau erneuerbarer Energien votierten. In Chile spielt der rechtliche Rahmen eine besondere Rolle, da die Pinochet-Diktatur eine Reihe von Gesetzen erließ, durch die Naturressourcen wie Wasser privatisiert wurden. Deshalb liegt in Chile ein besonderer Fokus auf der Erarbeitung neuer rechtlicher Normen.

Das 2001 neu ins Programm aufgenommene Projekt aus Argentinien, *Taller Ecologista*, wird in der thematischen Arbeitsgruppe Energie mitarbeiten. Die NGO hat ihren Ursprung in der argentinischen Anti-AKW-Bewegung und bearbeitet weiterhin Energie als ihr Kernthema. Im Arbeitsprogramm, das auf einem Workshop im August 2001 aufgestellt wurde, wird *Taller* seine Erfahrungen vorwiegend in die Energie-Arbeitsgruppe einbringen. Die argentinische Gruppe hat insbesondere auf lokaler Ebene konkrete Erfahrungen, denn sie hat in Rosario aktiv im Umweltrat von Stadt und Provinz mitgearbeitet.

In einem größeren politischen Kontext ist die internationale Konferenz zu »Erneuerbare Energien und Energieeffizienz« vom August 2001 in Santiago de Chile zu sehen, bei der die Heinrich-Böll-Stiftung in einer ihrer Kernkompetenzen Flagge zeigte und den Erfahrungsaustausch und Dialog zwischen Fachleuten aus dem Norden und dem Süden vorangetrieben hat.

Im Gesamtbild der von der Heinrich-Böll-Stiftung in verschiedenen Erdteilen geförderten Projekte zum Thema Energie ist der

151 Fokus klar auf Bewußtseinsbildung und Aufklärung gesetzt. Durch zielgerichtete Informationen soll die Öffentlichkeit sowohl über Risiken und Nebenwirkungen der fossilen und nuklearen Energieerzeugung unterrichtet werden als auch über alternative Energiequellen und dezentrale Energieerzeugung sowie über Möglichkeiten der Energieeinsparung in den Haushalten und Betrieben. In dieser Kombination spiegelt sich auch die Grundhaltung wieder, daß jeder Mensch durch bewußten Umgang mit Energie einen Beitrag für die nachhaltige Nutzung der Ressourcen und die Zukunftsfähigkeit unseres Lebensentwurfes leisten kann.

5.3.2 Nachhaltige Klimapolitik

Da durch Energieerzeugung aus fossilen Brennstoffen nach wie vor die größten CO_2-Emissionen verursacht werden, ist eine umweltverträgliche Energiepolitik eine der wichtigsten Forderungen für eine nachhaltige Klimapolitik. Insofern leisten alle Energieprojekte mittelbar einen klimapolitischen Beitrag vor allem durch die angestrebte Reduktion klimaschädlicher Emissionen, auch wenn dies im Projektdesign und dem Aktivitätenplan nicht als solches explizit ausgewiesen ist. Weil der Klimawandel ein globales Umweltproblem ist, wurde das Problem auf der Rio-Konferenz durch die Verabschiedung der Klima-Konvention dem *Global-Governance*-System unterstellt. Seit Beginn der neunziger Jahre wird zunehmend versucht, durch Instrumente wie Konventionen und internationale Abkommen ein *Global-Governance*-Regime aufzubauen, das Lösungsansätze für globale Probleme und Regelungen für transnationale Beziehungen entwickelt. Beteiligung an den Verhandlungen zum Kyoto-Protokoll auf UN-Ebene wird deshalb sowohl von der Heinrich-Böll-Stiftung selbst als auch von Partnerorganisationen als notwendige Einmischung in die globale Klimapolitik und internationale Regulierung von Energiepolitik verstanden. Die Aktivitäten des Auslandsbereichs der Heinrich-Böll-Stiftung zur Klimapolitik konzentrieren sich auf die beiden Büros in Brüssel und Washington.

Energiepolitik und Klima ist der absolute Themenschwerpunkt
des Stiftungsbüros in **Brüssel**. Mit mehreren Veranstaltungen und
einer Studie wurde der Meinungsaustausch über die EU-weite Einführung einer Energie- und CO_2-Steuer angeregt und das deutsche
Öko-Steuer-Modell vorgestellt und diskutiert. Anforderungen an
eine nachhaltige europäische Energiepolitik wurden ebenso debattiert wie regenerative Energien und die Möglichkeiten dezentrali-
sierter Energieproduktion.

Herausragender klimapolitischer Bezugspunkt war für das
Brüsseler Büro die 6. Vertragsstaatenkonferenz der Klima-Konvention, kurz COP6, die im November 2000 in Den Haag stattfand. In einem Workshop wurden mit NGO-Vertretern aus Osteuropa und dem Süden erste Schritte für ein gemeinsames Konzeptpapier zu nachhaltiger Energiepolitik unternommen. Dann
wurde die Vorbereitung auf COP6 sowie die Teilnahme von NGO-
Vertretern an der Konferenz in Den Haag und an den Aktivitäten
von *Friends of the Earth Europe* zum Thema »Climate Witnesses«
und an der Aktion »Build the Duike« unterstützt. Der vom indischen *Centre for Science and Environment* während der Konferenz
täglich herausgegebene *Newsletter* informierte und kommentierte
die Konferenzereignisse mit einer deutlichen Süd-Perspektive. Der
Erfolg all dieser von der Heinrich-Böll-Stiftung geförderten Aktivitäten von NGOs lag vor allem in der guten Zusammenarbeit der
NGOs und einer stärkeren Beachtung der Stimmen aus dem
Süden.

Während bei den Aktivitäten des Büros in Brüssel die Verbindung
der Energiefrage mit der Klimaproblematik behandelt wird, richten sich die Aktivitäten des Büros in **Washington** stärker auf Informationspolitik, Öffentlichkeits- und Lobbyarbeit. Dazu gehörte
u.a. die fachlich-inhaltliche Vorbereitung auf die Vertragsstaatenkonferenz COP5 in Buenos Aires. Als Presse-Briefing wurden die
verschiedenen Verhandlungspositionen in einer Veranstaltung
zusammen mit dem *Worldwatch Institute* diskutiert. Durch Informationsveranstaltungen und Diskussionen mit Politikern soll in
den USA um Unterstützung für das Kyoto-Abkommen geworben

werden. Für das politische Lobbying wurden Senatsvertreter und Politiker der USA zu Veranstaltungen und öffentlichen Diskussionen eingeladen.

Tabelle 24 **Projekte »Energie und Klima«**

Land/Region	Organisation	Projekt	Förderzeitraum
MOE	Energy Club Budapest	Energieentwicklungskonzepte in den MOE-Ländern	1994–1998
MOE + GUS	Energy Club Budapest u.a.	Programm Energiepolitik Osteuropa	2001–2004
Rumänien	TER u.a.	Förderung der Selbsthilfebewegung im rumänischen Ökologiebereich	1996–2002
Polen Tschechien, Slowakei, Ungarn	Büro Prag	EU-Beitritt: Perspektiven und Probleme in den MSOE-Ländern Komponente: Ökologie und Energiepolitik	1999–2003
Südafrika	Earthlife Africa	Nuclear Energy Costs the Earth	1999–2002
Thailand	SENT	Sustainable Energy Network Thailand	1998–2003
Cono Sur Sustentable, hier: Brasilien, Chile und Uruguay, seit 2001: Argentinien	Nationale NGO-Zusammenschlüsse auf Landesebene in Uruguay Chile, in Argentinien: Taller Ecologista	Area Energia: In jedem der 3 Programme für ein ›Nachhaltiges Land‹ ist der Energiefrage ein eigener Themenblock gewidmet Der neue Projektpartner in Argentinien hat Energie als Hauptthema	1998–2003 2001–2003

Tabelle 25 **Kleinmaßnahmen »Energie und Klima«**

Büro	Kleinmaßnahme	Zeit
Prag	Ständige Ausstellung und Beratung über Energieeinsparung	1998–2000
	Seminar: Die Welt der Energieeinsparung	11/1998
	Seminarreihe: Ausnutzung der Energie aus Biomasse	1999
	Seminar: Energiepflanzen	04/1999
	Konferenz: Umwelt- und Energiepolitik	12/2000

Büro	Kleinmaßnahme	Zeit
Sarajevo	Studie der Organisation Grüne Osijek: Energiezukunft der Region Panonien	2000
Horn von Afrika	Kleinprojekt in Somaliland: ADO, Training zur sparsamen Nutzung von Holzkohle	2001
Chiang Mai	Individuelle Fortbildung: Fachkräfteaustausch aus Privatunternehmen und Behörden zu Braunkohletagebau und Wiederaufforstung	2000
	Individuelle Fortbildung: Teilnahme an Workshop zu erneuerbarer Energie	2000
Istanbul	Arbeitstreffen des Umwelt-NGO-Netzwerks im Mittelmeerraum zu Energieplanung und gegen Wärmekraftwerke	2001
Brüssel	Studie und Workshop: Energiesteuer in Europa	9/1998
	Vortrag: Regenerative Energien 3/1999	
	Vorstellung des geförderten Politikpapiers: Breaking The Impasse: Forging an EU-Leadership Initiative on Climate Change	11/1999
	Konferenz und Dokumentation: Energie- und Ökosteuern in der EU	12/1999
	Vortrag zur führenden Rolle der EU beim Klimawechsel (siehe oben) im EU-Parlament	3/2000
	Workshop für NGOs zu nachhaltiger Energie- und Klimapolitik COP6	10/2000
	Konferenz + Veröffentlichung: Energie, Strompolitik	10+12/2000
	Besucherprogramm für 5 NGO-Experten aus Osteuropa	10/2000
	Teilnahme von NGO-Vertretern an der COP6 und an NGO-Veranstaltungen	11/2000
	Veröffentlichung »Forests as Carbon Sinks«	11/2000
	Unterstützung der Veröffentlichung eines täglichen Newsletters »Equity Watch« während COP6	11/2000
Washington	Presse-Briefing zur Klimakonferenz in Buenos Aires	10/1998
	Presse-Briefing zu den Ergebnissen der Klimakonferenz in Buenos Aires	11/1998
	Tagung »Economic Instruments for Climate Policy«	4/1999
	Presse-Briefing »Beyond Kyoto: It is time for a leadership initiative on Climate Change«	10/1999
	Dialog des Wissenschaftlichen Beirats der Bundesregierung für Globale Umweltveränderungen mit US-NGOs und Wissenschaftlern	2/2000
	Veröffentlichung der Konferenzbeiträge: Ökonomische Instrumente zum Klimaschutz	2000
	Tagung »Electricity Restructuring and the Environment« und Veröffentlichung des Tagungsbandes	5/2000
GS Berlin mit Chile Sustentable	Internationale Konferenz zu erneuerbaren Energien: »Las Fuentes Renovables de Energia y el Uso Eficiente – Opciones de Política Energética Suistentable« in Santiago de Chile	8/2001

**5.4 NACHHALTIGKEITSKONZEPTE /
ALTERNATIVE ENTWICKLUNGSMODELLE**

Nachhaltigkeit, das Prinzip von ausgewogener Ressourcennutzung
und -schonung aus der preußischen Forstwirtschaft, wurde im
Brundtland-Bericht 1987 zur Leitorientierung von Entwicklung
erhoben. In einer Art Generationenvertrag werden danach die
gegenwärtigen Generationen zum Erhalt und der Weitergabe über-
lebenswichtiger Ressourcen an zukünftige Generationen verpflichtet.

Die Leistung der Agenda 21 von Rio besteht darin, im Nachhaltigkeitskonzept Ökologie, Wirtschaft und Soziales zusammenzu-
denken und Umwelt- und Entwicklungsprobleme integriert zu
bearbeiten. Im Vordergrund stehen Forderungen nach ökologi-
scheren Produktions- und Konsummustern, nach effizienterem
Ressourcen- und Abfallmanagement sowie nach mehr Umwelttechnologie zur Ressourcenschonung und Verschmutzungsre-
duktion. Wirtschaftswachstum wird dagegen nicht in Frage
gestellt, Alternativen zum wachstumsfixierten Entwicklungsmodell werden nicht sondiert.

Die Agenda 21 erteilt den Regierungen den Auftrag, das Nachhaltigkeitskonzept in nationale Nachhaltigkeitsstrategien zu übersetzen, die ressortübergreifend die Eckmarkierungen einer zukunftsfähigen Entwicklung festschreiben sollen, und Nationale
Nachhaltigkeitsräte unter Beteiligung aller gesellschaftlicher Kräfte
einzurichten. Die Umsetzung der Agenda 21 wird durch jährliche
Sitzungen der in Rio beschlossenen *Commission on Sustainable
Development* (CSD) überprüft.

Im Gegensatz zu diesem Nachhaltigkeitskonzept aus dem Rio-
Prozeß, das Ökologie und Wachstumsökonomie versöhnt, vertreten einige Partnerorganisationen in Lateinamerika und Thailand
ein Nachhaltigkeitskonzept, das die Strukturen der Wachstums-
und Profitwirtschaft und des neoliberalen Kurses prinzipiell in
Frage stellt. Handlungsleitend sind für sie die Suche nach alternativen Ansätzen im Umgang mit Natur und Ressourcen und die
Vision einer anderen Entwicklung, die ökologische Nachhaltigkeit

mit sozialer Gerechtigkeit und Demokratisierung zu verbinden in
der Lage ist.

Ausgangspunkt aller Projekte im Politikfeld »Nachhaltigkeitskonzepte und alternative Entwicklungsmodelle« ist eine grundsätzliche Kritik am herrschenden Entwicklungsmodell. Die Auswirkungen des wachstumsfixierten und ressourcenplündernden Entwicklungskonzepts bestehen in den Ländern des Südens unübersehbar in Umweltdegradierung und Ressourcenverknappung, aber auch in krasser Ungleichheit bezüglich der Verfügung über gesellschaftliche und natürliche Ressourcen sowie über politische Macht. Diese Verschränkung von Umweltzerstörung und Ressourcenmangel mit sozialen Problemen von Ungleichheit und Verteilung führte bei vielen Organisationen und kritischen Intellektuellen zu einer elementaren und strukturellen Infragestellung des eingeschlagenen Entwicklungskurses.

Die Projekte in diesem Politikfeld sehen ihre Aufgabe darin, dieser sozial und ökologisch nicht zukunftsfähigen Entwicklungsstrategie konstruktiv etwas entgegenzusetzen, sowohl in praktischen alternativen Ansätzen als auch auf der konzeptionellen Ebene in politischen Gegenentwürfen. Nachhaltigkeit im entwicklungs- und wachstumskritischen Sinne fungiert dabei als normative Leitorientierung. Von Regierungskreisen und der Wirtschaft werden eine Reihe von Trägerorganisationen deshalb als Oppositionelle eingestuft. Auch wenn die praktische Entwicklung von Alternativen eher als Korrektiv des Entwicklungsweges oder Reparaturmaßnahme an den entstandenen Umweltschäden, etwa durch Aufforstung und Ökolandbau, zu sehen ist, wird die Intervention als Einstiegspunkt zu einer strukturellen Veränderung von Entwicklung, Gesellschaft und Politik verstanden. Dabei steht nicht immer die Konzipierung eines alternativen Entwicklungsmodells explizit auf der Agenda. Schaffung von Modellen, ganzheitliche, integrierte oder interdisziplinäre Ansätze und entsprechende Bewußtseinsbildung spielen aber in den Projekten ein wichtige Rolle. Dort findet praktisch oder konzeptionell eine Dekonstruktion des Mythos statt, daß es keine Alternative zum weltmarkt- und profitgesteuerten Entwicklungsmodell gebe.

Die Partnerorganisationen im Cono Sur und in Thailand gehen dabei genau gegenläufige Wege: Während in Lateinamerika zunächst Konzepte und Strategien zur Zukunftsfähigkeit erarbeitet wurden, deren Übersetzung in nationale und regionale Politiken und praktische Programme nun im nächsten Schritt ansteht, entwickeln die thailändischen Partner auf der Grundlage lokaler Erfahrungen Ideen und praktische Ansätze für Alternativen, die nun in kohärente Konzepte basisorientierter Strategien zur Nachhaltigkeit fortgeschrieben werden müssen.

5.4.1 Lateinamerika

Am intensivsten setzen sich die Projektpartner aus dem Programm *Cono Sur Sustentable* mit der Thematik auseinander, denn ihr Programm besteht genau aus diesem Thema: Zukunftsfähige Gesellschaften. Die allgemeine Enttäuschung über die ausgebliebenen politischen Konsequenzen der Rio-Konferenz von 1992 verstärkte die seit geraumer Zeit diskutierte Kritik und die grundsätzliche Infragestellung des herrschenden Entwicklungsparadigmas in Lateinamerika. Aus einer sich zunehmend radikalisierenden Position erwuchs die Überzeugung, mit konkreten und umfassenden Vorschlägen aufzuwarten und diese in einer breiten gesellschaftlichen und politischen Öffentlichkeit proaktiv zu vertreten. Eine gewisse Vorbildfunktion hatten dabei die Länderstudien zur Zukunftsfähigkeit aus den Niederlanden und Deutschland. Die NGOs aus dem Cono Sur machten allerdings klar, daß sie die inhaltliche Ausrichtung der europäischen Konzepte nur bedingt teilen, da diese keine wirklich alternativen Modelle seien. Die europäische Stoßrichtung, die darauf abzielt, das bestehende Wirtschaftsmodell und den politischen Rahmen in ihrer Grundstruktur zu erhalten (i.S. des Brundtland-Berichtes) und diese ökologisch zu reformieren, um sie nachhaltiger zu machen, wird für die Gesellschaften – nicht nur – in Lateinamerika als nicht ausreichend und viel zu wenig grundsätzlich angesehen.

Zukunftsfähigkeit wird in den Länderprogrammen verstanden als eine umfassende Konzeption, die in einer breiten zivilgesell-

schaftlichen Debatte diskutiert und erarbeitet wird. Für die zentralen gesellschaftlichen Bereiche sollen aufeinander abgestimmte
Nachhaltigkeitskonzepte erarbeitet werden, in denen die Zielvor-
stellungen einer zukunftsfähigen Gesellschaft dargestellt und
Wege für die Umsetzung aufgezeigt werden. Das Nachhaltigkeits-
verständnis geht dabei weit über die rein ökologischen Fragen hinaus. Wirtschaftliche und soziale Gerechtigkeit sowie stabile demokratische Strukturen haben ein fast noch größeres Gewicht, da sie
als politische Voraussetzung für eine nachhaltige Gesellschaft
gesehen werden. Deshalb sind die politischen Rahmenbedingungen ebenso Teil der Analyse wie die Sondierung von geeigneten
Instrumenten für die Transformation von Wirtschaft und Gesellschaft. Konkret geht es darum, Vorschläge zu erarbeiten, um zentrale Forderungen für eine ökologisch orientierte und sozial
gerechte und wirklich demokratische Gesellschaft zu formulieren.

Von den drei Ländergruppen Brasilien, Chile und Uruguay war die
Entwicklung eines alternativen Entwicklungsmodells zu Projekt-
beginn in **Chile** bereits am weitesten fortgeschritten. Die Initiative
Chile Sustentable, bestehend aus Umweltorganisationen (allein das
Ökologienetzwerk RENACE zählt 147 Mitglieder), akademischen
Gruppen, NGOs und einzelnen Personen, arbeitete bereits an
einer Konzeption zur sozialen, politischen und wirtschaftlichen
Umgestaltung des Landes, die auf Zukunftsfähigkeit ausgerichtet
ist. Auch wenn sich die erste Phase sehr auf die konzeptionelle,
stark akademisch ausgerichtete Arbeit konzentrierte, soll das Vor-
haben sich nicht in der Erarbeitung fundierter Studien und deren
Publikation erschöpfen. Schon in der ersten Phase war die partizipative Einbeziehung der Bevölkerung ein methodisches Element,
denn das Konzept soll eine »Programmatische Übereinkunft der
Zivilgesellschaft« *(acuerdo programático de la sociedad civil)* sein.
Die zu allen relevanten Sektoren erarbeiteten Dokumente stellen
die Grundlage dar für den nächsten Schritt, der in der laufenden
Förderphase im Mittelpunkt steht: der breiten politischen Diskus-
sion mit den gesellschaftlichen Organisationen und vor allem der
Rückkopplung mit den Gruppen an der Basis und vor Ort.

Das umfangreiche Gesamtwerk unter dem Titel »Por un Chile Sustentable« mit 21 Sektorstudien ist in drei Politikbereiche gegliedert: Soziale Gleichheit, Ökologische Nachhaltigkeit und Festigung der Demokratie. Zur sozialen Gleichheit gehören die Untersuchungen über Armut, Beschäftigung, Gesundheit und Erziehung. Die Wirtschaftsthemen finden sich im Block der ökologischen Nachhaltigkeit, in dem die Bereiche Biodiversität, Wald, Landwirtschaft, Fischerei, Wasser, Bergbau, Energie, Stadtentwicklung und Umweltgesetzgebung bearbeitet wurden. Die im engeren Sinne politischen Themen unter der Überschrift Demokratie sind Menschenrechte, Demokratisierung, Dezentralisierung, Sicherheit und Verteidigung, Mapuche-Volk, Aymara-Volk, Frauen und Jugend.

Die Langfassung des Berichts eignet sich natürlich nicht für die Popularisierung der Vorschläge. Deshalb haben die Mitarbeiter des Koordinationsteams für alle 21 Studien leicht verständliche Kurzfassungen erarbeitet, die für die weiteren Diskussionen verwendet werden sollen. Damit möglichst niemand bei der Öffentlichkeitsarbeit ausgelassen wird, wurde auch eine ganz knappe und handliche Presseversion erstellt. Zur Zeit wird an den Zusammenstellungen für jede der zehn Regionen des Landes gearbeitet. Sie sollen die Grundlage für die Zusammenarbeit mit den Organisationen vor Ort sein.

In **Brasilien** haben sich ähnlich wie in Chile vergleichbare Arbeitsgruppen von NGOs, Wissenschaftlern aus Universitäten und Einzelpersonen gebildet, die ebenfalls auf der Makroebene eine Konzeption für die Zukunftsfähigkeit erarbeiten. Die Beteiligten gehören seit langem zu den Kreisen, die sich mit der kritischen Diskussion beschäftigen und meist in den sozialen Bewegungen und der akademischen Opposition ihren Ursprung haben. Viele von ihnen waren bereits an den Vorbereitungen und den Folgediskussionen der Rio-Konferenz 1992, vor allem des parallelen *Global Forums* der NGOs beteiligt. Die Vorgehensweise und die länderspezifischen Fragestellungen unterscheiden sich im Detail von Chile, doch der Grundansatz und die Methodik wird in regel-

mäßigen Arbeitstreffen abgestimmt. Dem gegenseitigen Austausch wird deshalb besondere Aufmerksamkeit geschenkt, um
durch kontinuierliches und gegenseitiges Hinterfragen die Konsi-
stenz und die Relevanz der Länderkonzepte zu erhöhen. Nicht
zuletzt soll der methodische Ansatz für ähnliche Initiativen in
anderen Ländern anwendbar sein. In der Tat könnte der methodische Ansatz ein Muster sein für andere Staaten des Südens und
Osteuropas.

Die Brasilien-Gruppe hat ihre Arbeit in sechs Themengebiete
gegliedert: Industrie, Energiewirtschaft, Landwirtschaft, Bergbau,
Forstwirtschaft und Besiedelung. Zu jedem dieser Themen werden
separate Broschüren oder Bücher veröffentlicht. In der Serie der
Diskussionsbeiträge publiziert das *Projeto Brasil Sustentavel e
Democrático* nicht nur die Ergebnisse der eigenen Arbeit, sondern
es werden auch andere Beiträge zur Nachhaltigkeitsdiskussion
übersetzt und in die Reihe aufgenommen, wenn sie für die öffentliche Diskussion für interessant und wichtig gehalten werden, wie
z.B. eine Studie über Nachhaltigkeitskriterien.

Aus einer ganzheitlichen und engagierten Perspektive wurden in
Uruguay eine sozioökonomische Diagnose in den Bereichen Landwirtschaft, Energie, Transport, Wasser, Rohstoffe, Fischerei,
Raumordnung und wirtschaftliche Entwicklung erstellt und alternative Szenarien formuliert. Die Ergebnisse wurden Ende 2000 in
einer umfangreichen Studie veröffentlicht und werden jetzt mit
den Basisorganisationen vor Ort (in Uruguay sind fast alle NGOs
in der Hauptstadt angesiedelt) und den Gewerkschaften diskutiert. Landwirtschaftliche Entwicklung und das Beschäftigungs-
problem sind dabei die Themen, die die Bevölkerung vorrangig
beschäftigen.

Die anspruchsvollen Programme für zukunftsfähige Gesellschaften im Cono Sur sind Konzeptionen mit dem Anspruch, der
auf eine grundlegende Transformation abzielt. In der ersten Phase
bewegten sich die Aktivitäten im akademischen Bereich und auf
der Makro-Ebene. Die größere Herausforderung wartet noch auf
die Projekte: die öffentliche Diskussion und die Umsetzung, d.h.

welcher Raum an Gestaltungsmöglichkeiten zur Verfügung stehen wird oder erkämpft werden kann. Vielleicht sind deshalb die Forderungen und Vorschläge für die Umgestaltung weniger radikal ausgefallen als die Kritik am herrschenden System. Besonders bei den Wirtschaftsthemen fällt auf, daß letztendlich die Ertragsfähigkeit des Sektors Vorrang hat vor einer mutigen und grundlegenden Transformation. In Chile soll der Bergbau als eine wichtige Milchkuh für den Rohstoffexport vorsichtig weiter gefüttert werden, in Uruguay weisen die Ansätze zur Verbesserung in der Landwirtschaft wenig Radikalität auf – letztendlich ist doch wieder eine Annäherung an die europäischen Modelle von Zukunftsfähigkeit erkennbar.

Die beiden NGOs aus **Paraguay** und **Argentinien**, die ab 2001 im Cono-Sur-Programm mitarbeiten, planen für ihr Land, ein vergleichbares Vorhaben einer Zukunftsfähigkeitskonzeption in die Wege zu leiten. Die Gruppe *Sobrevivência* in Paraguay hat auf lokaler Ebene im Norden des Landes bereits Modelle erarbeitet und implementiert. Aus beiden Ländern wird jeweils nur eine NGO im Programm gefördert, so daß der Beitrag sich auf einzelne thematische Arbeitsgruppen beschränken muß. Neu ins Programm integriert wurden auch die beiden bolivianischen Partnerorganisationen ISALP und FOBOMADE, mit denen im Programm ECOBOL bereits zusammengearbeitet wurde.

Reduziert auf den lokalen Rahmen erarbeitet das Projekt *PafMaya* in **Guatemala** ein alternatives Entwicklungsmodell für seine Region. Die Projektarbeit setzt bei der praktischen Implementierung an, das bedeutet, das bestehende Ökosystem wird regeneriert, seine Erhaltung gesichert und gleichzeitig die nachhaltige Nutzung und die Einbeziehung indigenen Wissens angestrebt. Es ist im Grunde die umgekehrte Herangehensweise wie bei den Makro-Studien im Cono Sur.

5.4.2 Thailand

Auch die thailändischen Partnerorganisationen verbindet die Kritik am herrschenden Entwicklungsparadigma, dem sich der Staat verschrieben hat und das er in Großprojekten des Ressourcenmanagements, durch Liberalisierung und Privatisierung weitgehend über die Köpfe der lokalen Gemeinschaften hinweg realisiert. Umweltzerstörung und soziale Nachhaltigkeitsprobleme sehen die kritischen NGOs als Resultate dieses Entwicklungskonzepts. In einer Begründung ihres Handlungsansatzes schreibt eine Partnerorganisation: »Unsere Umweltprobleme zu lösen, erfordert mehr als nur zu vermindern, wiederzubenutzen und zu recyceln. Wir müssen die Wurzel des Problems analysieren: die Philosophie, die Natur nur als einen Zulieferer von Ressourcen wertet, um Entwicklung, Überproduktion und Überkonsum anzuheizen. Diese Philosophie sieht die Natur als getrennt von unserem Lebensstil und ist ignorant gegenüber indigenem Wissen.«

Gemeinsam ist den Projektträgern auch, daß sie ihr Handeln aus einer Entwicklungs- und Nachhaltigkeitsvision speisen, für die das Lokale im wahrsten Sinne des Wortes der Dreh- und Angelpunkt ist. Das Gegenmodell zu Regulierung, Privatisierung und Ausbeutung lokaler Ressourcensysteme von außen ist der Erhalt oder die Regeneration von ökologischen, ökonomischen und kulturellen Systemen an der Basis: Lokalisierung auf der Grundlage von Gemeinschaftsrechten. Lokalisierung von Entwicklung ist für die Partnerorganisationen die Alternative zur neoliberalen, wachstums- und profitgesteuerten Globalisierung. Der Wachstumsfixierung des herrschenden Entwicklungsparadigmas und der starken Konsumorientierung der thailändischen Mittelschichten wird ein Prinzip der buddhistischen Philosophie entgegengesetzt: »Zu wissen, wann es genug ist«. Zudem wird auf die buddhistische Handlungsmaxime des Gebens statt Nehmens rekurriert, um Nutzung und Pflege der natürlichen Ressourcen in eine Balance zu bringen und überdies sozialen Ausgleich zu schaffen.

Die Vision einer Entwicklung von innen heraus schlägt sich in verschiedenen Politikfeldern in alternativen Ansätzen nieder wie

z.B. organischer Landbau und Wende in der Agrarpolitik, erneuerbare Energiequellen und Wende in der Energiepolitik oder Indu-
strien, die an lokale Potentiale anknüpfen. Konstituens einer alternativen Entwicklung ist, daß sie dezentral und nicht außengesteu-
ert oder weltmarktabhängig ist. Vielmehr baut sie auf lokale
Ressourcen und Kräfte und leitet sich aus Kollektivrechten der
lokalen Gemeinschaften ab, weil das Potential für Alternativen im
Lokalen als groß eingeschätzt wird und das indigene Wissen als
noch nicht völlig verschüttet und vergessen gilt. Fokussierung auf
das Lokale geht auch einher mit einer Aufwertung des Eigenen,
Eigenständigen und der lokalen Kultur.

Auch wenn sich diese Vision noch nicht in einem konsistenten
Gegenentwurf oder einer Nachhaltigkeitsstrategie, sondern nur in
einzelnen alternativen Ansätzen niederschlägt, so werden die Eckpunkte eines möglichen Gegenentwurfs von den Partnerorganisationen doch deutlich markiert: Ressourcenmanagement auf lokaler Ebene, Demokratie und Menschenrechte.

Auch die im Februar 2001 vom Stiftungsbüro in Chiang Mai
organisierte Konferenz für die Projektpartner aus Süd- und
Südostasien zum Thema »Wachstum und nachhaltige Entwicklung« und parallel dazu die Ausstellung »Ende des Wachstums?«
kreiste um die Frage eines alternativen Entwicklungsmodells. Folgende Argumentationen bestimmten die Diskurse:

– Globalisierung wurde aus unterschiedlichen Perspektiven als
  ein Ungleichheit erzeugender Prozeß analysiert, der lokale
  Gemeinschaften von ihren Ressourcen enteignet und die nationale Souveränität von Staaten beschränkt. Die Politik der Welthandelsorganisation WTO und der Weltbank führt zur Privatisierung von Ressourcen, die bisher als Gemeinschaftsgüter
  genutzt wurden. Dadurch zerstören sie das Nachhaltigkeitspo-
  tential lokaler Gemeinschaften.

– Handel und Verteilung wurden als die beiden für Nachhaltigkeit entscheidenden Mechanismen identifiziert. Nachhaltigkeit
  wurde als »ressourcenleichtes Wirtschaften« definiert, das
  einen »gerechtigkeitsfähigen Wohlstand« schafft (Wolfgang
  Sachs). Das Konzept einer »ökologischen Ökonomie« wurde als

Gegenmodell zur neoklassischen »akkumulativen Ökonomie«
diskutiert, die zu jeder Zeit einen maximalen wirtschaftlichen
Nutzen durch Ressourcenausbeutung erzielen will und soziale
wie ökologische Kosten externalisiert. Eine »ökologische Ökonomie« unterwirft sich dagegen demokratischen Entscheidungen und akzeptiert die Grenzen des Ökosystems gemäß der
Nachhaltigkeitsmaxime.
– Wer hat ein Mandat für nachhaltige Entwicklung? NGOs haben
ein Mandat für Nachhaltigkeitspolitik von unten nach oben,
aber keine Entscheidungsmacht. Dagegen hat die WTO kein
Mandat, trifft aber die wesentlichen Entscheidungen für ein
globales Regime. Als politische Strategie zur Durchsetzung
von Nachhaltigkeit kristallisieren sich drei Bausteine heraus:
lokales *Empowerment*, nationale Souveränität und *Global Governance*. Allerdings unterschieden die Konferenzteilnehmer sich
in der Schwerpunktsetzung für zukünftige Strategien: Einige
setzten den Fokus auf Nord-Süd-Unterschiede und globale
Asymmetrien, andere auf globale Strukturgleichheit und die
daraus erwachsenden Möglichkeiten der *Global Governance* und
der zivilgesellschaftlichen Kooperation zwischen Süd und
Nord. Deutlich wurde ein großes Interesse der Partnerorganisationen, den Zusammenhang von Ökonomie und Nachhaltigkeit stärker zu bearbeiten und alternative Wirtschaftsstruk-
turen zu entwickeln.

Ähnliche Positionen und Diskussionen entwickelten sich auch in
einem von der Heinrich-Böll-Stiftung initiierten virtuellen Forum,
dem *Asiatisch-Europäischen Dialog* (ASED) über alternative Poli-
tikstrategien im Internet (http://www.ased.org). Ziel war es, eine
breite Partizipation zivilgesellschaftlicher Kräfte und sozialer Aktivisten an Diskursen und Kontroversen wie Globalisierung versus
Souveränität oder Globalisierung versus Lokalisierung zu ermöglichen; denn diese wurden bisher überwiegend expertenorientiert,
akademisch und *top-down* geführt. Damit sollten sowohl die Demokratisierung der Debatten als auch die inhaltliche Verknüpfung
von Makro- und Mikro-Ebene gefördert werden. In der Tat kamen

wichtige Diskussionsbeiträge und Impulse von süd- und südostasiatischen Partnern. Im Kern ging es um »die Bedeutung politischer Mechanismen und des *Empowerment* der Menschen, um den
aktuellen Globalisierungsprozeß rechenschaftspflichtig, demokratisch und transparent zu gestalten.«

Tabelle 26 **Projekte »Nachhaltige Entwicklung«**

Land / Region	Organisation	Projekt	Förderzeitraum
Cono Sur Sustentable, hier: Brasilien, Chile und Uruguay	Nationale NGO-Zusammenschlüsse auf Landesebene in Brasilien, Chile & Uruguay	Jedes der drei Länderprogramme für eine Nachhaltige Gesellschaft erarbeitet ein umfassendes Zukunftsfähigkeits-modell für das Land	1998–2003
Argentinien	Taller Ecologista	Seit 2001 im Cono-Sur-Programm: Erarbeitung nachhaltiger Energiekon-zepte / Ideen als Nukleus für eine Nachhaltigkeitsstudie in Argentinien	2001–2003
Paraguay	Sobrevivência	Seit 2001 im Cono-Sur-Programm: Konzeptionelle Arbeit für Nachhaltige Gemeinden / geplant: Länderkonzeption für Paraguay	2001–2003
Guatemala	PafMaya	Aktionsplan Wald	1997–2002
Thailand	EMSP	Ecological Movement Support Program	1998–2003

Tabelle 27 **Kleinmaßnahmen »Nachhaltige Entwicklung«** 166

Büro	Kleinmaßnahme	Zeit
Referat Cono Sur / Uruguay	Seminar: Volver al Futuro	1997
Referat Cono Sur / Chile	Zeitungsbeilage zum Thema Nachhaltigkeit	1998
	Internationales Seminar: Strategie für Nachhaltigkeit	1999
Andenreferat / Ekuador Referat Cono Sur / Chile	Seminar: Gender und Nachhaltigkeit	2000
El Salvador	Internationales Seminar in Kuba zu Umweltpolitik für eine nachhaltige Entwicklung	4/2000
	Diskussionspapier: Estado, obstaculos y avance de la Agenda 21 en El Salvador	2000
	Diskussionspapier: Estado, obstaculos y avance de la Agenda 21 en Mexico	2000
Washington	Diskussionsveranstaltung zur Kommission für nachhaltige Entwicklung, CSD	4/1999
	Buchpräsentation zum Thema: Internationale Umwelt- und Strukturpolitik	4/2000
	Nachbesprechung der Büroleiter nach der CSD-Sitzung	5/2000
Rio	Kurzstudie: Umweltpolitik / Nachhaltige Entwicklungsmodelle	2000
Chiang Mai	Konferenz »Debating Growth and Sustainable Development in a Context of Potential and Capacity«	2/2001
	Ausstellung »End of Growth? Ways of Development into a Sustainable Future«	2/2001
Istanbul	Seminar: Nachhaltige Entwicklung, Globalisierung, Umweltprobleme	8/1998
	Round Table: Vorbereitung Euro-Med-Zivilforum	3/1999
Ramallah	Vorbereitung Euro-Med-Zivilforum: Nachhaltige Entwicklung	3/1999
	Vorbereitung Euro-Med-Zivilforum: Nachhaltige Entwicklung	10/2000
Tel Aviv	Individuelle Förderung: Teilnahme an Konferenz: Nachhaltige Städte in Hannover	2/2000
Brüssel	Euro-mediterranes Zivilforum zu Umwelt	4/1999
	Konferenz: Nachhaltigkeit in Lomé-Verhandlungen	4/1999

5.5 RIO+10-WELTGIPFEL 2002

Die Vorbereitung der UN-Konferenz in Johannesburg, die in der Reihe der UN-Weltkonferenzen zehn Jahre nach der Rio-Konferenz nicht nur eine Bilanzierung leisten, sondern vor allem eine aktionsorientierte Zukunftsperspektive entwickeln soll, hat die Heinrich-Böll-Stiftung bereits im Sommer 2000 zu einem aktuellen Kernthema im Schwerpunkt »Ökologie und Nachhaltigkeit« gemacht. Sie sieht das Großereignis als Chance, zentrale »grüne« Themen in der politischen Agenda nach vorne zu bringen. Die Stiftung beteiligte sich deshalb in ihrer Inlands- und Auslandsarbeit mit besonderer Intensität an den Diskussionen und Vorbereitungen. Sie will dabei zur strategischen Neuorientierung beitragen und die Konferenz für eine weltweite Mobilisierung für Ökologie und Nachhaltigkeit nutzen. Besucher- und Austauschprogramme, elektronische und gedruckte Publikationen, *Websites* und Internet-Aktivitäten öffnen Foren für Diskussionen und eine breite Öffentlichkeitsarbeit. Der Prozeß als Aktivität auf globaler Ebene ist für die Heinrich-Böll-Stiftung ein Novum und eine komplexe Lernerfahrung. Die Arbeit der Heinrich-Böll-Stiftung versteht sich als Beitrag zur Prozeßqualität und zur Erzeugung eines politischen Bewußtseins über den Gipfel hinaus und wird sich folglich nicht an einem mehr oder weniger großen Einfluß auf das Abschlußdokument des Gipfels messen.

Das Programm der Heinrich-Böll-Stiftung unter dem Titel »Heinrich-Böll-Stiftung goes Earthsummit – Rio+10 / Earthsummit 2002« wird von drei Säulen getragen:

– **Nord-Süd-Memorandum:** Die Memorandumgruppe vereinigt Persönlichkeiten verschiedener Länder aus Wissenschaft, Politik, Zivilgesellschaft und Wirtschaft. Das Dokument soll eine zukunftsweisende Agenda und politische Leitorientierungen entwickeln und damit den Diskussionen vor der Konferenz neue Impulse geben, aber in seiner konstruktiven Perspektive auch über sie hinaus wirken.

– **Kapazitätsbildung und Mobilisierung im Ausland:** Die Auslandsbüros führten mit den Partnern Informations- und Fortbil-

dungsworkshops durch, die NGOs zu Vernetzung in der Vor-
bereitungsphase motivieren und als Anlaufstelle für Kontakte
und Informationen fungierten. Eine Schlüsselrolle kommt
dabei den Büros in Johannesburg, Nairobi und Rio de Janeiro
zu. Anläßlich der *Global-Green*-Konferenz in Canberra im April
2001 wurde mit der *Australian Green Foundation* ein Workshop
durchgeführt, auf dem eine kritische Bestandsaufnahme vorgenommen und Überlegungen für das weitere Vorgehen ange-
stellt werden konnten. Zum *Gender*-Thema wird die Positionierung von Frauen durch die Erstellung von zwei Papieren
unterstützt. Zum einen wird eine Neuauflage der *Womens
Action Agenda 21* von Miami erarbeitet, die wie im Rio-Prozeß
vor zehn Jahren Grundlage für die *Advocacy-* und Lobbyarbeit
von Frauenorganisationen sein kann. Zum anderen wurde
beim UNED-Forum in London ein Politik-Papier zum Thema
»Gender Equity and Sustainable Development« in Auftrag
gegeben.

- **Kapazitätsbildung und Mobilisierung im Inland:** In der Vielzahl von
Veranstaltungen und Publikationen der Heinrich-Böll-Stiftung
war ein zentrales Vorhaben das Projekt »Zukunftsfähiges
Deutschland – eine Südperspektive 10 Jahre nach Rio«. Fünf
Expertinnen und Experten aus unterschiedlichen Entwick-
lungsländern – Jordanien, Indien, Chile, Kenia und Mexiko –
erarbeiten auf der Grundlage von Recherchen in NRW eine
Studie in Sachen Verkehr.

5.5.1 Afrika

In **Südafrika** gab die Heinrich-Böll-Stiftung die entscheidenden
Anstöße zur Selbstorganisierung einer NGO-Koalition, die im
Veranstaltungsland den Weltgipfel 2002 und das NGO-Forum
vorbereitet. Tatsächlich spielte das Büro in Johannesburg neun
Monate lang eine Hebammenrolle, bis sich die *South African
NGO Coalition* (SANGOCO) entschloß, den *South African
NGO Caucus for the World Summit on Sustainable Development*
zu gründen.

Es gab mehrere Gründe für das anfängliche Zögern der NGOs. Weil das Apartheid-Regime kein UN-Mitglied war, fehlt es vielen der südafrikanischen NGOs an Erfahrung mit UN-Prozessen. Die internationale Politikebene ist Neuland für sie. Darüber hinaus wollten sie ihre anderen Aktivitäten nicht abbrechen und all ihre Kraft in das internationale Großereignis investieren. Im Laufe der Zeit wurde die Konferenz jedoch zunehmend als Chance gesehen, ökologische und soziale Fragen zusammenzubringen, auf Grundbedürfnisse zu fokussieren und Umwelt- und Nachhaltigkeitsthemen den Ruch des Luxus zu nehmen, den sie in Südafrika haben, weil sie überwiegend von Weißen aufgebracht werden. Eben dies ist der Grund, warum NGOs aus ländlichen Regionen, die klare soziale und wirtschaftliche Prioritäten haben, erst spät in die Koalition einstiegen. Diese Überlegungen führten aber auch dazu, daß SANGOCO zwar die Federführung für das NGO-Forum übernahm, die faktische Durchführung aber einem Netzwerk aus diesem Spektrum, nämlich dem *Rural Services Development Network*, übertrug.

Die Heinrich-Böll-Stiftung verstand ihre Rolle als Anschubkraft und Förderin, damit die NGO-Koalition den Prozeß in ihre eigenen Hände nehmen kann. Dazu brauchten die NGOs am Anfang viel Beratung und Unterstützung. Deshalb unterstützte die Heinrich-Böll-Stiftung die Teilnahme einiger Vertreterinnen und Vertreter der NGO-Koalition an der 9. Sitzung der CSD und dem Vorbereitungstreffen für den Johannesburg-Gipfel in New York, damit sie sich mit UN-Mechanismen und Arbeitsweisen vertraut machen konnten. Im Anschluß daran reisten einige NGO-Repräsentanten nach Rio de Janeiro weiter, um die Erfahrungen der brasilianischen NGOs bei der Vorbereitung des *Global Forum* 1992 zu nutzen.

Inzwischen ist die Selbstorganisierung und Positionsfindung der NGO-Koalition fortgeschritten und die Heinrich-Böll-Stiftung kann und muß sich aus dem Prozeß zurückziehen. Das NGO-Forum nennt sich nun *Civil Society Indaba* und setzt sich aus je zwei Vertretern sozialer Aktionsgruppen, ländlicher Entwicklungsorganisationen, Umweltgruppen, Gewerkschaften, Gesundheitsaktivisten, Jugend- und Frauenorganisationen zusammen. Alle neun

Provinzen Südafrikas sollen repräsentiert sein. *Indaba* ist ein afri-
kanisches Beratungsforum – analog zum indianischen Caucus.
Besonderes Anliegen der NGO-Koalition ist es, afrikanische
Positionen und ein eigenes Verständnis von nachhaltiger Entwicklung zu formulieren, um mit diesen in den Verhandlungen zu
intervenieren und die Konferenz tatsächlich zu einem afrikanischen Ereignis zu machen. Sie wollen mit der ANC-Regierung
kooperieren, aber ihre unabhängige, kritische Position bewahren.
Mit dem Vorwurf mangelnder Umwelt- und Ressourcengerechtigkeit wird ein Schwerpunkt ihrer Kritik die konzerngesteuerte
Globalisierung und Privatisierung sein.

Im Februar und im September 2001 unterstützte die Heinrich-
Böll-Stiftung regionale Vorbereitungstagungen der NGOs, die zu
einer Mobilisierung in den einzelnen Ländern des südlichen Afrika
motivieren wollte, aber auch der regionalen Identifikation von
Schwerpunkten für den Weltgipfel 2002 diente.

Um die Erarbeitung gemeinsamer Positionen für Afrika ging es
auch bei einer Konferenz, die im September 2001 in Nairobi unter
dem Titel »Nachhaltige Entwicklung, Governance und Globalisierung« stattfand. Auf dieser Konferenz wurde eine »afrikanische
Strategie« entwickelt, die im Oktober 2001 bei der regionalen Vorbereitungskonferenz afrikanischer Umweltminister in Nairobi
vorgelegt wurde.

In **Kenia** erstellen NGOs eine Übersicht über Aktivitäten und *Good
Practices* zur Umsetzung der einzelnen Kapitel und Sektoren der
Agenda 21 durch zivilgesellschaftliche und Basiskräfte. Es wird als
wichtig erachtet, die lokale Basis- und Gemeinde-Ebene in diese
Bestandsaufnahme einzuschließen und nicht nur die Vorzeige-
maßnahmen der institutionalisierten NGOs zu dokumentieren.

Mit dem treffenden Begriff »Domestizierung« bezeichnen die
NGOs die Notwendigkeit, die Ergebnisse internationaler Poli-
tikprozesse nach Hause zu bringen, den lokalen Verhältnissen
anzupassen und in eine Politisierung und praktische Bearbeitung
nationaler und lokaler Probleme umzusetzen. Um in Johannesburg profiliert auftreten zu können, wollen sie in ihrer Vorberei-

tung deutliche Prioritäten identifizieren und konzise Positionen erarbeiten. Dabei soll ein Trialog zwischen Regierung, Gebern und NGOs gepflegt werden, denn bisher hat die Regierung das Handeln zivilgesellschaftlicher Gruppen zu sehr beschränkt, während Geber den NGOs oft Themen und Prioritäten aufgezwungen haben. Insgesamt geht der Blick aber schon jetzt über Johannesburg hinaus: Es geht um eine bürgerschaftliche Agenda für nachhaltige Entwicklung, d.h. um eine partizipatorische nationale Nachhaltigkeitsstrategie.

In **Äthiopien** hat die Heinrich-Böll-Stiftung ein Umwelt-Forum ins Leben gerufen, das nun von einer NGO-Koalition zusammen mit einzelnen Aktivisten, Wissenschaftlern und Studenten betrieben wird. Mit drei Aktivitäten bereitet das Forum die Johannesburg-Konferenz vor:

- Monatliche Veranstaltungen zu Rio-Themen werden organisiert, die zehn Jahre nach dem ersten Weltgipfel Bilanz ziehen und möglicherweise Inputs zu dem Bilanzbericht der Regierung, aber auch Ideen und Ansätze für zukünftige Maßnahmen liefern können.

- Die in Äthiopien sehr reiche kulturelle und biologische Vielfalt soll dokumentiert werden. Lehrer werden ausgebildet, um diese Dokumentation mit Schülern durchzuführen.

- Eine Fortbildung für Umweltjournalisten wird angeboten, damit sie die Agenda 21 und die Ereignisse und Beschlüsse der Johannesburg-Konferenz einer breiten Öffentlichkeit vermitteln und als »Übersetzer« zwischen der internationalen Politikebene und den nationalen Problemen von Ökologie und Nachhaltigkeit fungieren können.

Im **Sudan** unterstützt die Heinrich-Böll-Stiftung eine *Consulting*-NGO, die die Umsetzung der Ergebnisse und Impulse von Rio in einer Studie auswertet. Bisher fand im Sudan eine »Konferenzalisierung« von Umweltthemen statt, d.h. Aktivitäten beschränkten sich weitgehend auf Konferenzen. Aufgrund der politischen Konflikte und des Bürgerkriegs im Sudan hält die NGO eine Politisierung von Umweltproblemen nicht für möglich oder ratsam. Sie hat eine regierungsfreundliche Haltung und setzt ganz auf einen Kooperationskurs mit dem Staat. In Vorbereitung auf Johannesburg soll eine nationale Agenda an einem Runden Tisch mit Vertretern der Regierung, von NGOs, der Wissenschaften und Persönlichkeiten des öffentlichen Lebens erarbeitet werden.

5.5.2 Süd- und Südostasien

Bei dem Treffen für süd- und südostasiatische Partner in Chiang Mai Anfang 2001 wurde der Rio+10-Prozeß als Chance gesehen, die Handlungsräume für demokratische Politik zu erweitern, um zum einen das globale Handelssystem und zum anderen undemokratische, fundamentalistische Kräfte in der Region zu kontern. In **Thailand** entwickelten die Partnerorganisationen von sich aus allerdings zunächst einmal keine Motivation, sich auf die Johannesburg-Konferenz zu beziehen. Der gesamte Diskurs um die Rio-Konferenz und die Agenda 21 waren bisher selbst in thailändischen NGO-Kreisen nicht bekannt und ihre Relevanz nicht bewußt. Viele NGOs sind der Meinung, daß die Bearbeitung lokaler und nationaler Probleme Vorrang hat oder wollen sich auf makro-ökonomische Strukturen konzentrieren, vor allem die nächste WTO-Runde. Darüber hinaus seien kaum Kapazitäten frei, um sich mit UN-Konferenzen zu beschäftigen. Ein führender Aktivist der Umweltszene, der selbst in Rio war, will z.B. nicht nach Johannesburg fahren, weil in seiner Einschätzung das Ergebnis der großen UN-Konferenzen in keinem Verhältnis zu den Erwartungen und dem Vorbereitungseinsatz der NGOs stand.

Inzwischen gelang es dem Auslandsbüro der Heinrich-Böll-Stiftung, Hintergrund- und aktuelle Informationen aufzubereiten und einzuspeisen und darüber die Partnerorganisationen zu motivieren, die Konferenzvorbereitung als Plattform zu nutzen, um Diskussionsprozesse in der gesamten NGO-Gemeinschaft über das herrschende Paradigma von Entwicklung und Nachhaltigkeit anzustoßen und die nationale Umsetzung der Agenda 21 zu prüfen. Ein Reader zur Debatte um nachhaltige Entwicklung nach Rio war ein wichtiges Element in der Mobilisierungsstrategie.

Die Partnerorganisationen wollen einen alternativen Bericht erstellen, der »von unten nach oben« geschrieben werden soll, indem er lokale Gemeinschaften stark einbezieht. Er wird eine Gegenposition zum Regierungsbericht darstellen, denn die Regierung will sich nun mit Erfolgen im Umweltbereich schmücken, die tatsächlich die lokalen Bevölkerungsgruppen erkämpft haben und zwar teils gegen den Willen der Regierung.

Zentrales Anliegen der Partnerorganisationen ist nun, den Rio+10-Prozeß zu nutzen, um eine neue Dimension in die Basisbewegung einzubringen und die Debatte um ein in Thailand tragfähiges Nachhaltigkeitsmodell weiterzuführen. Dagegen stehen sie dem Drängen der Stiftung, sich auch an dem von der Regierung initiierten Prozeß zur Erarbeitung des offiziellen Berichts zu beteiligen, sehr skeptisch gegenüber. Dem zuständigen Büro liegt die Kooperation der Partner der Heinrich-Böll-Stiftung mit anderen Kräften im NGO-Spektrum (wie z.b. dem WWF, der sich im Johannesburg-Prozeß auch stark engagiert) und mit regierungsnahen Organisationen am Herzen.

So ist der Prozeß zwar von der Heinrich-Böll-Stiftung initiiert und zeitweise mit großem Aufwand angetrieben worden, hat aber inzwischen eine Eigendynamik erlangt und wird von den Partnern für ihre Zwecke genutzt, vor allem für die systematische Erarbeitung von Nachhaltigkeits- und Entwicklungsalternativen. Das Auslandsbüro spielt dabei weiterhin eine wichtige Dienstleisterrolle. Das Frauenrechtsnetzwerk APWLD wird einen *Women's Caucus* bei der regionalen Vorbereitungskonferenz koordinieren und fungiert auch als Knotenpunkt für die Vernetzung von Frauenaktivitäten beim parallelen *People's Forum* und für die Abstimmung der Lobbyarbeit von Frauenorganisationen.

5.5.3 Lateinamerika

Bei den Partnern in Lateinamerika lösten die von der Heinrich-Böll-Stiftung ausgehenden Aktivitäten zu Rio+10 zunächst ebenfalls keine unmittelbaren Reaktionen auf das Angebot aus, zumal in den Arbeitsprogrammen und Jahresplanungen der Projekte keine Aktivitäten zum Weltgipfel 2002 vorgesehen waren. Der Prozeß wurde rundweg als eine Initiative der Stiftung gesehen. Die aktive Rolle ging von den Büros aus, indem die Partner über die Planungen der Heinrich-Böll-Stiftung informiert wurden und die Büros als Kontaktstelle zur Verfügung standen. Angesichts der anfänglich geringen Priorität bei den Partnern sahen sich die Büroleiterinnen nicht in der Lage, die Partner zu einer Mitarbeit zu drängen.

Bei den Partnern in der **Andenregion**, die nicht von einem Büro vor Ort betreut werden, sind so gut wie keine Aktivitäten zu Rio+10 vorgesehen. Hier muß allerdings berücksichtigt werden, daß das Programm zum Jahresbeginn 2001 umgestaltet wurde; das Ökologieprogramm ECOBOL in Bolivien wird nicht weitergeführt, zwei der Projekte werden neu ins Programm *Cono Sur Sustentable* integriert, was für die Zusammenarbeit mit der Heinrich-Böll-Stiftung beinahe einem Neuanfang der Projektarbeit gleichkommt.

Eine ähnliche Situation ist in **Mittelamerika** anzutreffen. Das Umweltprogramm läuft dort 2002 aus. Nur die Projekte FUNDA-LEMPA und CDC in Salvador werden in einem anderen Programmzusammenhang weiter gefördert. Vor diesem Hintergrund sind von den Partnern keine großen Anstrengungen für eine Beteiligung am Stiftungs-Programm oder Aktivitäten zu Ökologie und Rio+10 zu erwarten. Vom Büro San Salvador aus wurden in El Salvador und Mexiko zur Unterstützung der Diskussionen Studien in Auftrag gegeben, die eine Bestandsaufnahme über die Situation, Hindernisse und Fortschritte bei der Umsetzung der Agenda 21 machten.

Dem Büro in Rio de Janeiro kommt aufgrund seiner Lage eine besondere Rolle zu. Durch den direkten Kontakt zu einer Reihe von NGOs, die bereits 1992 an der Vorbereitung und Durchführung des NGO-Gipfels beteiligt waren, kann auf diese Erfahrung zurückgegriffen werden. Dies erfolgte im Mai 2001, als in Zusammenarbeit mit dem Johannesburg-Büro eine Delegation des südafrikanischen Vorbereitungskomitees zum Erfahrungsaustausch nach

Brasilien eingeladen wurde. Eine weitere Maßnahme ist ein zwei-wöchiges *Capacity-Building*-Seminar mit anschließenden Kurz-praktika.

Die brasilianischen Partnerorganisationen ebenso wie die meisten Partner des Programms *Cono Sur Sustentable* hatten zum Weltgipfel 2002 zunächst eine ablehnende Haltung eingenommen. Angesichts der ausgebliebenen politischen Ergebnisse nach dem hohen Anspruch und den Hoffnungen von 1992 gab man dem Thema keine Chance für eine breite Mobilisierung oder eine öffentliche Diskussion. Für die Projektpartner war Rio+10 kein vor-rangiges Thema, und sie hatten es in ihren Planungen nicht berücksichtigt. In der zweiten Jahreshälfte 2001 überdachten die meisten NGOs ihre Haltung und entschlossen sich zu einer aktiven Beteiligung. Eine Reihe von Vorbereitungstreffen wurden dar-aufhin geplant und einige Vertreter aus den Partnerorganisationen (z.B. Chile) spielen dabei eine sehr aktive Rolle. Die Federführung in **Brasilien** haben die Partner von *Cono Sur Sustentable* übernom-men, die im künftigen Nachhaltigkeitsprogramm Brasilien auch mit ihren anderen Projekten einbezogen sein werden. Die Partner wollen jetzt die Konferenz in Johannesburg nutzen, um ihre Ent-täuschung über die Ergebnisse bei der Umsetzung der Agenda von Rio und die grundsätzliche Kritik am Entwicklungsparadigma öffentlich kundzutun. Die inzwischen angelaufenen Vorbereitun-gen sollen unter dieser Maxime durchgeführt werden, und die Standpunkte sind bereits auf dem 2. Weltsozialgipfel im Januar 2002 in Porto Alegre diskutiert worden.

5.5.4 Dialog-Büros

Den beiden Dialogbüros in Brüssel und Washington kommt in diesem Prozeß eine wichtige Mittlerrolle zu. Das Stiftungsbüro in **Washington** sieht bei den Vorbereitungen für den Gipfel in Johan-nesburg eine Chance, durch öffentliche Veranstaltungen und in Gesprächen mit US-Politikern wichtige Denkanstöße zu geben und die Diskussion anzuregen. Die Einschätzung geht davon aus, daß die Regierung Bush nach den negativen nationalen und inter-

nationalen Schlagzeilen in der Klimafrage in Johannesburg ihr
Image aufpolieren will – allerdings ist zu fragen, ob diese Analyse
nach dem 11. September 2001 weiterhin gültig ist. Im April 2001
wurde vom Stiftungsbüro in der deutschen UN-Vertretung eine
Konferenz mit 150 hochrangigen Teilnehmern aus der deutschen
Politik und aus internationalen Organisationen durchgeführt: *The
Road to Earth Summit 2002.* Anläßlich der Vorbereitungskonferenz
in New York (CSD 9) wurde für die deutschen Politikerinnen und
Politiker ein umfangreiches Besuchsprogramm mit Gesprächen
mit US-Politikern organisiert. Das Büro plant auch im transatlantischen Dialog, sich künftig intensiv bei den Vorbereitungsaktivitäten für den Weltgipfel 2002 zu engagieren. Dafür wurde ab
September eigens eine Person eingestellt, die eine Veranstal-
tungsreihe und ein Praktikumsprogramm erarbeitet. Mitte 2001
wurde die Serie *Newsletter zum World Summit 2002* gestartet, die
in deutscher, englischer und spanischer Sprache über die Vorbereitungsaktivitäten informiert.

Die Koordinierung von NGOs in Vorbereitung der Johannesburg-
Konferenz wird vom **Brüsseler Büro** als originäre Stiftungsaufgabe
betrachtet. Einerseits organisierte es ein Strategietreffen für NGOs
aus Ländern des Südens, damit diese aus Südsicht konzeptionelle
Überlegungen anstellen, Schwerpunkte setzen und Strategien entwickeln konnten. Andererseits brachte es in Brüssel ansässige NGOs
zusammen, die bisher zum Thema Nachhaltigkeit und Rio-Nach-
folge nur wenig kooperiert hatten. Anliegen war, das Bewußtsein
über die Verantwortung der Europäischen Union im Rio-Prozeß zu
erhöhen, damit die EU wie im Klima-Prozeß eine Lokomotivrolle
übernimmt und Schritte auf die Länder des Südens und Osteuropas
hin macht. Die Heinrich-Böll-Stiftung hoffte auf eine neue Allianz
der EU mit einer Reihe der Südländer gegen die Regierungen, die
eine ökologische Bremserrolle bei den internationalen Verhandlungen spielen, und auf die ökologische Regulierung des Marktes, um
die sich die EU mehr als andere große Industriestaaten bemüht.
    In zwei Konsultations- und Diskussionsprozessen setzten sich
die Brüsseler Umwelt- und Entwicklungs-NGOs mit Vorlagen der

EU-Kommission auseinander: zum einen mit der Mitteilung zum Rio+10-Prozeß, in der Zielsetzungen und Strategien der EU dargelegt werden; zum zweiten mit der vorgelegten Nachhaltigkeitsstrategie. Die NGOs erarbeiteten ein Positionspapier, das Erwartungen, Kritik und Empfehlungen an die EU formulierte. Es wurde öffentlich zur Diskussion gestellt, in den kurzen Konsultationsprozeß der EU-Kommission eingebracht und auch in Göteburg anläßlich des EU-Gipfels im Juni 2001 vorgestellt. Die Diskussion in Göteburg wurde allerdings von der EU-kritischen Position der schwedischen Grünen und einer fundamentalen Globalisierungskritik bestimmt.

5.5.5 MSOE-Länder

Das Politikfeld Rio+10 hat in den MSOE-Ländern keine explizite Priorität unter den Stiftungspartnern. Dies hängt mit den schon erwähnten Problemen (vgl. Kap. 2.1) des insgesamt jungen NGO-Sektors in den Transformationsländern Osteuropas zusammen. Die Organisationen widmen sich in dem frühen Stadium ihrer Existenz vorrangig lokalen und nationalen Umweltproblemen und versuchen in der Öffentlichkeit ihre advokatorische Rolle zu etablieren. Die Kapazitäten, Ressourcen und Verbindungen, um globale Fragestellungen in Kooperationen mit anderen Organisationen zu bearbeiten, sind bisher nur in sehr begrenztem Umfang vorhanden.

5.6 INTERNATIONALER HANDEL UND WIRTSCHAFT

In nur zwei Projekten werden Handel und Wirtschaft als zentrale Themen aufgegriffen, interessanterweise in den beiden Frauennetzwerken in Asien. Andere Partnerorganisationen in EU-Beitrittsländern, in Südafrika, Lateinamerika und Thailand erkannten jedoch im Laufe ihrer Bearbeitung verschiedener ökologischer Themen und unter dem verstärkten Einfluß der wirtschaftlichen Globalisierung, wie stark Umwelt- und Nachhaltigkeitsprobleme von makro-ökonomischen Strukturen und Veränderungen beeinflußt sind. Zunehmend wird deutlich, wie sehr Regierungen, der von ihnen eingeschlagene Entwicklungskurs und auch einzelne politische Ressorts vom Weltmarkt und internationalen Finanz- und Handelsinstitutionen abhängig sind. Da die NGOs nicht nur Symptombekämpfung in der geschundenen Umwelt betreiben, sondern die zugrundeliegenden Strukturen und Ursachen anpacken wollen, sehen sie immer mehr die Notwendigkeit, sich mit der Handelsliberalisierung, den internationalen Finanzmärkten und Institutionen zu beschäftigen.

Die beiden Frauennetzwerke in **Asien**, DWD und WEN, beziehen eine klare kritische Position gegenüber der »konzerngesteuerten« neoliberalen Globalisierung. *Diverse Women for Diversity*, das Vernetzungsprojekt zum Themenfeld Biodiversität und Ernährungssicherheit, mobilisiert in seiner Informations- und Öffentlichkeitsarbeit gegen »Globalisierung, Liberalisierung und Privatisierung«, gegen die wachsende Macht der internationalen Finanz- und Handelsinstitutionen und das Eindringen von Agrarmultis wie z.b. Monsanto in ihre Länder. So organisierten sie z.b. im Mai 2000 in Neu Delhi ein öffentliches Hearing zu »Hunger, Ernährungsrechten und Ernährungssicherheit« als Reaktion auf eine gerade erfolgte Handelsliberalisierung, die quantitative Beschränkungen des Imports von Nahrungsmitteln beseitigte. Die Protagonistinnen von DWD positionierten und profilierten sich bei internationalen Verhandlungen zu Biodiversität sowie bei den Treffen von WTO, Weltbank und IMF mit ihrer Ablehnung von Handelsliberalisierung und Patentierung lebender Organismen und geistigen Eigentums. Bei der Aushandlung des *Biosafety*-Protokolls gelang es ihnen, Handelsinteressen zurückzudrängen und dem Schutz menschlicher Gesundheit und biologischer Vielfalt Vorrang zu geben. Auch in Kampagnen gegen Gentechnologie und Patentierung von indigenen Kenntnissen, Saatgut und Heilmitteln (TRIPS) mobilisierten sie vor allem in Indien Bäuerinnen und Bauern sowie andere zivilgesellschaftliche Kräfte gegen transnationale Konzerne, die durch die Handelsliberalisierung die Märkte dominieren und einheimische Produzenten auskonkurrieren und von sich abhängig machen. »Make trade clean, green and fair« ist eine ihrer Devisen.

Der Arbeitskreis Frauen und Umwelt, WEN, des Asiatisch-Pazifischen Forums zu Frauen, Recht und Entwicklung, APWLD, versteht sich als Teil der globalisierungskritischen Bewegung. 2000/1 hatte er als einen Arbeitsschwerpunkt, in sieben Ländern der Region zu erforschen, welche Auswirkungen das WTO-Abkommen zu Landwirtschaft auf lokaler Ebene auf Frauen und Ernährungssicherung hat. Erste Ergebnisse aus Indien, Malaysia, Pakistan und Thailand zeigen, daß die Handelsliberalisierung eine Bedrohung für Ernährungssicherheit darstellt. Kleinbäuerinnen und -bauern werden durch die weitere Umstellung auf Exportanbau und Billigimporte in einen neuen Verarmungssog gezogen. Bei regionalen und internationalen Foren sprach WEN sich dezidiert gegen eine neue Runde von Liberalisierungsverhandlungen bei der Welthandelsorganisation und für eine Aussetzung des Abkommens zu Landwirtschaft aus.

Einige Partnerorganisationen in **Thailand** beschäftigen sich seit der Asienkrise 1997 zunehmend mit den internationalen Finanzinstitutionen, der Weltbank, dem Internationalen Währungsfonds, IMF, und der Asiatischen Entwicklungsbank, ADB, sowie mit der Welthandelsorganisation WTO. Die Krise hat in ganz Südostasien schmerzlich die wachsende Bedeutung der Finanzmärkte, aber auch die wachsende Abhängigkeit vom Weltmarkt und liberalisierten Handel deutlich gemacht. Die thailändischen Partnerorganisationen bemühen sich, den Bogen von den lokalen Problemen und Konflikten, die sie bearbeiten, zur Makro-Ökonomie und den globalen Tendenzen zu schlagen. Die Krise war dafür ein gut nachvollziehbarer, popularisierbarer Einstiegspunkt.

Auf dem *People's Forum 2000* anläßlich der Jahrestagung der Asiatischen Entwicklungsbank, ADB, in Chiang Mai kritisierten die NGOs nicht nur die ökologische und soziale Unverträglichkeit einzelner ADB-finanzierter großer Entwicklungsprojekte, sondern insgesamt die auf Handelsliberalisierung, Wirtschaftswachstum und Infrastrukturentwicklung orientierte Finanzierungsstrategie der Bank. Begleitet von heftigen Protesten durch Netzwerke von Kleinbauern und zivilgesellschaftlichen Gruppen wandten sie sich

auch gegen Auflagen der Bank, die auf eine weitere Liberalisierung
des Bildungs- und Sozialwesens abzielen und erhebliche Nachteile
für die sozial Schwachen bedeuten würden.

Sich auf die Verhandlungen der nächsten WTO-Runde vorzubereiten, ist für eine Reihe thailändischer NGOs bedeutendes
Handlungsfeld, weil sie die WTO für das wichtigste Terrain von
Global Governance halten. Die NGOs beteiligten sich nicht an
einem von der Heinrich-Böll-Stiftung organisierten regionalen
Politikdialog zum Thema »Nachhaltigkeit und Handelsliberalisierung«, das ein Forum zum Positionsaustausch mit Vertretern
asiatischer Regierungen und der WTO bot. Sie fürchteten, daß der
Dialog einer weiteren Liberalisierungsrunde der WTO Vorschub
leisten würde, und daran wollten sie nicht beteiligt sein.

Auf der Tagung »Debating Growth and Sustainable Development« im Februar 2001 in Chiang Mai beschäftigten sich süd-
und südostasiatische Partner der Stiftung schwerpunktmäßig mit
dem Zusammenhang von Ökonomie und Ökologie im Kontext
der Globalisierung und identifizierten ein starkes Interesse, ihre
»ökonomische Alphabetisierung« fortzuführen und zu dieser
Problematik weiterzuarbeiten. Ebenso wurde auf dem Treffen der
Partner im südlichen Afrika Handlungsbedarf zum Komplex von
Wirtschaft bzw. Handel, Globalisierung und Umwelt angemel-
det. Neoliberale Globalisierungstendenzen werden in der Region
häufig als Privatisierungsprozesse wahrgenommen und problematisiert.

In keinem der **lateinamerikanischen Projekte** ist das Thema Handel,
weder national noch international, ausdrücklich als zentrales
Thema im Arbeitsprogramm aufgeführt. Obwohl eine enge Verbindung zu zahlreichen anderen Themen besteht, wird die Rolle
von Handel und Wirtschaft erst neuerdings explizit intensiv untersucht, wie z.B. im Cono-Sur-Programm. Ganz besonders deutlich
wurde das Problem den Partnerorganisationen vor Augen geführt,
als sie mit den internationalen Vereinbarungen zu Gentechnologie und Patentierung von natürlichen Ressourcen und Organismen konfrontiert wurden. Den Arbeitsgruppen des Cono-Sur-Pro-

gramms wird der Stellenwert der internationalen Wirtschaftsbeziehungen bei der Beschäftigung mit der Globalisierung und den Auswirkungen auf ihre jeweiligen Länder zunehmend deutlich. Für Uruguay hat die Thematik besondere Relevanz bei der Behandlung der Frage einer nachhaltigen Wirtschaft für das kleine Land in der Klemme zwischen Argentinien und Brasilien. Der Freihandel zwischen so ungleichen Partnern des Mercosur hat für Uruguay insgesamt besonders negative Auswirkungen und zieht sich wie ein roter Faden durch alle Kapitel der Studie »Nachhaltiges Uruguay«. Hier kann man inzwischen von einer Deindustrialisierung als Folge des Mercosur sprechen.

Die offizielle Landwirtschaftspolitik in Brasilien setzt voll auf wenig nachhaltige Monokulturen für den Export und vernachlässigt bis heute die Kleinbauernpolitik. Eine Entwicklung, die in Amazonien ökologisch besonders verhängnisvoll ist und die Landwirtschaft in starkem Maße den Weltmarktschwankungen aussetzt. Dies ist deshalb erstaunlich, weil Brasilien in seiner Geschichte wiederholt schlechte Erfahrungen mit der einseitigen Ausrichtung seiner Wirtschaft auf den Export weniger Produkte gemacht hat. In Chile stellt sich das Problem ähnlich für den Kupferbergbau. Deshalb fordert *Chile Sustentable* einen allerdings moderaten Wandel und eine schrittweise Reduzierung als Instrument zur Preisstabilisierung. Ein Teil der Exporteinnahmen soll in einen Fonds fließen, mit dem andere Wirtschaftszweige gefördert werden können; man könnte es einen Endlichkeitsbeitrag nennen.

Bedeutung und Aktualität des Themas Handel wurden von den Partnern – im wesentlichen den Organisationen des Cono-Sur-Programms – im Zuge der Vorbereitungen für die Ottawa-Konferenz wahrgenommen, auf der für den ganzen Kontinent der Freihandel proklamiert werden sollte. Angesichts der ungleich schlechteren Ausgangsbedingungen gegenüber Nordamerika stellten viele Partner in Südamerika nicht ohne Selbstkritik fest, daß sie internationalen Wirtschaftsbeziehungen bisher in ihren Nachhaltigkeitsmodellen nicht die erforderliche Aufmerksamkeit geschenkt haben und sie bei der Behandlung von Ökologie und Nachhaltigkeit künftig stärker berücksichtigen müssen.

In **Osteuropa** wird das Thema internationale Wirtschaft und Han- 182
del insgesamt noch wenig aufgegriffen. Es spielt nur im Zusammenhang mit dem EU-Beitritt von Polen, Tschechien, Slowakei
und Ungarn eine Rolle. Die osteuropäischen Landwirtschaften
werden wahrscheinlich nach dem Beitritt weniger Agrarsubventionen erhalten als die bisherigen Mitgliedsländer der Union.
Wenn die dortigen Märkte mit hochsubventionierten Lebensmit-
teln überschwemmt werden, könnten die teureren Produkte der
einheimischen Landwirte sich im Preiskampf nicht durchsetzen.
Dann wäre mindestens ein Teil der etwa zehn Millionen in der
Landwirtschaft Beschäftigten von Konkurs und Arbeitslosigkeit
bedroht. Dieses Problem wird im Rahmen des neuen EU-Beitritts-
programms von 1999 bis 2003 mit Partnerorganisationen aus den
oben genannten Ländern auch im Zusammenhang mit der Agrarpolitik der EU bearbeitet.

Jedenfalls zeichnet sich in fast allen Regionen ab, daß Handel
und internationale Wirtschaftsbeziehungen in naher Zukunft ein
Referenzrahmen sein werden, in den zunehmend alle Politikfelder
eingebettet werden müssen. Von daher wird Handel und Wirtschaft ein Zukunftsthema von wachsender Bedeutung werden, ein
übergeordnetes Politikfeld oder Dach, ohne das politische Ökologie kaum noch geleistet werden kann.

Tabelle 28 Projekte »Handel und Wirtschaft«

Land / Region	Organisation	Projekt	Förderzeitraum
International	Research Foundation for Science, Technology and Ecology	Diverse Women for Diversity	1999–2001
	Asia Pacific Forum on Women, Law and Development	Women and Environment Taskforce	1999–2001
Thailand	EMSP	Ecological Movement Support Program	1998-2003
Israel Green	Action	Hiterotut	1996–2001

Tabelle 29 **Kleinmaßnahmen »Handel und Wirtschaft«**

Büro	Kleinmaßnahme	Zeit
Tel Aviv	Round Table: Wirtschaftswachstum versus Umweltschutz	7/1998
Brüssel	EU-Policy-Paper: Europäische Investitionsbank Politikdialog: Europäische Investitionsbank	12/1999, 5/2000
Washington	Konferenz zur Vorbereitung der WTO-Konferenz in Seattle: On the Road to WTO Ministerial Meeting in Seattle	10/1999
Chiang Mai	People's Forum – NGO-Vorfeldveranstaltung zum ADB-Jahrestreffen	2000
	Konferenz »Debating Growth and Sustainable Development in a Context of Potential and Capacity«	2/2001
	Ausstellung: »End of Growth?«	2/2001
	Regionaler Politikdialog zu Nachhaltigkeit und Handelsliberalisierung	2001
El Salvador	Arbeitstreffen von Organisationen aus 7 Ländern über Auswirkungen der Wirtschaftsentwicklung und des Handels auf die Umwelt in der Region	2001

5.7 WASSER

Wasser ist ein Überlebensmittel, das nicht durch andere Ressourcen oder Produkte zu ersetzen ist. Es ist ein Gemeinschaftsgut. Der Zugang zu Wasser ist ein Grundbedürfnis und Menschenrecht. Je knapper die kostbare Ressource Wasser jedoch wird und je mehr die Privatisierung von Gemeinschaftsgütern *(commons)* voranschreitet, desto häufiger wird Wasser als Wirtschaftsgut definiert. Das ist der Kern der Wasserkrise, die mit Sicherheit eine der größten Umweltkrisen der Zukunft sein wird und das Thema deshalb zu einem Politikfeld von wachsender Bedeutung macht.

Zwei **thailändische Organisationen** sind vor allem auf der lokalen Ebene mit Basisorganisationen aktiv. Der Schutz von lokalen Gewässern ist ein Baustein in ihrer Strategie zu Wahrung lokaler Ökosysteme für die Nutzung durch die Anwohner. Im Wassersektor sind ihre beiden Schwerpunkte: Dämme und industrielle

Wasserverschmutzung. Sie unterstützen die Bevölkerung in Kampf gegen Dämme, die zur Überflutung von überlebenssicherndem Agrarland führen und die Fischgründe in den lokalen Gewässern zerstören würden – im Fall des bekannten Pak Mun Damms –, mit weniger, im Fall des Songkhram-Damms mit mehr Erfolg. In den Kampagnen gegen industrielle Verschmutzung der Flüsse lernten lokale Gruppierungen, selbst die Wasserqualität zu prüfen und stärkten damit ihre Verhandlungsposition gegenüber der Provinzregierung. Informationskampagnen und Aufklärung der Öffentlichkeit über Wasserverschmutzung trugen dazu bei, daß die Regierung inzwischen Umweltverträglichkeitsprüfungen für Entwicklungsprojekte in diesem Sektor durchführt. Im nächsten Jahr wollen sich die thailändischen Umwelt-NGOs mit Wasserregulierungsprojekten noch stärker im regionalen Kontext beschäftigen. Arbeitsbeziehungen bestehen bereits im Mekong-Becken, vor allem nach Kambodscha, Laos und Vietnam.

Auch im **südlichen Afrika** werden in Zukunft regionale Zugänge zum ressourcengerechten Wassermanagement im Vordergrund stehen. Im Kontext der Arbeit der Welt-Staudamm-Kommission, die ihren Sitz in Südafrika hatte, führte das Büro in Johannesburg Ende 1999 ein regionales Hearing über Dämme, Dammbaupläne und ihre Auswirkungen auf Umwelt und Nachhaltigkeitsstrukturen im südlichen Afrika durch. Es war beispielhaft für die Bestandsaufnahme und Auswertung von Dämmen aus zivilgesellschaftlicher Sicht in einer Region. Gleichzeitig unterstützte das Büro mit einem strategischen Planungsworkshop die Vernetzung von Umwelt-NGOs im südlichen Afrika, die sich mit Wasserressourcen beschäftigen. Im Februar 2001 konstituierte sich ein regionales *Network for the Advocacy on Water Issues in Southern Africa* (NAWISA), das sich über die Arbeit der Welt-Staudamm-Kommission hinaus mit Problemen des Wassermanagements und der Wasserversorgung in der Region beschäftigen will. Die Heinrich-Böll-Stiftung wird in Zukunft den Aufbau der Infrastruktur von NAWISA sowie den Informationsaustausch, die Identifikation einer politischen Agenda und von Strategien unterstützen.

Auf dem Planungsworkshop der Stiftung in Harare im April 2001 identifizierten die Partnerorganisationen im südlichen Afrika Wasser als einen Sektor, der in der nahen Zukunft verstärkt bearbeitet werden muß. Wegen der Knappheit dieser überlebenszentralen Ressource im südlichen Afrika ist die entscheidende Fragestellung dabei die einer Verteilungsgerechtigkeit. Indikatoren für eine gerechte Verteilung von Wasser sind Zugang, Qualität und Preise. Hier überschneiden sich einmal mehr soziale und ökologische Problemkonfigurationen. In jüngster Zeit wurde von zivilgesellschaftlicher Seite vor allem die Privatisierung der Wasserversorgung und der regionale Wasserhandel durch die staatlichen Akteure kritisiert. Die NGOs wollen selbst ökologisch und sozial gerechte Nutzungskonzepte von Wasser entwickeln und denen der Regierungen entgegenstellen.

Dagegen steht in zwei Projekten in **Nahost** der praktische Schutz der Küstengewässer gekoppelt mit Umweltaufklärung im Vordergrund. Küsten- und Wasserschutz sind nur ein Thema in dem breiten aktivistischen Spektrum der NGO *Green Action*, die häufig spektakuläre direkte Aktionen durchführt, um die Aufmerksamkeit von Medien und Öffentlichkeit auf Umweltzerstörung zu lenken – so z.B. durch eine 40tägige Säuberungsaktion der Mittelmeerküste Israels. Proteste richtete die Gruppe auch gegen die Verschmutzung der Flüsse in Israel. Wasserversorgung ist in der Trockenheit des Nahen Ostens eine Frage des Überlebens und deshalb auch ein politisch hochbrisantes Dauerproblem zwischen Israel und Palästina, weil es für die Selbstversorgung der palästinensischen Gebiete eine Schlüsselressource ist.

Ähnlich wie im Nahen Osten ist die Wasserversorgung auch im **brasilianischen Nordosten** eine Überlebensfrage. In den beiden Projekten ARCAS und IRPAA im agrarischen Hinterland des Bundesstaates Bahia ist Wasserversorgung eine der Kernaktivitäten. Die Verfügbarkeit von Wasser ist eine der Grundvoraussetzungen für die Nachhaltigkeit der Ökosysteme im semi-ariden Gebiet. Das Wassermanagement orientiert sich zuallererst an der Versorgung

der Bevölkerung mit Trinkwasser und erst an zweiter Stelle an der
landwirtschaftlichen Nutzung, dort vor allem für das Vieh. Bewäs-
serungslandwirtschaft wird nur im kleinen Rahmen gefördert; zu
begrenzt ist die Wassermenge, die zur Verfügung steht, bzw. zu
hoch der Aufwand, genügend Wasser zu speichern. Aufgabe ist,
die Trinkwasserversorgung für oft mindestens drei Viertel des Jahres, in denen es nicht regnet, sicherzustellen. Das System besteht
darin, dezentral für jeden Haushalt das Regenwasser von den
Dächern in Zisternen zu speichern, für die das Projekt ein kosten-
günstiges Modell verwendet, das in der Region in den letzten Jahren entwickelt wurde und sich gut bewährt hat. Mittlerweile wurde
dieses System der Trinkwasserversorgung von Regierungsstellen
übernommen und soll im großen Stil im Nordosten eingesetzt werden – ein Erfolg, der auf kommunaler Ebene trotz einiger Anstrengungen den Projekten meist versagt blieb.

Auf ganz anderer Ebene und viel umfassender beschäftigen sich
die Länderprogramme des Cono-Sur-Programms mit dem Thema.
Wasser ist bei allen dreien eines der zentralen Politikfelder. Entsprechend ihrer Programmatik wird für jedes der Länder ein
Gesamtkonzept für eine nachhaltige Wasserpolitik erarbeitet. Die
Arbeitsgruppen setzen mit der Analyse bei den Hydrosystemen
jedes Landes, also den Ressourcen an, gehen auf den unterschiedlichen Bedarf von unterschiedlichen Sektoren und den Verbrauch
ein und beziehen die Abwasserfrage mit ein, immer unter besonderer Berücksichtigung effizienter Nutzung. Auch die gesetzlichen
und politischen Rahmenbedingungen spielen in diesen Konzepten
eine wichtige Rolle, denn es geht weniger um die Details für die
einzelnen Bereiche als vielmehr um die Konzipierung einer nachhaltigen Wasserpolitik. In Brasilien steht in der überarbeiteten
Neuauflage der Sektorstudie Wasser aktualitätsbedingt die Versor-
gungssicherheit im Vordergrund, während in Uruguay die Versorgung auf dem Land breiten Raum einnimmt. In Chile stellt das
Programm auf die demokratische Nutzung der Wasserressourcen
des Landes ab, ein Thema, das aufgrund der Gesetzgebung besondere Brisanz hat, denn Wasserrechte werden separat vermarktet,
unabhängig von Landbesitz und Besiedelung.

Eine eindeutig umweltpolitische Orientierung hat die Wasser-
frage bei der Arbeit von ISALP in Bolivien. Das Projekt bietet Rechtsberatung für die Bevölkerung an den Flußläufen, die durch die
Bergbaubetriebe in erheblichem Maße verschmutzt werden. Die
Einbindung des Projektes im Cono-Sur-Programm eröffnet die
Möglichkeit, dieses Thema breiter zu behandeln und die Fragestellung nicht nur auf die direkt betroffene Bevölkerung zu beziehen.
Im Planungsworkshop 2001 wurde der Arbeitsansatz diskutiert, die
konzeptionelle Arbeit ebenso wie Kampagnen länderübergreifend
nach Flußsystemen zu organisieren. Dazu besteht bereits einiges an
Vorarbeit, da manche der Partner aus dem Cono-Sur-Programm seit
geraumer Zeit im Netzwerk *Rios Vivos* zusammenarbeiten.

Die Relevanz des Themas Wasser wurde beim Partnertreffen im
März 2001 in Rio de Janeiro hervorgehoben. Es wurde angeregt,
diese Thematik weiter zu vertiefen und künftig intensiver zu bearbeiten und Programme um das Thema Wasser zu entwickeln.
Flußsysteme, so wurde angeregt, könnten ein Ausgangspunkt
sein, aus dem sich weitere, damit zusammenhängende Fragestellungen entwickeln.

Tabelle 30 **Projekte »Wasser«**			
Land / Region	Organisation	Projekt	Förderzeitraum
Cono Sur	Nationale NGO-Zusammenschlüsse auf Landesebene in Uruguay, Chile und Brasilien	In jedem der 3 Programme für ein ›Nachhaltiges Land‹ ist der Wasserfrage ein eigener Themenblock gewidmet (Ab 2001 ist ISALP Bolivien ins Programm integriert)	1998–2003
Brasilien	IRPAA; Juazeiro – BA	Förderung der angepaßten Landnutzung im nordostbrasilianischen Trockengebiet	1992–2000
	ARCAS, Cicero Dantas – BA	Förderung der angepaßten Landnutzung im nordostbrasilianischen Trockengebiet	1998–2001
Bolivien	Investigación Social y Asesoramiento Legal Potosí	Rechtsberatung: Gewässerverschmutzung der Dorfgemeinschaften von La Lava (Ab 2001 integriert ins Cono-Sur-Programm)	1995–2003

Land/Region	Organisation	Projekt	Förderzeitraum
Thailand	Environmental Training Center	Environmental Training Center	1995–2003
	Project for Ecological Recovery	Ecological Awareness Building	1995–2003
Nahost	Friends of the Earth, Middle East	Sustainable Tourism in the Gulf of Aqaba	1996–2001 (beendet)
Israel	Green Action	Hiterotut	1996–2001 (beendet)

Tabelle 31 Kleinmaßnahmen »Wasser«

Büro	Kleinmaßnahme	Zeit
Ramallah	Palästinensische Umwelt-Woche zum Thema Wasser	5/1999
	Fortbildung: Teilnahme an der Euro-Med-Minister-Konferenz: Lokales Wasser-Management	10/1999
Horn von Afrika	Tajeb Boden- und Wasserkonservierung	12/1999, 1/2000
	Fortbildung: Training in Bewässerungsmanagement	1999
Johannesburg	Hearing und Dokumentation zu Staudämmen	8–12/1999
	Regionaltreffen Wassermanagement	9–12/1999
	Workshop zur Konstituierung von NAWISA	2/2000
Brüssel	Infoveranstaltung zu Staudämmen	12/2000
Chiang Mai	Seminar: Nachhaltiges Ressourcenmanagement in Wassereinzugsgebieten	2000
	Buchserie über nachhaltiges Ressourcenmanagement in Wassereinzugsgebieten	2000

6 HANDLUNGSSTRATEGIEN

Die Analyse der Handlungsstrategien der Partnerorganisationen der Heinrich-Böll-Stiftung zeigt, daß die Aktivitäten auf drei verschiedenen Handlungsebenen angesiedelt sind:

- Auf der Mikro-Ebene der Praxis von Umweltschutz und schonendem Ressourcenmanagement an der Basis.
- Auf der Meso-Ebene zivilgesellschaftlicher Institutionen und Akteure durch die Bildung eines ökologischen Bewußtseins und nachhaltigkeitsorientierter Einstellungen in der breiten Öffentlichkeit; durch den Aufbau einer zivilgesellschaftlichen Infrastruktur für die Umwelt- und Nachhaltigkeitsthematik sowie durch *Empowerment* lokaler Kräfte, Kapazitätsbildung, Vernetzung, Bildung einer Umweltbewegung und Einflußmacht gegenüber dem Staat.
- Auf der nationalen, regionalen und internationalen Ebene politischer und rechtlicher Regulierung.

Diese Handlungsebenen sind nicht säuberlich gegeneinander abgrenzbar, sondern gehen in einander über, sind strategisch verknüpft und vor allem verschränkt durch demokratische Handlungsterrains.

Alle drei Ansätze – Basisaktivitäten, Bewußtseinsbildung bzw. Infrastrukturaufbau und politische Regulierung – bilden umweltpolitische Produktivkraft und Potential zur ökologischen und nachhaltigkeitsorientierten Transformation gesellschaftlicher Strukturen. Das Stiftungskonzept politischer Ökologie beruht auf einem Politikverständnis, das sich nicht nur auf das politische Institutionensystem und auf die Makro-Ebene politischer Steuerung auf internationaler und nationaler Ebene bezieht, sondern auch die Mikro-Politik der Alltagswelten lokaler Gemeinschaften und Kommunen einschließt. Entsprechend ihrem Oberziel einer Politisierung von Umwelt- und Nachhaltigkeitsfragen engagiert sich die Stiftung – im Unterschied zu Institutionen der technischen Zusammenarbeit, entwicklungspolitischen Hilfswerken oder Organisationen des Naturschutzes – vor allem in Handlungsfeldern der Umweltpolitik im breit definierten Sinne.

Der Prozeß der Politisierung ökologischer Fragen beginnt häufig mit dem Bezug auf Einzelfälle und Symptome der Umweltzerstörung. Viele der Partnerorganisationen wählen als erste Adressaten Gruppen, die von Umweltschäden und –belastungen unmittelbar betroffen sind. Praktischer Umweltschutz und Widerstand gegen Umweltzerstörung sind Anlaß und Vehikel für die Bildung von Umweltbewußtsein und ökologischem *Empowerment* an der Basis.

Der Kern von Umweltpolitik ist jedoch keineswegs nur die Vertretung der Partikularinteressen betroffener Bevölkerungsgruppen. Vielmehr geht es um ein Allgemeininteresse am Erhalt des natürlichen, existenzsichernden Lebensraums von Menschen und um soziale Gerechtigkeit bei der Ressourcennutzung und der Verteilung ökologischer Schäden, Lasten und Kosten. Deshalb gilt es, die praktischen Bedürfnisse von Betroffenen mit strategischen Interessen im Sinne eines Allgemeinwohls an struktureller Veränderung zu verknüpfen.

Die politische Stoßkraft der Öko-Programme ist unterschiedlich stark ausgeprägt. Die meisten NGOs wirken als Impulsgeber für eine Ökologisierung der Gesellschaften und der Politik. Da sie eine Vermittler- oder Katalysatorrolle in der Umweltpolitik spielen, agieren sie von einer mittleren Ebene aus in verschiedene Richtungen und Handlungsebenen hinein: in bezug auf lokale Gruppen an der Basis, das breite zivilgesellschaftliche Spektrum und die allgemeine Öffentlichkeit mit einer Strategie der Aufklärung, Kapazitätsbildung und Mobilisierung; in bezug auf politische und wirtschaftliche Makro-Strukturen mit einer Strategie advokatorischer Interessenvertretung und Einflußnahme. Sie bilden lokale Führungskräfte, Multiplikatoren und Medienleute aus, kooperieren mit Fachleuten aus den Wissenschaften, schließen Bündnisse mit anderen NGOs und zivilgesellschaftlichen Institutionen und versuchen die Steuerungs- und Problemlösungspolitik des Staates zu beeinflussen. Salopp formuliert: Sie agieren nach unten, nach oben und zur Seite. Wichtigste Ressource für ihre Katalysatorfunktion ist fachliches und strategisches Wissen und umweltpolitisches Engagement.

Da die NGOs machtpolitisch schwach und auf der wirtschaftlichen und politischen Entscheidungsebene relativ bedeutungslos sind, investieren sie viele Energien und Aktivitäten in eine Ökonomie der Aufmerksamkeit. Aufmerksamkeit für die Zerstörung von Ökosystemen, für die Täter und die Opfer ist das wichtigste Kapital, das sie bilden und als politische Machtbasis nutzen können. Ökonomie der Aufmerksamkeit impliziert auch, daß ökologische Fragen relevant gemacht werden und Akzeptanz erzeugt wird. Strategisches Ziel der NGOs ist, ein öffentliches Interesse am Erhalt von Ökosystemen und einen gesellschaftlichen Konsens über schonende, nachhaltige Ressourcennutzung zu schaffen. Der öffentliche Druck auf die Verursacher von Umweltzerstörung oder die politischen Steuerungsinstitutionen, in denen sich ein solches Allgemeininteresse übersetzen kann, ist die Machtbasis für eine von der Zivilgesellschaft ausgehende Ökologie- und Nachhaltigkeitspolitik.

Da die Herstellung eines öffentlichen ökologischen Interesses einerseits sachlich fundiert, andererseits von der Basis her demokratisch legitimiert sein muß, ist sowohl Professionalisierung als auch eine lokale zivilgesellschaftliche Verankerung dieser NGO-Politik wichtig.

Wo Regierungen und öffentliche Verwaltungen, wie z.B. am Horn von Afrika, bisher nur eine geringe – manchmal auch keine – umweltpolitische Steuerungs- und Problemlösungskompetenz entwickelt haben, besteht die Chance, durch den Aufbau von Umweltbehörden oder mithilfe von Kapazitäts- und Institutionsentwicklung im zivilgesellschaftlichen Sektor in diese Lücke zu stoßen. Hier können sich auch neue Behörden als umweltpolitische Produktivkraft profilieren. Ökonomie der Aufmerksamkeit heißt in diesem Zusammenhang, daß der Umweltpolitik mehr

Gewicht innerhalb der politischen Ressorts und im Staatshaushalt
zukommen muß.

Auch die Kleinmaßnahmen der regionalen Stiftungsbüros im Bereich Öffentlichkeitsarbeit, Stärkung und Vernetzung der Zivilgesellschaft und Politikdialog schaffen zuallererst Aufmerksamkeit für ökologische Themen. Sie fördern das öffentliche Interesse an ökologischen Themen und bieten Foren, wo sich öffentlicher Druck artikulieren und formieren kann. Mit diesen Aktivitäten können sich die Auslandsbüros flexibel an aktuellen Rahmenbedingungen in den Bürostandorten orientieren und lokalem Know-how und ökologischen Interessen eine Plattform der Darstellung und Verhandlung bereitstellen.

6.1 UMWELTBILDUNG

Bildungsaktivitäten sind für politische Stiftungen – im Unterschied zu anderen Durchführungsorganisationen der Entwicklungszusammenarbeit – zentrale Aufgaben ihrer Auslandstätigkeit. Beim Thema Ökologie und Nachhaltigkeit geht es dabei einerseits um die Schaffung und Förderung eines allgemeinen Umweltbewußtseins und andererseits um die Vermittlung von spezifischem umweltrelevantem Know-how. Damit wird zum einen ein Recht auf Information eingelöst, zum anderen werden spezielle Kapazitäten und Kompetenzen gebildet. Beides dient dem strategischen Ziel eines ökologischen *Empowerment*.

Die Partnerorganisationen der Heinrich-Böll-Stiftung sind in der Regel in einer Berater- und Expertenrolle für die Adressatenschaft und fungieren selbst als Sammelstellen und Katalysatoren von Informationen. Zusätzlich vermitteln sie Kontakte zu Wissenschaftlern und Experten.

Fast alle geförderten Projekte beinhalten eine Aufklärungs- oder Bildungskomponente, manchmal als Kernbereich der Aktivitäten, oft aber auch flankierend zu praktischen Maßnahmen oder Versuchen der Politikbeeinflussung. Umweltbildung kann deshalb als eine Querschnittsaufgabe in allen Projekten angesehen werden.

Außerdem sind Informationsvermittlung und Pflege eines umwelt- und nachhaltigkeitspolitischen Diskurses der Schwerpunkt der Kleinmaßnahmen aller Auslandsbüros der Stiftung.

Die Vermittlung von Informationen oder speziellen Kenntnissen findet auf unterschiedlichen Ebenen statt, von Zusammenkünften auf der Dorfebene über Rundfunksendungen bis zum Aufbau von Informationszentren, von öffentlichen Veranstaltungen und Kampagnen über Aufklärung über das Zustandekommen von Stromrechnungen bis zur Kapazitätsbildung von Regierungsmitgliedern. Entsprechend breit und heterogen ist die Adressatenschaft:

- lokale, von Umweltschäden betroffene Bevölkerung;
- die allgemeine Öffentlichkeit;
- eine Fachöffentlichkeit oder spezielle Zielgruppe wie Bauern, Ingenieure aus Industriebetrieben, Touristen, Medienleute;
- Jugendliche z.b. in Umwelt-Clubs oder Kinder in israelischen Kindergärten;
- Fachplaner aus Behörden und Mitarbeiter von Ministerien, Politiker.

Informationsvermittlung und Weiterbildung, Aufklärung und Umweltsensibilisierung sind das zentrale Anliegen der meisten von den Auslandsbüros durchgeführten Kleinmaßnahmen, vor allem Veranstaltungen und Trainings-Workshops, Publikationen und individuelle Förderung. Insbesondere durch die Besucherprogramme ermöglicht die Heinrich-Böll-Stiftung direkte Lern- und Austauschprozesse zwischen den Partnern, wobei bisher allerdings erst wenige Süd-Süd-, Süd-Ost- oder Ost-Ost-Besuchsprogramme organisiert wurden.

Im folgenden wird der strategische Ansatz der Umweltbildung exemplarisch an unterschiedlichen Vorgehensweisen einiger Projektpartner in sehr verschiedenen gesellschaftlichen Kontexten dargestellt.

6.1.1 Ungefilterte Informationen als Grundlage zivilgesell-
schaftlichen Handelns

Umweltbildung spielt bei den Projekten in den **MSOE-Ländern** eine wichtige Rolle. Vor dem Hintergrund der komplexen politischen, ökonomischen und sozialen Veränderungen bildet die eigenständige Bürgerverantwortung eine wichtige Säule im Aufbau von zivilgesellschaftlichen Strukturen und Mechanismen. Der Staat hat seine Allmachtsrolle aufgegeben und Verbände und zivilgesellschaftliche Strukturen füllen den Raum, der durch die abnehmende staatliche Verantwortung frei wird. Dies ist kein gradliniger Prozeß, und er führt teilweise über Umwege und schmerzhafte Irritationen. Eine wichtige Rolle in diesem Prozeß der Herausbildung von bürgerschaftlicher Verantwortung spielen wahrheitsgemäße und ungefilterte Informationen, auf denen sich eine Meinung zu Umweltfragen gründet und in konkretes Verhalten der Akteure mündet.

Der Transformationsprozeß verläuft keinesfalls synchron in allen osteuropäischen Ländern. In den mittel- und osteuropäischen Staaten ist die Demokratisierung und die Entwicklung der Zivilgesellschaft weiter fortgeschritten als in den Ländern der ehemaligen Sowjetunion. Die EU-Beitrittsländer greifen dabei auch auf eine völlig andere historische Erfahrung zurück als die Sowjetunion mit ihren 70 Jahren kommunistischer Vergangenheit. Unter diesen Umständen ist es auch nicht verwunderlich, daß die Mehrzahl der Projekte im Bereich Umweltbildung in MSOE in den Ländern der ehemaligen Sowjetunion angesiedelt sind. Als Umweltbildung werden hier Projekte betrachtet, die durch die Information und Aufklärung der Bevölkerung über Nutzung und Umgang mit natürlichen Ressourcen versuchen, die öffentliche Meinung und das Umweltverhalten der Bevölkerung zu beeinflussen und zu korrigieren. Das Selbstverständnis der Trägerorganisationen der Projekte ist dabei sehr verschieden. Sie verstehen sich teilweise als Bildungs- und Informationszentrum oder als Agentur für Umweltnachrichten. Den unterschiedlichen Aktivitäten liegt jedoch die Überzeugung zugrunde, daß nur ungefilterte und wahrheitsgemäße Informationen über ökologische Sachverhalte und Zusammenhänge das Verhalten der Bürger und der Industrie gegenüber natürlichen Ressourcen langfristig verändern können. Nur aufgeklärte Bürgerinnen und Bürger werden verantwortungsbewußt und sorgsam einen Beitrag für die Sicherung der Lebensgrundlagen für die kommenden Generationen leisten können.

Die Aktivitäten des Umwelt- und Informationszentrums in der Baikalregion sind auf die Erhaltung und den Schutz des lokalen Ökosystems Baikalsee gerichtet. Ein breites Spektrum von Aktivitäten richtet sich dabei auf die Aufklärung und unabhängige Information der Öffentlichkeit über die ökologische Situation, die Gefährdungen und die komplexen Zusammenhänge zwischen menschlichem Tun und Auswirkung auf das Ökosystem. Den roten Faden all dieser Aktivitäten bildet die Sammlung und Aufbereitung relevanter Daten und ihre Veröffentlichung unter betroffenen und interessierten Bevölkerungsgruppen in geeigneter Form. Zu den Zielgruppen dieser Aktivitäten gehören die Anwohner des Sees ebenso wie Entscheidungsträger in lokalen Verwaltungen und in der Industrie, aber auch die Mitglieder von lokalen und nationalen Parlamenten. Ein besonderes Augenmerk wird auf die Arbeit mit Kindern und Jugendlichen gerichtet. Ein neues und tragfähiges ökologisches Bewußtsein kann nur durch die langfristige Arbeit mit der künftigen Generation herausgebildet werden. Die Aufklärung von Jugendlichen in den Schulen und die Einbeziehung von jugendlichen Freiwilligen in die Umweltschutzaktivitäten sind deshalb wesentliche Elemente in der Arbeit des Umwelt- und Informationszentrums in der Baikalregion.

Das Presse- und Informationszentrum in der Wolgaregion verfolgt einen anderen Ansatz, der aber auch zur Umweltbildung gehört. Das Zentrum in Nishny Nowgorod versteht sich als unabhängige Nachrichtenagentur für Umweltinformationen. Hier werden Informationen zu umweltrelevanten Themen gesammelt und aufbereitet und dann an die Redaktionen von Zeitungen und Rundfunkstationen weitergeleitet. Zweimal monatlich wird ein Bulletin mit je ca. 50 Meldungen über Umweltfragen an ca. 300 Redaktionen in allen Regionen Rußlands versandt. Damit soll den Journa-

listen in diesen Redaktionen die Berichterstattung über Umweltprobleme erleichtert und Umweltfragen stärker in die öffentliche
Diskussion gebracht werden. Die Informationen werden in erster
Linie in der Wolgaregion gesammelt und haben damit einen klaren
regionalen Schwerpunkt. Nur ein kleinerer Teil der Informationen
spiegelt die ökologischen Probleme anderer Regionen wieder. Das
Projekt muß als ein Modellversuch angesehen werden, da eine
derartige Agentur ein Novum für die russische Medienlandschaft
darstellt. Die Durchführung des Projektes kann allerdings nur
bedingt als ein Erfolg betrachtet werden, da aufgrund einer fehlenden Strategie für die nachhaltige Existenzsicherung der Agentur die finanzielle Unterstützung der Heinrich-Böll-Stiftung nach
dem Abschluß der ersten Förderphase eingestellt wurde. Die Agentur war fast vollständig von der externen Finanzierung der Heinrich-Böll-Stiftung abhängig und hätte auch unter stabilen ökonomischen Szenarien nicht vom Verkauf ihrer Informationen an
die Redaktionen existieren können. Die angestrebte Kombination
von *Non-Profit*-Organisation und gewinnorientiertem Handel mit
Informationen muß als gescheitert angesehen werden.

Unter den Kleinmaßnahmen der Büros Prag und Sarajevo finden
sich eine ganze Reihe von Maßnahmen, die dem Bereich Umweltbildung zugeordnet werden können. Hier sind zunächst diejenigen
zu nennen, die einen Beitrag zum Ausbau der Management-Kapazitäten der Umweltorganisationen leisten. Es wurden Seminare und
Trainingskurse für Mitarbeiter und Mitglieder von Umweltorganisationen durchgeführt, die eine wichtige Säule in der Entwicklung
der noch jungen Organisationen bilden. Hier sind nicht nur Seminare zu umweltrelevanten Themen wie z.B. Energieeinsparung oder
Risiken der Biotechnologie erwähnenswert, sondern auch Seminare
und Trainingskurse zu allgemeinen Non-Profit-Managementthe-
men wie Fundraising und Umweltkampagnen.

Als Umweltbildung müssen ebenfalls die Aktivitäten des Öko-
pavillons in Prag mit Jugendlichen angesehen werden. Regelmäßig
besuchen Schulklassen den Pavillon und informieren sich dort
über Möglichkeiten des ökologischen Landbaus und der Energieeinsparung in Haushalten. Ein weiterer wichtiger Teil der Klein-

maßnahmen in Sarajevo und Prag sind Publikationen zu umweltrelevanten Themen, die für breite Bevölkerungsschichten bestimmt sind. Hierzu zählen Studien zu bestimmten Umweltthemen ebenso wie Bücher, Zeitschriften und Kalender, die in großer Auflage produziert wurden.

6.1.2 Transparenz herstellen,»Licht ins Dunkel bringen«

Häufig werden NGOs mit ihrer Informations- und Aufmerksamkeitspolitik aktiv, wenn Regierungen oder Unternehmen intransparent agieren, potentielle oder tatsächliche Umwelt- und Gesundheitsschäden verschweigen oder zu vertuschen suchen oder aber aus Inkompetenz nicht in der Lage sind, die Bevölkerung zu informieren. Ausschluß von Information durch den Staat oder die Wirtschaft ist undemokratisch und verletzt das Recht auf Information. Der Name der mosambikanischen Umweltorganisation *Livaningo*, »etwas ausleuchten«, bezeichnet exakt die Strategie der NGOs:

- *Livaningo* informierte die Öffentlichkeit in Mosambik darüber, daß die Regierung plante, am Stadtrand von Maputo eine Verbrennungsanlage für Pestizide zu bauen, ohne auch nur die Bevölkerung in den unmittelbar benachbarten Siedlungen über das Vorhaben und seine Risiken in Kenntnis gesetzt zu haben.
- In Südafrika und Thailand klären energiepolitische NGOs die ahnungslose Bevölkerung über die Gefahren von Atomkraftwerken und Atommüllentsorgung auf.
- Zu dem Recht auf Information und Bildung gehört auch ein Recht, die eigenen Rechte zu kennen. In Simbabwe informiert eine NGO Bäuerinnen und Bauern über ihre *Farmers' Rights*, die es gilt, gegen das WTO-Abkommen geltend zu machen.
- In Südafrika versuchen NGOs und CBOs, die Eigentumsgeschichte der brennenden Bergbauflöze in Witbanks zu klären, um das Verursacherprinzip zur Anwendung bringen zu können.
- In Thailand halten NGOs die Erinnerung an schlimme Industrieunfälle durch Informationsveranstaltungen z.B. am Jahrestag wach und skandalisieren sie auf diese Weise immer wie-

der neu. Gleichzeitig klären sie über aktuelle Gefahren z.B. der
chemischen Industrie für Bevölkerung und Umwelt auf.

– NGOs pochen darauf, daß Umweltverträglichkeitsprüfungen
in Thailand veröffentlicht werden, überprüfen sie kritisch und
machen in Öffentlichkeitskampagnen ihre Fehler publik. Statt,
wie in der Verfassung festgelegt, die lokale Bevölkerung in
Entscheidungsfindung über Großprojekte und Planung einzubinden, entscheidet die thailändische Regierung zuerst und
informiert dann über vollendete Tatsachen. NGOs versuchen
immer wieder Licht in das Dunkel von Entscheidungen und
Planungen zu bringen.

6.1.3 Umweltbildung als Mittel des Empowerment

Umweltbildung zur Mobilisierung an der Basis ist das Herzstück
vieler Projektaktivitäten im **südlichen Afrika**. Die unmittelbare
Betroffenheit durch Umweltschäden, verursacht z.B. durch den
Bergbau, war dabei in mehreren Projekten der Einstiegspunkt für
den Zugang zu den lokalen Gemeinden. Im Zentrum der Informationsvermittlung und Aufklärung standen Abraum und Müllbeseitigung, Wasserversorgung, Ablagerung toxischer Stoffe in
Wasser und Böden, Luftverschmutzung und die existentielle
Bedrohung durch die vor Jahrzehnten in Brand geratenen Flöze
und Minen in Witbank. Die Rolle der Projektträger ist primär die
von Dienstleistern, die fachliches und strategisches Wissen vermitteln. Sie beraten lokale Selbsthilfe- und Interessengruppen und
bilden ihre sachlichen und organisatorischen Kapazitäten aus,
damit sie in die Lage versetzt werden, mit anderen Interessengruppen vor Ort und der kommunalen Verwaltung über eine Beseitigung der Umweltschäden und ein besseres Ressourcenmanagement zu verhandeln. Ziel dieser Strategie ist ökologisches
Empowerment der betroffenen *Communities* und eine Politisierung
von Nachhaltigkeits- und Umweltproblemen.

Im folgenden wird die Strategie der Umweltbildung an der Basis,
die die beiden südafrikanischen Partnerorganisationen EMG und

GEM in mehreren Projekten anwendeten, exemplarisch am Projekt *Monitoring the Environment and Community Health* (MECH) dargestellt. Hauptzielgruppe des Projekts waren sozial benachteiligte Gruppen in drei Gemeinden in der Western-Cape-Provinz. Günstige politische Rahmenbedingungen für die Implementierung des Projekts waren, daß die neue südafrikanische Gesetzgebung zur Kommunalverwaltung fordert, lokale Gemeinschaften vor der Politikformulierung und der Planung von entwicklungsbezogenen Maßnahmen einzubeziehen und zu beteiligen. In mehreren Schritten versuchte das Projekt, ökologisches *Empowerment* aufzubauen:

– Aufbau einer Kooperation von zivilgesellschaftlichen Gruppen auf der Nachbarschaftsebene und mit der lokalen Verwaltung;
– Aufklärung, wie Umwelt die Gesundheit beeinflußt und beeinträchtigt;
– Erzeugung der Aufmerksamkeit, um den Zusammenhang von Umwelt und Gesundheit vor Ort im Auge zu haben und zu beobachten;
– Identifikation von Defiziten in der Umwelt- und Gesundheitspolitik;
– Kontakt- und Verhandlungsaufnahme zwischen den lokalen Gemeinschaften und der Kommunalverwaltung, z.B. Organisierung von Runden Tischen;
– Versuch der Beeinflussung der kommunalen Gesundheitspolitik, Lobbying für öffentliche Leistungen.

Erfolg des Projekts war eine Thematisierung und Politisierung des Zusammenhangs von Umwelt und Gesundheit sowie die Einlösung des Rechts auf Information der Betroffenen. Die Umsetzung der Aufklärung in ökologisches Engagement stieß jedoch an relativ enge Grenzen in der Interessenlage der Betroffenen und der Kommunalverwaltung. Behörden signalisierten des öfteren, sie hätten »Wichtigeres zu tun«, und hatten auch teilweise weder eine Vorstellung von der Partizipation der lokalen Bevölkerung noch eine Bereitschaft dazu. Die lokalen Gemeinschaften gaben ihren wirtschaftlichen Problemen, vor allem infolge weitverbreiteter

Erwerbslosigkeit, Vorrang vor Umweltproblemen. Der zweite
Grund, warum die Bereitschaft für ein Umweltengagement bei vielen gering blieb, war die geringe Motivation zu ehrenamtlicher
Tätigkeit. In einer der drei Gemeinden wurde von der Regierung
eine Abfallbeseitigungs- und Säuberungskampagne als Arbeits-
beschaffungsmaßnahme durchgeführt. Nachdem die lokalen
Anwohner dort für Abfallmanagement und Umweltschutz ent-
lohnt worden waren, nahm ihre Bereitschaft, unbezahlt im
Umweltschutz aktiv zu werden, noch weiter ab. Hier kam es zu
einer Konkurrenz im Umweltbereich zwischen Regierungs- und
NGO-Projekt, wobei das Müllprojekt der Regierung als einmalige
Kampagne konzipiert war und keinerlei Nachhaltigkeitsansatz
hatte, weder in bezug auf Beschäftigung noch in bezug auf den
Umweltschutz.

Im Sinne von *Lessons Learnt* ist es auch interessant, welche der
anfangs geplanten Maßnahmen MECH nicht durchführte. Zum
einen erwies sich das Vorhaben als zu schwierig, Indikatoren zur
Messung der Auswirkungen von Umweltschäden auf die Gesundheit zu entwickeln und die Basisgruppen in der Messung zu trai-
nieren. Zum anderen wurde der Plan aufgegeben, Tribunale als
Foren für Informationsvermittlung und Politisierung der Thematik einzurichten. Tribunale erschienen als eine zu konfrontative
Form, und es wurde nach vermittelnderen und verhandlungsori-
entierteren Begegnungsformen gesucht.

Wichtigste Erfahrung aus dem MECH-Projekt ist, daß Umweltbildung notwendige Voraussetzung für ökologisches *Empowerment*
von lokalen Gemeinschaften und eine partizipatorische Umwelt-
Governance ist. Und weitergehend: Partizipatorische Umwelt-
Governance will gelernt sein, sie ist ein Aus- und Weiterbildungs-
prozeß für alle Beteiligten.

Das Trainingselement spielt auch eine große Rolle bei den beiden
Projekten in **Äthiopien**, die mit dem Ansatz der Umwelt-Clubs
arbeiten. Wie in Südafrika wollen LEM und *Hundee* ein ökologisches Bewußtsein und Umweltverantwortung an der Basis erzeugen. Weil in Äthiopien jedoch demokratische Möglichkeiten der

Politikbeeinflussung kaum vorhanden sind, ist der Bildungsansatz hier nur mit praktischem Umweltschutz und schonender Ressourcennutzung, nicht aber mit Politikbeeinflussung und partizipatorischer Umwelt-*Governance* verbunden.

LEM fördert Umweltclubs in Schulen und trainiert die Jugendlichen, eigene kleine Umweltprojekte ins Leben zu rufen. Hier zeigte sich, daß Umweltbildung als Prozeß konzipiert sein muß, wenn sie nachhaltig auf Einstellung und Verhalten wirken soll. Für ein dauerhaftes Umweltengagement war es für die Schulclubs jedenfalls notwendig, daß den einmaligen Trainings-Workshops ein *Follow-up* und eine Versorgung mit Informationsmaterialien folgte. Wo dies nicht geschah, setzte sich die geleistete Aufklärung nicht in Engagement und praktischen Umweltschutz um, d.h. die Jugendlichen übernahmen nicht die *Ownership* für Umweltschutz und -verantwortung.

Hundee kombiniert in seiner Umweltbildung für lokale Gemeinschaften praktische und technische Kenntnisse, z.B. den Aufbau von Baumschulen und die Pflege von Setzlingen, mit ethischen und kulturellen Elementen. Älteste der Gemeinden und religiöse Führer werden einbezogen, sensibilisieren gegen Bodendegradierung und Abholzung und vermitteln ökologische Werte und Normen. Die ins Leben gerufenen Umweltclubs verstehen sich als Wächter für die bedrohte Umwelt und als Multiplikatoren für eine neue Umweltverantwortung.

Wie *Hundee* so betreiben auch NGOs in **Thailand** und in **Simbabwe** eine neue Form von Bildung und Aufklärung, indem sie in den lokalen Gemeinschaften Erinnerungsarbeit in bezug auf indigenes Wissen leisten. Sie reaktivieren überbrachte Kenntnisse und tradierte Fähigkeiten, die in kollektive Vergessenheit geraten und vom Auslöschen bedroht sind, z.B. über indigene Pflanzen- und Baumsorten und Methoden der Saatgutvermehrung. Mit dieser Reaktivierung indigener Wissenssysteme verbindet sich auch eine Aufwertung dieses Wissens gegenüber modernem Know-how. In Indien organisierte die Frauenorganisation *Diverse Women for Diversity* sogar einen *People's-Science*-Kongreß, um überbrachte lokale Kenntnisbestände zu erhalten und nutzbar zu machen, aber auch um gegenüber den modernen Technologien und Wissenschaften deutlich zu machen, daß die lokale Bevölkerung, und dort vor allem Frauen, über ausreichend eigenes Wissen und Fähigkeiten verfügen, um ihre Ernährung durch Ressourcennutzung und Ressourcenschutz zu sichern.

Das Stiftungsbüro in Addis Abeba betrieb durch eine Serie von Trainings- und Informations-Workshops Kapazitäts- und Kompetenzbildung für zivilgesellschaftliche und staatliche Akteure. Die Aus- und Fortbildung schloß Know-how-Vermittlung über Umweltverträglichkeitsprüfungen, Sensibilisierung von Medienleuten für Umweltberichterstattung und Wissenstransfer über Projektplanung, -monitoring und -evaluierung im Umweltbereich ein.

Ein hohes technisches Niveau hatte das Training von Mitarbeitern verschiedener Industriebetriebe in Addis Abeba. Hier wurden Fachkenntnisse an Experten vermittelt, damit diese Öko-Audits in ihren Betrieben, die überwiegend wahre Dreckschleudern sind, durchführen und Pläne zur Reduktion der Verschmutzung und ökologischen Kosten der Produktion durch technologische und Managementverbesserungen entwickeln können.

Die Umweltbehörde in **Eritrea** versuchte dagegen, durch Informationsvermittlung und Training für einige hundert Älteste und Vertreter der lokalen Verwaltung Umweltbildung an die Basis zu tragen und durch partizipative Methoden wie *Participatory Rural Appraisal* (PRA) zu demokratisieren. Allerdings baute sie keine zivilgesellschaftlichen Foren auf, die die Verantwortung und *Ownership* für nachhaltige Ressourcennutzung und Umweltschutz auf lokaler Ebene übernommen hätten. Zusätzlich wurden Rundfunksendungen als Vehikel für die Umweltaufklärung einer breiten Öffentlichkeit benutzt. Radio ist das Medium mit der größten Breitenwirkung. In Eritrea wie auch in Äthiopien haben Jahrzehnte kriegerischer Konflikte zerstörerisch auf die Umweltverantwortung der Bevölkerung gewirkt. Umweltbildung ist hier ein notwendiger Baustein für eine Strategie zur Regeneration der Umwelt.

6.1.4 Praktischer Bedarf als Ausgangspunkt für Bewußtseinsänderung

In **Mittelamerika** spielt das Ziel des ökologischen *Empowerment* eine wichtige Rolle bei der Umweltbildung. Die Bevölkerung in der Maya-Region benötigt weniger die Vermittlung von technischen Kenntnissen im Umgang mit der Natur als vielmehr Zugang zu Bildungsmöglichkeiten allgemein und speziell Informationen über die Nutzungsrechte an ihren Ressourcen. Die Umweltbildung wird in die Curricula der formalen und nichtformalen Ausbildungsprogramme einbezogen und an den konkreten Fragen der Bevölkerung orientiert. So ist das primäre Anliegen der Bewohner in der Projektregion die Produktionssteigerung auf ihren Feldern. Die Wissensvermittlung besteht darin, die traditionellen Erfahrungen und ökologische Verfahren der Landwirtschaft produktiv zu kombinieren.

Im Projekt des Flußbeckens des Rio Lempa besteht die Aufgabe der Umweltbildung auf unterschiedlichen Ebenen. Grundlage ist es zunächst, durch gezielte Aufklärung ein besseres Verständnis und das Bewußtsein für die erhaltenswerte Biodiversität und das lokale Ökosystem zu schaffen. Im zweiten Schritt werden konkrete Maßnahmen sowohl für NGOs als auch für die öffentliche Verwaltung, die beide auf diesem Gebiet Defizite haben, durchgeführt. Inhalte sind partizipative Umweltplanung, Umweltmanagement, aber auch allgemeine Fragen der Organisationsentwicklung.

Sehr praktisch orientiert ist die Umweltbildung in den Agrarprojekten des **brasilianischen Nordostens**. Im Rahmen der Beratungstätigkeiten im ökologischen Landbau werden angepaßte Kulturpflanzen eingeführt, die teilweise früher in der Region heimisch waren, über die aber kaum noch Kenntnisse vorhanden sind. Das Know-how darüber soll nicht nur der Zielgruppe vermittelt werden, sondern diese soll als Multiplikator fungieren, um für die weitere Verbreitung zu sorgen. An zwei konkreten Aktivitäten läßt sich dies festmachen. Regelmäßig wird der Kontakt zur staatlichen Agrarberatung und zu den Agrarbanken gesucht, um deren Berater durch gezielte Aufklärungsarbeit von der Effizienz ökologischer Anbaumethoden zu überzeugen. Das zweite Arbeitsgebiet ist die Zusammenarbeit mit den Agrarschulen des Verbundes »Agrarfamilie« in Bahia. Durch die wechselseitige Kooperation befruchten sich beide Parteien, die Projekte und die Schulen. Die Berater aus dem Projekt unterrichten praktische Umweltthemen, während die Dozenten der Schulen für spezifische Themen wie Bodenkunde oder veterinär-technische Fragen bei der Ziegenhaltung im Ausbildungsprogramm der Projekte zur Verfügung stehen.

Im FASE-Projekt in Amazonien wird auf den Ausbildungsaspekt bei den Aktivitäten großer Wert gelegt. Viele Projektbereiche sind so angelegt, daß von Anfang an nicht nur die Betroffenen einbezogen sind, sondern zusätzlich die Dozenten und Studenten der Universität von Pará in Belém aktiv beteiligt werden. Dies geschieht nicht nur bei der Erhebung und Auswertung umweltrelevanter Daten, sondern auch bei der Entwicklung und Anwendung von Methoden. In diesem Dreierbund soll nicht nur den Studenten neben der Theorie der praktische Zugang zu Umweltthemen vermittelt werden, sondern die Betroffenen werden durch die vielen gemeinsamen Diskussionen bei diesem partizipativen Vorgehen in die Lage versetzt, sich stärker für ihre Belange und ihre Rechte einzusetzen. Im Bereich der Landwirtschaft ist bei der Umweltbildung ein fast missionarischer Eifer zu beobachten, wenn es um die Verbreitung der ökologischen Agroforstmethoden geht. Die FASE-Mitarbeiter sehen die Hauptaufgabe im Gegensteuern gegen die herrschende Agrarpolitik, die alles andere als nachhaltig ist. Dazu ist es inzwischen kaum noch nötig, die Bauern durch entsprechende Seminare zu überzeugen – das sind sie bereits –, viel wichtiger ist es zu erreichen, daß die staatliche Agrarberatung von der Wirtschaftlichkeit der ökologischen Verfahren überzeugt wird. Bedingung für die Vergabe von Kleinkrediten ist nämlich immer noch die Anwendung klassischer Agrartechniken, die sich an der Plantagenwirtschaft orientieren (vgl. Kap. 6.2.3 und 7.3).

Generell sehen die Projektmitarbeiter bei FASE ihre Funktion aber nicht darin, Umweltbildungsaktivitäten selbst durchzuführen. Ihre Aufgabe besteht vielmehr darin, bei den zahlreichen

Organisationen der sozialen Bewegung, die sie beraten, Sensibilität für Umweltprobleme zu erzeugen und auf diese Weise Informations- und Fortbildungsveranstaltungen zu initiieren, wie dies z.b. bei den Gewerkschaften und den Frauenorganisationen erfolgt ist.

Bei den Gewerkschaften in **Brasilien** brauchte es z.b. einen langen Anlauf, um über wiederholte Seminare und Kurse die Relevanz ökologischer Themen und das Bewußtsein dafür zumindest bei einem Teil der Arbeiter und der Führung zu verankern. IBASE kann es zu den Erfolgen seiner Projektarbeit zählen, daß der Gewerkschaftsverband in Rio de Janeiro der erste in Brasilien ist, der ein Umweltreferat eingerichtet hat und regelmäßig mit IBASE Umweltschulungen durchführt. Dies wurde über die Verbindung von Gesundheit und Sicherheit am Arbeitsplatz erreicht – erst über diese Einsicht konnten bei den Gewerkschaften offene Ohren für Ökologie gefunden werden. Wiederholt nahmen auch Vertreter der öffentlichen Verwaltung, meist aus dem Umweltbereich, an Fortbildungsmaßnahmen von IBASE teil; auch dies ist ein wichtiger Schritt der Politikbeeinflussung. Ein zentrales Projektziel war die Integration der Ökologiethematik in die sozialen Bewegungen, wofür die Umwelterziehung und Umweltbildung ein wichtiges Instrument darstellt. Im umfangreichen Pilotvorhaben *Grande Tijuca* zur Integration der Armenviertel von Rio in die formalen Strukturen der Stadt hat IBASE die Beratung und Ausbildung im Umweltbereich übernommen. Dort werden Frauengruppen, Jugendliche, Schulkinder und andere Gruppen der Stadtteilbewegung in Kursen sowohl über Stadtökologie als auch über ihre Rechte als Staatsbürger und die Möglichkeiten öffentlicher Dienstleistungen, z.B. im Gesundheitssektor, informiert.

Für die Bevölkerung in den **bolivianischen Bergbaugebieten**, die unter der massiven Verschmutzung der Gewässer durch die Erzaufbereitung leidet, leistet das Projekt ISALP Rechtsberatung und Aufklärungsarbeit. Die Betroffenen sollen in die Lage versetzt werden, die Wasserkontrollen selbst durchzuführen und die

Durchsetzung der Umweltgesetze zu erwirken. Die Fortbildungsmaßnahmen für die Zielgruppe umfassen die Aufklärung über die
Rechtslage, die technische Ausbildung und die logistische Beteiligung der Dorfgemeinschaft. Um den Aktivitäten politischen Nachdruck zu verleihen, ist vor allem bei der technischen Ausbildung
auch die Administration auf lokaler und regionaler Ebene in die
Maßnahmen einbezogen.

Beim Cono-Sur-Programm kann bisher nur entfernt von Umweltbildung gesprochen werden; sie ist aber im Rahmen der Vermittlung und der konkreten Umsetzungsschritte geplant. Diese
Komponente ist für die politische Durchsetzung der Nachhaltig-
keitskonzeptionen unerläßlich. Bisher fand die Arbeit auf einem
sehr theoretisch-akademischen Niveau statt. In Zukunft sorgen die
Gruppen und NGOs an der Basis mit ihrer Informationsarbeit für
die Verbreitung der erarbeiteten Konzeptionen – so jedenfalls sieht
die Planung aus. Dies wird weitgehend außerhalb des Projektrah-
mens erfolgen, der von der Heinrich-Böll-Stiftung gefördert wird
und als eine *Follow-up*-Aktivität des Projektes von den Partnern
selbst in die Hand genommen wird.

Das IEP-Projekt in **Chile**, das seit 2001 ins Cono-Sur-Programm
eingegliedert ist, hat mit seinem bisherigen Programm mit der
Basisumweltversorgung APA in einigen Pilotmunizipien ein
Umweltprogramm entwickelt, das es sich zur Aufgabe gemacht
hat, Aufklärung und Information zu betreiben und Multiplikatoren *(lideres ambientales)* auszubilden, die in den kommunalen
Räten *(consejos)* für die Umweltthemen eintreten und vor Ort ökologische Probleme praktisch anpacken. Mit partizipativen Methoden werden die Umweltprobleme analysiert und lokale Lösungen
erarbeitet. Dieser Prozeß verbindet die theoretische mit der praktischen Umweltbildung. Dem Projekt geht es dabei ausdrücklich
nicht nur um die technisch-organisatorischen Aspekte, sondern
IEP versteht sich als Vermittler einer politischen Ökologie und will
im Grunde nicht Umwelttechniker, sondern politische Führungskräfte mit einem Verständnis für Ökologie und Nachhaltigkeit
heranbilden.

207 Eine Reihe der Kleinmaßnahmen des Büros in El Salvador und des Andenreferats in der Stiftungszentrale sind Informationsveranstaltungen und damit ebenfalls der Umweltbildung zuzurechnen. Dies sind in **Mittelamerika** die Seminare zum Umweltrecht und zur Umweltpolitik sowie zur Agenda 21 und fachspezifisch zur Gentechnologie. In der **Andenregion** waren die meisten Seminare Informationsveranstaltungen für Landfrauen, weitere Themen waren Nachhaltigkeit, Ökolandbau und Alternativen zum Drogenanbau.

Lessons Learnt

Wo Regierungen und die Privatwirtschaft intransparent agieren und manchmal sogar eine gezielte Desinformationspolitik betreiben, übernehmen NGOs die Rolle, das Recht der Bevölkerung auf Information einzulösen. Praktisches und strategisches Wissen sind Voraussetzung dafür, daß die Zivilgesellschaft Verantwortung für Umwelt und Nachhaltigkeit übernimmt, umweltpolitisches Engagement entwickelt und eine Ökologisierung des eigenen Verhaltens vornimmt. Auch umweltpolitische Einmischung muß auf fachlicher Kompetenz basieren. Umweltbildung ist ein unersetzliches Mittel zum ökologischen Empowerment von lokalen Gemeinschaften.

Die Projektaktivitäten zu Umweltbildung richten sich an eine heterogene Adressatenschaft. Deshalb müssen Form und Inhalte der Aktivitäten den jeweiligen Bedürfnissen und Voraussetzungen der Adressaten in ihren spezifischen Kontexten angepaßt werden. So dürfen lokal betroffene Bevölkerungen nicht durch akademisierte oder technisierte Aufbereitung von Kenntnissen überfordert und abgeschreckt werden.

Einmalige Aufklärungs- oder Trainingsinputs reichen nicht aus, um eine nachhaltige Bewußtseins- und Einstellungsänderung auszulösen. Die anvisierten Verhaltensänderungen sind Lernprozesse, die durch *Follow-up*-Maßnahmen und Bekräftigung von Informationen weitergeführt werden müssen.

In einigen Projekten stellen Jugendliche wichtige Adressaten der Bildungsaktivitäten dar, weil die Ausbildung eines ökologischen

Bewußtseins in der nächsten Generation von größter Bedeutung
ist. Hier fällt auf, daß Umwelterziehung eine starke Norm- und
Wertorientierung hat und haben muß.

Einige Projekte suchen Anknüpfungspunkte an indigenes Wissen,
Kultur und Gewohnheitsrechte und Ordnungssysteme lokaler
Gemeinschaften. Der Erhaltung und Reaktivierung indigener Wis-
senssysteme zum Ressourcenmanagement und -schutz sollte noch
mehr Beachtung geschenkt werden, um sie für Umweltschutz und
Nachhaltigkeitsstrategien zu nutzen.

Die Berichterstattung über Umwelt- und Nachhaltigkeitsfragen in
den Medien ist eine geeignete Methode der immer noch notwendigen Skandalisierung von Umweltschädigungen, aber auch für
die Vermittlung von umweltrelevantem Wissen allgemein. Medienleute müssen dafür sensibilisiert und ausgebildet werden.

Bisher findet in den Kleinmaßnahmen der Stiftungsbüros erst wenig
Süd-Süd-, Ost-Ost- und Süd-Ost-Austausch statt. Es sollten mehr
direkte Lern- und Austauschprozesse zwischen den Projektpartnern aus den verschiedenen Regionen organisiert werden, durch die
sie praktisch und an unterschiedlichen Orten umweltpolitischen
Geschehens (und nicht nur in Seminarräumen) ihre Erfahrungen
wechselseitig nutzen lernen.

6.2 POLITIKINTERVENTION UND -BERATUNG

Der strategische Bezug der Projektpartner auf den Staat bewegt
sich in einem Spannungsfeld zwischen Konflikt und Kooperation.
Der Staat ist politischer Adressat der NGOs, weil er als oberster
Sachwalter für nachhaltige Entwicklung im Interesse des Gemein-
wohls und als Kontroll- und Regulierungsinstanz gegenüber
umweltzerstörerischen gesellschaftlichen Kräften und Interessen
sowie nicht nachhaltigen Entwicklungstendenzen gesehen wird.
Unterschiedlich enge oder breite demokratische Spielräume eröffnen zivilgesellschaftlichen Gruppen Zugänge zur Politik in Form
offener Türen und offener Ohren oder aber halten sie auf Distanz

bis hin zur Kontrolle und Beschränkung ihrer Handlungsmöglichkeiten. Bei ihrem strategischen Bezug auf den Staat, Politiker und die Verwaltung geht es den NGOs im Kern um die Gestaltungsmöglichkeiten von Politik. Durch Vorlagen für Regulierung und Umsetzungsinstrumente, Beratung und Monitoring wollen sie die Politik in die Umweltpflicht zum Wohl der Allgemeinheit und vor allem bisher benachteiligter gesellschaftlicher Gruppen nehmen. Sich selbst betrachten sie als Anwälte des Gemeinschaftsguts Umwelt.

6.2.1 Die Öffnung demokratischer Räume in Transformationsgesellschaften

Vor dem Hintergrund der gesellschaftlichen und politischen Transformationen in den Ländern Mittel-, Südost- und Osteuropas sind die Beziehungen zwischen Staat und NGOs noch nicht sehr stark strukturiert oder formalisiert. Ein Ausdruck davon ist, daß NGOs in diesen Ländern oft keinen geregelten Zugang zu steuerfinanzierten Zuwendungsformen haben. Der ehemals allmächtige Staat, dessen Regelungs- und Kontrollbedarf sich in alle Lebensbereiche der Menschen erstreckte, ist auf dem Rückzug. An seine Stelle treten andere (meist freiheitlichere) Formen der Gestaltung gesellschaftlicher und wirtschaftlicher Beziehungen. Dieser Trend ist allerdings nicht gleichförmig in allen MSOE-Ländern zu beobachten. In den NATO-Staaten und **EU-Beitrittsländern** Polen, Tschechien, Slowakei und Ungarn ähnelt das zivilgesellschaftliche Beziehungsmodell zwischen Staat und NGOs immer stärker dem westlichen Muster, so daß die NGOs mit Steuermitteln Dienstleistungen in der Gesellschaft übernehmen. Die Reformvorhaben sind in diesen Ländern teilweise auf Druck der EU weiter fortgeschritten als in den Ländern der ehemaligen Sowjetunion oder auf dem Balkan. Hier ist es auch einfacher, an bürgerliche Traditionen anzuknüpfen, die vor dem zweiten Weltkrieg existierten. NGOs haben z.B. in Polen Zugang zu steuerfinanzierten Zuwendungen und werden aufgrund des Anpassungsdruckes an die EU-Regelungen vom Staat auch stärker in ihrer Rolle als unabhängige Experten gefordert.

In Rußland hingegen werden NGOs seitens des Staates neuerdings wieder mit großer Skepsis betrachtet. In der Jelzin-Ära (1991–1998) konnten NGOs weitgehend unbehelligt entstehen und arbeiten. Ihre Zahl stieg auf ca. 300.000 an, wovon allerdings nur ca. 70.000 aktiv arbeiteten. Außer wenn es zu Konflikten über heiße Themen kam, hat der Staat der sprießenden NGO-Landschaft keine besondere Bedeutung beigemessen. NGOs wurden weder gefördert noch bekämpft; sie wurden in der Regel einfach nicht ernst genommen. Sie führten ein Schattendasein, konnten aber, gefördert von westlichen Gebern, auf lokaler Ebene ihre unabhängige Stimme erheben und Umweltprobleme in Zusammenarbeit mit Verwaltungen bearbeiten. Seit dem Amtsantritt Putins hat eine neue Ära der Beziehungen zwischen Staat und NGOs begonnen. Die Grundlage dieser neuen Politik bildet die bizarre Idee von der »gelenkten Demokratie« oder der »gelenkten Zivilgesellschaft«. Die NGOs werden stärker kontrolliert als zuvor und sind angehalten, ihre Aktivitäten mit dem Kreml abzustimmen, bzw. der Kreml bestimmt, welche NGOs sich aktiv und öffentlich äußern dürfen. Kritische Menschenrechts- und Umweltorganisationen gehören nicht dazu. Dies entspricht sehr stark dem Macht- und Kontrollbedürfnis des allmächtigen Staates und der Philosophie des ehemaligen Geheimdienstes KGB, dem Präsident Putin entstammt.

Da der wirtschaftliche Aufschwung des Landes im Vordergrund steht, wurden die russischen NGOs unlängst durch eine Gesetzesänderung dazu verpflichtet, all ihre Einkünfte (also auch Spenden) zu versteuern. Der Steuersatz ist der gleiche, mit dem Profitunternehmen ihre Gewinne versteuern. Nach Einschätzung von Experten bedeutet dies das Aus für ca. 30% der bestehenden NGOs. Bei dieser »gelenkten Zivilgesellschaft« haben die Umwelt-NGOs schlechte Karten. Sie gelten als Elemente, die den wirtschaftlichen Aufschwung verhindern und vom Westen gesteuert werden. Unter dem Vorwand der Steuerhinterziehung wurde z.B. das Büro von *Greenpeace Rußland* 1999 von bewaffneten Spezialeinheiten gestürmt, das Inventar beschlagnahmt und die Mitarbeiter für

48 Stunden inhaftiert. Unter diesen Bedingungen und in Anbetracht der Tatsache, daß ein tiefgreifender Elitenwechsel in Rußland nicht stattgefunden hat und demnach viele Entscheidungsträger in Politik, Medien und Wirtschaft noch von den Werten des kommunistischen Regimes geprägt sind, haben unabhängige Umweltorganisationen kaum eine Chance, einen produktiven Dialog mit staatlichen Institutionen zu entwickeln.

In den **EU-Beitrittsländern** hingegen ist der Boden für eine produktive Interaktion zwischen Staat und NGOs bereitet und von beiden Seiten gewollt. Zwar sind auch hier nach wie vor Personen in wichtigen Entscheidungspositionen, die von den Werten und Normen der kommunistischen Epoche geprägt sind. In den Beitrittsstaaten wird jedoch durch die legislative Anpassung an die EU-Regularien ein Druck geschaffen, der den NGOs eine stärkere Position verleiht und mehr demokratische Spielräume öffnet. Das Gesetz in Polen verpflichtet dazu, NGOs in Umweltprüfungsverfahren mit einzubeziehen. Außerdem haben NGOs auch in den parlamentarischen Ausschüssen zu Umweltfragen auf lokaler und nationaler Ebene eine beratende Stimme. Dies kommt den Projektpartnern in diesen Ländern zugute, die so z.B. auf die Gestaltung der Energiepolitik aktiv Einfluß nehmen können. Da die Energiewirtschaft in diesen Ländern immer noch eine quasi-staatliche Angelegenheit ist, ist sie nicht ohne die staatlichen Entscheidungsträger zu verändern. Der politische Dialog mit Fachleuten in Verwaltungen und Parlamenten ist eine zwingende Voraussetzung für den Erfolg der Projektarbeit, und Fortschritte in diesem Feld sind deutlich erkennbar.

Ein weiteres Stiftungsprogramm, in dem der Dialog zwischen Staat und NGOs ein integrierter Bestandteil ist, trägt den Titel »EU-Beitritt: Perspektiven und Probleme in den Ländern Mittel-, Südost- und Osteuropas«. Es wird in Polen, Tschechien, Ungarn und der Slowakei implementiert, also in den Ländern, in denen der EU-Beitrittsprozeß am weitesten fortgeschritten ist. Die Integration dieser Länder ist eine entscheidende Voraussetzung dafür, daß die

Spaltung Europas überwunden und die Demokratisierungs- und Reformprozesse fortgesetzt werden können. Die Heinrich-Böll-Stiftung möchte gemeinsam mit ihren Partnern diesen Prozeß begleiten und kritische Fragestellungen für die Zukunft Europas aus der Sicht der NGOs auf die politische Tagesordnung bringen. Diese Fragestellungen sind vor allem in den drei thematischen Schwerpunkten: 1) Landwirtschaft und Regionalentwicklung, 2) Ökologie und Energiepolitik, 3) Demokratie und Rechtsstaatentwicklung angesiedelt. Die Arbeit wird sich durch eine starke Akzentuierung von politischen und internationalen Fragestellungen auf den Bereich Politikberatung und Konzeptentwicklung konzentrieren. Dies betrifft vor allem agrarpolitische Fragestellungen, da diese in den Beitrittsverhandlungen eine Schlüsselposition einnehmen. Die landwirtschaftlich genutzte Fläche der EU wird sich 2004 um die Hälfte erweitern und die Zahl der in diesem Sektor Beschäftigten wird auf 18 Mio. Menschen steigen. Die EU kann und will die Agrarsubventionen für die osteuropäischen Nachbarn nicht im bisherigen Umfang aufbringen. Diese Situation ist sowohl ein Problem als auch eine Chance für die Wende in der europäischen Agrarpolitik hin zum ökologischen Landbau. Den mittel- und osteuropäischen NGOs, die auf diesem Gebiet arbeiten und schon in der Vergangenheit von der Heinrich-Böll-Stiftung gefördert wurden, werden ihre nationalen Entscheidungsträger bei den Verhandlungen mit der EU-Kommission kritisch begleiten. Ihre Position wird durch das Stiftungsprogramm aufgewertet und in die Beitrittsverhandlungen eingebracht.

Dem Büro in Prag und dem neu entstehenden Büro in Warschau kommen dabei als Kontakt- und Koordinationsstelle Schlüsselrollen zu. Das Büro Prag hat sich in der Vergangenheit bereits durch zahlreiche Kleinmaßnahmen auf dem Gebiet des ökologischen Landbaus einen guten Ruf erarbeitet. Besonders erwähnenswert erscheinen in diesem Zusammenhang die regelmäßigen Gesprächsforen zwischen NGOs, Ministerien und der Regierung zum Thema Ökolandbau.

**6.2.2 Die Ökologiefrage ist eine Demokratiefrage –
zur strategischen Positionierung von NGOs im
südlichen Afrika**

Der Handlungsrahmen für NGOs war in **Südafrika** zunächst durch das *Reconstruction and Development Programme* (RDP) abgesteckt, mit dem der ANC 1994 in den Wahlkampf ging und die Wahlen gewann. Das Hauptanliegen des RDP war, Entwicklung und soziale Umverteilung in einem bedürfnis- und gemeindeorientierten Prozeß zu verschränken. Es fokussierte auf Korrektur der bisherigen Ungleichheitsstrukturen und auf Leistungen für die früher Vernachlässigten. Auf der Grundlage des RDP schlug die Post-Apartheid-Regierung 1994 der Zivilgesellschaft gegenüber einen demokratisierenden und partizipativen Kurs ein. Auf rechtlicher Ebene manifestierte sich dies in der Gesetzesreform zur kommunalen Verwaltung *(Local Governance)*, die eine Konsultation lokaler Gemeinschaften festlegt, bevor Entwicklungsprogramme geschrieben und implementiert werden.

In bezug auf Umweltfragen stand die Regierung vor zwei Aufgaben: Kapazitätsbildung innerhalb der Regierung und der Verwaltung zu den Themenkomplexen Ökologie und Nachhaltigkeit und Neuformulierung politischer Regulierung und Gesetzesreform in verschiedenen Umweltsektoren. Angesichts der demokratischen Rahmenbedingungen eröffnete beides für die NGOs Möglichkeiten, konstruktive Zu- und Lobbyarbeit zu leisten.

Sondierung und Ausschöpfung demokratischer Spielräume und die Politisierung brisanter Umweltthemen gingen dabei Hand in Hand. Leicht gerieten die NGOs dabei in das Dilemma, sich an der Umsetzung von Regierungsprogrammen zu beteiligen und sozusagen als »erweiterter Staat« *(Gramsci)* zu agieren, die Regierung aber gleichzeitig zunehmend zu kritisieren. Die Politisierung ökologischer Themen betrieben die NGOs vor allem vermittelt über den normativen Wert der Umweltgerechtigkeit. Er verknüpft ökologische mit sozialen Fragen und orientiert auf eine gerechte Verteilung von Nutzen und Kosten, Lasten und Pflichten. Der Begriff war hervorgegangen aus der Analyse des Apartheid-Regimes, das einen »Umweltrassismus« erzeugt hatte: Die schwarze Mehrheitsbevölkerung hatte wenig Nutzen von den natürlichen Ressourcen, war aber am stärksten betroffen von Umweltzerstörung.

In den demokratischen Handlungsstrukturen übernahmen NGOs wie die *Environmental Monitoring Group* (EMG) und *Group for Environmental Monitoring* (GEM) eine Vermittlerrolle zwischen der Basis und der Politik. Sie versuchten, *Communities* zu informieren und zu *empowern*, damit sie selbst Einfluß auf die Politikgestaltung nehmen können. Und sie richteten Plattformen und Dialogforen für Vertreter unterschiedlicher Interessen nach dem *Multi-Stakeholder-*Modell ein, meist mit den drei Akteuren: lokale Gemeinschaften, lokale Behörden und Unternehmen z.b. des Bergbaus. Im Vordergrund stand das Bemühen um einen diskursiven und verhandlungsorientierten Politikstil. Aus diesem Grund wurden in einem Projekt geplante Tribunale nicht durchgeführt, um keine Konfrontation zu provozieren. Diese strategische Positionierung bedeutet, daß die NGOs gleichzeitig eine umweltaufklärende und –bildende, aber auch eine demokratisierende Rolle spielten.

1996 verabschiedete die Regierung jedoch ein neues makroökonomisches Rahmenprogramm (GEAR – *Growth, Employment and Re-distribution Macro-Economic Strategy*). Hauptziel dieses Programms ist die Integration Südafrikas in die Weltwirtschaft. Es wird unterstellt, daß Wirtschaftswachstum selbst eine soziale Umverteilung bewirken wird. In Abkehr von RDP sollen öffentliche Leistungen reduziert werden.

Nach der Wiederwahl der ANC-Regierung und einer Verschärfung des neoliberalen Kurses unter Präsident Mbeki war die Regierung gegenüber Kritik aus den Reihen der Umwelt-NGOs weniger offen und ging mehr auf einen politischen Rückzugs- bzw. Ausschlußkurs gegenüber der Zivilgesellschaft. Unter Wortführung des Gewerkschaftsverbands COSATU protestierten viele NGOs gegen die Privatisierungspolitik der südafrikanischen Regierung z.B. im Energie- und Transportsektor, bei der Wasserversorgung und der Müllbeseitigung. Die Formulierung wichtiger Politiken

215 z.B. im Energiesektor findet nun in beschleunigten Verfahren hinter verschlossenen Türen statt. Transparenz wurde eingeschränkt, die Beteiligung zivilgesellschaftlicher Kräfte reduziert. So wurde u.a. mit der Festlegung einer Umweltverträglichkeitsprüfung taktiert, um Kritik auszubremsen statt sie einzubeziehen.

Das bedeutet, daß sich die Rahmenbedingungen und die möglichen Handlungsstrukturen zwischen den Trägerorganisationen und dem Staat entscheidend veränderten und dies den NGOs neue strategische Positionierungen abverlangt. Allerdings gibt es auch ein Beispiel, wo Regierung und NGOs an einem Strang zogen, nämlich beim Prozeß, den Pharmakonzerne gegen die Regierung wegen der Zwangslizenzierung patentierter AIDS-Medikamente angestrengt hatten. Die Konzerne zogen ihre Klage zurück, d.h. in Zukunft können auch andere Regierungen des Südens Lizenzen vergeben, damit patentierte Medikamente zur Versorgung der Bevölkerung preiswert produziert und vertrieben werden.

Ein (vorsichtig) positives Signal für Ressourcengerechtigkeit von Seiten des Staates gibt es auch auf rechtlicher Ebene. Im Entwurf für ein neues Bergbaugesetz behält sich das Ministerium zum Ärger der Bergbaukonzerne Entscheidungsbefugnisse über die Vergabe von Rechten vor. Abbaurechte sollen breiter verteilt und dadurch neue Einkommensmöglichkeiten geschaffen werden. Projektpartner der Heinrich-Böll-Stiftung hatten eine öffentliche Beteiligung, vor allem der betroffenen Gemeinden, an der Vergabepolitik gefordert. Nach ihrer Auffassung kann nur zivilgesellschaftliche Partizipation die soziale und die Umweltverträglichkeit der Lizenzvergabe sichern. Folglich kritisieren sie den Gesetzesentwurf als nicht ausreichend demokratisch.

In **Simbabwe** bestehen engere demokratische Spielräume als in Südafrika, die den NGOs ein anderes strategisches Vorgehen abverlangen. NGOs wurden in *Private Voluntary Organisations* (PVOs) umbenannt. Aus Furcht, daß ihnen die Registrierung entzogen wird, scheuen sie sich, einen Konfrontationskurs zur Regierung einzuschlagen. Wollen sie politisch Einfluß nehmen, ist Kooperation mit der Regierung der pragmatischste und effizienteste Weg.

Vor diesem Hintergrund ist die strategische Positionierung von *Community Technology Development Trust* (CTDT) zu sehen, der sich als zentrale Aufgabe gesetzt hat, die in der Biodiversitäts-Konvention und dem Protokoll zu biologischer Sicherheit festgelegten Regeln in nationale Gesetzgebung und in Basisprogramme zu übersetzen. Als erstes löst CTDT damit ein Recht auf Information ein, indem es sowohl Gemeinschaften an der Basis, vor allem Bauern, als auch Ministerielle und Angehörige des öffentlichen Dienstes über internationale Regelwerke aufklärt. Die staatlichen Entscheidungsträger haben für eine nationale Gesetzesformulierung Bedarf an Information und Kapazitätsbildung, den CTDT aufgrund seiner Sachkompetenz befriedigen kann.

CTDT rief ein Koordinationskomitee für eine Biodiversitätspolitik ins Leben, in dem verschiedene Ministerien und bürgerschaftliche Kräfte vertreten sind. Die Regie, sprich: der Vorsitz, liegt in der Hand von CTDT. In diesem Forum wurde ein Dialog zwischen Interessenvertretern aus Zivilgesellschaft und Regierung etabliert. Auf dieser Grundlage erarbeitet CTDT einen Entwurf für eine eigenständige nationale Gesetzgebung (sui generis). Der OAU hat er bereits einen modellhaften Gesetzesentwurf zur Sicherung von Biodiversität und den Rechten von Bauern *(Farmers' Rights)* vorgelegt. Das heißt, daß CTDT der Regierung durch Kapazitätsbildung und Politikformulierung konstruktiv zuarbeitet. Er fungierte in mehrfacher Weise als »erweiterter Staat« und Vermittlungsinstanz: zwischen der internationalen und der nationalen Politikebene, zwischen der nationalen Politikebene und der zivilgesellschaftlichen Basis und zwischen Vertretern unterschiedlicher Interessen. Dabei wird gezielt ein nicht-konfrontativer Politikstil praktiziert und diplomatisch versucht, die Regierungsmitarbeiter für die Sache, d.h. *Farmers' Rights*, zu gewinnen. Politikbeeinflussung gelingt hier auf dem Wege der konstruktiven Kooperation. Gleichzeitig gelang es durch diese Strategie, einen Dialog zwischen Staat und Zivilgesellschaft zu institutionalisieren und zivilgesellschaftlichen Kräften eine feste Rolle und einen sicheren Raum in diesem Dialog zu sichern.

In **Mosambik** leistete die Gruppe *Livaningo* Pionierarbeit im Umweltsektor und zeigte, wie zivilgesellschaftliche Kräfte den Staat zur Rechenschaft ziehen und ihn in die Umweltpflicht nehmen können. Diese Rechenschaftspflicht des Staates besteht zunächst einmal in einer Informationspflicht bzw. in der Einlösung des Rechts auf Information durch Transparenz. Die Kampagne von *Livaningo* drehte sich zu einem großen Teil um dieses Recht *(Right to know)*. Das südafrikanische Umweltnetzwerk *Environmental Justice Network Forum* vermittelte die Nachricht nach Mosambik, daß eine südafrikanische Firma in der Nähe der Hauptstadt Maputo mit Mitteln der dänischen Entwicklungshilfe eine Verbrennungsanlage für Pestizide bauen sollte. Die mosambikanische Regierung hatte die Öffentlichkeit nicht informiert. Die – damals noch nicht registrierte – Gruppe *Livaningo* klärte die betroffenen Anwohner, die mosambikanische Öffentlichkeit und das Parlament über das Vorhaben auf. Sie arbeitete vor allem mit und durch lokale Führungspersönlichkeiten nach dem *Gatekeeper*-Konzept.

Der Verlauf der *Livaningo*-Aktivitäten verweist auf den Widerspruch, daß es an demokratischen Handlungsräumen und Eingreifmöglichkeiten für zivilgesellschaftliche Kräfte fehlt, obwohl formal demokratische Strukturen und Mechanismen in Mosambik etabliert sind. Lange bemühte sich *Livaningo* vergeblich um Kopien aller Dokumente über das Projekt und die Umweltverträglichkeitsprüfung beim Ministerium. Als verschiedene Ministerien weiterhin eine Desinformationspolitik betrieben, führte *Livaningo* eine »Kampagne zur Aufklärung der Massen« über das Projekt, über Umweltgesetze und die Rechte der Bevölkerung durch. Am Ort, wo die Verbrennungsanlage entstehen sollte, organisierte sie die erste öffentliche Protestdemonstration in der Geschichte des jungen Staates Mosambik. Als nächsten Schritt überlegte die Gruppe, gegen die Regierung bei Gericht Klage einzureichen. Nach fast zweieinhalb Jahren stoppte diese dann jedoch aufgrund des Drucks Ende 2000 das Vorhaben.

Ausgehend von einem Konflikt über die Verletzung der Rechenschaftspflicht und die Risiken einer Verbrennungsanlage für toxische Abfälle bediente sich *Livaningo* eines konfrontativen Poli-

tikstils. Politikbeeinflussung gelang hier durch Konfrontation. Ihre
sehr offensive Regierungskritik war ein Novum in der post-kolo-
nialen Geschichte Mosambiks. Dieses Novum war für Regierung
und Behörden eine Provokation und offenbar noch gewöhnungs-
bedürftig, so daß sie noch nicht flexibel und demokratisch darauf
zu reagieren vermochten. Obwohl die Gruppe sich damit zu einer
Art unangepaßtem Enfant terrible in der gerade erst aufkeimenden
zivilgesellschaftlichen Landschaft Mosambiks machte, wurde sie
inzwischen als Assoziation registriert und hofft, mit ihrem legali-
sierten Status bessere Zugänge zur Politik zu bekommen.

Aus ihren Erfahrungen, wie weit ihre Handlungsoptionen und
ihre Wirkmacht von den demokratischen Mechanismen und Spielräumen in ihren Ländern abhängig ist, zogen die Projektpartner
auf dem Regionaltreffen 2001 im südlichen Afrika das Fazit, daß
»die Ökologiefrage eine Demokratiefrage« ist. Der entscheidend-
ste Faktor für ihr umweltpolitisches Handeln ist der demokratische
Raum, der ihnen offen steht.

6.2.3 Vorsichtige Annäherungen: vom konfrontativen zum diskursiven Politikstil

In **Thailand** haben die Demokratisierung seit Mitte der neunziger
Jahre und die Dezentralisierung einen neuen Rahmen für die
zuvor sehr konfrontativen Beziehungen zwischen (gesellschaftskritischen) NGOs und dem Staat gesetzt (vgl. Kap. 8.2). Der Wind
des demokratischen Wandels öffnete zivilgesellschaftlichen Kräften von CBOs bis NGOs neue Handlungsspielräume von unten
und führte dazu, daß eine neue Verfassung unter maßgeblicher
und entscheidungsrelevanter Beteiligung zivilgesellschaftlicher
Akteure geschrieben wurde. Sie gibt nicht-staatlichen *Stakeholders*
eine rechtliche Handhabe für Partizipation und auch für kritische
Einmischung in Entwicklungsplanung und Politik. Von großer
Bedeutung ist die Dezentralisierung, mit einer Übergabe von Ent-
scheidungs- und Verwaltungsbefugnissen sowie von finanziellen
Ressourcen an die Provinzverwaltungen. Die Verfassung nennt
auch eine Reihe von Instrumenten zur demokratischen Beteili-

gung bei der Entwicklungsplanung und dem Ressourcenmanagement, wie z.b. Kontroll- und Informationsverfahren durch obligatorische Umweltverträglichkeitsprüfungen und öffentliche Hearings über Entwicklungsvorhaben. Doch es fehlt an Einzelgesetzen als Umsetzungs- und Sanktionsinstrumenten und Durchführungsverordnungen für einzelne Regelungen und Leitlinien. Und insgesamt mangelt es in der thailändischen Gesellschaft an demokratischen Basisstrukturen, die solche Instrumente und Mechanismen nachhalten und realisieren könnten. So werden demokratische Mechanismen wie z.b. öffentliche Hearings in den undemokratischen Strukturen zerrieben oder werden zur Farce, indem z.b. wirtschaftspolitische Entscheidungen intransparent und undemokratisch auf hoher Ebene gefällt und dann der lokalen Bevölkerung und Zivilgesellschaft mitgeteilt werden, ohne daß ihren Stimmen noch eine Entscheidungs- und Gestaltungsbedeutung zukommt. Teilweise reagierten zivilgesellschaftliche Akteure auf diese Art von Demokratieangebot mit einer völligen Ablehnung und störten die entsprechenden Veranstaltungen.

Die Hoffnung auf einen weiteren Demokratisierungsschub verband sich mit der Wahl des Großunternehmers Thaksin Anfang 2001. Tatsächlich haben sich die Handlungsspielräume und Beteiligungsmöglichkeiten für NGOs erweitert. Auch wenn der Dezentralisierungsprozeß weiter vorangetrieben wird, sind die lebendige Ausfüllung und Nutzung formal-demokratischer Strukturen noch nicht sehr weit fortgeschritten und selbstverständlich hat kein Austausch des Personals auf allen politischen Ebenen stattgefunden. Vor allem aber führt Thaksin keine entwicklungs- und wirtschaftspolitische Korrektur am neoliberalen Kurs der Vorgängerregierungen durch.

Dies ist der Hintergrund, auf dem sich die thailändischen Partnerorganisationen gegenüber dem Staat strategisch positionieren. Nach der langen historischen Phase offener Konfrontation und radikaler Kritik waren zunächst zwei Prinzipien für sie handlungsbestimmend, nämlich Unabhängigkeit und ziviler Ungehorsam. Inzwischen sondieren sie die neuen Spielräume und versuchen sie langsam zu nutzen und für ihre Ziele zu erobern. Selbst-

kritisch formulieren sie, daß sie es noch lernen müssen, wie sie
Kontakt und Arbeitsbeziehungen mit der Regierung pflegen und
gleichzeitig ihre Kritik einbringen können. Zur Aufgabe autono-
mer Positionen sind sie jedenfalls nicht bereit.

In verschiedenen **lateinamerikanischen Ländern** fanden in den vergangenen Jahren ähnliche Annäherungen, Sondierungen und
Neubestimmungen des Verhältnisses zwischen Staat und Zivilgesellschaft wie in Thailand statt. Die Beziehungen zwischen staatlichen und nicht-staatlichen Akteuren durchliefen in den letzten
Jahrzehnten extrem unterschiedliche Phasen. Die sechziger und
siebziger Jahre, eine Zeit, in der viele NGOs gegründet wurden,
waren geprägt von einer klaren Konfrontation und einer radikalen
Auseinandersetzung mit dem Staat, an dessen Spitze in vielen
Ländern Militärregimes herrschten. NGOs und andere Gruppen
der Zivilgesellschaft wurden grundsätzlich der Opposition zuge-
rechnet und deshalb verfolgt und harter Repression ausgesetzt.
Entsprechend eng waren ihr politisches Aktionsfeld und die Ein-
wirkungsmöglichkeiten; oft blieb nur die Option des Agierens aus
dem Untergrund.

Vor diesem Hintergrund gestaltete sich die gegenseitige
Annäherung nach dem Übergang von Militärdiktaturen zu formal-
demokratischen Regierungen in den achtziger Jahren zunächst
zwar sehr vorsichtig und zögerlich, aber gleichzeitig war eine
Gründungswelle von NGOs zu verzeichnen. Noch heute ist das
Mißtrauen auf beiden Seiten nicht vollends abgebaut, war doch die
Redemokratisierung kein wirklicher Neuanfang mit einem Gene-
rationenwechsel, sondern die alte Politikergarde führt jetzt die zivilen Regierungsgeschäfte. Der Aktionsraum für NGOs hat sich aber
erheblich erweitert, was allerdings nicht gleichzusetzen ist mit den
realen politischen Einflußmöglichkeiten. In der strategischen Ausrichtung der Arbeit hat sich ein Wandel von der Konfrontation zur
Kooperation vollzogen. Nicht zuletzt verlangen die Basisgruppen
und die Bevölkerung, als deren Anwalt die NGOs auftreten, statt
einer Fundamentalopposition konkrete Antworten auf ihre Forderungen.

Eine neue Phase der Beziehungen von Staat zu NGOs wird gegenwärtig eingeläutet. Auch die Regierungen sind sich darüber im klaren, daß NGOs einen erheblich besseren Zugang zu großen Teilen der Bevölkerung haben als staatliche Stellen, deshalb wird versucht, die NGOs und andere Organisationen der Zivilgesellschaft gut kontrolliert einzubinden und ihnen damit eine Legitimationsfunktion in die Schuhe zu schieben. Gleichzeitig wurden die NGOs als bedeutende Akteure und Mittler für die Implementierung von Projekten der Entwicklungszusammenarbeit entdeckt.

NGOs wurden kooptiert und ihnen wurden wichtige Aufgaben übertragen, vor allem kam ihnen meist die undankbare Rolle zu, staatliche und andere Großprojekte den Betroffenen zu verkaufen und Akzeptanz herzustellen. Die NGOs begeben sich – wie in einigen Projekten gezeigt wird – auf eine Gratwanderung, bei der sie soweit eingebunden werden, daß ihnen der Abstand zu der staatlichen Politik und die Kritikmöglichkeiten abhanden kommen können. Es gilt dann das Prinzip »mitgehangen – mitgefangen«. Um ihrer Rolle und Funktion als Vertreter der Zivilgesellschaft auch künftig gerecht werden zu können, müssen die NGOs ihre strategische Unabhängigkeit bewahren. Nur so können sie die staatlichen Aktivitäten trotz fallweiser Kooperation mit kritischer Distanz begleiten.

Die Stiftung FUNDALEMPA in El Salvador arbeitet vor allem auf kommunaler Ebene mit den staatlichen Stellen zusammen. Die NGO übernimmt im Umweltbereich Aufgaben, die im Prinzip von öffentlichen Stellen durchzuführen sind, wie z.B. Bestandsaufnahmen, Umweltplanung und Umwelterziehung. Angestrebt wird, durch Trägerförderung und in Abstimmung mit dem Umweltministerium die Munizipalverwaltung in die Lage zu versetzen, langfristig die Aufgaben selbständig weiterzuführen.

Von einer Zusammenarbeit mit staatlichen Stellen kann man bei FASE in Amazonien nicht sprechen. Der Staat wird im Projekt als Gegenüber gesehen, an das sich die Forderungen richten. Im *Fórum da Amazônia Oriental* werden die öffentliche Politik vorwiegend mit der Brille von Umwelt und Nachhaltigkeit kritisch beobachtet und die Resultate regelmäßig publiziert, d.h. demokratisiert. Der jährliche Bericht wird verständlicherweise auch von staatlichen Stellen aufmerksam verfolgt und beachtet. Eine noch größere öffentliche Wirkung hat die ausführliche Studie in Zusammenarbeit mit der Universität von Pará über die Vergabepolitik des staatlichen Kreditprogramms für Kleinbauern hervorgerufen. Das Buch, in dem wegen der kleinbauernfeindlichen Praktiken heftige Kritik an der staatlichen Bank geübt wurde, ist bis in die Chefetagen hinein rezipiert worden und hat bereits zu wichtigen Entscheidungen zugunsten einer »besseren« Kreditpolitik geführt. Auch in einem anderen Fall wurde die fachliche Kompetenz von FASE dadurch anerkannt, daß die Stadtverwaltung die NGO beauftragte, ein städtisches Umsiedlungsprogramm in Belém bezüglich *Community Development* zu begleiten. Letzteres ist ein Beispiel dafür, daß staatlicherseits auf der einen Seite das Know-how der NGOs anerkannt und benötigt wird, auf der anderen Seite aber die Organisation scheitern kann, wenn sie für politisch besonders problematische Aktivitäten an die Front geschickt wird. Dank der großen Erfahrung und des sensiblen Vorgehens der Mitarbeiterinnen und Mitarbeiter ist es FASE gelungen, dieses Vorhaben sogar besonders erfolgreich abzuschließen. Eine Garantie dafür gibt es aber nie.

Eine vergleichbare Reputation genießt IBASE in Rio de Janeiro. Im Umweltbereich wird immer häufiger die Expertise dieser als kritisch bekannten NGO nachgefragt. Bei der Ölkatastrophe in der Bucht von Rio im Jahre 2000 wurde IBASE vom staatlichen Ölkonzern PETROBRAS und von der Stadtregierung gebeten, die Beratung der örtlichen Bürgerinitiativen durchzuführen und die Bewertung und Implementierung der Umweltmaßnahmen zu übernehmen. Wie schmal der Grat zwischen Kritik und Kooptation und wie wenig stabil das Vertrauen der Politiker gegenüber der »linken« NGO IBASE ist, wurde deutlich, als der Vertrag im Wahlkampf einseitig aufgekündigt wurde. Ein anderes Beispiel der Kooperation ermöglicht gleichzeitig eine Einflußnahme auf die Politik. Von PETROBAS wurde IBASE beauftragt, Umweltindikatoren zu entwickeln, die sowohl vom Konzern als auch vom Umweltministerium übernommen werden sollen. Die fachliche Expertise von

NGO-Seite ermöglicht es hier, in der Umweltpolitik Normen mit-
zudefinieren.

Im Programm *Cono Sur Sustentable* kann der Staat nicht un-
berücksichtigt bleiben, denn eine veränderte Politik muß ihn einbeziehen. Bisher stellt er aber nicht mehr als den Adressaten für
Vorschläge und Forderungen der Zivilgesellschaft in sehr allge-
meiner Form dar. Auch wenn beispielsweise detaillierte Vorschläge erarbeitet worden sind, welche Gesetze neu beschlossen
werden sollen, sind noch keine konkreten Ansätze für die Zusammenarbeit benannt. In der gegenwärtigen Etappe soll die Strategie
für die politische Umsetzung erarbeitet werden. Dabei sehen die
im Programm aktiven NGOs den *Multi-Stakeholder*-Dialog als
keinen geeigneten Ansatz, um grundlegende Veränderungen zu
erkämpfen. Sie sehen im augenblicklichen Stadium die Gefahr
einer Demobilisierung und befürchten, daß in den dabei erzielten
Kompromissen ihre Konzeptionen zu stark verwässert werden.
Erste, nicht immer konfliktfreie Erfahrungen hat das IEP-Projekt
in Chile gemacht, das bereits seit einiger Zeit mit öffentlichen Stellen zusammenarbeitet. Auf kommunaler Ebene wurden bei diesem Projekt in der Umweltplanung und bei der Lösung von
Umweltproblemen neben den Organisationen vor Ort auch die
kommunalen Institutionen einbezogen.

In Bolivien gibt es eine vorbildliche Umweltgesetzgebung,
deren Umsetzung jedoch sehr zögerlich erfolgt, weil es handfeste
wirtschaftliche Interessen mächtiger Gruppen dagegen gibt. AIPE
hat es sich zur Aufgabe gemacht, nicht nur ein Monitoring durchzuführen, sondern in der Kommunalverwaltung Kapazitäten mit
aufzubauen und zu fördern, als Grundlage für die Einhaltung der
Normen und Gesetze, denn nur wenige Mitarbeiter in den entsprechenden Verwaltungen verfügen über die notwendigen Kenntnisse oder kennen die neuen Gesetze. Hier handelt es sich um eine
Dienstleistung an den Staat im Interesse der eigenen Sache.

6.2.4 Zur strategischen Positionierung von Regierungen
gegenüber den Zivilgesellschaften
(Horn von Afrika, Kuba)

Äthiopien, Eritrea und Kuba, wo die Heinrich-Böll-Stiftung staatliche und nicht-staatliche Projektpartner hat, sind ein anderes Beispiel für die Schwierigkeiten einer Annäherung und Kooperation zwischen Staat und Zivilgesellschaft. Für die nicht-staatlichen Träger in **Äthiopien** ist die Strategiefrage eng daran gebunden, wieviel selbständigen Handlungsraum ihnen vom Staat zugestanden wird und welche Möglichkeiten sie haben, die Politik zu hinterfragen. Auch ohne regierungskritisch aufzutreten, wurden in der Vergangenheit z.B. NGOs von Oromos in ihrer Arbeit häufig behindert. Gleichzeitig stehen die staatlichen Träger, deren Hauptaufgabe zunächst die Formulierung von Umweltpolitiken und Regularien ist, ihrerseits vor der Entscheidung, ob, wie und inwieweit sie die Zivilgesellschaft in die Formulierung und Umsetzung ihrer Umweltpolitiken einbeziehen wollen.

Um der Furcht des Staates entgegenzutreten, daß sich in NGOs und anderen zivilgesellschaftlichen Organisationen politischer Widerstand sammelt, wurde auf ihre Initiative hin ein Verhaltenskodex für NGOs formuliert, in dem sie sich zu Transparenz verpflichten und im Gegenzug darauf hoffen, daß die Regierung ihr Mißtrauen abbaut und ihnen größere Handlungsspielräume zugesteht. Die Erzeugung von demokratischer Akzeptanz auf staatlicher Seite ist jedoch anscheinend ein langwieriger Prozeß.

Das Umweltamt in der Stadtverwaltung von Addis Abeba hat in einem Lernprozeß eine größere Flexibilität und Offenheit gegenüber der Zivilgesellschaft entwickelt. Es sieht eine dreifache Aufgabe für sich:
- Politiken zu formulieren und Regelungsinstrumente einzusetzen.
- Als Behörde auf die städtische bzw. Provinzregierung einzuwirken, damit sie ökologische Belange in ihre Politiken, vor allem in die Wirtschaftspolitik aufnimmt. Das heißt, es bemüht sich um ein Öko-*Mainstreaming* in anderen Politikressorts und

sucht strategische Bündnisse mit *Line*-Ressorts (Ressorts, die auf derselben Linie sind, am selben Strang ziehen), um vor allem dem Wirtschaftsressort gegenüber stärker auftreten zu können. So fordert es, daß Industrie- und Investitionsvorhaben nicht an ihm vorbei getätigt werden, sondern »über seinen Tisch gehen müssen«.

– Es will als umweltpolitische Vermittlungsinstanz zwischen den *Kebele* (städtische Wohnviertel) und der Verwaltungsspitze fungieren, in dem es Anliegen der Bevölkerung an die Regierung vermittelt. So gibt es z.b. Beschwerden von *Kebele* über industrielle Umweltverschmutzung weiter. Gleichzeitig hält es Umweltschutzmaßnahmen im Stadtgebiet nur für umsetzbar, wenn die Bevölkerung beteiligt ist. Frauengruppen sind z.b. leicht mobilisierbar für Abfallbeseitigung und Säuberungsaktionen. Wenn es zum Konfliktfall kommt und das Umweltamt Anliegen der *Kebele* nicht in der Stadtverwaltung bzw. Provinzregierung umsetzen kann, denken Vertreter des Amtes sogar daran, die *Kebele* zu mobilisieren, damit sie selbst direkt Druck auf die Verantwortlichen ausüben. Angesichts der derzeit autoritären Entwicklung des äthiopischen Staates ist allerdings sehr fraglich, ob den *Kebele* die notwendigen demokratischen Spielräume offen stehen.

Die eritreische Umweltbehörde zeigt weniger Offenheit für das Konzept zivilgesellschaftlicher Partizipation und viel Skepsis gegenüber der Unabhängigkeit zivilgesellschaftlicher Kräfte. Ihr Denken folgt immer noch der Logik der zu politischer Macht gekommenen Befreiungskämpfer: Wir sind das Volk und vertreten zwangsläufig dessen Interesse. Gegenüber NGOs, die in **Eritrea** nicht zugelassen sind, herrscht immer noch ein tiefer Argwohn, daß sie Sammelstellen für oppositionelle Kräfte und potentielle Unruhe- und Widerstandsherde sein könnten.

Die zivilgesellschaftliche Öffentlichkeit und die Basis versuchte das Amt durch zwei Strategien zu erreichen: durch umweltbezogene Beiträge im Rundfunk im Rahmen der Erwachsenenbildung und durch ein ökologisches Training von unteren Verwaltungsangestellten, Dorfältesten und anderen lokalen Führern. Weil dieses Training auch partizipatorische Methoden (PRA) enthielt, wird davon ausgegangen, daß die Beteiligung der Bevölkerung an der Basis gewährleistet wird. Bisher wurde jedoch keine Wirkungsanalyse der Trainingsmaßnahmen und der Rundfunksendungen durchgeführt.

Der im Rahmen des Projekts geplante Aufbau umweltpolitischer Foren als zivilgesellschaftliche Strukturen auf der Dorf- und Distrikt-Ebene fand nicht statt. Dies wird damit begründet, daß die Verantwortlichen im Laufe der Zeit zu der Auffassung gekommen sind, daß diese Foren nicht als zusätzliche Strukturen auf der lokalen und kommunalen Ebene aufgebaut werden müssen, weil bereits Gremien *(Baito)* auf dörflicher und Distriktebene bestehen, die umweltpolitische Fragestellungen aufnehmen und bearbeiten können. D.h. wenn ein Dorf- oder Distriktkomitee über Brennmaterial fürs Kochen debattiert, ist es qua definitionem ein Umweltforum. Allerdings ist nicht klar, wie umweltpolitische Themen auf systematische Weise in der Agenda dieser Gremien verankert werden.

Auch in **Kuba** will der Staat die Zügel nicht aus der Hand geben. Ähnlich wie in Eritrea und Äthiopien und früher in MSOE erklärt er sich selbst und nur sich als zuständig für alle Belange der Gesellschaft. Im Projekt in einem Stadtteil von Havanna, wo über das Sammeln und Trennen von Hausmüll eine Umweltsensibilisierung erreicht werden soll, müssen die Aktivitäten mit den öffentlichen Stellen abgestimmt sein und über die etablierten Stadtteilkomitees laufen. Projektpartner ist zwar eine NGO, die Stiftung *Antonio Nuñez Jimenez*, doch in die Zusammenarbeit mit der Heinrich-Böll-Stiftung mußte auch eine staatliche Stelle einbezogen werden, die *Parque Metropolitano de La Habana*. Eine enge Zusammenarbeit, die allerdings mehr als Kontrolle zu verstehen ist, wird auch mit dem Ministerium für Wirtschaftsinvestitionen und ausländische Zusammenarbeit verlangt.

Da in **Somaliland** staatliche Institutionen zwar eingerichtet sind, aber die Bürokratie wenig funktionsfähig ist, hat die Bevölkerung in Eigenregie viele Organisationen und verschiedene Formen der Selbstverwaltung entwickelt. Mit einem großen Potential zu Eigeninitiative und Selbsthilfe übernehmen sie Aufgaben, die eigentlich dem Staat obliegen. Da z.B. das Umweltministerium allein schon aufgrund seiner Mittelknappheit bei Expertise und Umsetzung seiner Richtlinien auf zivilgesellschaftliche Kräfte angewiesen ist, sucht es eine Kooperation mit NGOs wie z.b. dem Frauendachverband NAGAAD.

Die Brücke zwischen Zivilgesellschaft und Politikformulierung sollte durch einen Expertenpool als Beratungsgremium für das Umweltministerium geschlagen werden. Aufgrund von Kapazitäts- und Kompetenzdefiziten besteht beim Ministerium ein großer Bedarf an externer Beratung, um Politikpapiere formulieren zu können. Die im Ausland ausgebildeten und nach Somaliland zurückgekehrten Experten sollten Recherchen in verschiedenen Regionen unter Beteiligung der örtlichen Bevölkerung durchführen, deren Probleme und Anliegen an das Ministerium weitervermitteln und auf dieser Grundlage Politikvorlagen schreiben. Der *Think Tank*, aber auch NGOs werden als Mittler zwischen der Regierung und der Bevölkerung verstanden, die Partizipation sichern sollen. Die sinnvollen Aufgaben konnte der *Think Tank* jedoch nur beschränkt wahrnehmen, weil es an Geldern für die Reisen und die Honorare fehlte. Trotzdem konnten einige Richtlinien und eine Gesetzesvorlage formuliert werden.

Lessons Learnt

Politikintervention ist in Form und Intensität von den politischen Rahmenbedingungen und demokratischen Räumen abhängig. Diese Voraussetzungen verlangen den NGOs eine unterschiedliche Positionierung und angepaßte Strategien in bezug auf und im Umgang mit dem Staat ab.

Die Demokratisierung in vielen Ländern hat neue Handlungs- und Einflußmöglichkeiten für zivilgesellschaftliche Kräfte geöffnet, die von den NGOs derzeit sondiert und ausgetestet werden. Ein dis-

kursiver und kooperativer Politikstil scheint derzeit oft erfolgversprechender und konstruktiver als eine Konfrontation.

Die NGOs vollziehen als advokatorische Vertreter ökologischer Themen und benachteiligter Bevölkerungsgruppen eine Gratwanderung zwischen Dienstleistung für die Regierung (»erweiterter
Staat«) und Politikkritik. Politisch konstruktive Einmischung bei
Wahrung der eigenen Unabhängigkeit ist ein Lernprozeß.

Demokratische Dialogformen und Verhandlungsstrukturen sind oft
noch labil und nicht institutionalisiert. Leicht setzt ein Wiederer-
starken staatlicher Kontroll- und Sanktionsmechanismen ein. Deshalb ist ein Empowerment der NGOs und eine Stärkung zivilgesellschaftlicher Strukturen durch Kapazitäts- und Institutionenbildung weiterhin notwendig. Dazu gehört auch, daß strategisches
Know-how über diskursive und konstruktive Politikformen wie
Lobbying, Erarbeitung von politischen und rechtlichen Alternativ-
entwürfen, Ausrichtung von Runden Tischen etc. vermittelt und
eingeübt wird.

6.3 VERNETZUNG

In vielen Ländern des Nordens und Südens waren vor allem die
achtziger Jahre das Jahrzehnt der NGO-Gründungen. Entsprechend könnte man die neunziger Jahre als Jahrzehnt der Vernetzung bezeichnen. Es ist ein Charakteristikum der gegenwärtigen
NGO-Landschaft, daß der Vernetzungsgrad weiterhin zunimmt,
sowohl horizontal auf lokaler, nationaler und internationaler Ebene
als auch vertikal zwischen den Ebenen. Die Zahl themenspezifischer und professioneller Netzwerke wächst, und vor allem horizontal werden die Netze immer engmaschiger. Diese Verdichtung
von Netzen gilt nicht nur für NGOs, sondern ebenfalls für anders
verfaßte zivilgesellschaftliche Kräfte wie Basisgruppen und *People's
Organisations*, Forschungseinrichtungen und wissenschaftliche
Institutionen, soziale und kirchliche Einrichtungen.

Durch Vernetzung setzen sich NGOs als zivilgesellschaftliche Einzelakteure in eine strukturierte Verbindung, stärken durch Austausch ihre Informationsbasis und Argumentationsposition, zielen auf Synergieeffekte und eine größere Breitenwirkung. Vernetzung ist eine dauerhafte, in unterschiedlichem Maße institutionalisierte Bezugsform, die über kurzfristige und punktuelle Bildung von Aktionsbündnissen hinausgeht. Es handelt sich um eine Strategie zivilgesellschaftlicher Machtbildung durch Abstimmung und Austausch, Koordinierung und Kooperation.

Drei Grundvoraussetzungen für das Funktionieren eines Netzwerkes werden in der Literatur genannt: eine gemeinsame Basisintention, das Beziehungspotential und der aktuelle Anlaß (Exner / Königswieser 2000). Ein Netzwerk funktioniert also nicht per se, wenn es ähnliche Interessen oder Basisintentionen gibt, es bedarf noch weiterer Faktoren: Ein aktueller Anlaß zur Aktivierung der Zusammenarbeit muß gegeben sein, und es muß ein Beziehungspotential in Form zeitlicher, finanzieller, technischer und sprachlicher Mittel zur Zusammenarbeit vorhanden sein. Nur wenn alle drei Faktoren zusammentreffen, kann ein Netzwerk seine synergetischen Effekte entfalten.

Netzwerke wollen eine Vielfalt von Inhalten und Ansätzen, die verschiedene Einzelakteure einbringen, auf der Grundlage eines thematischen oder Zielkonsenses koordinieren. Als Systeme sich positiv verstärkender Wechselwirkungen sind sie besonders geeignet, strategische Interessen in bezug auf einen gesellschaftlichen Wandel zu vertreten, z.B. zur Ökologisierung von Politik und Gesellschaft, zur Demokratisierung oder zur Umsetzung von Rechten.

Der steile Aufschwung von Vernetzung ist auch als eine Antwort von Organisationen der Zivilgesellschaft auf die Globalisierung zu sehen und wurde durch die globalen Informations- und Kommunikationstechnologien möglich, die neue Wege des Sich-Kurz-Schließens über Zeit und Raum hinweg eröffnet haben. Auf internationaler Ebene wirkte die Serie von UN-Konferenzen in den Neunzigern als Impuls für zivilgesellschaftliche Kräfte, transnationalen Informationsaustausch zu betreiben, Abstimmungen,

Positionierungen und Kooperationen vorzunehmen und Lobbyak-
tivitäten bei den Regierungsverhandlungen zu koordinieren. Der
Startschuß für die steile Konjunktur transnationaler Vernetzung
zu Beginn der neunziger Jahre fiel mit den Vorbereitungen für die
Rio-Konferenz.

6.3.1 Vernetzung ist Arbeit

Auch die meisten Partnerorganisationen der Stiftungsprogramme
stehen in Informations- und Austauschbeziehungen mit anderen
Umwelt-NGOs und sind Mitglieder von Netzwerken. Vom Netz-
werktypus her dominieren themenspezifische, zunehmend pro-
fessionalisierte *Advocacy*-Koalitionen, die eine anwaltschaftliche
Politik der Aufmerksamkeit für ökologische Themen betreiben
(vgl. Brunnengräber / Walk 1997) .

Durch die Vernetzung wollen NGOs sich Legitimation und
Rückendeckung bei einzelnen Aktivitäten verschaffen und durch
strategische Allianzen Synergie- und Multiplikatoreneffekte erzeugen. Vernetzung stärkt die zivilgesellschaftliche Durchsetzungskraft und politische Verhandlungsposition. Dadurch verbessert sie
die Chancen der NGOs, politischen Einfluß auszuüben und strukturelle Veränderungen anzustoßen, d.h. sie erhöht das Transfor-
mationspotential zivilgesellschaftlicher Kräfte. Deshalb ist Netzwerkbildung für viele Projektpartner eine wichtige Aufgabe, in
einigen Fällen sogar die zentrale Aktivität.

So wünschen sich z.B. die Partnerorganisationen im südlichen
und östlichen Afrika eine Intensivierung der Vernetzung als Strategie für umweltpolitisches Selbst-*Empowerment*, um ihre Kapa-
zitäts- und Verhandlungsschwäche zu überwinden. Praktische wie
politische Vernetzung auf regionaler und internationaler Ebene
wird gerade im Zeitalter der Globalisierung als zunehmend notwendig erachtet, weil die Gefahr wächst, daß Einzelorganisationen
von der Globalisierung überrollt werden. Verstärkt wollen die Partnerorganisationen regionale Zugänge zu den Themen erschließen,
die sie bisher lokal oder national bearbeiten. Gerade in Afrika bietet der Rio+10-Prozeß einen Anlaß, Vernetzung voranzutreiben.

Die Partner der Stiftung wollen Netze themenspezifisch und von unten nach oben aufbauen, d.h. von der lokalen zur nationalen und dann zur regionalen Ebene voranschreiten. Dabei sprachen sich die südafrikanischen Partnerorganisationen unmißverständlich für einen selbstinitiierten, inhaltlich bestimmten und bedarfsorientierten Netzwerkaufbau aus und lehnten geber-initiierte Netzwerkbildung ab (»demand driven, not donor driven«). Zur Verbreiterung ihres Wirkkreises und der Beeinflussung der öffentlichen Meinung halten sie es für dringend notwendig, eine Bündnispolitik mit anderen sozialen Bewegung, z.B. mit der in Südafrika bedeutenden HIV/AIDS-Bewegung, zu entwickeln und Öko- und Nachhaltigkeitsthemen in Nicht-Umwelt-Organisationen und –netzen zu integrieren und zu verankern. Dagegen verwahrten sie sich deutlich gegen Versuche, Umweltbewegungen und Netzwerke des Nordens zu kopieren.

In Thailand, wo die einzelnen NGOs in eine soziale Bewegung eingebettet sind, bedeutet Vernetzung die Koordination von Aktivitäten und direkte Kooperation z.B. in Kampagnen auf der Grundlage eines gemeinsamen Konzepts von nachhaltiger Entwicklung, das auf dem Schutz lokaler Wirtschafts- und Öko-Systeme beruht *(Sustainable Livelihood)*. Das Netzwerk ist eine Dienstleistungs-Infrastruktur der Bewegung, ein tätiger Organismus. Vernetzung in der Region z.B. auf internationale Ereignisse hin stößt häufig an Sprachbarrieren, die auch von den Auslandsbüros nur sehr partiell aufgefangen werden können.

Bei Netzwerken in anderen Regionen ist dagegen oft schwer einschätzbar, was Vernetzung über Informationsaustausch hinaus bedeutet. Manchmal ist ein Netzwerk lediglich eine lose Verbindung mit gelegentlicher, teils beliebiger, teils durch aktuelle Ereignisse ausgelöste Kontaktaufnahme auf der Grundlage eines vorausgesetzten Konsenses über gemeinsame Positionen und Interessen. Die Gemeinsamkeiten sind dabei unterschiedlich groß. Es scheint relativ wenig an praktischer Abstimmung von Strategien und Bündelung von Aktivitäten stattzufinden. Einzelprofilierungstendenzen innerhalb der NGO-Szene sowie die Konkurrenz, z.B. um ausländische Mittel oder Ansehen im eigenen Land, bestehen

weiterhin. Dies zeigt, daß Vernetzung kein Wundermittel für zivilgesellschaftliches *Empowerment* ist. Sie erfordert – und dies drückt
das englische Wort *Networking* gut aus – Arbeit, und zwar kontinuierliche Arbeit. Ein Netzwerk lebt also nur von den Initiativen
seiner Beteiligten und kann sich nur dadurch am Leben erhalten.
Ein Netzwerk, in dem kein Austausch zwischen seinen Beteiligten
stattfindet, ist tot.

In den MSOE-Ländern waren die meisten NGOs zu Beginn
ihrer Arbeit Anfang der neunziger Jahre noch unerfahren in der
Zusammenarbeit mit anderen und kaum in der Lage, ihre Potentiale und Ressourcen für die Erreichung gemeinsamer Ziele mit
anderen zu verknüpfen. Heute nutzen viele Organisationen die
Chance der Kooperation mit anderen, und es gibt weitreichende
Aktivitäten, die speziell der Netzwerkbildung dienen (z.B. in Rußland: die erste landesweite NGO-Konferenz im Oktober 2000). So
ist der eingangs beschriebene Trend der zunehmenden Vernetzung und der Verdichtung von Kontakten und Kooperationen auch
in Osteuropa zu verzeichnen. Die Möglichkeiten der neuen Infor-
mationstechnologien wirken sich auch hier fördernd auf die
Zusammenarbeit zwischen NGOs aus. Dies gilt insbesondere für
Rußland, wo die Größe des Landes und die hohen Reisekosten
direkte Begegnungen erschweren. Landesweite russische NGO-
Portale und virtuelle Lernstätten (www.trainet.org) für NGO-Mana-
ger mit qualitativ hochwertigen Bildungsangeboten und Online-
Kursen sind inzwischen gut etabliert und treffen auf wachsende
Nachfrage.

Trotzdem finden die meisten Vernetzungsinitiativen von NGOs
auf lokaler Ebene statt. NGOs unterschiedlicher Ausrichtungen
(Umwelt, Frauen, Jugend, Menschenrechte etc.) aus einer Stadt
oder einem Kreis unternehmen gemeinsame Anstrengungen für
die Umsetzung lokaler Anliegen. Landesweite, mitgliederstarke
Netzwerke im Bereich Ökologie und Nachhaltigkeit, Kampagnen,
Verbände oder Allianzen mit politischer Schlagkraft sind eher die
Ausnahme, wobei sie in den mitteleuropäischen Ländern stärker
ausgeprägt sind als in den Staaten der ehemaligen Sowjetunion.
Die Entwicklung dieser Netzwerke verläuft sehr dynamisch und

aktuelle Anlässe, wie z.B. die ökologischen Folgen und Nebenwirkungen des EU-Beitritts der mitteleuropäischen Staaten, lassen bereits vorhandene Kontakte neu aufleben und zielgerichtete Aktivitäten entstehen.

6.3.2. Netzwerkunterstützung – genuine Aufgabe der Auslandsbüros der Heinrich-Böll-Stiftung

Die Auslandsbüros betrachten das Knüpfen von Netzen und Koordinierung im zivilgesellschaftlichen Raum als ihre genuine Aufgabe. Die Büros in Prag, Moskau und Sarajevo spielen eine wichtige Rolle im nationalen Diskurs zu Umweltfragen. Sie wirken als Katalysatoren und können als Knotenpunkte in einem entstehenden Netz von Umweltgruppen angesehen werden. Sie ermöglichen den Austausch zwischen verschiedenen Interessengruppen zu Umweltthemen und fördern den Dialog. Insbesondere das Büro Moskau setzt einen starken Akzent auf die Zusammenarbeit von ökologischen NGOs mit Menschenrechts- und Frauenorganisationen. Daraus soll ein umfassenderes Verständnis des zivilgesellschaftlichen Dialogs entstehen. Die Arbeit des Büros in Prag wirkt in unterschiedlichen Richtungen bei der zunehmenden horizontalen und vertikalen Vernetzung. So wird einerseits die Zusammenarbeit zwischen den einzelnen NGOs zu bestimmten Themen gefördert. Verschiedene Interessengruppen nahmen z.b. an den jährlich stattfindenden Konferenzen zum Thema Ökolandbau teil und hatten dort Gelegenheit, sich über Probleme und Perspektiven auszutauschen und gemeinsame Aktivitäten zu verabreden. Andererseits wird auch ein Beitrag für die Verdichtung des horizontalen Austausches geleistet, indem z.b. Verbraucher und Produzenten von Öko-Produkten sich auf dem Biojahrmarkt begegnen und sich und ihre Bedürfnisse und Wünsche dort besser kennenlernen. Aber auch der horizontale Austausch zwischen politischen Entscheidungsträgern und NGOs wird in den Gesprächsforen zum Thema Ökolandbau gefördert. Hier wird im Rahmen des Programms zum EU-Beitritt künftig noch verstärkt auf den politischen Meinungsbildungsprozeß Einfluß genommen. Zudem bietet dieses Programm die Möglichkeit, den

internationalen Austausch zu fördern, womit eine weitere Ebene der
horizontalen Vernetzung eingefügt wird.

Wegen der insgesamt geringen Zahl von Umwelt-NGOs am Horn
von Afrika und in Westafrika ist der Vernetzungsgrad dort am
wenigsten fortgeschritten und gleichzeitig notwendig, um eine
stärkere Breitenwirkung ökologischer Themen zu erzielen. Aus
diesem Grund ist Vernetzung ein Oberziel des gesamten Programms am Horn von Afrika. Das Stiftungsbüro in Addis Abeba
bemühte sich mit einer ganzen Serie von Workshops zu ökologischen Themen, äthiopische Akteure miteinander in Beziehung zu
setzen und auch Akteure aus den Nachbarländern am Horn einzubeziehen. Damit schuf es erstmalig Foren für Dialoge zwischen
zivilgesellschaftlichen, wissenschaftlichen und staatlichen Akteuren und leistete wichtige inhaltliche Vorgaben. Von den Teilnehmern wurde das Regionalbüro als Impulsgeber für Netzwerkbildung und als Knotenpunkt wahrgenommen und geschätzt. Wegen
der Schließung des Büros in Addis Abeba wurden die Aktivitäten
abgebrochen, bevor sich ein Netzwerk mit tragfähigen Informati-
ons- und Arbeitsbeziehungen wirklich etabliert hatte. Prinzipiell
scheinen Initialzündungen z.B. durch Workshops für einen Netzwerkaufbau nicht auszureichen. Ein nur einmal angestoßener
Ball bleibt nicht dauerhaft am Rollen, sondern kann sich nur durch
kontinuierliche Vernetzungs-Arbeit und strategische Zielgerichtetheit zur Lawine verbreitern. Deshalb sind für die nächste Förderphase der Aufbau einer Infrastruktur mit verantwortlichen
Knotenpunkten und *Follow-up*-Veranstaltungen geplant, die Kapazitäten bilden und das Netzwerk funktionsfähig machen. Das
regionale Netzwerk soll sich dann aus drei nationalen Netzwerken
in Äthiopien, Eritrea und Somaliland mit jeweils einer koordi-
nierenden Organisation zusammensetzen.

Die Stiftungsbüros im Nahen Osten initiierten im Rahmen des
Euro-Mediterranen-Partnerschaftsprojekts eine beispielhafte re-
gionale Vernetzung, die ziel- und termingerichtet verlief: Umwelt-
NGOs im südlichen und östlichen Mittelmeerraum schlossen sich

zusammen, um ein Positionspapier zur Umwelt- und Nachhaltigkeitsproblematik in der Region zu erarbeiten. Ziel war, diese Themen in die Agenda der Euro-Med-Außenministerkonferenz im April 1999 in Stuttgart einzubringen. Partizipation und Lobbying waren nur von beschränktem Erfolg, doch die konkrete Vernetzungsarbeit stellte eine produktive Verbindung zwischen Umwelt-NGOs in sieben Ländern her und war ein Schritt zum zivilgesellschaftlichen *Empowerment*. Es war ein Beispiel dafür, daß hochrangige Konferenzen geeignete Anlässe und Mittel themenspezifischer Netzwerkbildung sind, zum Teil sogar trotz politischer Konflikte (vgl. Kap. 3.4.1).

Auch das Büro in Johannesburg förderte die regionale bzw. kontinentale Vernetzung von Umwelt-NGOs in bestimmten Sektoren. So unterstützte das Büro die Vernetzung afrikanischer Bergbaukampagnen (*African Initiative on Mining, Environment and Society* – AIMES) unter Leitung des *Third World Network* in Ghana und den Aufbau eines regionalen Netzwerks zum Management der Wasserressourcen im südlichen Afrika. Zur Koordinierung der Vorbereitung auf den Weltgipfel in Johannesburg leistete das Büro modellhafte Anstiftung zu ziel- und terminorientierter Vernetzung zivilgesellschaftlicher Kräfte. Auch die Büros in Nairobi (früher Addis Abeba) und Brüssel koordinierten Umwelt- und Entwicklungs-NGOs im Rio+10-Prozeß (vgl. Kap. 5.5).

6.3.3 Netzwerkkonsolidierung in Lateinamerika

Für die lateinamerikanischen Partner ist es nicht prioritär, neue Netzwerke aufzubauen, weil bereits viele bestehen. Vielmehr gilt es, die Teilnahme effizient zu organisieren bzw. die bestehenden Netze zu nutzen, mitzugestalten und inhaltlich zu füllen. Die meisten Netzwerke hatten ihren Ausgangspunkt in den sozialen Bewegungen, als Ökologie und Nachhaltigkeit noch nicht als wichtiges Thema wahrgenommen wurde; deshalb besteht die inhaltliche Füllung vor allem darin, diese Thematik zu integrieren. Nicht alle Programme der Heinrich-Böll-Stiftung, die antragstechnisch als

Programme etikettiert wurden, hatten den Vernetzungsansatz als
zentrale Zielsetzung. Unter der Bezeichnung ECOBOL in Bolivien
und beim Programm »Ökologische Koordination in Mittelamerika« war eine Zusammenarbeit unter den Partnerorganisationen
nie wirklich zustande gekommen. Zusammenarbeitsanspruch
und Vernetzungsansatz wurden in den jeweiligen Evaluierungs-
berichten als ausgesprochen *donor driven* bezeichnet. Das Cono-
Sur-Programm bildet insofern eine Ausnahme davon, als die Initiativen für die Zusammenarbeit auf Landesebene bereits bestanden,
so daß die Beteiligung der Heinrich-Böll-Stiftung an den Diskussionen für die Vernetzung der drei Länderprogramme Brasilien,
Chile und Uruguay eine Katalysatorfunktion hatte.

Im Rahmen der bestehenden Netze und ihrer Infrastruktur
haben sich im Zuge der Vorbereitung der Rio-Konferenz und vor
allem auch danach neue Netzwerke mit spezifisch ökologischen
Aufgabenstellungen herausgebildet. Im Nordosten Brasiliens
formte sich im Umfeld kirchlicher Organisationen das Netzwerk
Mutirão Nordeste. Es entstand aus der gemeinsamen Problem- und
Interessenlage der NGOs im Trockengebiet und hat sich als Aufgabe
gestellt, durch Austausch und gemeinsam entwickelte Problemlösungen Synergieeffekte zu erzeugen. Die beteiligten NGOs, zu
denen auch die Projektpartner der Heinrich-Böll-Stiftung in Bahia
gehören, wollen die Kräfte bündeln; politische Einflußnahme ist bisher nicht beabsichtigt. Besonders für die kleineren Partnerorganisationen spielt das Stiftungsbüro die Rolle eines Knotenpunkts.

Die beiden großen brasilianischen NGOs FASE und IBASE arbeiten in vielen nationalen und internationalen Netzwerken mit, manche wurden auch von ihnen initiiert bzw. mit ihrer aktiven Mitarbeit
gegründet. Bei FASE Amazonien ist für das Thema Ökologie und
Nachhaltigkeit das *Forum da Amazônia Oriental* (FAOR) heraus-
ragend. Es macht mit einem viel weiteren als nur ökologischen Verständnis von Nachhaltigkeit ein kontinuierliches Nachhaltigkeits-
Monitoring für die Region und analysiert die öffentliche Politik.

Einen weiteren Arbeitsschwerpunkt hat FASE in der Mitarbeit im
Netzwerk REDE BRASIL, einem Zusammenschluß von NGOs, die

ein *Watch*-System für Großprojekte, vorwiegend der internationalen Entwicklungszusammenarbeit, aufgebaut haben. Bereits im Planungsstadium sollen Informationen, z.B. von der Weltbank, der Interamerikanischen Entwicklungsbank etc., zusammengetragen werden, um die Projekte auf ihre ökologische und soziale Verträglichkeit »abzuklopfen« und gegebenenfalls Lobbyarbeit oder Kampagnen dagegen zu organisieren.

Es würde zu weit führen, alle Netzwerke aufzuzählen, in denen FASE und IBASE mitarbeiten und in die Mitarbeiterinnen und Mitarbeiter beider NGOs das Ökologiethema hineintragen. Jedenfalls sehen FASE und IBASE in der Vernetzung eine wichtige Strategie und verstehen die aktive Unterstützung und Mitarbeit in Netzwerken als einen wichtigen Teil ihrer Arbeit. Nicht von ungefähr sind beide in der Koordinationsgruppe von *Cono Sur Sustentable*.

Noch im Aufbau begriffen und bisher wenig wirkungsvoll ist dagegen das Umweltnetzwerk in Bolivien. FOBOMADE ist dabei, ein landesweites Netz aufzubauen und mit anderen NGOs vor Ort zu kooperieren. Eine der Schwierigkeiten liegt darin, daß es nicht ein von unten gewachsener Prozeß ist, sondern daß es sich eher um ein landesweites Netz mit weitgehend selbständigen Filialen, den Regionalforen, handelt.

Bei der bolivianischen NGO GRAMA ist Netzwerkbildung die Hauptaufgabe. Sie förderte den Austausch bolivianischer Umwelt-NGOs vor allem auf internationaler Ebene mit den Nachbarländern. Die Vermittlung dieser Diskussion im Lande und die Förderung von Netzwerkaktivitäten innerhalb Boliviens war weniger erfolgreich.

6.3.4 Netzwerke als Akteure

Die Träger von vier Stiftungsprojekten sind selbst transnationale Netzwerke (vgl. Kap. 4). Das komplexe Programm **Cono Sur Sustentable** vernetzte bis Ende 2000 jeweils eine Gruppe von NGOs aus den Ländern Brasilien, Chile und Uruguay miteinander. Ab 2001 arbeiten weitere Einzelprojekte und NGOs aus Argentinien, Bolivien und Paraguay – und bisher ohne Förderung

Kolumbien – in diesem gewaltigen Netzwerk mit. Vernetzung
findet hier auf unterschiedlichen Ebenen statt. In Brasilien und
Chile sind die Gruppen, die gemeinsam an den Zukunftsfähig-
keitskonzeptionen der Länder arbeiten, selbst Netzwerke zahlreicher NGOs und anderer Organisationen, die nicht alle im Umweltbereich beheimatet sind. In Brasilien zählen zum Kern u.a. die
Partnerorganisationen FASE, IBASE, die Frauen-NGOs REDEH
und CEMINA sowie die Menschenrechtsorganisation MNDH,
INESC und REDE BRASIL. Uruguay spielt eine Sonderrolle, weil
auf nationaler Ebene nur eine Organisation einbezogen ist, REDES,
eine Mitgliedsorganisation von *Friends of the Earth International*.
In Chile handelt es sich um eine breite Allianz von NGOs, Wissenschaftlern und Einzelpersonen, die sich unter dem Schirm von
Chile Sustentable zusammenfindet. Der Fokus ist das gemeinsame
Interesse an einer Transformation des Landes hin zu einer nach-
haltigen Gesellschaft. Auch wenn die Intensität der Zusammenarbeit unterschiedlich ist und auf den unterschiedlichen Ebenen die
Interessen nicht immer die gleichen sind, so ist die gemeinsame
Zielsetzung stark genug, das Netz nicht zerreißen zu lassen.

Auf den jährlichen Planungsworkshops des Gesamtprogramms
und den Treffen einzelner Arbeitsbereiche geht es einerseits um die
Abstimmung des methodischen Vorgehens und andererseits um
zentrale strategische Fragen und die politische Stoßrichtung. Die
Länderstudien sollen neben den nationalen Adressaten auch als ein
gemeinsames Konzept in die internationale Diskussion einfließen,
z.B. will man für den »Weltsozialgipfel 2002« in Porto Alegre und
für den Weltgipfel 2002 eine gemeinsame Position erarbeiten.

Überregional hat die Heinrich-Böll-Stiftung erhebliche Geburts-
hilfe für das Netzwerk *Cono Sur Sustentable* geleistet, das die drei
Länderprogramme und die weiteren Einzelprojekte zusammen-
führt. Die intensiven Arbeitszusammenhänge, die in länderübergreifenden thematischen Arbeitsgruppen bestehen, werden bisher
getragen von der Klammer der Förderung durch die Heinrich-
Böll-Stiftung. Angestrebt wird darüber hinaus zwar nicht eine Vernetzung, aber ein intensiver Austausch mit Nord-NGOs. Dies ist
nicht nur das Interesse der Heinrich-Böll-Stiftung, sondern es

wurde explizit von den Partnern geäußert. Die beteiligten NGOs bringen in die Arbeit im Programm eine gehörige Portion Erfahrung mit Austausch und Vernetzung ein. Einige der NGOs kannten sich bereits vor der Zusammenarbeit mit der Heinrich-Böll-Stiftung aus anderen Netzwerken, z.b. mit *Friends of the Earth* und *Rios Vivos*, ein anderes großen Umweltnetzwerk, das sich Erhalt und Nachhaltigkeit von Flußsystemen zur Aufgabe gemacht hat.

Women and the Environment, WEN, ist eine von sechs Arbeitsgruppen des Regionalnetzwerks APWLD, das 1985 nach der 3. Weltfrauenkonferenz in Nairobi gegründet wurde und heute 1500 Mitglieder (Individuen, NGOs und CBOs) hat. Die Arbeitsgruppe WEN soll idealiter zwölf Mitglieder haben, ein Drittel aus Frauengruppen, die sich mit Umweltfragen beschäftigen, ein Drittel aus Mainstream-Umweltorganisationen und ein Drittel feministische oder Umwelt-Juristinnen. Diese Arbeitsgruppe vergibt vergleichende Forschungsaufträge in verschiedenen Ländern der Region, bisher zu den Auswirkungen nationaler Umweltgesetzgebung und des WTO-Handelsabkommens zu Landwirtschaft auf Frauen. Die Forschungsergebnisse werden dann als Grundlage für *Advocacy*- und Lobbyarbeit auf nationaler und internationaler Politikebene genutzt. Das heißt, die ländervergleichenden Forschungen sind ein Produkt der Vernetzung und stärken rückwirkend auch den Regionalansatz wieder. Aber sie stärken auch die politische Verhandlungsposition von Frauengruppen in den einzelnen Ländern, die andere Länder fundiert als Positiv-Beispiele zitieren können und auf dieser Grundlage Forderungen an die eigene Regierung stellen.

Das Drei-Länder-Projekt von **Ecopeace/Friends of the Earth Middle East** war als internationales Kooperationsprojekt konzipiert und stellt ein einmaliges Regionalbündnis von drei nationalen Trägern dar. Das Bündnis basierte auf dem Konsens, daß die Umwelt *common good*, gemeinsame Existenzgrundlage, ist und grenzüberschreitende Umweltprobleme im Golf von Aqaba grenzüberschreitend gelöst werden müssen. Dieser Konsens wurde durch den Konflikt im Nahen Osten überlagert und torpediert, so daß

praktische Abstimmungen und eine konzeptionelle Weiterentwicklung des Projekts unmöglich wurden. Die Politik bzw. der
Konflikt kündigte die Gemeinsamkeit auf.

Die Trägerorganisation *Natural Farming Network* (NFN) in Simbabwe
nennt sich zwar Netzwerk, ist aber eher ein Dachverband und leistet
wenig Vernetzungsarbeit zwischen seinen zwölf Mitgliedsorganisationen, sondern vor allem Informationsvermittlung und Training in
ökologischen Anbaumethoden für Multiplikatorinnen in den Mit-
glieds-NGOs. Irritationen unter den Mitgliedern entstanden, als
NFN seine Dienstleistungen unter Umgehung seiner Mitgliedsorganisationen und sozusagen in Konkurrenz zu den ausgebildeten
Multiplikatorinnen direkt einzelnen Bäuerinnen an der Basis anbot.

Dies verweist auf die sensiblen Punkte oder »heißen Themen«,
die das Funktionieren eines Netzwerkes gefährden oder verhindern können: Vertrauen, Macht, Wissen und Loyalität (Exner /
Königswieser 2000). Erfahrungen zeigen, daß die Polarität zwischen Konkurrenz und Kooperation nie ganz aufgehoben werden
kann. Es bleibt immer eine delikate Frage von Macht, Loyalität und
Solidarität, wieweit man sich vertraut und Wissen miteinander teilen kann, ohne daß einzelne Mitglieder zu kurz kommen und
andere Macht akkumulieren. Die Übereinstimmung von Zielen
und Intentionen allein genügt jedenfalls nicht für das Funktionieren von Netzwerken.

6.3.5 Netzwerkaufbau von oben und von unten

Das Ziel von *Diverse Women for Diversity* (DWD) ist der Aufbau
eines internationalen Netzwerks zum Thema Biodiversität, biologische Sicherheit und Ernährungssicherheit. DWD agiert zunächst
als Team der im Leitungskreis versammelten Expertinnen aus
sechs Ländern. Die Frauen an der Spitze von DWD sind hoch-
karätige Expertinnen, die erfolgreich bei internationalen Verhandlungen der UN-Konventionen bzw. Protokolle intervenieren und
ihre Positionen öffentlichkeitswirksam vertreten. Um den harten
Kern der sechs Top-Expertinnen liegt ein Kreis von Akteurinnen in

verschiedenen Kontinenten, die vor allem über Internet vernetzt agieren. Ihre Aufgabe ist es, zum einen themenbezogene Aktivitäten zu Biodiversität, Welthandel und Ernährungssicherheit anzustoßen, zum anderen das Netz zu stärken und zu verbreitern. Die Mitgliedschaft im Netzwerk ist bisher nicht formal geregelt.

Geplant war, ausgehend von der internationalen Politikebene, Netzwerkbildung nach unten – von der kontinentalen Vernetzung bis hinein in die lokalen Verästelungen – zu betreiben. DWD arbeitet mit einer Doppelstrategie von realen und virtuellen Begegnungen und Beziehungen. Zum einen wurden bei kontinentalen Workshops Impulse zur Vernetzung gegeben. Zum anderen wurde per E-Mail, Website und Listserver eine Struktur für den Informationsaustausch und die Interaktion aufgebaut und angeboten. Nach den Initial-Workshops in jedem Kontinent hofften die Initiatorinnen auf einen gewissen Automatismus bei der Netzwerkbildung. Da jedoch keine weitere kontinuierliche Arbeit in den Aufbau einer Infrastruktur investiert werden konnte, kam die Vernetzung von oben nach unten nur punktuell und eher zufällig zustande. Zweifelsohne bestätigt und bestärkt DWD sich als politisch wichtiger Zirkel in diesem Prozeß. Doch die DWD-Protagonistinnen äußern selbst Zweifel an der Wirksamkeit und Nachhaltigkeit eines Vernetzungsansatzes von oben, von der internationalen Ebene herunter zur kontinentalen und dann im Schneeballverfahren weiter bis zur lokalen Ebene.

Die simbabwische NGO **Community Technology Development Trust** (CTDT) arbeitet national und regional vernetzend zu derselben Thematik. Die Strategien der beiden Organisationen sind allerdings grundverschieden, weil CTDT eher von unten nach oben arbeitet und die lokale Ebene in seinem Ansatz eine zentrale Rolle spielt. Erster Erfolg des Projekts war die Einrichtung einer Kommission, in der Vertreter wichtiger gesellschaftlicher Interessengruppen und der Ministerien eine nationale Gesetzgebung zum Themenkomplex Biodiversität und *Farmers' Rights* entsprechend der internationalen Abkommen diskutierten. Durch mehrere Workshops wurde versucht, die Ebene nationaler Politikaushand-

lung systematisch in die *Communities* rückzukoppeln. In einem
zweiten Schritt wurde Vernetzung über die Grenzen nach Sambia,
Malawi und Botswana betrieben. Diese regionale Netzwerkbildung
soll in nächster Zeit intensiviert werden, um eine übereinstim-
mende Gesetzgebung in mehreren Ländern des südlichen Afrika
zu formulieren. Jedenfalls scheint die von CTDT gewählte Strategie der kurzen Wege von unten nach oben mit vertikalen und horizontalen Verbindungen (national – lokal – national – regional)
effektiv und nachhaltig für den Netzwerkaufbau. Dagegen übt
CTDT gegenüber der internationalen Verhandlungsebene eher
Zurückhaltung. Das würde heißen, daß DWD und CTDT kom-
plementär arbeiten, allerdings ohne direkte Kooperation.

Lessons Learnt

Vernetzung ist kein einmaliger Akt, sondern erfordert kontinuierliche Arbeit.

Vernetzung ist wirksam als strategische und zielgerichtete Kooperation zu definierten Themen und Konzepten. Sie ist nicht automatisch Wundermittel für zivilgesellschaftliches Empowerment.

Vernetzungswillige zivilgesellschaftliche (und staatliche) Kräfte
müssen Prioritäten identifizieren, für ihre Arbeit ein Konzept
entwickeln, Strategien planen, ihre Ziele klar definieren und in
diesem Rahmen organisatorische Knotenpunkte und eine Arbeitsteilung bestimmen.

Vernetzung sollte von unten nach oben erfolgen.

Vernetzung muß vom Bedarf der Akteure ausgehen und nicht von den
Finanzen und von den konjunkturpolitischen Schwerpunktsetzun-
gen der Geber.

Der Fokus der Vernetzung liegt bei den Partnern der Heinrich-Böll-
Stiftung derzeit auf regionaler Netzwerkbildung.

Netzwerkbildung im Süden und Osten soll keineswegs zwangsläufig
Modelle des Nordens kopieren (wollen).

Bisher gelingt zu wenig Vernetzung mit anderen sozialen (Nicht-Um-
welt-) NGOs. Sie sollte in Zukunft stärker ins Auge gefaßt werden.

6.4 AUFBAU UND UNTERSTÜTZUNG VON UMWELTBEWEGUNGEN

Umweltbewegungen werden gegründet als Reaktion auf Umweltkatastrophen oder eine akute Bedrohung für Gesundheit und Leben, die von Umweltdegradierung, Ressourcenverknappung und Umweltverschmutzung ausgeht. Aus diesem Grunde formieren sich in der Zivilgesellschaft Initiativen, Gruppierungen und Netzwerke, die informell eine Bewegung bilden. Deren Stärke besteht im meist großen Engagement der Beteiligten und darin, unterschiedliche zivilgesellschaftliche Kräfte unter einem gemeinsamen Dach, nämlich dem Konsens über Umweltschutz, zu vereinen und koordiniert politisch zu agieren. Die Leistung von Umweltbewegungen liegt zunächst einmal darin, ökologische Themen auf die öffentliche Tagesordnung zu setzen und sie zum Politikum zu machen. Die Entstehung und Entwicklung von Bewegungen verlaufen in den verschiedenen Regionen der Welt sehr unterschiedlich und sind vor allem abhängig von den demokratischen Spielräumen und Handlungsmöglichkeiten in den Gesellschaften.

Bei den Ökologiebewegungen, die in den Ländern des Südens existieren oder sich formieren, fällt auf, daß eine enge Verknüpfung von sozialen und ökologischen Fragen stattfindet und ökologische Thematiken nicht losgelöst von Problemen sozialer Ungleichheit, von Armut und Eigentumsrechten an natürlichen Ressourcen behandelt werden. Oft stehen wirtschaftliche und soziale Problemlagen im Vordergrund, in die eine ökologische Perspektive eingebracht wird. Die Klammer für die beiden Zugänge ist die Maxime nachhaltiger Entwicklung. Gerade die Verquickung und Integration sozialer und ökologischer Fragestellungen macht das Spezifikum von Umweltbewegungen im Süden im Gegensatz zu denen des Nordens und Ostens aus.

Die meisten Ökologiebewegungen haben – aufgrund ihrer informellen Strukturen – eine schwache finanzielle Basis und können selten mit nennenswerter finanzieller Unterstützung aus dem eigenen Land rechnen, zumal sich ihre Aktionen fast immer gegen mächtige Interessen von Wirtschaft und Staat, wie z.B. gegen

Industrieanlagen, Staudämme oder andere Großprojekte, richten.
Von daher sind sie stark auf Unterstützung von außen angewiesen.
Gemäß ihres politischen Anliegens, ökologisches Denken und
Handeln zu verbreiten, »grüne« Akteure zu stärken und zu politischer Einmischung zu befähigen, finanziert die Heinrich-Böll-Stiftung einzelne Aktivitäten wie Veranstaltungen und Kampagnen
oder Aktionsgruppen, um den Aufbau wirkungsmächtiger und
kompetenter Umweltbewegungen zu unterstützen. Damit sollen
die Aktivitäten der Partnerorganisationen nicht nur eine größere
Breitenwirksamkeit und Durchsetzungskraft bekommen, sondern
auch nachhaltiger werden.

6.4.1 Lateinamerika: Ökologie als Anliegen der sozialen Bewegungen

In Lateinamerika wurde die Ökologieproblematik von bestehenden
Bewegungen in ihr Aktionsprogramm aufgenommen. Oft sind die
Umweltprobleme den Themen von sozialen Bewegungen sehr nah
oder stehen in einem kausalen Zusammenhang. Nicht selten handelt es sich dabei um die gleichen Adressaten, Konzerne und / oder
die politischen Entscheidungsträger des Staates. In Lateinamerika
kann man also genau genommen nicht von einer Ökologie- oder
Umweltbewegung im engeren Sinne sprechen. Im Vorfeld der
Rio-Konferenz war zwar zu beobachten, daß eine Reihe bestehen-
der Organisationen und Bewegungen zusätzlich das Thema Ökologie in ihr Programm aufgenommen haben, aber diese Bewegungen haben ihre Wurzeln in den sozialen Bewegungen und
dem politischen Kampf gegen diktatorische Regime.

Auch wenn bei einigen Organisationen das Umweltthema prioritär wurde, kann man generell nicht von einer Ökologisierung
der sozialen Bewegungen in Lateinamerika sprechen. Die meisten
Organisationen haben sich heute weitgehend von ihrer kämpferischen Vergangenheit verabschiedet und sind zu intellektuellen
Beratungs-NGOs und Mittlern für die Basis geworden. Man könnte
die Entwicklung so charakterisieren: von Teilen der Bewegung zu
Anwälten der Bewegung. Für diese Organisationen, deren Fokus

auch weiterhin die soziale Gerechtigkeit ist, haben Umweltverschmutzung, ökologische Zerstörung und die ungleiche Ressourcenverteilung im Grunde die gleichen Ursachen. Die politische Stoßrichtung ändert sich also nicht, das Ziel bleibt die Überwindung der Herrschaftsstrukturen. Die politischen und gesellschaftlichen Themen spielen weiterhin eine zentrale Rolle bei ihrer Arbeit, jetzt eben angereichert durch die Thematik Ökologie und Nachhaltigkeit. Diese Brücke herzustellen und die Umweltthemen in den Bewegungen zu verankern war ein Prozeß, den die Heinrich-Böll-Stiftung in den letzten zehn Jahren intensiv gefördert hat. Im neuen brasilianischen Ökologieprogramm (2002–2004) werden explizit die sozialen Bewegungen angesprochen.

Am deutlichsten ist diese Entwicklung bei den beiden großen, man kann sagen: den führenden NGOs der sozialen Bewegungen in Brasilien zu erkennen. Bei FASE und IBASE wurden Umweltprojekte angesiedelt, die zunächst relativ isoliert innerhalb der Organisation agierten; erst im Laufe der Jahre gelang die Integration ins Gesamtprogramm. Bei IBASE kann man dies an der Interdisziplinarität der Arbeitsgebiete feststellen. So ist die Arbeit auch bei den anderen Fachbereichen wie öffentliche Politik und soziale Prozesse inzwischen ohne ökologische Fragestellung nicht mehr denkbar. IBASE ist außerdem aktives Mitglied in einer Reihe von Foren, die dafür sorgen, daß das Umweltthema nicht von der politischen Agenda verschwindet, z.B. Diskussionen zur Agenda 21. Bei FASE ergibt sich die gegenseitige inhaltliche Verzahnung durch die enge Zusammenarbeit aller Arbeitsbereiche. Die Arbeit wird dort von einer kämpferischen Grundhaltung beseelt, aus der sich das große Engagement der Mitarbeiterinnen und Mitarbeiter erklärt. Ein herausragendes Beispiel ist die Mitarbeit im *Fórum da Amazônia Oriental*, einem Zusammenschluß von über 50 Gruppen der Bewegung, die sich zur Aufgabe gemacht haben, kontinuierlich die öffentliche Politik zu beobachten und kritisch zu analysieren. Als Mittler und *Facilitator* fördert FASE, das sich selbst als Teil der Bewegung versteht, eine Reihe von Organisationen und Gruppen der Bewegung. Darin wird ein zentraler Arbeitsauftrag gesehen. Zum Aufbau und zur Stärkung der Frauenbewegung in

Amazonien hat FASE entscheidend mit beigetragen. In der
Gewerkschaftsbewegung Amazoniens wurde den Themen Frauen
und Umwelt ein wichtiger Platz verschafft.

Das Programm *Cono Sur Sustentable* ist ein Beispiel für das Zu-
sammenführen verschiedener und unterschiedlicher Organisationen aus den Bewegungen, um gemeinsam ein Thema zu bearbeiten.
Diese Form der Förderung ist keine institutionelle Unterstützung der
beteiligten Gruppen, sondern die Förderung eines bestimmten Vorhabens der Gruppen. Mit den Zukunftsfähigkeitsstudien für die drei
Länder Brasilien, Chile und Uruguay werden die Forderungen der
Umweltbewegungen in eine Konzeption gegossen, die ein fundiertes
Instrument für die politische Arbeit darstellt. Die Nachhaltigkeits-
studien reflektieren die Interdisziplinarität der Bewegungen,
die im Programm mitarbeiten und die sich nicht als reine Umweltbewegungen verstehen. Sie betrachten jedoch die Umweltthematik
nicht losgelöst von der Kritik am bestehenden Wirtschaftsmodell.

Im Umweltprogramm ECOBOL in Bolivien sollte durch vier
Projekte die Umweltbewegung gefördert und gestärkt werden. Die
Ergebnisse stellten sich wohl deshalb so zögerlich ein, weil selbständige Umweltgruppen erst gegründet wurden wie das Umwelt-
und Entwicklungsforum FOBOMADE mit einem landesweiten
Netz. Viele Mitglieder kommen zwar aus anderen Bewegungen
oder politischen Gruppen, verfügen also über entsprechende politische Erfahrung, doch angesichts wirtschaftlicher und gesellschaftlicher Probleme im Land ist es nicht einfach, das Umweltthema zu vermitteln. Inzwischen hat sich FOBOMADE etabliert
und gilt als eine wichtige Anlaufadresse für ökologische Fragen.

Nur im lokalen bzw. regionalen Rahmen agiert die Maya-Stif-
tung als Sprachrohr der Maya-Bewegung, die sich für die Interessen der Maya-Bevölkerung in Guatemala einsetzt, indem vor allem
die kulturelle Tradition und das ökologische Know-how wieder
belebt werden und zur Anwendung kommen. Im »Aktionsplan
Wald« soll deshalb nicht nur ein ausgewogenes lokales Ökosystem
erhalten und mit ökologischer Landwirtschaft kombiniert werden,
sondern es geht um den Erhalt der natürlichen Ressourcen als
Lebens- und Wirtschaftsraum.

6.4.2 Südliches Afrika: Umwelt und Soziales verknüpfen

Im Jahr 1998 erörterten Partnerorganisationen im südlichen Afrika die Lage der Umweltbewegung in dem Workshop *State of the Ecological Movement in the Southern African Region and the Heinrich-Böll-Stiftung Ecological Programme*[10]. Die Bestandsaufnahme lautete: Es gibt eine Pluralität von Initiativen mit einer Vielzahl von Akteuren, von Basisaktivitäten über Kapazitätsbildung und Forschung bis zu Kampagnen. Die Zahl von Umweltgruppierungen in Südafrika allein wurde auf 1000 geschätzt, mit wachsender themenspezifischer Vernetzung. Trotzdem kann nach Auffassung der NGOs im südlichen Afrika nicht von einer Umweltbewegung die Rede sein, da eine breite oder gar Massenbasis fehlt und es bis dato zu wenig gelang, die vielen Themen in einen Diskurs zu integrieren und koordiniert Aktionen durchzuführen.

Seitdem haben sich die Kommunikation und Vernetzung von Umwelt-NGOs verdichtet, sie arbeiten auch vermehrt in Kampagnen, z.B. gegen Privatisierung, zusammen. Trotzdem haben ökologische Themen in Südafrika immer noch den Beigeschmack, Fragestellungen jenseits des Überlebenskampfes zu sein, und werden nach wie vor mit den auf Nationalparks orientierten Anliegen überwiegend weißer Natur- und Artenschützer assoziiert. Der Kampf gegen die Degradierung der Umwelt ist nicht zum Massenthema geworden. Bei der Mehrzahl der Bevölkerung rangiert die geschundene Umwelt weit hinter ihren wirtschaftlichen Nöten und Sorgen und wird von diesen als getrennt betrachtet.

Der Vorbereitungsprozeß für den Weltgipfel 2002 in Johannesburg, zu dem sich Umwelt-NGOs mit Anti-Armuts-Organisationen und anderen sozialen Gruppierungen zusammengefunden haben, könnte eine Chance sein, um an der Basis Anstöße für eine soziale Bewegung für Ressourcengerechtigkeit zu geben.

---

10 Vgl. den Beitrag von David Fig: The State of the Environmental Movement in Southern Africa, 31.3.1997, in der Dokumentation des Workshops.

6.4.3 Thailand: Ökologie und Armutsbekämpfung

Wie in lateinamerikanischen Ländern entstanden auch in Thailand seit den siebziger Jahren soziale Bewegungen, die sich für eine sozial gerechte Entwicklung und für Demokratisierung engagierten. Sie bezogen ihre Dynamik zu einem großen Teil aus Konflikten um große Entwicklungsprojekte und um die Plünderung von Ressourcen durch Unternehmen, Politiker oder Militärs. Seit Ende der achtziger Jahre trat der ökologische Gehalt dieser Auseinandersetzungen um Wald, Land und Gewässer stärker in den Vordergrund. In den neunziger Jahren fand dann eine systematische Verknüpfung der sozialen mit der ökologischen Perspektive statt. In immer mehr lokalen Gemeinschaften flammten Konflikte um Ressourcen auf, weil ihr ökologisches und ökonomisches Überlebenssystem durch Staudammbauten, Industriebetriebe, Kraftwerke und Plantagenanpflanzungen gefährdet war. Die drei tragenden Säulen dieser sozialen Bewegungen waren intellektuelle und studentische Kreise, lokale, marginalisierte Bevölkerungsgruppen, vor allem Bauern und Bäuerinnen im Nordosten, und schließlich buddhistische Kräfte wie Mönche, die mit sozialen und ökologischen Initiativen richtungweisend aktiv wurden.

Gegen Ende der neunziger Jahren erlebte diese Bewegung im Zusammenhang mit der Finanzkrise in Asien 1997 einen neuen Höhepunkt. Als Reaktion auf die wirtschaftlichen Einbrüche und die Verarmung entstanden von der Basis her neue Netzwerke und informelle Zusammenschlüsse wie die *Assembly of the Poor* und eine verstärkte Kooperation von NGOs mit Basisgruppierungen. Für diese Bewegung standen zwar erneut soziale und wirtschaftliche Interessen im Vordergrund, aber sie waren stets eng verbunden mit ökologischen Anliegen und miteinander verklammert über die Politisierung von Fragen der Ressourcenkontrolle.

Obwohl alle thailändischen Projektpartner in dieser breiten Anti-Armuts-Bewegung Wurzeln haben, bestand in der ersten Förderphase wenig direkte Koordination und Kooperation zwischen den einzelnen Trägerorganisationen. Daraufhin ließ das Stiftungsbüro in Chiang Mai eine partizipative Querschnittsevaluierung von vier Projekten durchführen und setzte sie gezielt als Instrument ein, um die Partner in einen stärkeren Austausch und eine intensivere Diskussion miteinander zu bringen. Dieser Prozeß diente der Strategiebildung sowie der Klärung oder Bestätigung gemeinsamer Handlungsperspektiven. Ihre Leitplanken sind einerseits die normative Ausrichtung an sozialer Gerechtigkeit, ökologischer Nachhaltigkeit und kollektiven Rechten der lokalen Gemeinschaften, andererseits die Fokussierung auf den Erhalt lokaler Kultur-, Wissens-, Wirtschafts- und Ökosysteme und die Stärkung lokaler Potentiale. Strategisches Nahziel ist, die Bewegungsbasis zu verbreitern und in die Mittelschichten hinein auszudehnen. Durch diese Strategie der Einbeziehung soll die gesellschaftliche Positionierung der Basisbewegung verbessert werden, um breiteren Druck auf die Politik zu erzeugen. Derzeit suchen die Projektpartner nach neuen Alliierten für das gesellschaftliche Aushandeln von Ökologie- und Nachhaltigkeitsfragen und sondieren Taktiken und Strategien, wie die Bewegung über die Basis der Betroffenen in ländlichen Regionen und armen Bevölkerungsgruppen hinaus in die Mittelschichten ausgedehnt werden kann.

6.4.4 Westafrika und MSOE: Bewegungsaufbau von außen gescheitert

Die Initiativen in den westafrikanischen Ländern **Mali** und **Niger**, die von der Heinrich-Böll-Stiftung unterstützt wurden, sind deutliche Beispiele dafür, daß ohne eine Basis in Teilen der Bevölkerung, die sich das Thema zu eigen macht, auch bei günstiger Konjunktur keine Bewegung entstehen kann. Initiativen, die von oben nach unten eine Bewegung ins Leben rufen wollen, bleiben aufgesetzt. Die Konjunktur nach der Rio-Konferenz von 1992 sollte genutzt werden, um in der ökologisch besonders labilen Sahel-Region sozusagen aus dem Nichts eine Umweltbewegung aufzubauen. Obwohl die Umweltprobleme unübersehbar sind, konnten die jungen Organisationen mit den Umweltthemen nie richtig Boden unter die Füße bekommen. Auch die praktischen Maßnah-

men wie Stadtbegrünung und Arbeit in den Schulen brachten
nicht die erwartete Breitenwirkung, zweifellos wurde der politische
Rückenwind durch Rio weit überschätzt. Die Initiative entstand aus
der Einsicht, daß eine Umweltbewegung erforderlich sei, ohne
jedoch die Betroffenen von Anfang an aktiv einzubeziehen.

Die Idee des Aufbaus von landesweiten Umweltbewegungen ist
für die **MSOE-Länder** besonders wichtig, aber nicht ohne Probleme und Widerstände durchzusetzen. Der Aufbau einer Bewegung hat offensichtlich zu viele Ähnlichkeiten mit den Massen-
organisationen der staatstragenden Arbeiter- und Bauernmacht,
die in der realsozialistischen Epoche in Mißkredit gebracht und
mißbraucht wurden. Die Akteure in den Organisationen setzen
sich zwar engagiert und mit viel Elan für Umweltbelange ein,
jedoch lebt das Erbe der Verbandsbildung nach dem sozialisti-
schen Muster in den Köpfen weiter. Es überwiegen die Bedenken
gegen Vereinnahmung und Fremdbestimmung. Hinzu kommt,
daß es in den MSOE-Ländern keine sozialen Bewegungen gegen
die Ausbeutung natürlicher Ressourcen wie z.B. in Thailand gibt,
aus der sich eine Umweltbewegung bilden könnte. Die Akteure
sind meist von einem intellektuellen Interesse geleitet. Organisierung gegen lebensbedrohende Umweltzerstörung scheint
nicht angesagt, und das wirtschaftliche Wohlergehen der Familie hat eine höhere Priorität als die Arbeit in den Umwelt-NGOs.
Sie wird meist ehrenamtlich erbracht und stellt damit eine
zusätzliche Belastung für die Aktivisten dar. Für die Entstehung
von landesweiten Bewegungen scheint die Zeit noch nicht reif
bzw. der existenzielle Druck unter den Akteuren nicht groß
genug.
    Die Heinrich-Böll-Stiftung engagiert sich in vielen Projekten in
Osteuropa mittelbar für den Aufbau einer Ökobewegung. In einem
Projekt hat sie sich allerdings auch unmittelbar der »Förderung der
Selbsthilfebewegung im rumänischen Ökologiebereich«, so der
Titel des Projektes, verschrieben. Ziel des Projektes ist es, die
Umweltorganisationen strukturell zu unterstützen und einen Bei-
trag zur Schaffung einer landesweiten Umweltbewegung zu lei-

251 sten. Die NGOs sollen in politische Entscheidungsprozesse einbezogen werden und umweltrelevante Themen stärker in die öffentliche Diskussion einbringen. Im Rahmen des Projektes haben sich sieben Umweltgruppen zu drei landesweiten Arbeitsgruppen mit den thematischen Schwerpunkten: 1) Landwirtschaft und Biodiversität, 2) Transport und Verkehr und 3) Energie zusammengeschlossen. Bei der Planung des Projektes wurden sehr optimistische Annahmen über die Dynamik der politischen Reformen zugrunde gelegt, die später nicht eintraten. Die Heinrich-Böll-Stiftung mußte, ähnlich wie in Westafrika, zu dem Schluß kommen, daß die ambitionierten Pläne für den Aufbau einer Umweltbewegung in Rumänien nicht in dem geplanten Umfang und in einem verhältnismäßig kurzen Zeitraum umzusetzen waren. Trotz der Fehleinschätzungen der Heinrich-Böll-Stiftung in bezug auf die zu leistende Arbeit und das Tempo der Reformen sind positive Tendenzen erkennbar. Es kann als Erfolg gelten, daß ein Dialog zwischen den Organisationen begonnen wurde und zumindest in zwei der Arbeitsgruppen die Gründung eines landesweiten Fachverbandes erwogen wird.

Lessons Learnt

Die Bewegungen des Südens unterscheiden sich von den Umweltbewegungen des Nordens und Ostens dadurch, daß sie soziale und ökologische Fragestellungen miteinander verknüpfen. Ökologie und Nachhaltigkeit werden für die Bewegung zum relevanten Thema, wenn ihr Zusammenhang mit anderen gesellschaftlichen Problemen klar ist.

Dagegen sind Umweltprobleme isoliert betrachtet als Motor für eine Bewegung nicht tragfähig, solange soziale und wirtschaftliche Not dominieren.

Schlagkraft und politische Wirkung einer Bewegung werden durch die Verbreiterung ihrer Basis über die unmittelbar Betroffenen hinaus und durch Zusammenarbeit mit anderen Organisationen und Vernetzung gestärkt.

Umweltbewegungen leben vom Engagement und der Zielgerichtetheit
Betroffener und derjenigen, die tatsächlich motiviert sind, sich und
die gesellschaftlichen Verhältnisse zu bewegen, sprich: zu verändern. Von oben aufgesetzte oder von außen initiierte Bewegungs-
ansätze sind nicht stabil und lebensfähig.
Umweltbewegungen sind, bedingt durch ihre Informalität und durch
ihren Oppositions- oder Alternativcharakter, organisatorisch und
wirtschaftlich meist schwach und brauchen Finanzierung und
Unterstützung von außen.

6.5 GENDER MAINSTREAMING

Geschlechterdemokratie und Frauen-*Empowerment*, Ökologie und
Nachhaltigkeit – dies sind zwei zentrale Themenfelder in der Auslandsarbeit der Heinrich-Böll-Stiftung. Für die vorliegende Studie
über die Programme zu Ökologie und Nachhaltigkeit liegen deshalb
die Fragen nahe: Ist eine Integration von Umwelt- und Geschlech-
terpolitik in den Projekten gelungen? Konnte eine Kohärenz oder
Verknüpfung der Ziele Nachhaltigkeit und Geschlechterdemokratie hergestellt werden, wenn ja, wie? Diese Fragen werden auch auf
dem Hintergrund der UN-Konferenzen der neunziger Jahre
gestellt, die Ansätze zu einer *Global Governance* entwickelten.

Die Rio-Konferenz war ein bedeutender Kristallisationspunkt
für internationale Frauenpolitik wie auch für feministische und
geschlechterpolitische Diskurse. Zum einen geriet die Vorbereitung auf Rio zum Sammelbecken für unterschiedliche frauenpolitische Debatten, Ansätze und Ziele und zum Motor für eine neue
transnationale Vernetzung. Zum anderen war für Frauenorganisationen – wie für die gesamte NGO-Szene – die Rio-Konferenz
nach dem Ende der bipolaren Weltordnung der Startschuß für eine
neue politische Strategie, nämlich durch Kooperation und Lobbying Einfluß auf die internationale Politik zu nehmen.

Die Rio-Vorbereitung wurde von *Women's Environment and
Development Organization* (WEDO) koordiniert, einem Netzwerk

mit Sitz in New York, das 1991 in Miami den *Women's World Congress on a Healthy Planet* organisierte. Dort wurde ein Positionspapier aus Frauenperspektive verabschiedet, die *Women's Action Agenda 21*, die im Rio-Prozeß als Grundlage für das *Advocacy* und Lobbying der Frauen-NGOs fungierte.

Diese *Women's Action Agenda 21* unterscheidet sich in ihrem Bezug auf Strukturen von Entwicklung und Wirtschaft grundlegend von der in Rio verabschiedeten Agenda 21. Das in Miami formulierte Positionspapier der Frauen basiert auf einer grundsätzlichen Kritik von Wachstumsideologie, Militarismus und weltweiten Ungleichheitsstrukturen, orientiert auf strukturelle Veränderungen und stellt die Forderung nach einer neuen Ethik des Wirtschaftens und des Umgangs mit der Natur ins Zentrum. Sein praktischer Bezugspunkt ist nachhaltige *Livelihood*, die Sicherung lokaler Überlebensbedingungen. Im Unterschied zu der grundlegenden Entwicklungsskepsis der *Women's Action Agenda* ist die Agenda 21 von Rio entwicklungs- und wachstumsoptimistisch.

Gemeinsam ist beiden Dokumenten die Forderung nach mehr Entscheidungs- und Gestaltungsmacht für Frauen. In der Agenda 21 wird erstmalig in einem UN-Dokument der Zusammenhang von Frauen, Umwelt und Entwicklung ansatzweise systematisch behandelt. Es wird gefordert, Ungleichheitsstrukturen zwischen den Geschlechtern zu beseitigen und Frauen zu stärken, damit sie sich als »gesellschaftliche Gruppe« *(Major Group)* voll an der Umsetzung nachhaltiger Entwicklung beteiligen können. Voraussetzung dafür soll vor allem ihre Partizipation an politischen Entscheidungen und ihre Integration in Entwicklungs- und Umweltaktivitäten sein. Auch wenn Frauen im *Major-Group*-Konzept zu einer Gruppe von Akteuren unter vielen schrumpfen, so war doch die geschlechterpolitisch wichtige Botschaft von Rio, daß Nachhaltigkeit ohne Frauen nicht zu machen ist.

Bei den jährlichen Sitzungen der *Commission on Sustainable Development* bildete sich ein *Women's Caucus*, der versucht, eine Geschlechterperspektive und frauenpolitische Positionen in die Umwelt- und Nachhaltigkeitsdiskurse von NGOs und Regierungen einzubringen.

Die Aktionsplattform der 4. Weltfrauenkonferenz von Peking
geht in der inhaltlichen und strategischen Konkretisierung des
Zusammenhangs von Geschlechtergleichheit, Umwelt und nachhaltiger Entwicklung deutlich über die Agenda 21 von Rio hinaus.
Sie trägt der besonderen Betroffenheit von Frauen durch Umweltzerstörung und Verarmung Rechnung, würdigt ihr Engagement
im Umwelt- und Ressourcenschutz, ihre Kenntnisse über biologische Vielfalt, Heilkunde und Ressourcennutzung, ihre zentrale
Rolle für die Überlebenssicherung von Familien und lokalen
Gemeinschaften sowie bei der Entwicklung ressourcenschonender
Konsumweisen und einer neuen Umweltethik. Zentrale Forderungen sind die Partizipation von Frauen an politischer Entscheidungsmacht und eine »Politik der Einbeziehung einer geschlechts-
bezogenen Perspektive in alle Politiken und Programme«.

Diese auf die Kurzformel *Gender Mainstreaming* gebrachte politische Handlungsstrategie bezeichnet folgenden Komplex von
Maßnahmen in politischen Institutionen und Organisationen:
– Berücksichtigung geschlechtsspezifischer Problem- und Be-
  darfslagen bei der Politikplanung und ihrer Umsetzung (Erhebung geschlechtsaggregierter Daten notwendig);
– Prüfung geschlechtsspezifischer Auswirkungen jeder Politik
  (ebenfalls Erhebung geschlechtsspezifischer Daten);
– Partizipation von Frauen an allen politischen Prozessen, vor
  allem an Leitungs- und Entscheidungsfunktionen.

Da in der Vergangenheit gesonderte Fördermaßnahmen für
Frauen nicht ausgereicht haben, um einen entscheidenden Schritt
weiterzukommen auf dem Weg zu Geschlechtergleichheit, plä-
diert die Pekinger Aktionsplattform für eine Doppelstrategie, nämlich *Gender Mainstreaming* zum einen, gezielte Frauenförderung
zum anderen. Die *Mainstreaming*-Strategie soll Frauen- und
Geschlechterthemen aus ihrem Nischendasein ins politische Zentrum und von der Mikro-Ebene auf die Meso- und Makro-Ebene
befördern, um so auf gesamtgesellschaftliche Strukturen Einfluß
nehmen zu können. Das reflektiert einen doppelten Paradigmenwechsel: zum einen von einer Sonderbehandlung zu systemati-

scher Bearbeitung, zum anderen von der Förderung von Frauen zur Veränderung des Geschlechterverhältnisses. Das bedeutet, daß beide, Frauen und Männer, strategisch einbezogen werden müssen und gezielt Männer für Ziele der Geschlechtergleichheit mobilisiert werden sollten.

Das Dokument der Bilanzkonferenz fünf Jahre nach Peking, die im Juni 2000 in New York stattfand, bestätigt die Doppelstrategie von gezielter Frauenförderung und *Gender Mainstreaming*. Zum Thema »Frauen und Umwelt« wird rückblickend festgestellt, daß einige Regierungen einkommensschaffende Maßnahmen sowie Ausbildungsprogramme im Bereich Umweltschutz und Ressourcenmanagement förderten und sich um den Erhalt überbrachten Frauenwissens und der Biodiversität bemühten. Insgesamt fehlt jedoch noch eine geschlechtsbezogene Perspektive in der Umweltpolitik. Es mangelt an einem Bewußtsein über die geschlechtsspezifischen Auswirkungen von Umweltdegradierung, die besonderen Umweltrisiken für Frauen, die Leistungen von Frauen in nachhaltiger Entwicklung und die Bedeutung von Geschlechtergleichheit für den Umweltschutz. Der Zugang von Frauen zu Entscheidungspositionen ist immer noch aus vielfältigen Gründen begrenzt. Diese überwiegend negative Bilanz wurde durch die Diskussionen und Verhandlungen in New York noch einmal bestätigt: Das Umweltthema spielte nur noch eine marginale Rolle.

6.5.1 Spurensuche nach Geschlechterdemokratie

Für die vorliegende Studie war eine bedeutende Frage, ob und inwieweit die Partnerorganisationen *Gender Mainstreaming* in ihrer Projektpolitik betreiben, d.h. gezielt in bezug auf Maßnahmen und Zielgruppen eine Geschlechterperspektive eingeführt haben, und welche Rolle Frauen als Akteurinnen in den Trägerorganisationen selbst spielen. Im folgenden wird diese Fragestellung zunächst für die gemischten Partnerorganisationen behandelt.[11]

---

11 Reine Frauenorganisationen sind DWD, WEN, REDEH, CEMINA und bei Kleinmaßnahmen ANAMURI, ADO und *Candle Light* im Frauendachverband NAGAAD.

Folgende Indikatoren für Gender Mainstreaming ließen sich bei der Analyse identifizieren:

Trägerorganisation

- Anteil Männer – Frauen beim Personal der NGOs
- Anteil Frauen in Leitungspositionen
- Anteil Männer – Frauen in der Adressatenschaft
- Gender-Konzept

Projekt und Projektkontext

- Geschlechtsspezifische Bedarfsanalyse
- Geschlechtsspezifischer Ansatz im Sektor
- Geschlechtergerechtigkeit beim Zugang zu Ressourcen und der Verfügung über sie
- Landrechte für Frauen und Erbrechte an Land
- Geschlechterdemokratie beim Zugang zu Informationen und Wissen
- Anerkennung von geschlechtsspezifischen Erfahrungen, Kenntnissen, Fähigkeiten und Kompetenzen
- Geschlechterdemokratie beim Zugang zu Umweltberufen
- Geschlechterdemokratie bei der Partizipation an lokalen und kommunalpolitischen Gremien
- Geschlechterdemokratie bei der Partizipation an Entscheidungen in diesen Gremien
- Geschlechterdemokratie bei der Partizipation an der Sektorpolitik, bes. an Entscheidungspositionen
- Lastenausgleich in bezug auf Umweltverantwortung und Arbeit im Umweltschutz (keine Feminisierung der Umweltverantwortung!)
- *Mainstreaming* durch den gesamten Projektzyklus: Planung, Implementierung, Monitoring, Evaluierung
- Prüfung der geschlechtsspezifischen Wirkungen von Projektmaßnahmen

In der Organisationsstruktur der Projektpartner ist vorherrschend, daß im Management und in den Programmkoordinierungsfunktionen eine Reihe von Frauen beschäftigt sind, die Leitung aber in männlichen Händen liegt. Nur 15 von 59 der gemischten Partnerorganisationen haben eine weibliche Spitze. Rein quantitativ herrscht in den Organisationen häufig jedoch ein Gleichgewicht der Geschlechter, in Thailand und der Türkei sogar eine weibliche Mehrheit. In Thailand fällt bei den NGOs die große Zahl von Aktivistinnen auch in Führungspositionen der NGOs auf. Sie sind meist Singles, die sich jahrelang mit höchstem Energieeinsatz ökologischen und sozialen Problemen widmen. Ihre Entscheidung für die politische Arbeit bedeutet gleichzeitig eine Entscheidung gegen Ehe und Mutterschaft, während die NGO-Männer selbstverständlich Familie haben. Eine Ausnahme, die eine Vorbildwirkung haben könnte, ist das Modell eines Aktivistenpaars: Beide Eheleute leiten jeweils eine NGO.

Auch in den MSOE-Ländern besteht ein quantitativ ausgewogenes Verhältnis im Personal der Organisationen zwischen Frauen und Männern, wobei jedoch überwiegend Männer die Führungspositionen besetzen. Die Mitarbeiterinnen der Umweltorganisationen kombinieren entsprechend dem klassischen osteuropäischen Modell Berufs- und Familienleben. Frauen machen hier selten Abstriche in ihrem persönlichen Leben zugunsten des Berufs. Dies wird allerdings häufig durch eine intakte Großfamilie abgefangen. Die osteuropäische Organisationskultur ist durch eine steile Hierarchie, einen ausgeprägten Individualismus und einen Mangel an Teamarbeit charakterisiert. Entsprechend trägt die oberste Führungsebene oft Züge von Vereinsamung und Isolation und Frauen können sich dort nur selten behaupten.

Bei den lateinamerikanischen Partnerorganisationen sind Frauen auch in Führungspositionen und als Entscheidungsträgerinnen vertreten. Dies fällt besonders bei den sog. Experten-NGOs auf. Im ländlichen Raum ist dagegen die NGO-Leitungsebene, vor allem bei den Projekten des Ökolandbaus, eindeutig männerdominiert. Zwar sind Ansätze für einen stärkeren Einbezug von Frauen auf allen Ebenen der Partnerorganisationen vorhanden, aber die

Anstrengungen, dies umzusetzen, sind recht zögerlich. Als Gründe werden z.B. die familiären Verpflichtungen und Belastungen von Frauen genannt und der geringe Bildungsgrad von Landfrauen, der zur Folge hat, daß Frauen sich oft nicht exponieren wollen. Nur ganz aktive und energische Frauen schaffen es, in ländlichen Regionen in die lateinamerikanischen Männerdomänen vorzudringen. Nur am Horn von Afrika sind Frauen in den gemischten Trägerorganisationen stark unterrepräsentiert. Es ist vor allem in Eritrea unentschuldbar und bitter, daß Frauen in der Umweltbehörde so schwach vertreten sind, nachdem im Befreiungskampf eine weitgehende Gleichstellung der Geschlechter behauptet wurde und vollzogen schien. Beim Umweltamt in Addis Abeba soll dagegen in Zukunft eine Quote die Beschäftigung von Frauen sicherstellen, da die bisherigen Mitarbeiterinnen sich als in der Sache engagierter und effektiver arbeitend erwiesen haben als ihre männlichen Kollegen.

6.5.2 Frauen als Zielgruppe: Putz- und Schutzarbeit in der Umwelt

Die inhaltliche Integration einer Geschlechterperspektive in die Projekte ist erst unzureichend gelungen. Geschlechtsdifferenzierende Bedarfsanalysen wurden in den bearbeiteten Umweltsektoren bisher nicht durchgeführt. Eine geschlechtersensible Herangehensweise ist – mit ganz wenigen Ausnahmen – nicht in die Planung und Implementierung der Projektmaßnahmen eingebaut, d.h. die überwiegende Mehrheit der Projekte hat weder eine explizite noch eine implizite *Gender*-Politik. In Lateinamerika lassen selbst die gemischten Partnerorganisationen, die von Frauen geleitet werden, fast durchgängig eine explizite *Gender-Policy* vermissen. Bei IBASE stellt die Programmleiterin, bei der das Projekt angesiedelt ist, selbst fest, daß im Bereich *Gender* ein erheblicher Nachholbedarf besteht. Überraschend ist auch, welch niedrigen Stellenwert die *Gender*-Frage in den konzeptionellen Arbeiten der Länderprogramme des Cono-Sur-Programms hat; nur in Chile wurde das Thema explizit behandelt.

Die Thematik wurde allerdings in einigen Kleinmaßnahmen, auch von Berlin aus, verstärkt aufgegriffen. Ein herausragendes

Beispiel ist das Seminar *Mujer & Sustentabilidad*, das im Dezember 2000 in Chile veranstaltet wurde und an dem außer einer Reihe von Projektpartnerinnen des Cono Sur und der Andenregion auch Vertreterinnen anderer Organisationen und der chilenischen Regierung teilnahmen. Die zentrale Fragestellung des Seminars war die Verknüpfung der Ökologiedebatte mit den Themen der Frauenbewegung. Die Buchveröffentlichung der Seminardiskussionen wird bereits in zweiter Auflage gedruckt. Die wichtigsten Themen sind der konzeptionelle Rahmen und Paradigmen für *Gender* und Nachhaltigkeit, Neoliberalismus und Globalisierung aus eben dieser Perspektive sowie Demokratie und staatsbürgerliches Bewußtsein.

In allen Ländern spielen Frauen als Adressatenschaft eine zentrale Rolle in Maßnahmen des praktischen Umweltschutzes und in Ansätzen zu nachhaltiger Entwicklung durch:

- Ökolandbau, Ernährungssicherung und Biodiversität;
- Schutz und Regeneration lokaler Ökosysteme / *Sustainable Livelihood*;
- Auswirkungen von Umweltschäden auf die Gesundheit;
- Versorgung mit Energie für den Haushalt und sparsamer Umgang mit Ressourcen;
- Umweltbildung mit Kindern und Jugendlichen;
- Zugang zu Wasser.

Unterschiedliche Begründungen werden dafür genannt, daß Frauen in praktischen, basisnahen und gemeindebezogenen Projektmaßnahmen, aber auch in lokalen Organisationen und Kämpfen eine bedeutende Rolle spielen oder sogar die Mehrheit stellen:

- Frauen haben im Alltag durch Feldanbau, Sammeln von Waldprodukten und teils auch Fischfang eine intensive Beziehung zu den natürlichen Ressourcen und sind für die Ernährungssicherung zuständig. Der Bezug der Frauen auf die Ressourcen ist der einer Sorge-Ökonomie: sie verbinden Nutzung und Erhalt.
- Männer sind zur Erwerbsarbeit in die Städte migriert, Frauen bleiben mit den Kindern und Alten auf dem Land zurück und sind für das unmittelbare Überleben nahezu vollständig von den natürlichen Ressourcen abhängig.

Eben weil Frauen wichtige Akteurinnen und keineswegs eine ver-
nachlässigte Minderheit sind, sehen die Trägerorganisationen –
selbst ihre Mitarbeiterinnen – offenbar keine Notwendigkeit, systematisch geschlechtssensibel vorzugehen oder gar ein umfassendes
Gender-Konzept zu entwickeln. Folglich werden aber auch weiter-
gehende und langfristige geschlechterpolitische Perspektiven nicht
einbezogen. So wird z.b. nicht darauf geachtet, daß Geschlechtergerechtigkeit bezüglich des Zugangs und der Kontrolle über Ressourcen hergestellt wird, daß ein Ausgleich in bezug auf Umweltverantwortung und Arbeitsbelastung durch Umweltschutz herbei-
geführt wird und keine Überbelastung z.b. von Bäuerinnen durch
ökologisch angepaßte Anbaumethoden stattfindet.

Je technikorientierter die Umweltsektoren sind, desto auto-
matischer gelten Männer als Adressatengruppe für Maßnahmen.
Trinkwasserversorgung in den Dörfern ist z.b. Frauensache,
Bewässerungssysteme für die Landwirtschaft und Dämme gelten
dagegen als primär Männersache. Der Haus- oder Küchengarten
in Lateinamerika wird von den Frauen unterhalten, aber die Verantwortung für die Felder liegt bei den Männern, obwohl die
Arbeit meist von den Frauen ausgeführt wird. Energieversorgung
für den Haushalt ist Frauensache – Holzkohle und energiespa-
rende Herde –, allgemein ist der Energiesektor jedoch völlig
männerdominiert. Insgesamt – mit Abstrichen in Lateinamerika
– gilt, daß je wissenschaftlicher, technikorientierter und politischer die Arbeitsebene ist, desto männerdominierter ist sie. Das
bedeutet, daß auch in den Umwelt- und Nachhaltigkeitsbereichen
die berühmte »Glasdecke« existiert, die den Aufstieg von Frauen
zu Entscheidungs- und Gestaltungspositionen verhindert oder
abbremst.

CTDT, die simbabwische NGO, die sowohl zu gesetzlicher
Regulierung von Biodiversität und *Farmers' Rights* als auch mit
Bäuerinnen arbeiten, die das Saatgut einheimischer Landsorten
sammeln und vermehren, stößt in ihrer Arbeit ständig auf den
Widerspruch, daß die Politiker, mit denen sie über *Farmers' Rights*
verhandelt, Männer sind, während die Farmer an der Basis, um
deren Rechte es geht, überwiegend Frauen sind. Es ist deshalb kein

Zufall, daß CTDT die erste Partnerorganisation der Heinrich-Böll-Stiftung ist, die ein *Gender*-Konzeptpapier für ihre Arbeit erstellt. Bergbau-Projekte gelten als klassische Männerprojekte (obwohl in Südafrika eine kürzlich erfolgte Gesetzesänderung auch Frauen erlaubt einzufahren). Im Laufe der Durchführung der Bergbauprojekte in Südafrika wurde jedoch immer deutlicher, wie stark auch die Frauen in den Minenarbeitergemeinden in ihrem Alltagsleben, ihrer Erwerbsarbeit im informellen Sektor und in ihrer herkömmlichen Rolle als Ernährerinnen bzw. Beschafferinnen von Nahrungsmitteln durch die Umweltdegradierung infolge des Bergbaus beeinträchtigt sind. Unmittelbar und praktisch ergab sich die Notwendigkeit, Aktivitäten mit ihnen durchzuführen. So gelang es nach langen Verhandlungen mit einem Mineneigentümer, daß ein Stück nicht kontaminiertes Brachland zum Gemüseanbau für die Frauengruppe bereitgestellt wurde. Trotzdem werden sie als Akteurinnen nicht durchgängig in die Projektplanung und -durchführung einbezogen.

6.5.3 Geschlechterperspektive ohne Systematik

Ebenso punktuell wird gelegentlich eine Beteiligung von Frauen an Veranstaltungen wie an Workshops oder an Kommunalpolitik gefordert und gefördert. Partizipation wird dann jedoch in der Regel rein quantitativ am Dabei-Sein von Frauen gemessen, ihre inhaltliche Beteiligung wird nicht gefördert. So wurden in einem Projekt in Südafrika keine geschlechtssensiblen Antennen ausgefahren, als eine Gemeinde die »kollektive« Entscheidung traf, ein freies Stück Land als Fußballplatz zu nutzen. Es ist schwer vorstellbar, daß dies die Priorität der »beteiligten« Frauen war, deren Hauptproblem die Versorgung mit Feuerholz und Wasser ist.

Warum findet in den Projekten so wenig Verknüpfung der konkreten umweltpolitischen Inhalte mit Fragen der Geschlechterdemokratie und -gerechtigkeit statt? Ursache dafür scheint bei den meisten Partnern eine Mischung aus Gleichgültigkeit und mangelnder Kompetenz in bezug auf *Mainstreaming* und eine entsprechende systematische Vorgehensweise zu sein. Die Partnerorganisationen in den MSOE-Ländern haben ihre Überforderung mit der Integration von Geschlechteraspekten in die Ökoprojekte gegenüber der Heinrich-Böll-Stiftung mehrfach deutlich artikuliert. Die Anforderung der Heinrich-Böll-Stiftung, *Gender Mainstreaming* in die Umweltprojekte zu integrieren, scheint von dem Alltag der Projekte und den konkreten Aktivitäten sehr weit entfernt zu sein. Es gibt augenscheinlich keine Erfahrungen und Vorkenntnisse in den MSOE-Ländern, die entsprechende Anknüpfungspunkte bieten und die Integration erleichtern könnten.

Die meisten Partnerorganisationen artikulieren eine gewisse Aufgeschlossenheit gegenüber der Problematik der Geschlechterverhältnisse. Bei einigen Partnern wirkt der grundsätzlich erklärte politische Wille allerdings nicht sehr energisch in das gesellschaftliche Umfeld hinein oder wird dort direkt torpediert. Dies demonstrierten auf Nachfrage z.B. einige Projektpartner vom Horn von Afrika mit der Zuflucht zu kulturrelativistischen Standardausreden: Sie würden ihr Bestes tun und vieles versuchen, um Frauen zu integrieren – doch die Verhältnisse, die seien nicht so ...: »in our culture, women don't ..., women are not allowed to.«

Außerdem besteht bei den Partnerorganisationen weitgehend eine separatistische oder ressortspezifische Vorstellung von Projekten und Projektzielen: frauen- und geschlechtspolitische Projekte als ein Typus, Öko- und Nachhaltigkeitsprojekte als ein anderer Typus. Diese Wahrnehmung scheint z.B. gerade bei vielen lateinamerikanischen NGOs verbreitet zu sein, bei denen die mangelnde inhaltliche Verknüpfung der beiden Themenbereiche auffällt. Genderspezifische Maßnahmen gehen oft auf Initiative des Referats in Berlin zurück, denn für die Andenländer und Cono Sur gibt es kein Büro vor Ort. Die Bedeutung gerechter und demokratischer Geschlechterverhältnisse für Umweltschutz und nachhaltige Entwicklung wird oft nicht gesehen. Deshalb fehlt ein systematisches *Gender*-Konzept in den Projekten unabhängig davon, ob Frauen oder Männer die Hauptzielgruppe sind.

Eine Büroleiterin, die Frauen-*Empowerment*-Maßnahmen sehr engagiert betreibt, sieht z.B. keine Einstiegspunkte und Mechanismen, um *Gender*-Fragen bei den Umwelt-NGOs, mit denen sie arbeitet, zu thematisieren, und sieht bei ihnen auch keinerlei Interesse an der Thematik, obwohl die meisten Umweltaktiven Frauen sind.

Dem Mangel an einem konzeptionellen und systematischen Einbezug einer Geschlechterperspektive in die Projekte von Seiten der Trägerorganisationen entsprach allerdings bisher das Verhalten der Heinrich-Böll-Stiftung. Bislang wurde überwiegend im Nachhinein oder nur bei Evaluierungen nach einem *Gender Mainstreaming* gefragt. Zu Beginn der Projektplanung und Projektförderung wurde ein *Gender*-Ansatz dagegen nicht eingefordert. Bei Foren wie der Nachhaltigkeitskonferenz in Chiang Mai oder dem zivilgesellschaftlichen Umweltforum in Stuttgart wurde auf die systematische Integration eines Geschlechteransatzes kein besonderes Augenmerk gelegt.

Im Workshop mit den Partnerorganisationen im südlichen Afrika wurde die Frage aufgeworfen, ob eine Konditionalisierung angesagt ist: Unterstützung nur, wenn ein Projekt eine *Gender*-Perspektive zum integralen Bestandteil ihres Programms macht. Die Frage blieb offen, weil klar ist, daß eine Konditionalisierung *Gender Mainstreaming* nicht zur Herzensangelegenheit und Überzeugungstat der Partnerorganisationen machen kann, sondern eher zu einem bloßen Akt politischer Korrektheit und ungeliebter Pflichterfüllung degradieren würde. Auf diese Weise kann jedoch keinesfalls eine Veränderung von Geschlechterverhältnissen erzielt werden. Es war allerdings Konsens, daß geschlechtssensibilisierende und -differenzierende Mechanismen während des gesamten Projektzyklus' etabliert werden müssen. An einem solchen Instrumentarium, dem Handwerkszeug für *Gender Mainstreaming*, fehlt es den meisten Partnerorganisationen.

Wie in anderen Institutionen zeigt sich auch bei der Heinrich-Böll-Stiftung, daß die Thematisierung der Problematik stark vom persönlichen Engagement einzelner, vor allem leitender Mitarbeiterinnen und Mitarbeiter abhängt. Dieses Engagement ist nicht in allen Auslandsbüros in gleichem Maße gegeben. Regelmäßige Nachfragen und Unnachgiebigkeit sind jedoch nicht nur löblich, sondern solange unbedingt erforderlich, wie die NGOs die Ver-

antwortung (im Sinne von *Ownership*) für *Gender Mainstreaming*
nicht übernommen haben. Tenor ist, nicht zu Zwangsverordnun-
gen und Konditionalisierung zu greifen, sondern auf günstige
Ansatzpunkte zu warten und auf eine Strategie des »steten Trop-
fens« zu setzen.

6.5.4 Good Practices

Hundee, eine NGO im Oromo-Gebiet in **Äthiopien**, hat eine explizite
Gender-Politik, die auf den Rechtsansatz fokussiert. Die NGO leistet
vorzügliche Aufklärungsarbeit, um ein Bewußtsein in den Gemeinden, vor allem bei Männern, über die Ungerechtigkeit und den Mangel an Gleichberechtigung im Geschlechterverhältnis herzustellen.
Diese Rechtsaufklärung z.b. über Heirat durch Brautraub, Landrechte und Genitalverstümmelung hat Modellcharakter für gesell-
schaftsverändernde Arbeit: Es werden Diskussionsforen getrennt
für Männer und Frauen und dann gemeinsam durchgeführt, Älteste werden als Experten des Gewohnheitsrechts einbezogen, herkömmliche Regeln und Riten als sozial konstruiert und historisch
gewachsen analysiert, um dann schließlich in einer feierlichen Zere-
monie unter Beteiligung traditioneller Autoritäten sowie von Vertretern der kommunalen Verwaltung und der Polizei ein neues
Gewohnheitsrecht festzulegen, das gleichheits- und gerechtigkeits-
orientiert ist. Die herausragende Leistung von *Hundee* besteht darin,
in einer extrem patriarchalen Kultur ein Verständnis dafür
zu schaffen, daß Geschlechterverhältnisse und die gewohnheits-
mäßigen Regeln, die sie festlegen und kontrollieren, sozial konstruiert, historisch gewachsen und sozial veränderbar sind.

In **Lateinamerika** ist es in zwei Projekten gelungen, *Gender*-Fragen
mit den ökologischen Fragestellungen zu verbinden. Das Amazo-
nien-Programm von FASE hat als Organisation in ihren internen
Arbeitsabläufen die *Gender*-Frage als eine Querschnittsaufgabe etabliert und dafür innerbetrieblich eine Arbeitsgruppe eingerichtet.
Deshalb spielt dieses Thema auch bei der Arbeit der einzelnen Projekte im umfangreichen Programm von FASE-Amazonien eine

wichtige Rolle. Das von der Heinrich-Böll-Stiftung geförderte Projekt besteht aus mehreren Beratungselementen (vgl. Kap. 8.3) und agiert auf verschiedenen Ebenen mit unterschiedlichen Adressaten. Die intensive Arbeit mit Frauengruppen nahm ihren Anfang mit den Vorbereitungen auf die Peking-Konferenz, zu denen FASE vielerorts den Anstoß gab. Daraus entwickelte sich eine Dynamik weit über das eigentliche Projektgebiet hinaus in ganz Amazonien. Die Auswertungen der Konferenz konzentrierten sich auf die speziellen Lebensverhältnisse der Frauen in Amazonien. Das Hauptanliegen der Frauengruppen war allerdings nicht, sich ökologischen Fragestellungen zu widmen, sondern Weiterbildung, Gesundheit, Diskriminierung und Gewalt gegen Frauen standen im Vordergrund.

Dadurch, daß die *Gender*-Arbeit ganzheitlich verstanden und mit den Gewerkschaften und anderen Organisationen eng zusammengearbeitet wird und – zumindest dem Anspruch nach – die Männer immer einbezogen werden, spielt die Lebens- und Arbeitsrealität in Amazonien eine ganz zentrale Rolle. Sozusagen auf Umwegen kommen die ökologischen Themen auf die Tagesordnung des Forums der Frauen von Amazonien. Über Ausbildung, Gesundheit und Sicherstellung des Lebensunterhalts für die Familie werden Fragen wie ressourcenschonender Umgang mit der Natur, lokale Überlebenssysteme und Ökolandbau thematisiert und fließen in die Arbeit ein.

Das »Forum der Frauen von Amazonien«, das inzwischen auch Frauengruppen aus den Anrainerstaaten einschließt, hat es geschafft, in wenigen Jahren zu einem politischen Faktor zu werden und sich öffentlich Gehör zu verschaffen. Mit dieser Bewegung wird zu rechnen sein, wenn die Auseinandersetzungen um den Erhalt des amazonischen Lebensraums künftig an Schärfe zunehmen werden, um das aggressive Vordringen der internationalen Konzerne und deren ungehemmte Ausbeutung der Naturressourcen zu stoppen.

ANAMURI, die landesweite Organisation von indigenen Frauen und Frauen vom Land in Chile, hat ihren Ursprung in der Gewerkschaftsbewegung. In der Diktaturzeit, als viele Männer verhaftet waren, übernahmen die Frauen, die bis dahin in den Organisatio-

nen kaum eine Rolle spielten, wichtige Aufgaben. Auch wenn
ANAMURI seit drei Jahren als selbständige Organisation registriert ist (mit 6.000 Mitgliedern), versteht sie sich weiterhin als
Teil der Gewerkschaftsbewegung und will ganz ausdrücklich keine
separatistische Politik betreiben, sondern sieht ihre Aufgabe in der
Förderung der aktiven Frauenbeteiligung. Eine Trennung besteht
allerdings zwischen Stadt und Land, da die Lebensbedingungen
und die Probleme der chilenischen Frauen auf dem Land, vor
allem der Indigenen, sich maßgeblich von denen städtischer
Frauen und jenen, die in den industrialisierten Arbeitsprozeß eingebunden sind, unterscheiden.

Aus dem Landbezug der Frauen resultiert auch der intensive
Arbeitszusammenhang zu ökologischen Fragestellungen. In den
Bereichen der täglichen Arbeit sind es vor allem die Frauen, die
sich mit ökologischen Themen beschäftigen und am direktesten
von den Umweltproblemen betroffen sind. Deshalb gilt es, ein
Problembewußtsein dafür in die Gewerkschaften hineinzutragen
und dort zu verankern. Auf der einen Seite nutzen die Frauen von
ANAMURI die Umweltfragen, um ihren Einfluß in den Gewerkschaften insgesamt zu verstärken, auf der anderen Seite geht es
darum, die ökologischen Arbeitsgebiete nicht nach klassischem
Muster entlang von Geschlechtergrenzen aufzuteilen. Gesundheitliche Folgen von Umweltverschmutzung sind ebensowenig
reine Frauenthemen wie Ernährung und Konsum oder der Erhalt
von Ökosystemen. Trotzdem gilt es, bei diesen Themen den
Bedürfnissen der Frauen stärker Rechnung zu tragen.

Damit kratzen die Frauen von ANAMURI auch am herrschenden Wirtschaftsmodell. Zur Erarbeitung eines »Anti-Modells«, wie
es die Koordinatorin formuliert hat, suchen sie einerseits die Diskussion und den Austausch mit Frauen auch aus anderen Ländern
(Heinrich-Böll-Stiftung förderte ein internationales Seminar als
Kleinmaßnahme) und andererseits die Zusammenarbeit mit
gemischten chilenischen Organisationen. Die Kooperation allerdings mit *Chile Sustentable*, dem Landesprogramm im Cono-Sur-
Programms war bisher nur sehr punktuell. Sie sehen dort noch
wenig Ansatzpunkte, um den Frauen in den Organisationen mehr

Einfluß zu verschaffen oder die Rechte der Frauen effektiv umzusetzen. Dieses Programm wurde von den ANAMURI-Frauen in
seiner bisherigen Ausrichtung als sehr intellektuell und wenig pra-
xisbezogen empfunden.

Einen *Gender-Mainstreaming*-Ansatz betreibt auch die Arbeitsgruppe *Women and Environment* (WEN) des Frauennetzwerks
APWLD. Hier greift eine Frauenrechtsorganisation das Thema
Nachhaltigkeit und Ökologie auf und bearbeitet fürs erste zwei
Schwerpunktthemen: 1) Analyse der Umweltgesetzgebung mehrerer Länder in der **asiatisch-pazifischen Region** und ein Abklopfen auf
eine Geschlechter-Perspektive. Zwei zentrale Mechanismen kristallisieren sich dabei für die Integration der besonderen Problem-
und Interessenlage von Frauen heraus: zum einen Rechtsan-
sprüche, zum anderen politische Partizipation. Für die Beteiligung
von Frauen an politischen und sektoralen Entscheidungsprozessen
von der lokalen bis zur nationalen Ebene bietet die Dezentralisierung in einigen Ländern neue Möglichkeiten und Hoffnungen.
Auf der Grundlage der vergleichenden Gesetzesanalysen sollen
Juristinnen von APWLD ein Trainingsmodul entwickeln, wie
Gesetzesreformen im Bereich Umwelt und Nachhaltigkeit erreicht
werden können, bei denen eine Geschlechterperspektive nicht
unter die Parlaments- und Behördentische fällt. 2) In empirischen
Studien wird in sieben Ländern aufgearbeitet, welche Auswirkun-
gen das Landwirtschaftsabkommen der WTO auf Frauen hat. Die
Ergebnisse – z.B. die negativen Auswirkungen des Imports billiger
Grundnahrungsmittel – werden gebündelt und zur politischen
Strategiebildung sowie für *Advocacy*- und Lobbyarbeit bei regionalen und internationalen Regierungsverhandlungen genutzt.

WEN fordert von Frauenorganisationen, sich stärker der
Umwelt- und Nachhaltigkeitsthematik anzunehmen und sie mit
ihren speziellen Handlungsfeldern zu verknüpfen. Auch bei anderen sozialen Bewegungen, vor allem bei der globalisierungskritischen Bewegung, versucht APWLD einen *Gender*-Ansatz bzw.
Frauenbelange einzubringen und berichtet, daß dies keineswegs
überall freudig begrüßt und aufgenommen wird.

Insgesamt fällt auf, daß es nicht nur nachhaltig schwierig ist, einen *Gender*-Ansatz in Ökologie-Projekten zu verankern, sondern auch Ökologie und Nachhaltigkeit in Frauen-*Empowerment*-Programme der Heinrich-Böll-Stiftung zu integrieren. Bei den beiden Frauenorganisationen REDEH und CEMINA ist der ökologische Aspekt in der Projektarbeit nur schwach ausgeprägt. Das heißt, daß das Querschnittsprinzip offenbar wechselseitig bei diesen Programmen nicht aufgeht. Dagegen war es kein Problem, *Mainstreaming* von *Gender* und Umwelt in Medienprogrammen der Heinrich-Böll-Stiftung z.B. im südlichen Afrika zu betreiben.

Lessons Learnt

Es ist immer noch notwendig, kontinuierlich von außen Anregungen zu geben, damit die Partnerorganisationen in umweltpolitischen Handlungsfeldern aufklärend in bezug auf Frauenrechte, Geschlechtergerechtigkeit und -demokratie wirken und Fragen der Ressourcennutzung und des Umweltschutzes mit Geschlechtergleichstellung verbinden. In einigen Regionen ist Training für Partnerorganisationen zum Zusammenhang von Gender und Umwelt zu empfehlen.

Eine Feminisierung ökologischer Verantwortung an der Basis und eine Überlastung von Frauen durch Umweltschutz und Ressourcenschonung ist gezielt zu vermeiden. Die unbezahlte Sorge- und Überlebensarbeit von Frauen darf nicht durch die Pflege der geschundenen Umwelt vergrößert werden.

Die Glasdecke für Frauen im Umweltbereich ist durch pro-aktive Politik und gezielte Initiativen zu durchbrechen.

Es empfiehlt sich, stärker auf einen Rechtsansatz Bezug zu nehmen, um Frauen Zugang zu Informationen, Nutzung und Eigentum an Ressourcen zu sichern. Dies kann das Gewohnheitsrecht lokaler Gemeinschaften sein wie auch das moderne Zivilrecht.

Frauen brauchen auch in diesem Bereich demokratische Beteiligungsrechte und Zugang zu politischer Entscheidungs- und Gestaltungsmacht auf lokaler, nationaler und internationaler Ebene. Die lokale Ebene ist gewiß die, die am nächsten am Alltag der Frauen liegt. Die NGO Horn Relief hat in Somalia z.b. Frauen in Ältestenräten oder aber eigene Frauen-Ältestenräte beim Management der umkämpften und extrem knappen lokalen Wasserressourcen gefördert.

In den Projekten wie in den Umweltsektoren insgesamt muß bezüglich der Ressourcen und politischer Entscheidungsmacht ein Empowerment von Frauen im Dreischritt stattfinden: Zugang – Partizipation – Transformation.

6.6 PRAKTISCHER UMWELTSCHUTZ

In einer Reihe der Projekte ist für die Partnerorganisationen die praktische Bekämpfung von Umweltdegradierung und -verschmutzung durch Schutz- und Regenerationsmaßnahmen der Einstieg in die Bearbeitung einer ökologischen Problematik. Dieser Projektansatz findet sich zum einen in ländlichen Gebieten vor allem zur Regeneration lokaler Ökosysteme, zum anderen in städtischen, touristischen und Industriegebieten, die verschmutzt und vergiftet sind. Insgesamt ist der praktische Handlungsansatz an der Basis in den von der Heinrich-Böll-Stiftung unterstützten Projekten jedoch seltener anzutreffen als Umweltbildung, Vernetzung und Politikintervention. Grundsätzlich sind Maßnahmen des praktischen Umweltschutzes immer Bestandteil eines umfassenderen Projektansatzes. Es ist deutlich, daß die Maßnahmen nicht nur die praktischen Bedürfnisse von Betroffenen aufgreifen, sondern bei ihnen auch ein strategisches Interesse an Ressourcenschonung und Umweltschutz entwickeln wollen.

In einem erweiterten Verständnis sind auch **Proteste** gegen Infrastruktur- und Entwicklungsprojekte wie Schnellstraßen und Staudämme als Formen des praktischen Umweltschutzes zu sehen. Durch die Verhinderung oder zumindest den Aufschub von umweltschädlichen Großprojekten wird außerdem meist eine Lawine von öffentlichkeitswirksamen Effekten losgetreten, die zu einer breiten Diskussion oder gar zu einer erneuten Überprüfung des Vorhabens führen und nicht zuletzt den Legitimationsdruck für die Betreiber erhöhen. Teils jahrelanger Widerstand vor allem in Thailand hatte zur Wirkung, daß Aktivisten und Basisorganisationen ihre Umwelt gegen ein umstrukturierendes Ressourcenmanagement und gegen Gefährdung durch industrielle Großprojekte verteidigen konnten.

In Äthiopien finden sich mehrere Projekte, die im praktischen Umweltschutz aktiv sind. Dies hat in der extremen Umweltdegradierung seinen Grund, aber sicher auch darin, daß für zivilgesellschaftliche Gruppen wenig demokratische Spielräume für Proteste, Widerstände und Politikbeeinflussung bestehen. Praktische Aktivitäten z.B. die Einrichtung von Baumschulen und die Verbreitung von Setzlingen gelten als unpolitisches Feld und als politikneutrales Vehikel, um das Bewußtsein für Ökologiethemen zu schärfen. Deshalb liegt ein Schwerpunkt der äthiopischen Projekte auf dieser Strategie.

Hundee ist ein Oromo-Wort für die Graswurzel-Ebene. Die äthiopische NGO mit dem Namen *Hundee* arbeitet in Oromo-Gemeinden zur **Regeneration** der vor allem durch Abholzung völlig degradierten Umwelt. *Hundee* begann 1996 mit einer Baumpflanz- und Aufforstungsinitiative, einer Aktivität, die inzwischen zu ihrem Markenzeichen geworden ist, auch wenn die NGO von der äthiopischen Regierung lange mit Argwohn und Repression bedacht wurde. Die Strategie dieser NGO ruht auf zwei Säulen: dem Rechtsansatz, dem Anknüpfen an den Gewohnheitsrechten und –regeln der lokalen Gemeinschaft zur Ressourcennutzung und dem Aufbau von Umweltclubs, die die Verantwortung für die Setzlinge übernehmen. Zielgruppen sind die ressourcenarmen Gemeinden. *Hundee* ist eine der wenigen Organisationen, die Geschlechtergleichheit konsequent als Querschnittsthema in alle Aktivitäten eingliedert.

Die Oromo hatten traditionell demokratische Systeme des Ressourcenmanagements, die in diesem Zusammenhang wiederbelebt werden. Verantwortung und *Ownership* für die Regeneration der lokalen Überlebensgrundlagen obliegen heute den einzelnen

Haushalten und den Umweltclubs. Die Orientierung auf die Einzelhaushalte wurde eingeführt, nachdem das vom Mengistu-Regime verordnete Konzept von »Gemeindewäldern« scheiterte. Es hatte allen freien Zugang und die Nutzung der Anpflanzung erlaubt, mit der Folge, daß die einzelnen Haushalte letztendlich keine Verantwortung für die Setzlinge übernahmen und auch keinen oder nur minimalen ökonomischen Gewinn davontrugen. Durch die Baumschulen werden praktische Bedürfnisse der lokalen Bevölkerung mit einem strategischen Interesse an der Regeneration der Umwelt und Nachhaltigkeit verknüpft. Zum einen soll durch die Verbreitung indigener Sorten die außergewöhnliche äthiopische Biodiversität erhalten werden, zum anderen wird durch das Angebot kommerziell nutzbarer Sorten wie Eukalyptus das Bedürfnis der bäuerlichen Haushalte nach einer Einkommensmöglichkeit aufgegriffen.

Aus den praktischen Tätigkeiten und der Verantwortung für die Anpflanzungen erwuchs vor allem bei der Jugend ein weitergehendes ökologisches Bewußtsein. Während das Hauptinteresse der Einzelhaushalte sich unmittelbar auf wirtschaftlich nutzbare Bäumchen richtet, pflanzt z.B. der Jugend-Umweltclub *Telecho* auf einem gepachteten Stück Land einheimische Sorten an, die vom Aussterben bedroht sind. Die Jugendlichen verurteilen die Umweltverantwortungslosigkeit und Gleichgültigkeit ihrer Väter: »Ihr habt die Umwelt eurer eigenen Generation zerstört, laßt die Finger von unserer.« Auch in Umweltclubs an äthiopischen Schulen, die von der Partnerorganisation LEM unterstützt werden, führen Jugendliche Initiativen zum Umweltschutz durch, von Baumpflanzungen bis zu Säuberungsaktionen.

Umweltschutzmaßnahmen sind auch im industriellen Sektor der Einstieg in ein besseres Ressourcenmanagement und eine **umweltschonendere Produktionsweise**. In Addis Abeba wurden erste Schritte unternommen, um der Umweltzerstörung durch hohes Abfallaufkommen und Verschmutzung entgegenzuwirken. Experten aus verschiedenen Industriebranchen führten nach einem entsprechenden Training in den Betrieben Audits über industrielle Abfälle und Verschmutzung durch. Auf dieser Grundlage entwickelten sie Pläne zur Abfallreduzierung für ihre Industriebetriebe, mit dem Ziel einer saubereren Produktion und einer Kosteneinsparung.

Ein anderer Ansatz für praktische Aktivitäten ist die unmittelbare Beseitigung von Umweltverschmutzung und -schäden. Dies sind entweder einmalige Aktionen oder längerfristige **Reparaturmaßnahmen**. Der damit verbundene Publicity-Effekt ist oft eine zusätzliche Unterstützung für andere Projekte und Aktivitäten im Umweltbereich. Im Nahen Osten packten die Aktivisten im Rahmen der Programme selbst an, um die Umwelt zu säubern. Im Golf von Aqaba wurden Strände durch Jugendliche gesäubert und durch Tauchaktionen die einmaligen Korallenriffs von Abfällen und Plastiktüten gereinigt. Gleichzeitig mußten die Korallen vor zupackenden souvenir-jagenden Tauchtouristen geschützt werden.

Reparatur war ebenfalls gefragt, als in der Bucht von Rio de Janeiro in Brasilien ganz akute Umweltschutzmaßnahmen nach der Ölkatastrophe aufgrund eines Lecks in einer Ölpumpstation im Hafen nötig waren. Die Insel Paquetá, ein Naturschutzgebiet in unmittelbarer Nähe des Lecks, wurde Opfer der Ölpest. IBASE beriet die lokalen Bürgerinitiativen und NGOs, um die unmittelbaren Rettungs- und Feuerwehrmaßnahmen systematisch in ein konkretes Programm zur Rettung und zum nachhaltigen Erhalt des Naturschutzgebietes zu überführen. Die Realisierung des Vorhabens in Zusammenarbeit mit den Bürgerinitiativen vor Ort mußte aufgrund politischer Intervention im Wahlkampf suspendiert werden – beide Seiten hoffen, die Arbeit fortsetzen zu können.

In Osteuropa spielt der praktische Umweltschutz wegen der erwähnten Herkunft der Trägerorganisationen aus einem wissenschaftlich-intellektuellen Umfeld eine untergeordnete Rolle. Vereinzelt wurden aber Aktionen des praktischen Umweltschutzes insbesondere von und mit ehrenamtlichen Jugendlichen durchgeführt. In dem Projekt am Baikalsee in Rußland wurden des öfteren Müllsammlungsaktionen in innerstädtischen Parkanlagen in Irkutsk und direkt am Ufer des Baikalsees durchgeführt. In Nishnij Nowgorod wurden von einer Organisation verschiedentlich

Sammelaktionen von Plastikmüll als Bestandteil einer größeren Aufklärungskampagne über Dioxine organisiert. Im Gesamtbild der Programme und Projekte der Heinrich-Böll-Stiftung in den MSOE-Ländern bleiben dies jedoch vereinzelte Aktivitäten, die keinen programmatischen Schwerpunkt bilden und eher Begleitmaßnahmen von anderen Projekten der Umweltbildung und -aufklärung sind.

Unter die Rubrik **Vorsorgemaßnahmen** und nachhaltige Ressourcensicherung fallen die Projekte, deren praktische Aktivitäten den Erhalt lokaler Überlebensgrundlagen sichern und im Ökolandbau langfristig die Bodenfruchtbarkeit erhalten. In zwei mittelamerikanischen Projekten, *PafMaya* und FUNDALEMPA, sind die konkreten Umweltschutzmaßnahmen zur Erhaltung und Verbesserung der lokalen Überlebenssysteme integraler Bestandteil des Arbeitsprogramms im Projekt. Am Lempa-Fluß soll durch Aufforstung das Ökosystem regeneriert und gleichzeitig ein Erosionsschutz geschaffen werden. Im Maya-Gebiet wurden Baumschulen für die Waldbewirtschaftung angelegt und umfangreiche ökologische Maßnahmen zum Schutz gegen Naturkatastrophen durchgeführt.

Die praktische Ausrichtung der Agrarprojekte in Nordostbrasilien ist per se auch tätiger Umweltschutz. Die zahlreichen, teilweise nur kleinen Erosionsschutzmaßnahmen der Kleinbauern sind in ihrer Summe ein Beitrag zum Umweltschutz. In die gleiche Richtung zielt die (Wieder-) Einführung angepaßter Sorten als Dauerkulturen und als Saisonpflanzungen. Die Maxime in den Projekten des Ökolandbaus ist es, nachhaltig die Ertragskraft der Böden zu verbessern.

Lessons Learnt

Praktische Umweltschutzaktivitäten haben über ihr rein umwelttechnisches Ergebnis hinaus nur dann eine langfristige Wirkung, wenn sie mit anderen Aktivitäten wie Ökolandbau bzw. Strategien wie Umweltbildung oder Politikintervention verknüpft sind. Aus

den praktischen Bedürfnissen der Betroffenen am Umweltschutz
müssen sich strategische Interessen an einer ökologischen Umgestaltung entwickeln.

Wo der demokratische Spielraum für Umweltgruppen zu eng ist, um
offen umweltpolitische Einmischung zu betreiben, dienen praktische Umweltschutzmaßnahmen als Einstieg, um Zugang zu den
Zielgruppen zu bekommen, Umweltprobleme zu thematisieren und
zu bearbeiten und dezentrale, auf das Lokale fokussierte Ansätze
zu verfolgen.

Reparaturmaßnahmen und Umweltschutzaktionen sind in Notfällen
unumgänglich, aber keine typischen Stiftungsaktivitäten. Sie können jedoch zur Mobilisierung sinnvoll eingesetzt werden, und der
Publicity-Effekt solcher Maßnahmen oder die Skandalisierung
durch Proteste sind wichtige Komponenten in der Ökonomie der
Aufmerksamkeit, die die NGOs betreiben.

Ergänzend zu kurzfristigen Aktionen sind Vorsorgemaßnahmen unerläßlich, um Nachhaltigkeit zu erzielen.

7 FALLSTUDIEN

In den vorangegangenen Kapiteln wurden in einem vergleichenden Verfahren die Charakteristika der Projekte und Programme erfaßt, systematisiert und unterschiedlichen Politikfeldern und Handlungsstrategien zugeordnet. In diesem Kapitel werden nun in detaillierten Fallstudien drei Projekte bzw. Programme aus verschiedenen Regionen exemplarisch vorgestellt. Ausführlich werden auf den Projektkontext und die Entstehungsbedingungen eingegangen und die Entwicklung der Projekte nachgezeichnet. Die Ergebnisse der Aktivitäten werden analysiert und ihre Stärken und Schwächen verdeutlicht.

7.1 FÖRDERUNG DER ÖKOLOGISCHEN SELBST-HILFEBEWEGUNG IN POLEN

Das Projekt zur Förderung der ökologischen Selbsthilfe im polnischen Ökologiebereich wurde von 1993 bis 2001 von der Heinrich-Böll-Stiftung gefördert. Eine Evaluierung des Projektes fand im Juni 2001 statt. Alle Zitate in dem folgenden Text sind Aussagen von Personen, die im Verlauf der Evaluierung interviewt wurden.

7.1.1 Entstehungsgeschichte

Die unabhängige Umweltbewegung[12] in Polen nahm ihren Ausgang vor ca. 20 Jahren. In den achtziger Jahren war sie ein Sammelbecken von Oppositionellen, die im Umweltschutz ihre Kritik am bestehenden politischen System zum Ausdruck brachten. Eine der ersten Organisationen, die als unabhängig bezeichnet werden können, war

---

12 Der Begriff »Bewegung« wird im gesamten Text nicht für eine homogene und einheitlich handelnde Bewegung genutzt, sondern er steht für die Summe der Organisationen und Initiativen im Bereich Ökologie.

der *Polish Ecological Club*. Er wurde 1981 im Umfeld der Gewerk-
schaft *Solidarnocs* gegründet. Dieser Club besteht bis heute und vereinigt überwiegend Fachleute mit einem akademischen Hintergrund. Dort wird in erster Linie über Umweltprobleme geforscht,
diskutiert und beraten, es werden jedoch keine praktischen und
öffentlichen Kampagnen organisiert. Neben dieser Gruppe entstanden Ende der achtziger Jahre auch andere Umweltorganisationen, die sich differenzierteren Themen der Ökologie und Nachhaltigkeit widmeten bzw. ihre Aktivitäten auf konkrete Regionen ein-
grenzten. Zu dieser Gruppe von Organisationen gehören auch die
beiden Partnerorganisationen, die im Rahmen des o.g. Projektes mit
der Heinrich-Böll-Stiftung zusammenarbeiten. Dies ist einerseits
die»Stiftung zur Förderung Ökologischer Initiativen« (FWIE), geleitet von Piotr Rymarowicz, und die»Gesamtpolnische Gesellschaft
für Abfallmanagement« (OTZO), geleitet von Pawel Gluszynski.
Beide Organisationen haben ihren Sitz in Malopolska, der Region
um Krakau, wobei die Aktivitäten von FWIE sich auf diese Region
beschränken, OTZO hingegen in ganz Polen aktiv ist.

Das Projekt zur Förderung der ökologischen Selbsthilfebewegung
begann 1993 und wurde von der alten Heinrich-Böll-Stiftung initiiert. Sie suchte zu diesem Zeitpunkt potentielle Partner in Polen,
um unter den veränderten gesellschaftlichen und politischen
Bedingungen ökologische Fragestellungen im östlichen Nachbarland zu bearbeiten. So wurde nach einer längeren Vorbereitungs-
zeit gemeinsam mit FWIE und OTZO ein Projektantrag erarbeitet,
der die folgenden Ziele beinhaltete:
– Verbesserung der Umweltsituation durch Unterstützung von
    Umweltgruppen und -initiativen;
– Änderung des Umweltverhaltens;
– Initiierung umweltfreundlicher Aktivitäten;
– Technische Förderung von Umweltorganisationen und -initia-
    tiven.

Die Ziele des Projektes sind sehr allgemein formuliert, was sicher
auf die neue politische Situation, die mangelhafte Prüfung der

Ausgangssituation und die damals fehlenden Vorerfahrungen der Heinrich-Böll-Stiftung in der Arbeit mit Osteuropa zurückzuführen ist. Dies erschwert aber zugleich eine Aussage bezüglich der Zielerreichung. Aus der heutigen Sicht erhärtet sich die Vermutung, daß die Projektpartner die Zusammenarbeit mit der Heinrich-Böll-Stiftung als Absicherung ihrer Basisfinanzierung und damit als Grundlage für die Umsetzung ihrer Aktivitäten ansahen.

Die sehr speziellen Aktivitäten von OTZO im Bereich Abfallmanagement (Arbeit an der Gesetzgebung, Kampagnen gegen Müllverbrennung, Arbeit mit der Industrie zur Abfallvermeidung und Beratung von Kommunen) finden zwar auch im Rahmen der oben genannten Ziele statt, sind aber durch die Formulierung der Ziele keinesfalls hinreichend beschrieben. Das breite Leistungsspektrum und Selbstverständnis von FWIE (Bildung von Netzwerken, Nutzung des Internet, Durchführung von Bildungs- und Aufklärungsveranstaltungen, Beratung / Training für NGOs und Verwaltungen) läßt sich dagegen schon eher in der obigen Formulierung wiederfinden. Allerdings fehlt es im gesamten Projekt (sowohl in den Dokumenten als auch in den Köpfen der Beteiligten) an detaillierten Kriterien für der Zielerreichung und an Indikatoren, an denen Projektfortschritte gemäß *Project Cycle Management* gemessen werden können.

7.1.2 Stärken und Schwächen

Zu den positiven Ergebnissen des Projektes gehört zweifelsohne die wachsende öffentliche Aufmerksamkeit gegenüber ökologischen Problemen in der Region Krakau. Die Anzahl der Meldungen in den Medien und die Einstellung der Fachleute in den lokalen Verwaltungen haben sich zugunsten ökologischer und nachhaltiger Ideen gewandelt. Dies belegt auch die wachsende Zahl von Naturschutzgebieten und Nationalparks, die in der Region entstanden sind. Dies sind wesentliche Ergebnisse, die vor allem auf die Aktivitäten der Partnerorganisation FWIE zurückzuführen sind.

Ein besonderer Arbeitsschwerpunkt von FWIE ist die umwelt-
freundlichere Gestaltung der Gesetzgebung besonders auf regionaler, aber auch auf nationaler Ebene. Hier sind eine Reihe von
Erfolgen zu verbuchen. Der Prozeß der legislativen Anpassung an
die EU-Standards ist in Polen in vollem Gange und eine Reihe von
gesetzlichen Grundlagen werden gegenwärtig reformiert. Zu beobachten ist, daß die Parlamentarier auf allen Ebenen keine ausgeprägten Fachkenntnisse in Umweltfragen besitzen. Hier hat FWIE
eine besondere Kernkompetenz und auch entsprechende Kenntnisse der EU-Richtlinien. Diese Expertise wird von FWIE in die
Gesetzgebungsverfahren eingebracht. Sie bieten Schulungen und
Seminare für Parlamentarier und Mitarbeiter der Verwaltungen
auf regionaler Ebene an. Die Qualität der polnischen Gesetzgebung
im Hinblick auf Umweltbelange konnte dadurch verbessert werden. Darüber hinaus hat FWIE bei der Erarbeitung des kommunalen Verkehrskonzeptes für die Krakauer Innenstadt direkt mit-
gewirkt. Auf diese Weise ist Krakau eine der ersten Städte Polens,
in der gesonderte Fahrradwege im innerstädtischen Verkehrskon-
zept vorgesehen sind. Die Gesamtstrecke an Fahrradwegen ist in
den letzten Jahren beachtlich gewachsen.

FWIE geht bereits seit seiner Gründung einer intensiven
Verlagstätigkeit nach. So wurden nicht nur regelmäßig Bücher
und Zeitschriften in verschiedenen Sprachen publiziert, es werden auch regelmäßig umweltrelevante Informationen im Internet veröffentlicht. So hat sich der Internetserver von FWIE
(http://www.most.org.pl) zur führenden Internetplattform mit
ökologischen Inhalten in polnischer Sprache entwickelt.

Im Konflikt um den Bau eines Einkaufs- und Freizeitzentrums
in Krakau in einem schützenswerten Gebiet an einem Teich wurden in den vergangenen zwei Jahren zähe Verhandlungen zwischen dem Betreiber (der Firma Plaza Centers) und den Umweltgruppen geführt. Es gab ein Gerichtsverfahren durch mehrere
Instanzen bei dem sich die Belange der Natur in dem Feuchtgebiet
und die kommerziellen Interessen der Bauherren gegenüber-
standen. Es wurde eine Einigung erzielt und in den Bauplänen
der Investoren der Schutz der Natur berücksichtigt. Die Zufahrts-

straße zum Einkaufszentrum wurde verlegt und der Teich wird in seiner natürlichen Form erhalten bleiben und in die gesamte Anlage integriert werden. Im Dezember 2001 wurde das Einkaufszentrum eröffnet. Für beide Seiten war eine Einigung sehr wichtig: Für die Umweltgruppen stand der Schutz der Natur und für die Bauherren die Pflege ihres Ansehens im Mittelpunkt. Beide Seiten äußern sich sehr wertschätzend über den zweijährigen Prozeß und das erreichte Resultat. Sie geben jedoch auch zu bedenken, daß eine derartige Einigung in Polen bislang noch ein Novum ist. Das liegt auch daran, daß die Umweltgruppen oftmals keine konstruktiven Lösungen anstreben, sondern nur ihren Protest zum Ausdruck bringen.

FWIE hat es außerdem geschafft, eine sehr heterogene Kombination von verschiedenen Finanzierungsquellen aufzubauen. Die Einnahmen setzen sich aus Zuwendungen, Spenden und Gebühren für gewerbliche Leistungen im Bildungs- und Beratungsbereich zusammen. Unter den Zuwendungsgebern finden sich Privatpersonen, polnische und internationale Stiftungen ebenso wie die lokale Verwaltung im Gebiet Krakau und das polnische Umweltministerium.

Die Arbeit von OTZO im Bereich Abfallmanagement ist sehr viel spezieller, hat aber auch viele positive Wirkungen erzielt. So konnte in den vergangenen 8 Jahren der Bau von insgesamt ca. 50 Müllverbrennungsanlagen in Polen verhindert werden. Aufgrund der vorausschauenden Arbeitsweise von OTZO und seiner lokalen Partner wurde schon zu Beginn der neunziger Jahre begonnen, die lokalen Verwaltungen im Rahmen einer Kampagne gegen Müllverbrennung über die negativen Folgen von Verbrennungsanlagen aufzuklären. Zu diesem Zeitpunkt hat in Polen praktisch noch niemand über kommunale Abfallmanagementsysteme nachgedacht, und es existierten auch keine derartigen Anlagen. Erst seit Mitte der 90er Jahre haben die Vertreter von westlichen Firmen versucht, solche Anlagen an polnische Kommunen zu verkaufen. Die Entscheidungsträger waren jedoch inzwischen gut über die negativen Folgen und Nebenwirkungen der Müllverbrennung informiert und lehnten den Bau solcher Anlagen in ihren Kommunen ab.

OTZO arbeitet seit 1993 als juristische Person (davor informell) am Thema Abfallmanagement und -minimierung. 1995 nahm OTZO erstmals an der Erarbeitung eines nationalen Gesetzentwurfes über Emissionen und Abfallminimierung teil. Das Gesetz trat, abgesehen von kleineren Veränderungen, in der Form in Kraft, in der es von OTZO erarbeitet worden war. Darüber hinaus wurde von OTZO auch eine neue Verpackungsverordnung mitgestaltet, die ebenfalls ohne wesentliche Veränderungen in Kraft trat. Danach sind die Hersteller von Waren stärker als zuvor zur Rücknahme ihrer Verpackungen verpflichtet, der Anteil an wiederverwendbaren Verpackungen wurde erhöht. Dies stellt eine Trendwende in der polnischen Umweltgesetzgebung dar. Die Arbeit an den Gesetzten wurde von OTZO sehr ausführlich dokumentiert und ist auch im Internet abrufbar.

Durch die Öffentlichkeitsarbeit, Schulungen, Seminare und die verschiedenen Kampagnen, die OTZO in den zurückliegenden Jahren organisiert hat, ist auch das öffentliche Bewußtsein in bezug auf Abfall gewachsen. Das Konsumverhalten der Verbraucher und das Umweltbewußtsein der Hersteller und Händler wurde dadurch mittelbar beeinflußt. Im Oktober 2000 veröffentlichte OTZO eine neue Auflage des Handbuchs für Umweltaktivisten über Gesetze und Richtlinien für den öffentlichen Zugang zu Informationen in Verwaltungsverfahren und zu Fragen des Umweltschutzes. Dies ist ein wichtiger Beitrag zur Entwicklung von Bürgerbeteiligung in der polnischen Zivilgesellschaft.

Die bereits angedeuteten Schwächen des Projektes haben ihre Ursachen in einem mangelhaftem Projektmanagement. Zu Beginn des Projektes wurde keine detaillierte Analyse der Managementkapazitäten durchgeführt. Die Kongruenz der Ziele war für die Heinrich-Böll-Stiftung hinreichende Voraussetzung für die Kooperation mit den beiden Partnerorganisationen. Die personellen, zeitlichen und fachlichen Kapazitäten wurden bei der Planung nur oberflächlich berücksichtigt. Die rückblickend etwas unglücklich wirkende Kombination zweier Organisationen, die ihrem Wesen nach sehr unterschiedlich sind und während des Projektverlaufes kaum zusammenarbeiteten, hätte bei einer umfassenderen Analyse der Bedingungen im Vorfeld vermieden werden können. Pawel Gluszynski schätzt die Kooperation der beiden Organisationen wie folgt ein: »Es hat von Beginn des Projektes an keine gemeinsamen Aktivitäten zwischen FWIE und OTZO gegeben.«

Die Ziele des Projektes wurden sehr allgemein und ohne Einbeziehung der Partnerorganisationen formuliert, so daß ein Projekt bewilligt wurde, das mit den Vorstellungen der Partnerorganisationen nur entfernt in Beziehung stand. Die diffuse Formulierung der Ziele und die fehlenden Indikatoren für Zielerreichung lassen in der Durchführung des Projektes eine detaillierte Überprüfung der Ergebnisse nicht zu. So entstand der Eindruck bei den Projektpartnern, daß an die finanzielle Förderung durch die Heinrich-Böll-Stiftung keine konkreten Verpflichtungen gebunden sind und die Zuwendung die Grundsicherung für Räume und Personal für die beiden Organisationen darstellt: »Money is for free«.

Die Zusammenarbeit mit den anderen Stiftungsprojekten in Polen und anderen Ländern Mittel- und Osteuropas wurde von FWIE und OTZO nicht sehr ernst genommen. Pawel Gluszynski sagte im Interview: »Zusammenarbeit braucht einen Anlaß, gemeinsames Interesse und kongruente Ziele, die weiter reichen als allgemeine Verständigung zum Thema Zivilgesellschaft«. Ein anderer Gesprächspartner äußerte: »Nur weil man zum gleichen Brunnen geht, ist man noch nicht miteinander verwandt«. Hier zeigt sich, daß die Zusammenarbeit zwischen den Partnerorganisationen in verschiedenen Projekten keine Selbstverständlichkeit ist, sondern ein aktueller Anlaß ebenso gegeben sein muß wie die gemeinsame Basisintention.

Ungeachtet dieser Schwächen überwiegt insgesamt ein positiver Eindruck der Ergebnisse des Projektes. Die im Projekt enthaltene Grundintention wurde verfolgt, und die spezifischen Ergebnisse stellen einen Beitrag zur Entwicklung von Ökologie und Nachhaltigkeit im Nachbarland Polen dar. Die bereits entwickelte Partnerschaft zu den beiden beteiligten Organisationen bildet eine gute Ausgangsbasis für die bevorstehende Arbeit an Umweltthemen im Rahmen des EU-Erweiterungsprozesses.

7.1.3 Gender Mainstreaming

Gender-Aspekte spielen in der Arbeit der beiden Projektpartnerorganisationen keine explizite Rolle. Ein Großteil der Mitarbeiterinnen und Mitarbeiter von FWIE sind zwar Frauen und auch bei OTZO arbeiten neben Pawel Gluszynski noch zwei weitere Frauen als hauptamtliche Mitarbeiterinnen, aber die beiden Organisationen leiten daraus keinen spezifischen *Gender*-Ansatz ab. Die Tätigkeit der Frauen in den Organisationen erwächst eher aus der für Osteuropa üblichen Kombination von Berufstätigkeit und Familienleben. Die Integration von *Gender*-Aspekten in die Arbeit der Umweltorganisationen ist in Osteuropa generell schwer zu vermitteln.

7.1.4 Politikrelevanz

Die Partnerorganisationen FWIE und OTZO fordern und fördern die Anpassung der nationalen Gesetzgebung an die Standards der EU. Sie sind aktiv an der Erarbeitung neuer Gesetzentwürfe beteiligt und sammeln Informationen über relevante Fragestellungen in den EU-Ländern. Sie stellen auch *Best-Practice*-Beispiele vor und passen diese den polnischen Bedingungen an. Dariusz Szwed, der ehemalige Direktor von FWIE und jetzige Projektmanager im Büro für umweltpolitische Lobbyarbeit in Warschau, äußerte in einem Interview: »Polnische Umwelt-NGOs orientieren sich an der Zukunft in der EU: Sie sammeln Daten über neue Trends und Entwicklungen in der EU im Bereich Umweltschutz, suchen nach Partnern in Westeuropa, beobachten die Gesetzgebungsprozesse und informieren die polnischen Entscheidungsträger und die Öffentlichkeit darüber«. Umweltfragen werden während der Beitrittsverhandlungen zwischen Polen und der EU auch einen wichtigen Stellenwert haben. Dabei wird es vor allem um die Zukunft der polnischen Landwirtschaft gehen, die unter einem enormen Veränderungsdruck steht. Die großen Anbauflächen und die große Zahl von landwirtschaftlichen Betrieben werden von der EU nicht mit Subventionen in der gleichen Höhe wie in den heutigen Mitgliedsstaaten gefördert werden können. Dies könnte einen Ausgangspunkt für die Wende zum ökologischen Anbau darstellen.

Darüber hinaus beobachten die Projektpartner die Einhaltung neuer Gesetzgebungen in den Kommunen und Kreisen. Dies ist nicht immer ganz einfach, da in den Verwaltungen bis heute ein konservatives Denken vorherrscht und im Verwaltungshandeln noch immer Rudimente der kommunistischen Ära zu finden sind. Von einigen Gesprächspartnern wurde herbe Kritik an der Kompetenz der Verwaltungen in bezug auf Umweltfragen geäußert. Die Umwelt-NGOs haben hier gegenüber den Verwaltungen einen erheblichen Vorsprung im Know-how und in den Kenntnissen der EU-Standards. Das öffentliche Bewußtsein über Umweltthemen in Polen ist in den vergangenen Jahren zwar stärker geworden. Die Einmischung und das Engagement der Bürger reduzieren sich jedoch auf Fragestellungen, die unmittelbar die Lebensumstände des Einzelnen betreffen. Es gibt keine starke landesweite Bewegung und keine Partei mit einem umweltpolitischen Mandat.

Das wachsende Umweltbewußtsein und die öffentliche Diskussion zu diesen Fragen wurde auch von den beiden Partnerorganisationen in der Region Krakau mitverursacht. Sie haben schon zu Beginn der neunziger Jahre begonnen, sich advokatorisch für Umweltbelange einzusetzen und komplexe wirtschaftliche, soziale und gesellschaftliche Prozesse in Zusammenhang mit der Umwelt zu betrachten. Sie haben auch in einem frühen Stadium ihrer Arbeit die in osteuropäischen Ländern weit verbreiteten Berührungsängste und die »Machtdistanz« zu regierenden und verwaltenden Instanzen relativ schnell überwunden, ihre eigene Professionalität entwickelt und Kompetenzen aufgebaut. Die Kooperation mit Ministerien und Verwaltung geht über eine reine Kritik und Kontrolle des Verwaltungshandelns hinaus. Die Organisation FWIE bietet regelmäßige Kurse für Mitarbeiter der lokalen Verwaltungen im Gebiet Krakau im Bereich des EU-Umweltrechts an und der Direktor von OTZO, Pawel Gluszynski,

ist als Berater für das polnische Umweltministerium zu Fragen
des Abfallmanagements tätig. Als solcher hat er wesentliche Teile
eines neuen Gesetzes über Recycling von Rohstoffen verfaßt. Die
Kompetenz der NGO-Fachkräfte wird offensichtlich in den Verwaltungen geschätzt und die veränderte Rolle der NGOs in der EU
wird damit praktisch schon vorweggenommen.

7.1.5 Fazit

Zunächst sollte an dieser Stelle noch einmal darauf hingewiesen
werden, daß das hier beschriebene Projekt von der alten Heinrich-
Böll-Stiftung 1993 begonnen wurde und seither viele Veränderungen in der Stiftung selbst, aber auch in ihrem Umfeld stattgefunden haben. Deshalb war die kontinuierliche Begleitung des Projektes ebenso erschwert wie ein anhaltender gemeinsamer
Lernprozeß für die Heinrich-Böll-Stiftung und ihre Partnerorganisationen.

Trotz des mangelhaften Projektmanagements wurden in der
Region Krakau und in ganz Polen durch das Projekt positive Wirkungen im Bereich Ökologie und Nachhaltigkeit erzielt. Dies zeigt
die gestiegene Aufmerksamkeit der Medien und die Qualität der
öffentlichen Diskussion über Umweltfragen.

Darüber hinaus ist die Zahl der Nationalparks gestiegen und
Radwege sind in der Innenstadt von Krakau angelegt worden. Die
Mitarbeiter in den lokalen Verwaltungen sind durch die Schulungen über EU-Umweltrecht auf den bevorstehenden Beitritt Polens
vorbereitet, und eine Wirtschaftkammer für Recycling wurde
gegründet.

Insgesamt sind das wichtige Beiträge für die nachhaltige Entwicklung. Der Weg, auf dem die Ergebnisse erreicht wurden, enthält jedoch viele Lernpunkte für die Heinrich-Böll-Stiftung und
ihre Partner.

Die Beteiligung von zwei weitgehend gleichrangigen Partnerorganisationen führte zu einer Ausweitung des Leistungsspek-
trums und zu einer Einbindung verschiedener Kompetenzen in
das Projekt. Es führte aber auch zu Spannungen und Konflikten

unter den am Projekt Beteiligten, die meist aus einer undefinierten Abgrenzung und Aufgabenteilung entstanden. Bei einer genaueren Feinplanung der Rolle und Aufgabenteilung hätten diese Spannungen und Konflikte vermieden werden können.

Die Durchführung des Projektes hätte durch eine umfassendere Analyse der Rahmenbedingungen und der Management-Kapazitäten der Partner vor Beginn des Projektes vereinfacht werden können. Für die Heinrich-Böll-Stiftung war die Kongruenz der Ziele der Partnerorganisationen mit den eigenen Zielen hinreichende Voraussetzung für den Beginn eines Projektes.

Die personellen, fachlichen, kommunikativen und technischen Aspekte der Partnerorganisationen wurde nicht genau analysiert. Durch eine eingehende Analyse der Bedingungen und der Organisationen vor dem Projektstart hätten die Effektivität und die Effizienz der Projektdurchführung verbessert werden können.

Das Projekt wurde nicht nach einem einheitlichen administrativen System (z.B. Project Cycle Management) gemanagt. Die Berichte enthalten keinen Abgleich der geplanten mit den tatsächlich durchgeführten Aktivitäten und keine Analyse der Annahmen und der ggf. daraus folgenden Anpassung der Projektziele an veränderte Rahmenbedingungen. Dies führte zu einer Vernachlässigung der Verbindung zwischen Projektaktivitäten und finanzieller Zuwendung von der Heinrich-Böll-Stiftung. Das Kooperationsprojekt wurde mehr und mehr als Existenzsicherung von OTZO und FWIE betrachtet, ohne dafür konkrete Leistungen erbringen zu müssen. Deshalb ist es wichtig, die Ziele sehr detailliert und gemeinsam mit den Partnern zu formulieren und ggf. anzupassen, Kriterien für die Bemessung des Erfolgs zu entwickeln und die Aktivitäten im Projekt ständig kritisch mit den Zielen zu vergleichen und ggf. anzupassen.

7.2 LOKALISIERUNG UND GEMEINSCHAFTS-
RECHTE – THAILAND, EINE UNVOLLSTÄNDIGE
DEMOKRATIE

Nach der Rio-Konferenz 1992 wurde die Umweltschutzgesetzgebung in Thailand grundlegend reformiert. Dabei wurden zwei Prinzipien zur innovativen Grundlage gemacht: die öffentliche Beteiligung am Management nationaler Ressourcen und der Umwelt sowie das Verursacher-Prinzip *(Polluter Pays Principle)*.

1993 wurde auf derselben Grundlage ein *Community-Forest*-Gesetz formuliert, das allerdings vom Parlament immer noch nicht verabschiedet ist.

Die Grundprinzipien dieser Rechtsvorschriften gingen in verschiedene Artikel der neuen thailändischen Verfassung von 1997 ein. Bedeutende Neuerung der Verfassung unter der Maßgabe von mehr Demokratie ist eine Dezentralisierung der Regierungsbefugnisse und Finanzmittel an die Kommunalverwaltungen. Daraus folgt ein ganzes Paket von Rechten, die die Partizipation lokaler Gemeinden am Ressourcenmanagement und am Umweltschutz sichern soll:

– das Recht, ihre Tradition, ihr überbrachtes Wissen, Kunst und Kultur zu erhalten oder wiederzubeleben;

– das Recht, an Management, Erhalt und Nutzung natürlicher Ressourcen auf nachhaltiger und ausgeglichener Grundlage teilzunehmen;

– das Recht auf eine nicht gesundheitsschädigende Umwelt; dies ist sicherzustellen durch Umweltverträglichkeitsprüfungen von Entwicklungsprojekten;

– das Recht der Bürgerinnen und Bürger, bei Verstoß gegen die UVP-Verordnung Maßnahmen gegen den Staat bzw. Behörden zu ergreifen bzw. Klage zu erheben;

– das Recht auf freie Information über Ressourcenmanagement, Umweltschutz und Entwicklungsprojekte und ihre Auswirkungen auf die Umwelt;

– das Recht auf freie Meinungsäußerung in öffentlichen Anhörungen über entsprechende Maßnahmen und Projekte;

diese Hearings sollen ein entscheidungsrelevanter Teil der Umweltverträglichkeitsprüfung sein;
- das Recht auf Kompensation für Umweltschäden;
- das Recht für NGOs, sich beim Ministerium für Wissenschaft, Technologie und Umwelt als Umwelt-NGO registrieren zu lassen und Unterstützung zu beantragen.[13]

Die Asienkrise von 1997 verstärkte den Trend zur Dezentralisierung, Stärkung lokaler Kräfte und ländlicher Regionen, um eine größere Unabhängigkeit von den globalen Märkten, vor allem vom Finanzsektor zu schaffen und Krisen auffangen zu können. Auch der neue Regierungschef Thaksin trat mit starker Rhetorik für soziale Reformen, Armutsbekämpfung und Dezentralisierung an. Er führte verschiedene Sozialprogramme und einen Entwicklungsfonds auf Subdistriktebene ein und nahm die Forderungen der *Assembly of the Poor* auf. Nach Auffassung der Partnerorganisationen änderte dies jedoch nichts daran, daß seine Priorität ein unternehmensfreundlicher Entwicklungskurs ist, der in Großmaßstäben und Wachstumskategorien plant und lokalen Initiativen und Entwicklungsalternativen wenig Beachtung schenkt. Trotzdem erweiterten sich in seiner Amtszeit zunächst einmal die demokratischen Spielräume und Einflußmöglichkeiten für NGOs z.B. durch öffentliche Diskussionen über die Verwendung des neuen Entwicklungsfonds für Subdistrikte. Die lokale Bevölkerung soll durch zwei Mechanismen an der Entwicklungsplanung beteiligt werden: durch öffentliche Anhörungen und die Verwaltungsgremien auf Subdistriktebene (*Tambon Administration Organisations*, TAO).

Insgesamt fehlt es jedoch an Einzelgesetzen und Durchführungsbestimmungen für die verfassungsmäßig garantierten Rechte. Auch sozio-kulturelle Hierarchien und Abhängigkeiten in den Dörfern sind Hinderungsfaktoren für eine Umsetzung der Partizipationsrechte. Sie sind bislang nur Möglichkeitsstrukturen, die

---

13 Diese Zusammenfassung basiert auf der Auswertung einer thailändischen Mitarbeiterin der Arbeitsgruppe WEN von APWLD: Collation of Environmental Laws Project: Thailand.

demokratische Räume öffnen, aber noch nicht füllen. Das Sondieren
dieser Möglichkeiten ist der Handlungs- und Gestaltungsrahmen, in
dem die Partnerorganisationen derzeit umweltpolitisch agieren.

7.2.1 Eine lernende Bewegung[14]

Alle thailändischen Projektpartner haben politische und personelle
Wurzeln in den sozialen Bewegungen, die sich in den achtziger
Jahren mit den Zielsetzungen Gerechtigkeit und Demokratisierung formierten. Vor allem die Auseinandersetzungen auf dem
Land drehten sich im wesentlichen um die Verfügung über natürliche Ressourcen und entzündeten sich immer wieder neu an Konflikten um Staudammbauten und Umsiedlungsprojekte, Abholzung und Landbesitz. Obwohl die Ressourcen Wald, Wasser und
Land im Zentrum der Protestbewegungen standen, waren diese
zunächst keine ökologisch motivierten Widerstände, sondern im
Kern soziale und politische Verteilungskämpfe. Erst seit Anfang
der neunziger Jahre verstärkten sich die ökologischen Zugänge
und die umweltbezogene Perspektive in der Bewegung. Rückblickend heißt dies, daß zuerst die genannten Themen von den
Bewegungen politisiert wurden und sich erst danach eine Ökologisierung der Problemstellungen entwickelte.

Gegner in diesen Konfrontationen waren einerseits die Regierung mit ihren Entwicklungsplänen und -programmen, andererseits Privatunternehmen und Investoren, in den vergangenen Jahren häufig unter Beteiligung ausländischer Firmen. Gemeinsam
ist diesen beiden gesellschaftlichen Akteuren, daß sie eine Kommerzialisierung natürlicher Ressourcen und eine Industrialisierung ihrer Nutzung vorantreiben und damit die Nutzung durch
lokale Gemeinschaften einschränken oder ihnen sogar Zugang
und Verfügung verwehren. Die Basisbewegungen wenden sich
gegen diese Prozesse der Enteignung, der Fremdnutzung und
Kommerzialisierung lokaler Ressourcen.

---

14 Die folgende Analyse basiert auf einem kurzen Feldaufenthalt in den Dörfern
Dong Sarn und Kok Phu in Isaan und auf Diskussionen mit Partnerorganisationen in Bangkok im September 2001.

Eine der Partnerorganisationen bezeichnete sich paradigmatisch als »Resultat der Bewegung«. Die NGOs, die im Laufe der neunziger Jahre entstanden, bilden eine Art Infrastruktur mit Koordinierungs- und Dienstleistungsstellen für die Basisbewegung. Einige Gruppen gründeten sich aber auch erst in jüngster Zeit zur Bearbeitung spezifischer Sachthemen, wenn sie feststellten, daß innerhalb der Bewegung bestimmte Sektoren – wie z.b. Atomenergie und Atomkraftwerke – aufgrund eines Informations- und Erfahrungsdefizits nicht abgedeckt wurden. Im Vordergrund stehen jedoch auch hier politische, menschenrechtliche und soziale Zugänge zu den Themen, nicht technische und fachliche. Die NGOs verstehen sich als Vermittler, genauer Informations- und Wissensvermittler zwischen Fachleuten und dem Widerstand an der Basis. Ihr erklärtes Ziel ist es, die lokalen Gemeinschaften zu befähigen, für sich selbst zu sprechen und zu entscheiden, welche Lebensgrundlage sie wollen und brauchen.

Alle Projektpartner betonen, daß sie sich in einem strategischen Umorientierungsprozeß befinden und aus den Erfahrungen der Bewegungen und Kampagnen in den vergangenen beiden Jahrzehnten wichtige Lektionen gelernt haben. Dreh- und Angelpunkt ihrer strategischen Umstrukturierung ist eine doppelte Erweiterung, nämlich der Bezugsgruppe und der Thematik.

Der Modellfall für die Kämpfe der Basisbewegung war der Pak-Mun-Staudamm, der seit Anfang der achtziger Jahre geplant wurde. Daß der Dammbau trotz des jahrelangen und heftigen Widerstands nicht verhindert werden konnte, führen die NGOs heute auf eine doppelte Engführung der Kampagnen zurück. Zum einen konzentrierten sich alle Kräfte auf die Mobilisierung lokaler Proteste und eine Organisierung der lokalen *Communities*, und außerdem wurde es weitgehend versäumt, die Bevölkerung und Mittelschichten der Städte strategisch gezielt in die Kämpfe einzubeziehen. Zum anderen fand eine starke Fokussierung auf den Staudammbau statt, während der Entwicklungsansatz in bezug auf das gesamte Ressourcen- und Ökosystem nicht hinreichend problematisiert wurde. Deshalb nahmen die städtischen Mittelschichten die Probleme und Auseinandersetzungen als lokalisiert wahr und fühlten sich von den

umstrittenen Entwicklungsprojekten nicht beeinflußt und erst recht
nicht beeinträchtigt. Dadurch wurde es der Regierung möglich, nicht
unmittelbar betroffene Bevölkerungsgruppen für ihr Entwicklungskonzept insbesondere mit Wachstumsversprechen zu gewinnen.

Fazit der NGOs aus den Erfahrungen ist, daß Widerstand gegen
umweltschädigende staatliche Entwicklungsprojekte und privat-
wirtschaftliche Investitionen nur erfolgreich sein kann, wenn er
seine Basis über die lokal Betroffenen hinaus in die Mittelschichten, vor allem in Bangkok, ausdehnen kann.

7.2.2 Strategischer Paradigmenwechsel

Die NGOs nennen nun explizit außer den lokalen Gemeinschaften
städtische Mittelschichten und eine breitere Öffentlichkeit als Be-
zugs- und Zielgruppen ihrer Maßnahmen, außerdem Fachöffentlichkeiten. Um sie zu erreichen, sind jedoch nicht nur andere
Strategien und Methoden notwendig, sondern dazu ist auch eine
Erweiterung der Thematik und Identifikation neuer Inhalte für *Ad-
vocacy-* Arbeit politisch unabdingbar. Bisher war ein Aktivismus
handlungsleitend für die Organisationen, mit dem sie versuchten,
auf jeden neu auftauchenden Problem- und Konfliktfall zu reagieren. Dieser Aktivismus absorbierte und vernutzte ihre Kräfte in
der Hetze von einer Konfrontation zur nächsten. Allein schon aus
Kapazitätsgründen können sie diese Strategie der Einzelfallbear-
beitung nicht weiterführen.

Dies hatte einen veränderten Fokus bei der Thematisierung von
Umweltzerstörung und Überlebenssysteme sowie der Kommerzialisierung natürlicher Ressourcen zur Folge. Der Einzelfall wird
nun klarer als Symptom eines Entwicklungskonzepts und einer
top-down-orientierten Politikform identifiziert und skandalisiert.

Ein Beispiel dafür ist das Songkhram-Bewässerungsprojekt im
Nordosten Thailands: Die NGO *Project for Ecological Recovery*, PER,
problematisiert nicht nur den geplanten Bau eines Staudamms
für den Songkhram-Fluß, den einzigen, noch nicht durch Damm-
konstruktionen regulierten Fluß in Isaan. Vielmehr wird der

Dammbau vor der Mündung des Songkhram in den Mekong als Ausdruck eines Umstrukturierungskonzepts für das gesamte ökologische und ökonomische System des Flußbeckens verstanden und als von außen gesteuertes Entwicklungsprogramm politisiert, daß nicht nur die bäuerlichen und Fischereigemeinschaften im Flußbecken tangiert, sondern die gesamte Kultur und Wirtschaft dieses Lebensraums bis hin zu den Ernährungsgewohnheiten und rituellen Praktiken unterminieren würde. Die strukturellen Veränderungen, die der Dammbau bewirken soll, würden auch das Alltagsleben der Stadtbevölkerung beeinflussen. Über seine regionale Bedeutung hinaus steht das Staudammprojekt für eine Entwicklungsplanung, die von außen und von oben ohne Konsultation der Bevölkerung in der Region und ohne Abstimmung mit deren besonderen Bedürfnissen und Interessen stattfindet.

In der Provinzstadt Sakhon Nakhon sind erste Erfolge der Strategie zu verbuchen, Bündnisse mit anderen Interessenvertretern in der Region zu bilden und andere Problematisierungszugänge zu eröffnen. In der städtischen Bevölkerung hat eine Kampagne »Liebe das Lokale« große Akzeptanz gefunden. So stellte sich der Chef der örtlichen Handelskammer, ein lokaler Geschäftsmann, auf die Seite der Staudammgegner und gegen die zentrale Handelskammer in Bangkok. Akademiker aus der Region und von außerhalb warnen, daß archäologisch bedeutende Fundstätten von Töpfereiprodukten überschwemmt würden.

Die Gruppe, die zu Energieerzeugung arbeitet, thematisiert nicht mehr nur die Umweltschäden, die z.B. ein geplantes Kohlekraftwerk in der Provinz Prachuab Kirikhan im Süden Thailands verursachen würde, sondern stellt die gesamte Energiepolitik und das Entwicklungsparadigma, das auf fossilen Energiequellen basiert, auf den Prüfstand. Um die städtischen Mittelschichten einzubeziehen, führte sie in Bangkok eine Kampagne über die Strompreise durch. Sie klärte die Stadtbewohner nicht nur darüber auf, daß sie eine Zusatzgebühr für teure Fehlinvestitionen im Energiesektor zahlen, sondern auch über die wachstumsbesessene Energiepolitik, die auf den Bau weiterer Kraftwerke setzt, obwohl bereits Überkapazitäten bestehen.

Der Umweltverträglichkeitsprüfung des geplanten Kohlekraftwerks konnten klare Fehler nachgewiesen werden. Sie hatte behauptet, im Küstengebiet gäbe es weder Korallenriffe noch Delphine oder Wale, die durch die zu erwartende Verschmutzung beeinträchtigt würden. Als Vertreterinnen der lokalen Gemeinschaften mit Walknochen in Bangkok demonstrierten, ließen sich viele Mittelschichtangehörige, vor allem Jugendliche, für den Tierschutz und gegen das Kraftwerk mobilisieren.

CAIN, eine NGO, die sich mit industrieller Verschmutzung, vor allem durch die chemische Industrie beschäftigt und die kollektive Erinnerung an Industrieunfälle zur Warnung vor Risiken aufrechterhalten will, hat ihren Fokus ebenfalls erweitert: von der Interessenvertretung der Opfer und Betroffenen zur Skandalisierung der Umwelt- und Gesundheitsschäden durch die petrochemische Industrie im allgemeinen bis zur Infragestellung der Industrialisierungspolitik der thailändischen Regierung.

Eine andere Erweiterung der Problemstellungen haben einige NGOs vorgenommen, indem sie den lokalen Einzelfall nicht nur mit der nationalen Entwicklungspolitik in Beziehung setzen, sondern darüber hinaus auch *Global Players* in den Blick nehmen, z.B. die Politik der Weltbank und der *Asian Development Bank*, von IMF und WTO. Vor allem die Asienkrise löste solche Verknüpfungen von lokaler, nationaler und globaler Ebene aus.

Der strategische Paradigmenwechsel der NGOs liegt somit zum einen in der Fokussierung auf das nicht-nachhaltige Entwicklungsparadigma und die politischen Strukturen, zum anderen in der Suche nach Bündnissen zwischen lokaler Basis, städtischen Mittelschichten und Intellektuellen. Für die Basisgemeinschaften wurden wechselseitige Besuche und Austausch organisiert, die ihnen strukturelle Zusammenhänge deutlicher machten und zu Netzwerkbildung an der Basis beitrugen – von der *Assembly of the Poor*, die in Bangkok vor dem Parlament und den Regierungsgebäuden monatelang und immer wieder demonstriert, über das

Netzwerk der Kleinbauern des Nordostens bis zum Netzwerk von lokalen Gemeinschaften gegen verschiedene Staudammbauten. Ein klarer Erfolg der vergangenen sechs Jahre, seit die Demokratisierung in Thailand Fuß faßte, ist ein *Empowerment* der widerständigen lokalen Gemeinschaften und eine Vernetzung der zunächst lokal beschränkten Kämpfe und *Communities*.

Die NGOs streben ein Gleichgewicht zwischen der aktuellen, durch lokale Konflikte ausgelösten Arbeit und langfristiger Beschäftigung mit Entwicklungsstrukturen und umweltrelevanten Politiken, einschließlich der Erarbeitung von Alternativen, an. Sie nennen dies eine Kombination von »heißen und kühlen« Themen. Widerstand an der Basis verstehen sie als einen bedeutenden Impuls für Politikbeeinflussung. Ohne Basisbewegung und Basisunterstützung sehen sie für Intervention auf der politischen Ebene und Lobbying keine Erfolgschancen. Die Basis soll dafür die notwendige Rückendeckung geben. So bleibt die Stärke der NGOs und der Projekte zweifellos ihre Verankerung an der Basis.

Zwar liegt eine Schwäche der NGOs immer noch darin, daß die Bündnisbildung in die Mittelschichten hinein beschränkt bleibt. Aber sie bieten sich und ihre politischen Dienstleistungen immer häufiger als Moderation und Scharnier zwischen der dörflichen Basis und städtischen Schichten an und suchen nach Wegen und Taktiken, in eine breitere Öffentlichkeit zu wirken.

7.2.3 Mischwirtschaft als Überlebenssystem (Livelihood)

Wirtschaft und Kultur des Mekong- und Songkhram-Beckens basieren auf Reis und Fisch. Das Becken des Songkhram-Flusses ist ein Beispiel für eine primär auf dem lokalen Ökosystem beruhende Überlebensökonomie. In der Regenzeit werden große Gebiete durch starke Regenfälle und einen Rückstau von Wasser aus dem Mekong für einige Monate überflutet. In dieser Zeit migrieren viele Fische aus dem Mekong hoch in den Songkhram. Das Flußsystem ist mit 1400 Fischsorten, die hier gezählt wurden, nach dem Amazonas das zweitreichste an Fischressourcen.

Die lokale Bevölkerung hat in der Vergangenheit eine Vielfalt unterschiedlicher Fangmethoden und -instrumente für Männer und Frauen entwickelt und umfangreiches Wissen und Fähigkeiten aufgebaut, um die Ressource Fisch wie auch die Ressource Land zu nutzen, denn nach jeder Überflutung bleibt nutzbares, fruchtbares Feuchtland zurück. Diese »lokale Weisheit« ist die Grundlage ihrer Ökonomie und ihrer gesamten Lebensweise.

Zentrale Bedeutung für das integrierte lokale Ökonomie-, Ökologie- und Kultursystem haben Elemente einer moralischen Ökonomie, die nicht auf der Tausch- und Warenlogik beruhen, sondern auf der Logik von Kooperation und Wechselseitigkeit. So organisieren die Dorfbewohner z.B. gegenseitige Hilfe bei Aussaat und Ernte, obwohl die Felder – im Unterschied zu den Gewässern und Wäldern – Individualbesitz sind.

Für die lokalen Gemeinschaften ist die zeitweise Überflutung Voraussetzung für ihren Reichtum an Ressourcen. Der Überschuß an Fisch in dieser Zeit erlaubt es ihnen, einen Teil der Fänge fermentieren zu lassen und zu der für die thailändische Küche wichtigen Fischpaste zu verarbeiten. Fermentierter Fisch ist Symbol der Isaan-Kultur, sowohl auf dem Land als auch in den Städten.

Nach Auffassung der Entwicklungsplaner und Technokraten aus der Bangkoker Regierung ist temporäre und unregulierte Überflutung immer und überall schlecht und daher zu vermeiden. Die Logik des Dammbaus beruht darauf, temporäre Überflutung einerseits und Trockenheit andererseits prinzipiell als Problem und Hindernis für eine effiziente und optimale Ressourcennutzung zu definieren. Wie in Indien und China gelten auch in Thailand Staudämme als Tempel der Modernisierung und Brückenköpfe der Entwicklung, in denen sich der Anspruch einer technischen Regulierung von Ressourcensystemen in großem Maßstab manifestiert. Hauptzweck des Songkhram-Staudamms ist, *Cash-Crop*-Anbau in der Landwirtschaft durch Bewässerung in der Trockenzeit zu forcieren und die Region für Investoren der Agroindustrie sowie der Holzverarbeitungs- und Papierindustrie attraktiv zu machen, die seit den achtziger Jahren auch im Songkhram-Becken Eukalyptusplantagen anlegen.

Die Dorfgemeinschaft von Dong Sarn kämpft seit Jahren gegen das Staudamm- und Bewässerungsprojekt. Denn dadurch würde nicht nur der Fischreichtum zerstört, sondern gleichzeitig auch das zentrale Kultursymbol, der fermentierte Fisch, verschwinden. Fischpaste wird damit zum Inbegriff lokaler Eigenständigkeit gegen die von außen kommende Entwicklung aufgewertet, die die lokalen Ressourcen und kleinräumigen Ökonomien zunehmend in den Weltmarkt einbindet. Was der Roquefort als Symbol französischer Authentizität gegenüber der Globalisierung ist, das ist im Isaan der fermentierte Fisch.

PER liefert der lokalen Gemeinschaft Informationen über den Staudammplan und die möglichen Folgen, sammelt aber auch systematisch Fakten und Zahlen über ihre lokale Ressourcennutzung und Ökonomie, damit sie eine fundierte Argumentationsgrundlage haben, um die Staudammlogik dekonstruieren zu können.

Eine weitere Auseinandersetzung führte die Dorfgemeinschaft um eine Eukalyptusanpflanzung. Bürokraten aus der Provinzverwaltung hatten Anfang der neunziger Jahre qua behördlicher Definitionsmacht ein baumbewachsenes Stück Gemeinschaftsland *(Public Land)* zum ungenutzten Land *(Waste Land)* erklärt und einem Privatunternehmen zur Anpflanzung von Eukalyptus überlassen. Tatsächlich aber hatten die Dorfbewohner den Wald stets zum Sammeln von Waldprodukten und in der Regenzeit als Fischgründe genutzt. Sie kämpften gegen die Landnahme, vor allem als sie feststellten, daß die Eukalyptusplantage den Fischbestand negativ beeinflußt und das Gebiet von mehreren Fischsorten nicht mehr als Brutstätte benutzt wurde.

Jahrelange Proteste und Verhandlungen mit den Behörden sowie die Tatsache, daß die Dorfgemeinschaft ein Zertifikat über den Wald als Gemeinschaftsland hatte, führten schließlich zu einem als exemplarisch gefeierten Erfolg: Der Dorfgemeinschaft wurde das mit Eukalyptus bepflanzte Land zurückgegeben. Jetzt forsten sie es mit den alten Sorten wieder auf. Stolz berichten die Dorfbewohner, daß sie eine »Schule des Widerstands« für andere Dörfer in der Region geworden sind, die ebenfalls für die Rückgabe ihres Landes sowie für die Entwurzlung von Eukalyptuspflanzungen streiten.

Nach der Erfahrung in betroffenen Dörfern sind von außen kommende Akteure wie Investoren und Agrarunternehmen nur an der Ausbeutung der natürlichen Ressourcen interessiert, nicht aber an gleichzeitiger Pflege. Dagegen müssen die Einheimischen zwangsläufig immer auch für den Erhalt der Ressourcen sorgen, weil sie ihre Existenzgrundlage darstellen. Für Männer trifft das vor allem auf die Fischgründe zu, für Frauen auf die Waldnutzung und die Feldarbeit. In dieser Praxis der Sorgeökonomie steckt implizit das Nachhaltigkeitskonzept der Dorfbevölkerungen.

Die Dorfgemeinschaft in Dong Sarn hat Vertrauen in die eigenen Kräfte und Möglichkeiten gewonnen. Ihre Strategie gegenüber Politik und Wirtschaft sehen sie in folgenden Schritten: *Community Power* durch Organisierung bilden, Bündnisse nach außen suchen, Forderungen stellen, zivilen Ungehorsam praktizieren.

Bei jedem Schritt war für sie das *Empowerment* durch PER unverzichtbar. Es half ihnen, die Kultur der Angst zu überwinden, sich der Regierung zu widersetzen. Diese Kultur der Angst wurzelt einerseits in überbrachten Feudal- und Klientelismusstrukturen, zum anderen aber ist sie gerade in Isaan eine Folge der Repressionen, mit der Regierung und Militär Ende der siebziger Jahre kommunistische Gruppen zerschlugen. Derzeit bauen sie gerade ein *Community-Radio* auf, um eine eigene Kultur der Öffentlichkeit gegen das frühere Schweigen zu setzen. Mithilfe des Radios wollen sie den Interessen und Problemen der lokalen Gemeinschaften eine Stimme und ein Forum geben, die lokalen und regionalen Informationskanäle verbessern und Austausch- und Koordinationsmöglichkeiten intensivieren.

7.2.4 Lokale Frauen-Power

Auch im Dorf Kok Phu im Umland von Sakhon Nakhon hat sich die Dorfgemeinschaft organisiert und erfolgreich gegen ihre Umsiedlung gekämpft, als die Regierung das von ihnen bewohnte und genutzte Waldstück zum Naturschutzgebiet erklären wollte. Führend im Widerstand und mit erstaunlicher Radikalität traten hier die Frauen des Dorfes auf.

Für die kämpferische Rolle der Frauen werden mehrere Gründe genannt:

- Der Wald ist für die Frauen von besonderer Bedeutung: Sie sammeln und nutzen Waldprodukte für die Ernährung, medizinische Versorgung und Gebrauchsgegenstände im Alltag. Aus dem Indigo-Busch stellen sie ein Färbemittel her, dessen Blau einzigartig und weithin bekannt ist.

- Frauen engagieren sich ausdauernd in den Kämpfen und marschieren bei Demonstrationen oft in den ersten Reihen, weil sie geduldiger und weniger aufbrausend sind als Männer. Sie bleiben ganz bei der Sache, während die Männer durch andere Interessen leichter ablenkbar sind.

- Die führende Rolle der Frauen wurzelt in der matrilokalen Kultur und den egalitären Strukturen der dörflichen Geschlechterordnung: nach der Heirat zieht der Mann in das Haus der Frau, das Land ist offiziell Eigentum beider Eheleute.

Nach den lokalen Protesten und der Beteiligung der Frauen an der *Assembly of the Poor* 1997 in Bangkok stoppte die Regierung das Umsiedlungsprojekt und markierte das umstrittene Waldstück als Gemeindeland. Dafür haben die Dorfbewohner allerdings noch kein Zertifikat.

Die Frauengruppe mit 150 Mitgliedern lernte zu spinnen, zu weben und mit verschiedenen Naturprodukten zu färben. Stolz berichten die Frauen, daß der Indigo-Busch auch in anderen Regionen Thailands wächst, aber nirgendwo ein so wunderbares Tiefblau hergibt, wie bei ihnen. Inzwischen erwirtschaften sie durch den Verkauf der Stoffe ein Einkommen für alle Mitglieder, mit dem diese ihre individuelle Schuldenspirale aufbrechen konnten, in die sie durch Kauf landwirtschaftlicher Inputs und von Konsumgegenständen geraten waren.

Die Frauengruppe in Kok Phu ist ein Beispiel dafür, wie sich eine relativ starke Position der Frauen im örtlichen Geschlechterverhältnis auch in einer Stärke in lokalen Kämpfen und der lokalen Ökonomie fortsetzt. Auf die Frage, warum sie sich nicht um Sitze in den kommunalen politischen Gremien bemühen, winken

die Frauen ab: Das sei nicht ihr Terrain, sie würden Politik von
unten machen.

7.2.5 Gemeinschaftsrechte oder Entwicklung von außen

In vielen anderen lokalen Gemeinschaften in Isaan wird wie in
Dong Sarn Entwicklung als Plan von oben und Intervention von
außen wahrgenommen. Das Grundprinzip des thailändischen Entwicklungsparadigmas ist, Großprojekte gegenüber kleinen Initiativen zu favorisieren, Industrialisierung und Export gegenüber
Selbstversorgung und lokalen Märkten den Vorrang zu geben,
technische Expertise über die »lokale Weisheit« zu stellen. Der
Widerstand der lokalen Bevölkerung gegen Entwicklungsprojekte
wie Staudämme und Eukalyptusplantagen richtet sich gegen den
zentralstaatlichen Regulierungsanspruch gegenüber den lokalen
Ökosystemen und gegen die Enteignung von Ressourcen. Ihr
Ärger macht sich aber vor allem daran fest, daß sie in keinem Fall
von der Regierung oder Investoren über Pläne umfassend informiert und konsultiert wurden, sondern daß sie mit ihren Bedürfnissen und Interessen übergangen wurden. Dies wird nicht nur als
Rücksichtslosigkeit, sondern auch als Respektlosigkeit gegenüber
ihrer Ökonomie und Lebensweise, ihrer Kultur und ihrem »indigenen« Wissen verstanden.

Wichtigste Informationsvermittler für die lokalen Gemeinschaften waren die NGOs. Dorfbewohner wandten sich an sie mit
der Bitte um Informationsbeschaffung in Bangkok, wenn sie
gerüchteweise über einen geplanten Staudammbau hörten oder
Vorbereitungen für den Bau von Industrieanlagen in ihrer Region
anliefen. Von der Regierung wurden sie erst informiert, nachdem
wesentliche Entscheidungen getroffen und – im Fall des Kohlekraftwerks in Südthailand – die Verträge mit ausländischen Investoren bereits abgeschlossen waren. Erst zu diesem Zeitpunkt
wurde ein öffentliches Hearing angesetzt. Dies lehnten die lokalen
Gemeinschaften in mehreren Fällen ab. Sie störten und torpedierten es teils mit provokanten Methoden, weil es nicht mehr ent-
scheidungsrelevant war, sondern einer undemokratischen, ent-

wicklungs- und wirtschaftspolitischen Weichenstellung im Nachhinein ein demokratisches Mäntelchen umhängen sollte. Das Beispiel der Hearings zeigt einmal mehr, daß in Thailand zwar formal-
demokratische Mechanismen bestehen, die bislang aber nur ein
Rahmen und eine Hülse sind, die aufgrund der realdemokrati-
schen Defizite in den Gesellschaftsstrukturen noch nicht inhaltlich
gefüllt sind.

Auch die Umweltverträglichkeitsprüfungen haben keinen Infor-
mations- und Transparenzeffekt für die Dorfbevölkerung. Zum
einen werden die Berichte auf englisch vorgelegt, zum anderen
werden sie häufig von regierungsnahen Instituten durchgeführt
und weisen Fehler und Mängel auf. Solche Fehler haben NGOs
dann allerdings als öffentlichkeitswirksame Anknüpfungspunkte
für Kampagnen genutzt.

Auch die dezentralisierten Verwaltungsorgane auf kommunaler
Ebene werden von den lokalen Gemeinschaften nicht als demokratische Institutionen für ihre Interessenartikulation verstanden
und genutzt, obwohl sie einen Teil der Sitze mit eigenen Repräsentanten besetzen können. Lokale Strukturen sind immer noch
von überbrachten Macht-, Abhängigkeits- und Einflußstrukturen
bestimmt. Die Dorfbevölkerung hat durch die Dezentralisierung
bisher noch nicht an Macht gewonnen. Deshalb versuchen die
Partnerorganisationen, Macht von unten zu bilden und die Dorfgemeinschaften zu *empowern*, damit sie informelle demokratische
Strukturen aufbauen können, die das parlamentarische System
überwachen und ein Gegengewicht an der Basis bilden können.
Der Entwicklung von oben und außen stellen sie Gemeinschaftsrechte entgegen. Kollektive Rechte der lokalen Gemeinschaften
sind Legitimation und normative Bezugspunkte für das umwelt-
politische Handeln in den Projekten. Das Verständnis von Ge-
meinschaftsrechten läßt sich wie folgt skizzieren:
- Recht auf kulturelle Eigenständigkeit und Schutz der lokalen
  Kultur und Weisheit;
- Recht auf Information;
- Recht auf freie Meinung, Versammlung und Organisierung;
- Recht auf lokale Selbstverwaltung;

- Recht auf Teilhabe an politischen Entscheidungen;
- Recht auf eine eigene Ökonomie;
- Recht auf Nutzung und Management der lokalen natürlichen Ressourcen.

Diesem Katalog interdependenter Rechte liegt ein Konzept von Lokalisierung zugrunde, für das die in der neuen Verfassung verankerten Dezentralisierungsmaßnahmen und Partizipationsrechte ein Referenzrahmen sind (siehe oben). Die NGOs fassen diesen Komplex von Anspruchs- und Schutzrechten zusammen als »lokales Recht auf Überlebenssysteme basierend auf indigenem Wissen«. Die Kollektivrechte führen sie als neue Gemeinschaftsgüter ins Feld, als eine emanzipative Ressource.

Entwicklung bedeutet für die Dorfbewohner in erster Linie, daß sie so wie bisher weiterleben können, vor allem aber, daß ihre Verfügung über die lokalen Ressourcen gesichert ist. Sie fordern staatliche Unterstützung dafür, ihr lokales Ressourcenmanagement kleinräumig zu verbessern und die Herstellung und Vermarktung lokaler Produkte zu fördern. So wollen sie anstelle großer Staudämme dezentral und lokal angepaßt kleine Wasserauffang- und Managementsysteme installieren. Und sie fordern die Legalisierung der lokalen Alkoholproduktion, die sie als integralen Teil ihrer lokalen Kultur und Ökonomie sehen, um das Monopol der Schnapsindustrie zu brechen.

Dieses Lokalisierungskonzept auf der Grundlage kollektiver Rechte ist nicht widerspruchsfrei oder homogen. Bezüglich des Gemeinschaftseigentums an Gewässern und Fischgründen beklagen die Dorfbewohner von Dong Sarn schon jetzt, daß der völlig offene Zugang zu Gemeinschaftsgütern problematisch ist: Seit es eine gute Straße durch ihr Gebiet gibt, kommen Leute von außerhalb und bedienen sich nach Belieben an den Köstlichkeiten der Natur.

Auch innerhalb der Basisbewegungen und der *Assembly of the Poor* bestehen Widersprüche hinsichtlich der Perspektiven. So sind eine Reihe bäuerlicher Familien zufrieden mit einer höheren Kompensation bei Enteignung und Umsiedlung und verfolgen nur partikulare Interessen. Nachhaltigkeit der Entwicklung insgesamt ist für sie weder ein Wert noch eine Handlungsmaxime, sondern sie übernehmen die Konsumorientierung städtischer Mittelschichten. Die Leistung der Partnerorganisationen besteht darin, mit ihrer grundsätzlichen Entwicklungskritik Perspektiven und Alternativen in der lokalen Bevölkerung zu thematisieren und zu fragen: Landwirtschaft ja, aber welche Anbaumethoden und Sorten? Wenn der Tourismus z.b. an der thailändischen Südküste weiter entwickelt werden soll, welche Eckpflöcke für Nachhaltigkeit müssen dann eingeschlagen werden? Oder: Wie läßt sich die Nutzung von Biomasse und Erzeugung von Biogas als alternative Energiequelle verbreiten? Die Stärke der NGOs liegt deutlich darin, das nicht-nachhaltige Entwicklungsparadigma als Ganzes zu thematisieren, zu hinterfragen und ein kritisches Bewußtsein bei lokalen Bevölkerungen dafür zu schaffen. In nächster Zukunft wollen sie verstärkt alternative Konzepte und konstruktive Gegenmodelle erarbeiten. In der Lokalisierung sehen sie großes Potential für Alternativen.

7.3   FALLBEISPIEL: FASE AMAZONIEN

7.3.1 Die Entdeckung Amazoniens

In der brasilianischen Politik rückte das Amazonasgebiet erst ab den sechziger Jahren in den Mittelpunkt des Interesses und in der internationalen Politik noch später. Bis dahin zählte Amazonien zu den politisch vergessenen Regionen des Landes. Das mit über 5 Mio. Quadratkilometer größte Regenwaldgebiet der Welt mit seinen schätzungsweise 200 indigenen Völkern galt als letzte große Grenze für Kolonisation, Landwirtschaft und Zivilisation, kurz Entwicklung. Das Militärregime (1964–1985) sah in Amazonien die Chance, das gravierendste Problem des Landes, die Armut, zu lösen und gleichzeitig Brasilien zu einer »Grande Nation« aufsteigen zu lassen. Mit riesigen Projekten und Programmen wurde die Eroberung Amazoniens eingeleitet, das wachstums- und profitorientierte Entwicklungsmodell öffnete die

Tür für die ungebremste wirtschaftliche Nutzung des immensen
Ressourcenpotentials – mit ihren verheerenden, im vollen Ausmaß
noch kaum absehbaren Folgen ökologischer Zerstörung.

Die Transamazonas-Fernstraße war eines der bekanntesten
Regierungsprojekte, mit dem das »Land ohne Leute für die Leute
ohne Land« erschlossen werden sollte und dem eines der größten
Umsiedlungsprogramme in Brasilien folgte. Mit der Erschließung
der Erzvorkommen von Carajás wurde und wird weiter Primär-
wald in unvorstellbaren Größenordnungen zerstört. Mit groß-
flächigen Abholzungen werden Rinderfarmen für den Fleisch-
export angesiedelt, deren Produktivität international eine der nie-
drigsten ist (auch VW hatte sich einige Zeit in dieser Branche
engagiert). Inzwischen hat selbst die Regierung eingestanden,
daß im Grunde alle diese Programme gescheitert sind und der
erhoffte Entwicklungsschub ausgeblieben ist, die Zerstörung des
Regenwaldes aber weiter fortschreitet. Internationale Holzkon-
zerne, vor allem aus Japan, dringen immer weiter und relativ
ungestört vor, die großflächige Exportlandwirtschaft breitet sich
weiter aus. Gleichzeitig betreiben die verarmten Kleinbauern, die
einst mit den großen Projekten aus anderen Regionen angesiedelt
wurden, auf ihren Miniparzellen eine subsistenzorientierte Landwirtschaft. Sie kommen aber in der staatlichen Landwirtschaftspolitik nach wie vor kaum vor und nur wenige Förderprogramme
stehen für sie zur Verfügung.

Während in Brasilien die sozialen Probleme der Entwicklung
Amazoniens im Vordergrund stehen, stellt sich der Ressourcen-
raubbau auf internationaler Ebene als Umweltproblem von globa-
lem Ausmaß dar. Die fortschreitende Zerstörung des größten
zusammenhängenden Waldgebietes des Planeten bleibt für das
Weltklima nicht ohne Folgen. Zusätzlich steuert Brasilien durch
die Brandrodung einen erheblichen Teil der Treibhausgase bei,
1987 war es sogar Weltmeister im CO_2-Ausstoß. Bei der Diskussion um die weltweiten Umweltprobleme rückte die brasilianische
Amazonasregion deshalb immer stärker ins internationale Rampenlicht. Auf dem G-7 Gipfel in Houston 1990 wurde der Startschuß für das ambitionierte »Pilotprogramm zur Erhaltung der

brasilianischen Regenwälder« gegeben. Hier wurden zum ersten Mal die Betroffenen, Indios, Kautschukzapfer und Umweltschützer, in ein internationales Großprogramm aktiv einbezogen.

Mit zunehmendem Vordringen moderner Wirtschaftsformen in die Weiten des Amazonaswaldes wurden Risiken und Umweltprobleme immer deutlicher. Im Land entstanden neue Bewegungen wie die Bewegung der Kautschuksammler um den legendären Gewerkschaftsführer Chico Mendes, dem es nicht nur um die Konservierung der Naturressource Wald ging, sondern vor allem um die Erhaltung der wirtschaftlichen Grundlage und des Lebensraumes der Bevölkerung in der Region. In Brasiliens Verfassung von 1988 wurde zum ersten Mal das Grundrecht auf eine Natur im ökologischen Gleichgewicht festgeschrieben. Insgesamt verfügt Brasilien über eine vorbildliche Umweltgesetzgebung, das Problem liegt in der Befolgung und der Kontrolle. Hierin sehen NGOs und die Umweltorganisationen nicht nur Ansatzpunkte und eine Chance für ihre Aktivitäten, sondern geradezu eine Herausforderung und Verpflichtung.

Im ambitionierten »Pilotprogramm der G-7« sind NGOs und andere Organisationen der Zivilgesellschaft wie die Gewerkschaften durch das Subprogramm einbezogen, das ihnen die folgende Aufgabe zuweist: »Unterstützung von kollektiven Projekten zur Diversifizierung produktiver Aktivitäten..., die das Familieneinkommen der Bevölkerung verbessern und die Basis für nachhaltige Entwicklung in der Region konsolidieren, indem sie das traditionelle Wissen, die kulturellen und menschlichen Potentiale der verschiedenen sozialen Gruppen im Kontext der lokalen Umwelt respektieren und aufwerten.« Die *Arbeitsgruppe Amazonien* (GTA) hat die Aufgabe, die nichtstaatlichen Beteiligten zu organisieren und ihre Arbeit zu strukturieren. Die beiden renommierten brasilianischen NGOs und Partnerorganisationen der Heinrich-Böll-Stiftung, IBASE und FASE, nehmen in dieser Arbeitsgruppe eine führende Rolle ein.

7.3.2 FASE – aktiv auf vielen Ebenen

Die landesweit operierende NGO FASE hat ihren Sitz in Rio de Janeiro und unterhält in den meisten Regionen Brasiliens ein Büro oder ein Regionalprogramm. In den letzten Jahren ist das Amazonas-Programm mit seinem Büro in Belém zum größten Regionalprogramm angewachsen (über ein Drittel des Gesamtbudgets von FASE). Damit trägt FASE einerseits der wachsenden Bedeutung und Bedrohung von Amazonien Rechnung und nutzt andererseits für ihre Arbeit die Möglichkeiten, die sich durch das öffentliche, vor allem das internationale Interesse bieten. Das »Pilotprogramm G-7« ist das vielleicht herausragendste Beispiel dafür.

Nach dem eigenen Selbstverständnis orientiert FASE, die nach der oben vorgenommenen Kategorisierung eine typische Beratungs-NGO ist (vgl. Kap. 4), ihre Arbeit an der Nachfrage und dem Bedarf der sozialen Bewegung, in der die NGO selbst ihre Wurzeln hat. FASE versteht sich als Mittler, indem sie Gruppen und Basisorganisationen fördert und unterstützt. Bauernorganisationen, Gewerkschaften und Stadtteilbewegungen werden organisatorisch gestärkt, beraten und bei der konkreten Durchführung von Aktivitäten unterstützt. Organisatorisch wird die Arbeit in zwei zentrale Bereiche aufgeteilt: Politik und Basisorganisationen. Doch diese Aufteilung ist im Arbeitsalltag nur bedingt relevant, denn in allen Arbeitsbereichen und Projekten wird grundsätzlich interdisziplinär vorgegangen. Die Zuordnung findet nach der Hauptfragestellung und den wichtigsten Adressaten und bzw. oder Zielgruppen statt. Unter den 55 Mitarbeiterinnen und Mitarbeitern im Amazonas-Programm von FASE besteht ein intensiver, regelmäßiger Austausch. Bei den zahlreichen Vorhaben liegt die Koordination von Aktivitäten zwar bei einer Person oder einem Team, im Sinne eines Matrix-Systems, je nach Fragestellung arbeiten aber viele weitere zu oder mit. Dynamik und Engagement drücken sich nicht zuletzt dadurch aus, daß FASE an praktisch allen politischen Brennpunkten der Region aktiv ist.

Der Bereich Politik befaßt sich vorwiegend mit Aktivitäten, die sich an politische Institutionen oder die Verwaltung richten, oder mit Aufgaben, die sie von ihnen übernimmt. Dabei handelt es sich meist um Forderungen an die Politik, bei denen FASE andere Organisationen und Gruppen unterstützt, jedoch selten im eigenen Namen auftritt. Dennoch ist die politische Stoßrichtung und die Handschrift von FASE meist unverkennbar. Trotz der bekannten gesellschaftskritischen Position wird in einigen Bereichen das Know-how der NGO von öffentlichen Stellen nachgefragt, insbesondere dort, wo FASE eine deutlich höhere Akzeptanz bei der Bevölkerung genießt als öffentliche Stellen. Gegenwärtig ist das große Umsiedlungsprogramm in der Stadt Belém ein Vorhaben, das bei FASE viele Kräfte bindet, aber zugleich die Chance eröffnet, eigene Vorstellungen zu realisieren und die Stellung der Stadtteilgruppen zu stärken.

Der andere große Arbeitsbereich umfaßt die Projekte und Aktivitäten, die sich – vereinfacht gesagt – mit den Zielgruppen außerhalb der Stadt befassen, den kleinbäuerlichen Familien, den Fischer- und Handwerksvereinigungen, den Landarbeitergewerkschaften und den Frauenorganisationen auf dem Land. Diese Gruppen und Basisorganisationen sind in besonderem Maße vom Vordringen großer Unternehmen in Amazonien betroffen und, auf sich gestellt, den Auseinandersetzungen um Land und Ressourcen ohne externe Beratung meist nicht gewachsen. Organisationsstärkung, Vernetzung, *Advocacy* und Lobbying sind hier zentrale Aufgaben für FASE. Hinzu kommt im Amazonas-Programm ein eher FASE-untypischer Bereich, die Landwirtschaftsberatung, d.h. die Vermittlung und Verbreitung von Know-how in ökologischer Landwirtschaft, insbesondere Methoden angepaßter tropischer Agro-Forstwirtschaft. Diesem Bereich ist auch das Heinrich-Böll-Stiftung-geförderte Projekt (siehe unten) zugeordnet.

Die zahlreichen Projekte mit den vielfältigen Arbeitsansätzen von FASE zeichnen sich durch eine gemeinsame Zielsetzung aus, die kurz mit *Empowerment* für eine Gesellschaft umschrieben werden kann, in der Gerechtigkeit, Demokratie und ökologische Nachhaltigkeit realisiert werden. Die Arbeitsweise ist charakterisiert durch eine ganzheitliche Herangehensweise mit einem multifokalen Ansatz, der mehreren der oben analysierten dominanten

Politikfelder zuzuordnen ist. Es gibt kaum ein politisches Thema, bei dem sich das engagierte FASE-Team nicht zu Wort meldet. Auch bei den Handlungsstrategien handelt es sich um einen Mix, der kontextabhängig zusammengestellt wird und in jeweils unterschiedlicher Akzentuierung alle sechs in dieser Studie herausgearbeiteten Strategien umfaßt.

Geschlechterdemokratie ist bei FASE nicht nur ein zeitgemäßes Lippenbekenntnis, sondern die *Gender*-Problematik ist durchgängig zu einer Querschnittsaufgabe geworden. Zum einen ist sie integraler Bestandteil in allen Projekten, zum anderen wurde innerbetrieblich eine Arbeitsgruppe gebildet – die übrigens aus der ehemaligen Frauengruppe hervorging –, die in der Organisation die Umsetzung und Einhaltung der aufgestellten Gleichheitsforderungen diskutiert und überwacht. In Belém, das kann ohne Übertreibung gesagt werden, nimmt FASE bei den sozialen Bewegungen und den Basisorganisationen allgemein eine Führungsrolle ein. Auch bei den Frauengruppen der Stadt und der Region übernimmt FASE meist die Regie, nicht zuletzt wegen ihrer besseren institutionellen Möglichkeiten und den zahlreichen nationalen und internationalen Kontakten.

7.3.3 Das Umweltprojekt in der sozialen Bewegung

Auch das von der Heinrich-Böll-Stiftung geförderte Projekt in diesem umfangreichen Aktivitätengeflecht ist nicht minder komplex und setzt sich aus einer Reihe von Aktivitäten auf unterschiedlichen Ebenen und mit diversen Adressaten zusammen. Das Kernteam aus einer Soziologin und einer Agraringenieurin arbeitet, wie oben beschrieben, in praktisch allen Projektaktivitäten mit den Kolleginnen und Kollegen zusammen. Die Projektaktivitäten lassen sich in drei Hauptaktionsfelder einteilen:
- Politikbeobachtung und Dokumentation von Umwelt- und Demokratie-relevanten Aktivitäten;
- Exemplarische Fallstudien, Verbreitung und Diskussion der Ergebnisse;

– Organisationsaufbau und Kapazitätsbildung von Führungskräften für Basisorganisationen.

Im dynamischen Projektzusammenhang von FASE können die
Trennlinien und Zuordnungen zum Gesamtprogramm keineswegs exakt vorgenommen werden. Letztendlich sind aber die Pro-
jektergebnisse insgesamt, unabhängig von ihrer Zuordnung, von
Bedeutung

7.3.4 Aufpasser der Politik

Im ersten Arbeitsbereich versteht sich FASE gemeinsam mit anderen Organisationen der Bewegung als Aufpasser der öffentlichen
Politik, immer mit der Absicht, Fehlentwicklungen zu erkennen
und Informationen zu sammeln, um sie publik zu machen und dadurch Druck auf die politischen Entscheidungsträger zu erzeugen.
Dabei bewegen sich die FASE Mitarbeiter auf einer Ebene, auf der
sie situationsabhängig in ganz unterschiedlichen Rollen agieren.
1) Sie kritisieren und klagen öffentlich an, wo sie Mißstände identifizieren. 2) Ausgehend von ihrer Zielsetzung von gesellschaftlicher Transformation werden sie außerdem nicht müde, Forderungen zu stellen. 3) Trotz der oppositionellen Position gegenüber
den staatlichen Stellen kommt es punktuell zur Zusammenarbeit,
wenn das Know-how der NGO gefragt ist. Diesen Spagat will das
FASE-Team aushalten und alle drei Rollen bewußt auch weiterhin
parallel aktiv ausfüllen. Trotz der Chance, gestaltend mitzuwirken
und eigene Vorstellungen einzubringen, stellt gerade die dritte
Option mitunter eine Gratwanderung dar, über deren Risiken sich
die Mitarbeiterinnen und Mitarbeiter im klaren sind. Deshalb wird
eine Kooperation nur für ganz spezifische Aufgaben vereinbart.
Die Möglichkeit, öffentlich Kritik zu üben und Forderungen zu
stellen, wird als eine wichtige Kernaufgabe einer NGO verstanden,
die sich als Anwalt der sozialen Bewegungen versteht.
   Die beiden wichtigsten Aktivitäten auf diesem Gebiet sind die
Mitarbeit bei REDE BRASIL und im Netzwerk *Fórum da Amazônia Oriental* (FAOR), bei dem 200 Organisationen ein sehr kriti-

sches Auge auf die Aktivitäten der Politik richten und jedes Jahr
einen ca. 200seitigen Bericht veröffentlichen, der Information
demokratisiert, wie eine Vertreterin von FAOR es bezeichnete. In
diesem Monitoring-Programm, das alle gesellschaftlichen Bereiche abdeckt, aber insbesondere die sensiblen Themen wie Indios,
Minderheiten, Menschenrechte, Gewalt etc. beobachtet, wurde
nach 1992 auch Umwelt als Themenfeld aufgenommen. Der
Bericht, der zu einer festen Einrichtung der Zivilgesellschaft der
Region geworden ist, hat seine Wirkung nicht verfehlt, denn er
wird insbesondere von all denen intensiv zur Kenntnis genommen,
deren Amtsführung unter die Lupe genommen wurde.

Auf der Makro-Ebene arbeitet das Netzwerk REDE BRASIL, bei
dem FASE ebenfalls zu den aktiven NGOs zählt. Hier werden über
Großprojekte, die in Brasilien durchgeführt werden sollen, soviel
Informationen wie möglich zusammengetragen, um sie an die
betroffene Bevölkerung weiterzuleiten und gegebenenfalls bereits
im Vorfeld intervenieren zu können oder Proteste zu organisieren.
Dazu müssen zu den verantwortlichen Ministerien ebenso Kontakte aufgebaut und Klinken geputzt werden wie bei den Vertre-
tungen der internationalen Finanzinstitutionen, Weltbank und
Interamerikanischer Entwicklungsbank. Hier sieht der FASE-Ver-
treter einen konstruktiven Beitrag der Heinrich-Böll-Stiftung, die
über das Washington-Büro für das Projekt als Informationsbe-
schaffer oder als Türöffner in der US-Hauptstadt fungieren könnte.
Für die Amazonasregion hat diese Form der Aufklärung und
Demokratisierung von Information über Entwicklungsprojekte
deshalb so große Bedeutung, weil es kein Geheimnis ist, daß für
diese sog. Zukunftsregion eine Reihe von Großprojekten vorgesehen sind, deren Wirkungen auf Umwelt und Nachhaltigkeit,
gelinde gesagt, äußerst zweifelhaft sind.

Zu den Aktivitäten auf der Makro-Ebene zählt auf NGO-Seite
auch die Teilnahme an der *Arbeitsgruppe Amazonien, GTA*. Wichtiger als die Umsetzung konkreter Aktivitäten (wie eine Beteiligung
an den Agrarforschungsstationen) ist dabei die Mittlerfunktion.
Zum einen werden die Interessen der Kleinbauern nach oben
transportiert, zum anderen werden Entscheidungen und Vorhaben

von Brasília, Belém und Manaus an die Basis nach unten vermittelt und mit den Betroffenen Perspektiven und mögliche Konsequenzen diskutiert.

7.3.5 Fallstudien: Theorie mit Praxis

Auf dem Gebiet der Fallstudien sind es drei Vorhaben, bei denen FASE Pionierarbeit geleistet hat: die Studie über Kredite für Kleinbauern, die Auswirkungen der Umsiedlung im Drainage-Projekt von Belém und die angepaßten tropischen Agro-Forsttechniken.

Bei der Untersuchung der staatlichen **Kreditpolitik** *(Fundo Constitucional de Financiamento do Norte,* FNO) gegenüber Kleinbauern wurde methodisches Neuland betreten (vgl. Kap. 6.2.3). Die drei Akteure *Akademia* (Bundesuniversität von Pará), NGO (FASE) und die Bewegungen (Bauernvereinigungen, Landarbeitergewerkschaft) arbeiteten während des gesamten Vorhabens eng zusammen. Dies begann mit der Definition der Fragestellung dieser praxisorientierten Forschung, bei der die Betroffenen, die Kreditnehmer oder die, die keinen bekamen, ihre Sichtweise einbringen konnten. Für die beteiligten Studenten war es mehr als nur eine Datenerhebung, denn durch den intensiven begleitenden Diskussionsprozeß, der von FASE als vermittelnder NGO und Brückenbauer moderiert wurde, wurden sie mit den Lebensrealitäten und den konkreten Umweltproblemen konfrontiert.

Die Studie war nicht nur wegen ihrer innovativen methodischen Durchführung, die als wirklich partizipativ bezeichnet werden kann, ein Erfolg, auch die Reaktionen auf die Buchveröffentlichung der profunden und ausführlichen Analyse *(Tura / Costa, Campesinato e Estado na Amazônia)* sind als positive Rückmeldung zu werten. In der Führungsetage der staatlichen Bank wurden als Konsequenz aus der Studie bereits erste Weichenstellungen vorgenommen, indem ein Teil der Forderungen umgesetzt wurde. Die prohibitiven Kreditbedingungen für Kleinbauern wurden erheblich gelockert und damit der Zugang zu Krediten spürbar erleichtert. Für die Arbeit an der Basis auf dem Land wurden

Arbeitshefte erstellt, die den Inhalt didaktisch aufbereiten, so daß
die Ergebnisse als Grundlage für die weitere Arbeit vor Ort genutzt
werden können.

Die zweite Fallstudie bezieht sich auf den städtischen Raum. Das
international finanzierte Programm zur **Drainage** großer Teile des
tief gelegenen Stadtgebietes von Belém bringt die Umsiedlung
und Umstrukturierung ganzer Stadtteile mit sich. Die Forderung
der Basisgruppen und von FASE waren immer, die Bevölkerung
partizipativ in die Planung einzubeziehen. Dies erfolgte jedoch
nicht. Deshalb müssen Regierung und Stadtverwaltung nachträg-
lich die technokratische Planung ergänzen, weil die Belange der
Bevölkerung und die soziale Infrastruktur von den Ingenieuren
nicht mit bedacht wurden. Um beim Auffüllen dieser Lücke mit-
zuhelfen und, nicht zuletzt, um Akzeptanz für die Umsiedlung
zu schaffen, waren die Erfahrung und das Know-how von FASE
gefragt. Auf einem ehemaligen Lagergelände der Hafengesell-
schaft (*Companhia Docas do Pará*, CDP) entstand ein neuer Stadtteil, den es zu gestalten gilt.

Das FASE-Team sollte im Auftrag der Stadtregierung gemeinsam mit den Bewohnern den Bedarf an Einrichtungen der sozialen Infrastruktur und der nachhaltigen Gestaltung des neuen
Wohnviertels ermitteln und Vorschläge unterbreiten. Der methodische Ansatz der FNO-Studie wurde gemeinsam mit dem Fach-
bereich Sozialpädagogik der Universität, Vertretern der Stadtteilinitiativen und FASE auf die Situation der Neuansiedlung CDP
zugeschnitten und um eine neue Komponente erweitert: die
Bedarfsanalyse wird geschlechterspezifisch durchgeführt. In ge-
trennten Befragungen wird mit unterschiedlichen Fragebögen für
Frauen und Männer ermittelt, was die Bewohner für notwendig
und wünschenswert halten. FASE muß auch hier den Spagat schaffen, als Auftragnehmer gleichzeitig advokatorisch die Interessen
der Bewohner gegenüber der Stadt zu vertreten und einzufordern.
Für die Neusiedlung haben die Bewohner schon jetzt einen
umfangreichen Forderungskatalog aufgestellt. Während der Auswertung der Antworten und der endgültigen Formulierung der

Vorschläge und Forderungen an die Politiker finden regelmäßig Versammlungen und Diskussionen aller an diesem Vorhaben Beteiligten statt. Das vorgeschlagene Konzept ist explizit auf die Bedürfnisse und die Situation der Frauen zugeschnitten, die nicht nur die Hauptlast der Arbeit im Haus tragen, sondern im Viertel eine viel aktivere Rolle spielen als die Männer. In den aktiven Stadtteilinitiativen sind kaum Männer anzutreffen. Mit der Präsentation der Vorschläge wird das Projekt keinesfalls als abgeschlossen betrachtet; FASE sieht im *Monitoring* der Umsetzung einen wichtigen Bestandteil des Vorhabens, nicht zuletzt, um die Nachhaltigkeit des vorgeschlagenen Konzeptes zu überwachen.

Das dritte Beispiel ist in seiner Komplexität zugleich ein Beispiel für die interdisziplinäre Arbeitsweise in mehreren Politikfeldern und die Querverbindungen innerhalb von FASE auf unterschiedlichen Ebenen: Beratung und Verbreitung ökologischer Landwirtschaft. Das umfangreiche Material aus der Befragung der FNO-Studie wird als Grundlage für die praktische Beratung der Kleinbauernfamilien benutzt. Die agrartechnische Komponente steuern die beiden Forschungszentren bei, die ein Gemeinschaftsprojekt von FASE mit mehreren Trägerorganisationen sind und in denen ökologische **Anbaumethoden der tropischen Agro-Forstwirtschaft** für die spezifischen Bedingungen Amazoniens angepaßt werden. Die Versuchs- und Demonstrationsfelder dienen zugleich als Beispiel für die Trainings- und Verbreitungsaktivitäten.

Bei dieser praktischen Beratung übernimmt FASE eine Doppelrolle: auf der einen Seite koordiniert das Team die praktische Arbeit der Gewerkschaften und der Agrarberater vor Ort mit dem direkten Ziel der Verbesserung der Lebensbedingungen der Bäuerinnen und Bauern. Zum anderen ist die erfolgreiche Anwendung ökologischer Anbaumethoden eine wichtige Argumentationshilfe, um die Akzeptanz und Verbreitung der Ökolandwirtschaft in der offiziellen Agrarpolitik voranzutreiben. Die Fachleute der staatlichen Agrarberatung propagieren trotz gegenteiliger Erkenntnisse für den Tropengürtel weiterhin großflächige Monokulturen als praktikabelste Form der Landwirtschaft, vor allem weil nur so ein

effizienter Einsatz industrieller Agrarchemikalien möglich sei.
Diesen wirtschaftlich wenig erfolgreichen und ökologisch höchst
bedenklichen Agrartechniken soll ein Gegenmodell entgegengestellt werden. Erste Erfolge bei der Überzeugungsarbeit der staatlichen Agrarberater sind bereits zu verzeichnen, wozu nicht
zuletzt auch die Familien beigetragen haben, deren Ernte sich
durch ökologische Bewirtschaftung nachhaltig verbessert hat. Der
nächste Schritt, den FASE in diesem Vorhaben bereits eingeleitet
hat, ist das Lobbying und zielt auf die Änderung der öffentlichen
Kreditpolitik – und damit schließt sich der Kreis zur FNO-Studie.
Bei der Kreditvergabe ist eine der Bedingungen für Kleinbauern
der Einsatz industrieller Dünge- und Schädlingsbekämpfungs-
mittel, um ironischerweise den Ernteertrag sicherzustellen. FASE
will erreichen, daß diese Praxis, die regelmäßig von den staatlichen Agrarberatern kontrolliert wird, grundlegend geändert, d.h.
abgeschafft wird.

7.3.6 Bewegungen stärken

Der dritte Arbeitsbereich ist ein FASE-typisches Feld, auf dem die
NGO ein überaus reiches Repertoire an Erfahrung vorzuweisen hat.
Die Mitarbeiterinnen und Mitarbeiter verstehen ihre Aufgabe als
»einen Beitrag zur Unterstützung der sozialen Bewegungen, indem
sie repräsentative Organisationen und Gruppen unterstützen und
fördern.« Dies geschieht durch organisatorische Hilfen, durch Fortbildungsmaßnahmen von Führungskräften und Multiplikatoren,
Unterstützung bei Veranstaltungen, Erstellung von Informationsmaterial und Mitarbeit bei der Erarbeitung der Planung. Häufig
geht die Organisationsförderung mit der inhaltlichen Kooperation
einher. Die Zusammenarbeit bei der FNO-Studie trug wesentlich
zur Stärkung und zum Anheben des Selbstbewußtseins der Bauernvereinigungen auf dem Land (oder z.T. im Wald) bei. Auch die
Stadtteilinitiativen in der Neuansiedlung CDP wurden in diesem
Prozeß erheblich gestärkt und werden seither politisch ernster
genommen. Die aktive Rolle, die FASE in vielen Netzwerken spielt,
trägt ebenfalls zu deren organisatorischer Stärkung bei.

Ein Ergebnis der langjährigen engen Zusammenarbeit mit der Landarbeitergewerkschaft ist die Einrichtung eines Frauenreferates. Aber nicht von oben, aus der Gewerkschaftszentrale in Belém, wurde dies angeordnet, sondern es wuchs von unten nach oben als Ergebnis der Politisierung der Bäuerinnen. Nachdem die Frauen auf der unteren Ebene der Gewerkschaftsorganisation in den Frauensektionen aktive Arbeit leisteten, zog die Zentrale nach, und konsequenterweise übernahm eine Frau von der Basis die Leitung.

Die aktive *Gender*-Politik von FASE hat auch einen beträchtlichen Anteil am Wachstum der zahlreichen Frauengruppen und Netzwerke, die in den letzten Jahren in Amazonien entstanden sind. Die Dynamik hatte ihren Ausgangspunkt bei den Vorbereitungsaktivitäten für die Weltfrauenkonferenz in Peking 1995, für die FASE eigens ein Büro bereitstellte. Nach den intensiven Diskussionsprozessen sollte die Arbeit nach der Konferenz erst richtig beginnen, ein regelrechter Bewußtwerdungsprozeß hatte unter den Frauen eingesetzt. Insofern stellt die Weltfrauenkonferenz einen Wendepunkt dar, weil ein Organisationsprozeß in Gang gesetzt wurde, auch wenn in der Amazonasregion aufgrund der großen Entfernungen und der schwachen Infrastruktur besonders ungünstige Bedingungen bestehen, die bisher ein Hindernis waren. Deshalb war die Katalysatorfunktion des FASE-Projektes sehr wichtig.

Mittlerweile sind auch in vielen entlegenen Gebieten weitere Frauengruppen entstanden, die sich in einem Netzwerk *Movimento de Articulação de Mulheres de Amazônia* (MAMA) zusammengeschlossen haben und dem sich zunehmend Frauenorganisationen aus den Anrainerstaaten anschließen. Es geht dabei um eine Aufwertung der Frauen in allen gesellschaftlichen Bereichen und vor allem in der Politik. Mit der verstärkten Einbeziehung der Frauen aus den ländlichen Regionen kommen zwangsläufig auch ökologische Themen auf die Tagesordnung, wenn es um Fragen der Sicherung der Lebensgrundlagen und des gleichberechtigten Zugangs zu Ressourcen geht. Als Arbeitsgrundlage für das weitere Vorgehen wurde in der gesamten Amazonasregion eine Bestandsaufnahme über die Situation der Frauen, ihre Lebensbedingungen, die rechtliche und wirtschaftliche Situation, die Gesundheitsversorgung sowie mögliche Perspektiven gemacht, die vom FASE-Projekt unterstützt wurde.

Die Frauenorganisationen haben in Amazonien einen großen Sprung nach vorne gemacht und zeichnen sich durch eine sehr dynamische Entwicklung aus, wozu das FASE-Projekt einen wichtigen Beitrag geleistet hat und weiterhin leistet. Die Ökologiefrage steht zwar weiterhin nicht an vorderster Stelle der Prioritätenliste, erfährt aber durch die aktive Einbeziehung der Lebensrealitäten der Frauen in den ländlichen Gebieten eine Verknüpfung mit der *Gender*-Problematik. Es fällt auf, daß es sich um Frauenorganisationen handelt, die ganz spezifische Frauenthemen bearbeiten, die erweiterte inhaltliche Sichtweise eines *Gender*-Ansatzes ist im Alltag bisher nur ansatzweise erkennbar. Zwar vertritt FASE das Konzept der Geschlechterdemokratie, das die Männer mit einbezieht, doch ist dies in der Projektrealität vor Ort noch nicht so konsequent gelungen wie im eigenen Haus. Die meisten Männer fühlen sich von diesem Thema nicht angesprochen. Die wenigen Männer bei den Versammlungen und dem *Gender*-Training sind die Ehemänner der aktiven Frauen.

Die Vielfalt der Projektaktivitäten bei FASE macht deutlich, daß diese NGO nach wie vor in den sozialen Bewegungen ihre Heimat hat. Auch die Aktivitäten des geförderten Projektes »Umwelt und Demokratie: Forschung und gesellschaftliche Bildung« sind nicht in erster Linie Umweltmaßnahmen. Hauptgrund dafür ist, daß FASE von Nachhaltigkeit ein gesellschaftspolitisch umfassendes, ganzheitliches Verständnis hat, das weit über ökologische Fragen hinausgeht. Der Beitrag des Projektes besteht in der Integration der Thematik Ökologie und Nachhaltigkeit in die sozialen Bewegungen. Diese konnte deshalb so erfolgreich sein, weil FASE über ein anerkanntes Renommee und eine stabile Verankerung in der Bewegung und an der Basis verfügt.

Dieses Renommee führt nicht selten dazu, daß FASE sich durch ihr großes Engagement selbsternannt an die Spitze setzt und zwangsläufig überall ihre Duftmarke hinterläßt oder aufdrückt, wie es einige Kritiker beschreiben. FASE hat durch ihr Agieren auf vielen Gebieten eine Vormachtstellung erlangt, die ihr politisches Gewicht verstärkt, die intern aber nicht genügend selbstkritisch reflektiert wird. Einige NGOs sehen diese Dominanz kritisch, weil das intellektuelle Schwergewicht FASE, das mit ausgefeilten Analysen aufwarten kann, auf kleinere NGOs erdrückend wirkt. Vielleicht ist es auch nicht nötig, an allen politischen Brennpunkten mitzumischen; dieser Anspruch führt die Mitarbeiterinnen und Mitarbeiter und die NGO ohnehin an die Kapazitätsgrenze.

7.3.7 Good Practices aus dem Regenwald

Eine Reihe von Bedingungen haben dazu beigetragen, daß das Projekt bei FASE die dargestellten positiven Ergebnisse vorweisen kann. Die internationale »Großwetterlage«, die den Amazonasregenwald ins Rampenlicht des ökologischen Weltinteresses zerrte, gibt Rückenwind für Projekte im Bereich Ökologie und Nachhaltigkeit. Hinzu kommt auf nationaler Ebene öffentlicher Druck auf die Politik, nach den Schwierigkeiten und dem Scheitern der bisherigen Entwicklungsprogramme Erfolge zu produzieren. Diese Umstände bieten den NGOs einen *Political Space* und eröffnen in diesem Bereich Möglichkeiten, gestaltend mitzuwirken. Nicht zuletzt ist zu sagen, daß dieses Projekt gut ins Portofolio der Heinrich-Böll-Stiftung paßt. Durch ihr Renommee und ihre Verankerung in den sozialen Bewegungen hat FASE die passende Struktur für das Projekt.

Bisher haben FASE und das Projekt den Spagat zwischen Kooperation mit staatlichen Stellen und Kritik an deren Politik ausgehalten, ja sogar produktiv nutzen können. Die Brückenbildung über die Gräben, die Wissenschaft, Basisgruppen und NGO-Arbeit lange Zeit trennten, ist eine Pionierarbeit, die bestimmt kein einmaliges Experiment bleiben wird. Alle, die an den Vorhaben beteiligt waren, empfanden die Zusammenarbeit und den Austausch als so produktiv und lehrreich, daß dies ein Einstieg in eine andere Art von Forschung bedeuten kann.

Wichtige Impulse gingen auch auf die *Gender*-Politik in Amazonien aus. Die konsequente Bearbeitung des Themas im eigenen

Haus und bei den beratenen Organisationen macht FASE zu einer Vorreiterin nicht nur unter den lateinamerikanischen Partnerorganisationen der Heinrich-Böll-Stiftung im Bereich Ökologie und Nachhaltigkeit.

Dadurch, daß die Arbeit auf verschiedenen Ebenen ansetzt, ist es FASE gelungen, trotz der nicht zu übersehenden Intellektualisierung, die sich u.a. in der Produktion unzähliger Studien und Dokumente ausdrückt, die Bodenhaftung zur Basis und deren Belangen nicht zu verlieren. Die engagierte Präsenz der FASE-Mitarbeiter an vielen wichtigen politischen Brennpunkten trägt ganz entscheidend zur Akzeptanz und zur guten Beziehung zu den Basisorganisationen bei. Dies ist ein Kapital, das FASE bei der aktiven Mitgestaltung auf der offiziellen politischen Ebene gut einsetzen kann, wie die FNO-Studie und das CDP-Projekt zeigen.

In der Zusammenarbeit mit der Heinrich-Böll-Stiftung, wie von den Koordinatoren von FASE hervorgehoben wurde, spielte die große Flexibilität der Stiftung eine ganz entscheidende positive Rolle. Insbesondere im Vergleich mit anderen Gebern hält die Heinrich-Böll-Stiftung nicht krampfhaft an Planungen fest, die vor der eigentlichen Projektlaufzeit aufgestellt wurden und im Verlauf eines Projektes angepaßt werden müssen. Solange sich die Projektaktivitäten innerhalb der festgelegten Eckpunkte bewegten, konnten Veränderungen problemlos vorgenommen werden. Angesichts der komplexen und verflochtenen Arbeitszusammenhänge bei FASE und des Anspruchs, auf anstehende politische Auseinandersetzungen schnell reagieren zu können, rechtfertigt sich der flexible Umgang mit Planvorgaben. Die positiven Resultate in diesem Projekt sollten aber nicht dazu verführen, dies zur allgemeinen Planungspraxis werden zu lassen.

8 BEWERTUNG UND EMPFEHLUNGEN

8.1 ERGEBNISSE UND TRENDS

8.1.1 Rahmenbedingungen

Die zweite Hälfte der neunziger Jahre bot in fast allen Ländern bzw. Regionen eine Vielzahl von Gelegenheitsstrukturen für umweltpolitische Akteure, da überall ein Umbruch stattfand, der Demokratisierungschancen eröffnete.

In den **MSOE-Ländern** fand eine umfassende Transformation von Wirtschaft und Gesellschaft statt. Im politischen System wurden demokratische Grundrechte wie Versammlungs- und Pressefreiheit verankert. Der bevorstehende EU-Beitritt der mittel- und osteuropäischen Länder erzeugt auf der legislativen Ebene einen zusätzlichen Anpassungs- und Veränderungsdruck für die Regierungen.

In **Thailand** erfolgte Mitte der neunziger Jahre eine Demokratisierung, die sich in einer neuen Verfassung manifestierte und die Handlungsmöglichkeiten zivilgesellschaftlicher Kräfte, u.a. durch Dezentralisierung, verbesserte. Dadurch eröffneten sich Möglichkeiten zu einer Entspannung des sehr konfliktreichen Verhältnisses zwischen Staat und NGOs sowie zu Annäherungen.

In der zweiten Hälfte der neunziger Jahre wuchs im **Nahen Osten** infolge von Friedensgesprächen zeitweise die Hoffnung auf Aussöhnung, Frieden und die Lösung der Palästina-Frage, was eine Zusammenarbeit zwischen Israelis und ihren arabischen Nachbarn möglich machte.

Am **Horn von Afrika** stellten die verschiedenen Kräfte aus dem Befreiungskampf gegen das Mengistu-Regime die neuen Regierungen in Äthiopien und im unabhängigen Eritrea. An die neuen Regime knüpften sich große Wiederaufbau-, Entwicklungs- und Demokratisierungshoffnungen. Auch in Somaliland etablierte sich nach dem Zusammenbruch des somalischen Staates eine neue Regierung, gleichzeitig fand in der Zivilgesellschaft in hohem Maße eine Selbstorganisation statt.

In der Post-Apartheid-Phase in **Südafrika** kooperierte die zu politischer Macht gekommene Befreiungsbewegung stark mit zivilgesellschaftlichen Akteuren. Diese entwickelten schrittweise autonome und auch regierungskritische Positionen.

Die achtziger Jahre waren in **Lateinamerika** charakterisiert durch den Übergang von Militärdiktaturen zu formal demokratischen Regierungen. Die Erweiterung demokratischer Spielräume und die Rio-Konferenz 1992 boten günstige Ausgangsbedingungen für die NGOs. Zugleich wurden sie in der Entwicklungszusammenarbeit als wichtige Akteure immer intensiver einbezogen.

Die rechtlichen Rahmenbedingungen für Einflußmöglichkeiten der NGOs verbesserten sich in vielen Ländern in den neunziger Jahren durch die unterschiedlichen Demokratisierungsprozesse. Dezentralisierung oder ein Föderalsystem, das zivilgesellschaftlichen Kräften und der lokalen Bevölkerung auf der kommunalen und Provinzebene Mitspracherechte gibt, wurden in einer Reihe von Ländern eingeführt. Auch das Verursacherprinzip und die Pflicht zur Durchführung von Umweltverträglichkeitsprüfungen wurden – angestoßen durch die Rio-Konferenz – in mehreren Ländern auf rechtlicher Ebene verankert. Die Kodifizierung demokratischer Rechte ist als Berufungsgrundlage für zivilgesellschaftliche Kräfte von großer legitimatorischer Bedeutung.

Das Diktum der Partnerorganisationen im südlichen Afrika, daß die Ökologie- eine Demokratiefrage sei, ist auf andere Regionen übertragbar. Die Handlungsmöglichkeiten und die Wirkkraft der Projektpartner hängen aber von den demokratischen Spielräumen ab, die zivilgesellschaftlichen Kräften offen stehen oder die sie sich erstreiten können. Aus diesen demokratischen Räumen heraus können die Akteure als Agenten der Veränderung in den Gesellschaften agieren und Anstöße zu strukturellem Wandel geben.

8.1.2 Akteure

Die Heinrich-Böll-Stiftung arbeitet überwiegend mit Nicht-Regierungsorganisationen oder ähnlich formierten zivilgesellschaftlichen Kräften zusammen. In ihren Ländern sind sie renommierte und wichtige **umweltpolitische Akteure**. Die Heinrich-Böll-Stiftung fördert die Mehrzahl bereits seit einigen Jahren, so daß nicht Partnerwechsel, sondern Kontinuität in der bisherigen Zusammenarbeit dominierten.

Die meisten Partnerorganisationen sind relativ kleine NGOs von zehn bis zwanzig Mitarbeiterinnen und Mitarbeitern. Ihr Organisationsprofil ist durch eine Mischung aus umweltpolitischem **Engagement und Expertise** charakterisiert. Beide konstitutiven Elemente verschmelzen zur Organisationsidentität der Partnerorganisationen und verschaffen ihnen Anerkennung und ihrem Handeln Legitimität. Die zunehmende fachliche Expertise ist eine bedeutende Handlungsressource, weil viele Aktivitäten in der Vermittlung von inhaltlichem und strategischem Wissen an eine vielfältige Adressatenschaft von Bäuerinnen bis zum Staat bestehen.

Unter den Projektpartnern der Heinrich-Böll-Stiftung zeichnete sich in den neunziger Jahren ein deutlicher Trend zur **Professionalisierung** durch Kapazitäts- und Institutionenbildung ab. Dies führt jedoch nicht – wie bei anderen Umwelt-NGOs – zu einer Spezialisierung der Partnerorganisationen im Sinne einer Verengung des thematischen Ansatzes hin zu Ein-Punkt-NGOs. Im Gegenteil, eine Erweiterung der Perspektive findet statt.

Die Zahl der Basis- und Bewegungs-NGOs unter den Partnerorganisationen der Heinrich-Böll-Stiftung nimmt ab, die der Experten- oder Beratungs-NGOs zu. Gleichzeitig findet eine strategische

Schwerpunktverlagerung der Projektaktivitäten von der Basis auf die Politikebene statt.

Die Partnerorganisationen agieren in verzweigten **Interaktions- und Beziehungssystemen** mit anderen gesellschaftlichen Akteuren. Typisch für die Trägerorganisationen und ihre Aktivitäten ist, daß sie als Katalysatoren, Multiplikatoren oder Knotenpunkte auf einer mittleren Ebene zwischen der lokalen Basis und den unmittelbar Betroffenen, einer Fach- oder breiten Öffentlichkeit und politischen oder anderen gesellschaftlichen Entscheidungsträgern aktiv sind.

Ein Schwerpunkt in den Beziehungsgeflechten der Projektpartner liegt in der Interaktion mit der Basis und lokalen Gemeinwesen. Dies sind teilweise informelle Gruppierungen wie Selbsthilfeinitiativen oder soziale Bewegungen; andererseits sind es einzelne Gruppen von Betroffenen, vor allem in der ländlichen Bevölkerung. Vor allem wegen der (allerdings teilweise auslaufenden) Projekte zum Ökolandbau stellten Bäuerinnen und Bauern die größte Zielgruppe dar. Die **Basisverankerung** ist eindeutig eine Stärke der Partnerorganisationen, die ihre Handlungsstrategien maßgeblich beeinflußt.

In den meisten Projekten besteht ein **Austausch** mit Wissenschaft und Forschung, Medienleuten und anderen nicht-staatlichen Organisationen **in Netzwerken**. Die Partner arbeiten zunehmend vernetzt, und zwar sowohl horizontal auf nationaler und internationaler Ebene als auch vertikal zwischen den Ebenen. Gleichzeitig knüpfen die Partnerorganisationen, häufig initiiert von der Heinrich-Böll-Stiftung, auch immer stärker regionale Netzwerke.

Durch den Trend zur Politisierung ökologischer Themen und zum politischen Dialog mit gesellschaftlich Entscheidungsmächtigen entstehen mehr **Dialog-, Beratungs- und Verhandlungsforen** mit verschiedenen *Stakeholders* in der Gesellschaft. Dadurch wächst derzeit die Zahl der Adressaten, die aus Kommunalverwaltungen, Behörden und Ministerien kommen. Dialog mit Akteuren aus der Privatwirtschaft ist jedoch immer noch selten.

321 Charakteristisch für die Partnerorganisationen im Süden ist, daß sie keine reinen Umwelt-NGOs sind, sondern – im Unterschied zu Umweltorganisationen im Norden und in MSOE – auch einen stark sozialen Charakter haben, weil sie **Probleme** sozialer Ungleichheit mit ökologischen Fragen **verknüpfen**. In Lateinamerika und Thailand bringen die Trägerorganisationen ökologische Fragestellungen in soziale Bewegungen ein.

Kooperation mit staatlichen Verwaltungen fand nur in zwei Regionen bzw. vier Projekten statt. Die Kooperation mit drei staatlichen Akteuren am Horn von Afrika entwickelte sich in einer besonderen historischen Situation, wo nach der Entstehung neuer Regierungen und Staaten ein hoher Bedarf an Unterstützung bestand, damit Umweltpolitik überhaupt ein Gewicht im politischen Ressortspektrum bekommt. Es bestand die Chance, durch die Formulierung und Verabschiedung umweltpolitischer Richtlinien und Gesetzesverordnungen entscheidende Akzente und Orientierungen für eine Zukunftsfähigkeit auf den Weg zu bringen. Außerdem wurde von den staatlichen Stellen erwartet, daß sie Kontakt zu zivilgesellschaftlichen Akteuren aufnehmen und Kooperationen aufbauen, um damit die Ausfüllung demokratischer Strukturen voranzubringen.

Als Akteur im Interaktionsgeflecht der Partnerorganisationen ist die Heinrich-Böll-Stiftung in einer Doppelrolle als Geber und politischer Partner. Deshalb muß sie die schwierige **Gratwanderung** leisten, eigenes Profil zu bilden und mit eigenen Positionen und Konzepten aufzutreten und diese in den Dialog mit den Partnern einzubringen, ohne ihnen umweltpolitische Konjunkturen aufzudrängen und *donor-driven* Projekte in Gang zu setzen.

Eine Kernfrage für die Analyse der Aktivitäten der Partnerorganisationen war, wie die Akteure die oben skizzierten, historisch teilweise einmaligen demokratischen Spielräume strategisch nutzen konnten. Können sie zu einer Avantgarde der Ökologisierung von Gesellschaft und Politik werden? Wirken sie als Agenten gesellschaftlicher und politischer Veränderungen mit dem Ziel der Nachhaltigkeit?

Tabelle 32 Regionaler Überblick

Region	Partner-organisationen	Inhaltliche Schwerpunkte	Strategische Schwerpunkte	Besonderheiten
EU-Beitritts-länder	Experten-NGOs; Produzenten-verbände	Energie und Klima, Ökolandbau	Politikintervention, Umweltbildung, Vernetzung	Anpassungsdruck durch die Beitritts-verhandlungen, Dialog mit den Regierungen, vertikale und regionale Vernetzung
Südost- und Osteuropa	Experten-NGOs	Lokale Überlebens-systeme, Ökoland-bau, Energie	Umweltbildung, Aufbau von Ökobewegung	Hohe politische Kontrolle in Rußland, schwaches Umwelt-bewußtsein in der Bevölkerung
Thailand	Bewegungs-NGOs	Lokale Überlebens-systeme	Umweltbildung, Bewegungsaufbau	Empowerment lokaler Gemeinschaften, Lokalisierung mit Bezug auf Gemeinschaftsrechte
Naher Osten	NGOs, NGO-Bündnis	Nachhaltiger Tourismus, Küstenschutz	Umweltbildung, praktischer Umweltschutz	Umweltschutz als Mittel friedlicher Kooperation
Westafrika	Basis-NGOs	Ökolandbau	Umweltbildung, Praktischer Umweltschutz	Versuch grün-nahe Bewegung aufzubauen
Horn von Afrika	Behörden und NGOs	–	Umwelt-, Kapazi-täts- und Instituti-onenbildung, Ver-netzung, praktischer Umweltschutz	Stärkung staatlicher und nicht-staatlicher Akteure, Entwicklung von Regulierung
Südliches Afrika	Profilierte Experten-NGOs	Bergbau, Rio+10 (Südafrika), Biodiversität (Simbabwe)	Umweltbildung, Politikbeein-flussung	Ressourcen/Umwelt gerechtigkeit (SA), ökologisches Empowerment, Modellgesetz zu Farmers' Rights (Sim)
Mittel-amerika	Experten-NGOs, Basis-NGOs	Lokale Überlebens-systeme	Umweltbildung, Praktischer Umweltschutz	Empowerment der Umweltorganisa-tionen, Zusammen-arbeit mit lokaler Verwaltung

Region	Partner-organisationen	Inhaltliche Schwerpunkte	Strategische Schwerpunkte	Besonderheiten
Süd-amerika	Profilierte Experten-NGOs, Basis-NGOs	Alternative Entwicklungsmodelle, Ökolandbau	Politikbeeinflussung, Umweltbildung, Vernetzung	Länderkonzeptionen: Zukunftsfähigkeit, Agrarberatungs-projekte
International	Frauennetzwerke	Biodiversität, Agrarpolitik	Politikbeeinflussung, Vernetzung	Beeinflussung internationaler Abkommen, Globalisierungskritik

8.1.3 Politikfelder

Die Projektaktivitäten der Partnerorganisationen der Heinrich-Böll-Stiftung im Bereich Ökologie und Nachhaltigkeit und die Kleinmaßnahmen der Auslandsbüros haben sich im Untersuchungszeitraum auf vier dominante Politikfelder konzentriert: ökologische Landwirtschaft und Schutz der Biodiversität, lokale Überlebenssysteme, Energie und Klima, Nachhaltigkeitskonzepte. Hinzugekommen ist als aktuelles und zeitlich begrenztes Politikfeld die Vorbereitung auf den Weltgipfel 2002 in Johannesburg. Zwei weitere Politikfelder – Handel und Wirtschaft, Wasser – zeichnen sich deutlich als Zukunftsthemen ab.

Beim **Ökolandbau** handelt es sich meist um Projekte, die direkte Beratung der Zielgruppe mit der Umsetzung organischer Anbaumethoden verbinden und deren Verbreitung zum Ziel haben. Sie werden als Gegenmodelle gegen die industrielle, agrarchemisch durchsetzte Landwirtschaft verstanden. Der Biolandbau ist Schwerpunkt der Projektarbeit vor allem in den MSOE-Ländern und in Lateinamerika. Eine Reihe dieser Projekte laufen jetzt aus. Mit Projektpartnern in Thailand, Simbabwe und mit dem Frauennetzwerk *Diverse Women for Diversity* fördert die Heinrich-Böll-Stiftung Trägerorganisationen, die in engem Kontakt zu Ökolandbauprojekten stehen. Sie kämpfen aber selbst vorrangig auf der politischen Ebene für eine Agrarwende und gegen Gentechnologie, auf der rechtlichen Ebene für die Umsetzung von *Farmers' Rights*

und auf der internationalen Ebene gegen die Patentierung von
Saatgut, von geistigem Eigentum und lebenden Organismen. Auch
wenn die landwirtschaftlichen Beratungsprojekte als nicht unbedingt stiftungtypische Aktivität auslaufen, so sollte der Praxisbezug
nicht grundsätzlich aufgegeben werden. Eingebettet in einen
umfassenderen Zusammenhang ist es mitunter wichtig, die Rea-
lisierbarkeit politischer Forderungen, wie z.B. eine Agrarwende,
praktisch nachzuweisen.

Biodiversität ist ein Thema von wachsender Bedeutung. Schutz und
Erhalt der Biodiversität hat für viele Projekte den Charakter einer
Querschnittsaufgabe. In den Ökolandbauprojekten geht es um den
Weiterbestand der Kultursorten und um eigene Saatgutbanken, bei
den lokalen Ökosystemen um das natürliche Gleichgewicht von
Ressourcen und bei den Nachhaltigkeitskonzepten um grundsätz-
liche Fragen wie Privatisierung und Kommerzialisierung von
Naturressourcen sowie Ernährungssicherung. Für das internatio-
nale Frauennetzwerk DWD ist der Erhalt von biologischer und kul-
tureller Diversität zentraler Gegenstand für die Verhandlungen auf
UN-Ebene und bei der WTO. Eng mit Biodiversität verbunden ist
die Frage der **Gentechnologie**. Auch dieses Thema wird in jüngster
Zeit ökologisch und ökonomisch immer wichtiger. Es wird sowohl
in den Ökolandbauprojekten thematisiert, als – vermittelt über die
Patentierung lebender Organismen – auch im Zusammenhang mit
Biodiversität und Handel auf der politischen und rechtlichen
Ebene. Informationsaktivitäten zu diesem Themenkomplex finden
auch in Kleinmaßnahmen der Auslandsbüros statt.

Der Erhalt oder die Regeneration **lokaler Überlebenssysteme** *(Livelihood)* ist ein Arbeitsschwerpunkt in fast allen Regionen. Das Spezifikum dieser Projekte ist, daß lokale Ressourcen-, Wirtschafts-
und Kultursysteme integriert bearbeitet werden, weil sie integriert
die Überlebensgrundlage *(Livelihood)* lokaler Gemeinschaften bilden. Deshalb sind die Aktivitäten häufig ein Paket, geschnürt aus
Maßnahmen in den Bereichen Gewässer, Wald, Land und Biodiversität. Konflikte um lokale Überlebenssysteme drehen sich um

die Frage der Ressourcenkontrolle für die lokale Bevölkerung, sprich: um Ressourcengerechtigkeit. Aus den praktischen Aktivitäten und den Kämpfen um Ressourcenzugang wird in Thailand ein alternatives, auf Lokalisierung basierendes Entwicklungskonzept abgeleitet.

Im Politikfeld **Energie** arbeiten Partnerorganisationen auf eine energiepolitische Wende hin, weg von Atomkraft und fossilen Energieträgern. In den MSOE-Ländern sind Ausgangspunkte meist die Umweltprobleme bei der Energiegewinnung, während in Lateinamerika die Energiepolitik unter Versorgungsgesichtspunkten vor allem auf konzeptioneller Ebene analysiert wird und Alternativen erarbeitet werden. In Thailand und Südafrika werden diese beiden Handlungsebenen kombiniert. Die Gewichtung bei diesem »grünen« Kernthema verschiebt sich vom Protest gegen Atomenergie und Kohlekraft zur Popularisierung erneuerbarer Energien und zur Propagierung dezentraler Ansätze und von Effizienzsteigerung. Das heißt, in einer inhaltlichen und strategischen Erweiterung werden Proteste zunehmend mit konstruktiven Lösungsvorschlägen verknüpft. Das Energiethema wird auch häufig in Kleinmaßnahmen der Auslandsbüros und gesonderten Stiftungsaktivitäten wie der internationalen Konferenz in Chile aufgegriffen. Eng verbunden damit ist das globale Thema **Klima**. Dieses wird zwar ausschließlich durch Kleinmaßnahmen der Auslandsbüros bearbeitet, aber es bildet dort einen Schwerpunkt. Insbesondere die Büros in Brüssel und Washington bearbeiten das Thema im Kontext der internationalen Verhandlungen des Kyoto-Protokolls und versuchen, die Stimmen der Partner aus dem Süden und Osten zu stärken.

Die Kritik am herrschenden Entwicklungsparadigma und das Denken in systemischen Zusammenhängen sind Ausgangspunkte für die **Vision alternativer Entwicklungsmodelle** und die Erarbeitung nationaler Nachhaltigkeitsstrategien. Paradebeispiel für diesen Arbeitsansatz ist das Programm *Cono Sur Sustentable*, bei dem ganzheitliche Konzeptionen für die Zukunftsfähigkeit mehrerer

Länder erarbeitet werden. Im Gegensatz dazu liegt ein alternatives Entwicklungskonzept den Projekten in Thailand nur implizit zugrunde bzw. ergibt sich sukzessive aus ihren Aktivitäten, deren Dreh- und Angelpunkt das Lokale ist. Das Verständnis von Nachhaltigkeit ist dabei nicht einheitlich oder gar abgestimmt und weicht auch von dem des Konzeptpapiers der Stiftung teilweise ab. Im Süden wird eine grundlegende Struktur- und Richtungsänderung von Entwicklung gefordert. Im Unterschied zu den Zukunftsfähigkeitsstudien im Norden wird davon ausgegangen, daß Nachhaltigkeit nicht gewährleistet sein kann, solange Wirtschaftswachstum als Oberziel von Entwicklung gilt.

Die Heinrich-Böll-Stiftung sieht im **Rio+10-Prozeß** die Chance, »grüne« Themen auf der politischen Agenda nach vorne zu bringen. Der Impuls, sich in die Vorbereitungen auf den Weltgipfel 2002 in Johannesburg einzumischen, ging im Jahr 2000 von der Zentrale in Berlin aus und wurde dann im Schneeballverfahren von den Auslandsbüros weitergeleitet. Anliegen ist es, mit den Partnern die weltweite Mobilisierung für die ökologischen Fragen anzukurbeln. Die Partnerorganisationen reagierten zunächst sehr zurückhaltend auf die Impulse der Stiftungsbüros. Inzwischen sind die meisten auf den Zug nach Johannesburg aufgestiegen und sehen im Rio+10-Prozeß ein Forum, um ihre eigenen Prioritäten auf die nationale und auch internationale Tagesordnung zu setzen, öffentliche Aufmerksamkeit dafür herzustellen und ihre Kritik an den fehlenden Ergebnissen von Rio zu artikulieren. Alle Beteiligten formulieren dabei auch Handlungsperspektiven über die Konferenz hinaus.

Handel und Wirtschaft werden derzeit als Schwerpunkt von den beiden internationalen Frauenprojekten und in Kleinmaßnahmen bearbeitet. Liberalisierung, Privatisierung und Globalisierung haben zunehmend deutliche Auswirkungen auf Ökologie und Nachhaltigkeit. Die Abhängigkeit nationaler, ja selbst lokaler Entwicklung von Konzernpolitik, von den internationalen Finanz- und Handelsinstitutionen oder auch von regionalen Wirtschaftsab-

kommen wird immer spürbarer. Das macht für den strukturpo-
litischen, über Symptombekämpfung hinausgehenden Ansatz
der Projektpartner eine Beschäftigung mit diesen ursächlichen
Zusammenhängen notwendig. Zukunftsfähigkeit kann nicht
diskutiert werden, ohne das Thema »Wirtschaft« ins Zentrum zu
stellen. Die Beschäftigung mit makro-ökonomischen Zusammenhängen führt überall zu einer kritischen Reflexion des herrschenden Entwicklungsparadigmas und der neoliberalen Globalisierung. Diese Perspektiverweiterung der Projektansätze steht in
vielen Regionalprogrammen auf der Tagesordnung für die nahe
Zukunft. Am wenigsten wird sie bislang in den MSOE-Ländern
und am Horn von Afrika aufgegriffen.

Wasser ist als Ressource von zentraler Bedeutung für eine ökologische und nachhaltige Entwicklung. Eine Reihe von Projekten bearbeiten eine Vielfalt von Aspekten des Managements von Wasserressourcen: Flußsysteme, Staudämme, Fischerei, Wasserstraßen,
Küste und Strand, Bewässerung und nicht zuletzt die Trinkwasserversorgung und deren Privatisierung. Zugang, d.h. Verfügung
über Gewässer und Wasser, und Qualität, der Kampf gegen Verschmutzung, sind zwei zentrale Elemente. Der Themenkomplex
spielt in den Projekt- und Programmplanungen eine wachsende
Rolle, wobei er auch zunehmend in regionalen Ansätzen bearbeitet werden wird.

Für die Projektpartner im Süden gilt allgemein, daß sie Umwelt-
und Nachhaltigkeitsthemen mit der Forderung nach Umwelt- und
Ressourcengerechtigkeit in soziale Kontexte einbetten und verknüpft mit sozialen Fragen bearbeiten. Von diesem grundsätzlich
integrierten Prinzip unterscheiden sich die Umweltprojekte in den
MSOE-Ländern.

Ein wichtiger Trend in der Projektarbeit ist, daß die Sektoren
immer weniger einzeln und isoliert bearbeitet werden. Nachbar-
bereiche oder andere inhaltlich verwandte Sektoren werden in die
Kernpolitikfelder einbezogen und diese in komplexere Zusammenhänge gestellt. Praktisch findet dies an der Basis z.B. in der

Arbeit zu lokalen Ökosystemen statt, auf der konzeptionellen Ebene mit der Entwicklung von Nachhaltigkeitskonzepten. Dem entspricht ein mehr systemisches Denken und die Bearbeitung gerade der Verbindungen und Integration verschiedener Sektoren wie Ökolandbau, Agrarpolitik und Beschäftigung, Ernährungssicherung, Biodiversität und Handel, Wassermanagement und wirtschaftliche Entwicklung, Bergbau, Gesundheit und Einkommenserwerb. Daraus resultieren komplexe Projektansätze, die mehrere Politikfelder in einem Gesamtzusammenhang bearbeiten. Umgekehrt bedeutet dies, daß einzelne Projekte nicht eindeutig und ausschließlich einem Politikfeld zuzuordnen sind. Die Arbeit greift in komplexe Zusammenhänge ein, ist interdisziplinär, sektorübergreifend und beruht auf einer ganzheitlichen Sichtweise.

Neben der inhaltlichen Erweiterung ist auch die geographische Ausdehnung festzustellen. Infolge transnationaler Vernetzung werden Politikfelder stärker aus einem regionalen Blickwinkel betrachtet und grenzüberschreitend Aktivitäten koordiniert. Außer in dem gerade beendeten Regionalprojekt im Nahen Osten ist dies jetzt schon am stärksten in Südamerika und im südlichen Afrika der Fall.

Gleichzeitig findet eine Verlagerung des strategischen Fokus der Aktivitäten von der praktischen Basisarbeit zur Politikebene statt. Komplexere Projektansätze, systemische Herangehensweise und Politisierung haben als Trend zur Folge, daß die Themen mehr auf der Makro-Ebene als Sektor- und Strukturpolitik oder sogar als globale Fragen bearbeitet werden. Entsprechend werden Themenfelder, die einen Praxis- oder Basisfokus haben wie Ökolandbau, weniger bearbeitet. Tendenziell sind zukünftige Projektaktivitäten eher auf der Meso- und Makro-Ebene von Beratung, Vernetzung und Politikintervention angesiedelt und weniger an der Basis und der praktischen Umsetzung. In den neuen Programmen zeigt sich zumindest in einigen Regionen ein deutlicher Trend hin zu Projekten der Politikbeeinflussung und Konzeptionsentwicklung. Trotzdem legen die Projektpartner größten Wert darauf, ihre Bodenhaftung und die Basisverankerung nicht zu verlieren.

8.1.4 Handlungsstrategien

Ein markanter Trend bezüglich der strategischen Ansätze der Partnerorganisationen besteht darin, zunehmend verschiedene Handlungsebenen durch eine Kombination mehrerer Strategien zu verkoppeln. Die Partner agieren meist von einer Meso-Ebene aus und
einer wachsenden Zahl gelingt es, in ihren Aktivitäten eine Brücke
zwischen der Basis und der politischen und rechtlichen Ebene zu
schlagen. Die Basis, wo die unmittelbare Betroffenheit durch
Umweltschäden liegt oder Konflikte um Ressourcen stattfinden,
bleibt ein zentraler Bezugspunkt bei diesem strategischen Spagat
zwischen den Handlungsebenen.

Bei den in Lateinamerika erarbeiteten Nachhaltigkeitsstrategien
setzt dagegen ein umgekehrter Prozeß ein. Hier müssen die Konzeptionen nun in praktische Programme des politischen Handelns
an der Basis heruntergebrochen und übersetzt werden.

Die beiden Frauennetzwerke DWD und WEN sowie CTDT in
Simbabwe verkoppeln die Ebene internationaler Regulierungen
mit nationaler Gesetzgebung und lokalen Akteuren.

Umweltbildung ist ein Schwerpunkt in den Handlungsstrategien,
der in fast allen Projekten in unterschiedlicher Intensität und Aus-
prägung auftaucht. Politische Bildung ist eine genuine Aufgabe der
Heinrich-Böll-Stiftung als politischer Stiftung. Umweltbildung
wird kontextabhängig als die Summe aller Aktivitäten im Bereich
Bildungsarbeit, Aufklärung, Sensibilisierung, Bewußtseinsbildung, Training und Politikberatung verstanden. Damit wird das
Recht der Bevölkerung auf Information eingelöst. Informations-
und Wissensvermittlung sind aber auch ein konstitutiver Baustein
für ökologisches *Empowerment* von Zielgruppen, damit diese sich
informiert und kompetent in Umweltpolitik einmischen können.
Aufklärung und Skandalisierung von Umweltschäden sind darüber hinaus wichtige Elemente in der Ökonomie der Aufmerksamkeit, die die NGOs für ökologische Themen betreiben. Über die
ökologische Bewußtseinsbildung hinaus zielt Umweltbildung auf
Einstellungs- und Verhaltensänderung bei den Adressaten. In

einer Reihe von Projekten wird Umweltbildung für Jugendliche
und Kinder geleistet, um die nächste Generation auf eine neue
Ethik im Umgang mit der Umwelt vorzubereiten.

In den vergangenen Jahren läßt sich in den Projektansätzen eine
stärkere Politisierung von Umweltfragen und eine strategische
Schwerpunktverschiebung auf die politische und rechtliche Ebene
beobachten. Der Akzent der Umweltaktivitäten verlagert sich
häufig vom praktischen Umweltschutz hin zum Politikdialog.
Politikbeeinflussung und -beratung, Ausrichtung von *Multi-Stake-*
holder-Dialogen und Entwurf von Politikpapieren und Gesetzes-
entwürfen werden bei vielen Projektpartnern zu Aktivitäten von
wachsender Bedeutung. Dies spiegelt auch den Wechsel von einem
eher konfrontativen und konfliktzentrierten Politikstil zum Diskurs und der Vorlage konstruktiver Vorschläge und Alternativen
wider. Solche politischen Interventionsansätze auf kommunaler,
nationaler und internationaler Ebene haben unter den Handlungsstrategien nach der Strategie der Umweltbildung die zweit-
größte Bedeutung. Der Bezug auf neue Adressaten und die Einmischung auf der politischen und rechtlichen Ebene stellen dabei
auch neue Kapazitätsanforderungen an die Partner.

Entsprechend dieser strategischen Schwerpunktverlagerung auf
die politische Ebene nimmt in den Projekten die Bedeutung des
praktischen Umweltschutzes in allen Regionen ab.

Vernetzung zur Erzeugung von Synergieeffekten und Stärkung
ökologischer Positionen und zivilgesellschaftlicher Akteure hat
zugenommen. Sie ist dann erfolgreich und wird von der Motivation der Mitglieder und ihrer aktiven Beteiligung getragen, wenn
sie vom Bedarf der Akteure ausgeht und von unten nach oben
erfolgt. In einigen Ländern ist die Vernetzung mit anderen (nicht-
Umwelt-) NGOs und -bewegungen noch unzureichend. Derzeit
liegt der Fokus von Vernetzung auf regionaler Netzwerkbildung.
Es besteht eine Tendenz, Aktivitäten grenzüberschreitend zu organisieren, weil Ressourcensysteme nicht an Grenzen halt machen

und Politik und Privatwirtschaft auch zunehmend transnational agieren.

Bewegungsaufbau kann nicht von außen erfolgen, sondern muß aus der direkten Betroffenheit durch Umweltprobleme erwachsen. Angesichts der oft informellen Struktur der Gruppierungen und ihrer organisatorischen und finanziellen Schwäche ist externe Unterstützung und Förderung ein wichtiger Beitrag, um ihre Schlagkraft zu erhöhen und politische Wirksamkeit zu ermöglichen. Die Verknüpfung von sozialen mit ökologischen Fragen markiert einen signifikanten Unterschied der Umweltbewegungen des Südens zu den Gruppen im Norden.

Gender Mainstreaming hat in den gemischten Partnerorganisationen kaum stattgefunden, weder personell noch inhaltlich. Das heißt, eine Integration der beiden zentralen Politikthemen der Heinrich-Böll-Stiftung – Ökologie/Nachhaltigkeit und Geschlechterdemokratie – fehlt im überwiegenden Teil der Projektarbeit. Kaum eine Trägerorganisationen hat *Ownership* für die thematische Verknüpfung von Ressourcen- mit Geschlechtergerechtigkeit, die die Heinrich-Böll-Stiftung anstrebt, übernommen. Es besteht auch ein Defizit an Know-how zum *Mainstreaming*. Eine einzige Partnerorganisation hat gerade ein *Gender*-Politikpapier für ihre Arbeit entwickelt. Knapp ein Viertel der NGOs wird von Frauen geleitet. Auf der Ebene der Projektzuständigkeiten sind Frauen dagegen in der Mehrzahl, ebenso unter den Bezugs- und Zielgruppen an der Basis, wo sie für die Sorge- und Putzarbeit an der Umwelt zuständig sind. Doch die »Glasdecke« für Frauen in den einzelnen Umweltsektoren wird selten durchbrochen: je technischer, wissenschaftlicher oder politischer der Sektor wird, desto männerdominierter ist er.

8.2 BEWERTUNG

Die Analyse der Handlungsstrategien der Partnerorganisationen der Heinrich-Böll-Stiftung zeigt, daß die Aktivitäten auf drei verschiedenen Handlungsebenen drei Oberziele verfolgen:
- auf der praktischen Handlungsebene die Bewahrung von Ressourcen;
- auf der zivilgesellschaftlichen Ebene die Erzeugung von Aufmerksamkeit, Akzeptanz und Relevanz für ökologische Themen;
- auf der politischen und rechtlichen Ebene die Schaffung von Umweltregularien.

Die strategischen Klammern um diese drei Ebenen sind:
- eine Ökonomie der Aufmerksamkeit, die Problemen von Ökologie und Nachhaltigkeit in der gesellschaftlichen Wahrnehmung Gewicht verschafft und Interesse an und Produktivkraft zu ökologischer Veränderung gesellschaftlicher Strukturen erzeugt;
- die Politisierung ökologischer Fragen, die von der Basis durch eine breite Öffentlichkeit hindurch bis in die Verwaltung, die Legislative und Unternehmen hinein geleistet werden muß;
- die Verknüpfung praktischer ökologischer Interessen z. B. an Reparatur von Umweltschäden mit strategischen ökologischen Interessen an nachhaltigen Strukturveränderungen in der Gesellschaft;
- das ökologische *Empowerment*, das durch Mobilisierung, Kapazitäts- und Institutionenbildung gesellschaftliche Akteure – von der Bäuerin an der Basis über Medienleute bis zum Ministeriumsmitarbeiter – in die Lage versetzt, sich selbst als umweltpolitische Akteure und Agenten für einen ökologischen Wandel der Gesellschaft zu engagieren;
- die Berufung auf kollektive Rechte der Bevölkerung an Ressourcen und einer intakten Umwelt, aber auch auf demokratische Rechte auf Information und Partizipation.

333 Als qualitativer und quantitativer Messrahmen für die Bewertung der Projektaktivitäten lassen sich folgende Indikatoren anlegen, die während der Analyse als Koordinaten benutzt wurden. Sie liegen in drei unterschiedlichen Aktionsfeldern bzw. auf einer Mikro-, Meso- und Makroebene des umweltpolitischen Handelns:

Indikatorenfelder

Praktischer Umweltschutz und Ressourcenmanagement

- praktische Initiativen angestoßen
- Umweltzerstörung verhindert
- Ressourcen effizienter genutzt (z.b. Wald, Wasser, Strom, Wärme)
- Vorsorgemaßnahmen zur Vermeidung von Umweltschädigung geleistet, Vorsorgeprinzip umgesetzt
- Umweltschäden repariert
- Umweltmanagement, z.B. Abfallbeseitigung, durchgeführt
- Umwelttechnologie verbreitet
- ökologische Ressourcennutzung verbreitet bzw. Modelle aufgebaut
- Umweltschädigende Bau- und Investitionsmaßnahmen verhindert
- *Gender Mainstreaming* durchgeführt, Geschlechtergerechtigkeit in Nutzen und Lasten

Zivilgesellschaftliche Kapazitäts- und Institutionenbildung

- Sensibilisierung, Rechts- und Unrechtsbewußtsein geschaffen
- Einstellungen und Verhalten geändert, Vorsorgeprinzip verankert
- Zivilgesellschaftliche Strukturen gebildet
- Mobilisierung erzeugt, Umweltschutz- und politische Initiativen angestoßen
- Ökologische Themen zum Politikum gemacht
- Engagement im Lokale-Agenda-21-Prozeß gefördert
- Beteiligung am Rio+10-Prozeß angestoßen und gefördert
- Recht auf Information umgesetzt
- Studien + Publikationen erstellt

- Medien/Pressearbeit geleistet, Journalisten sensibilisiert/aktiviert
- demokratische Partizipation gestärkt, Bürgerbeteiligung bei
  Planungs- und Kontrollverfahren realisiert
- Verbraucheraufklärung mit kritischer Reflexion von Konsum
  betrieben, Suffizienz-Ansatz diskutiert
- *Gender Mainstreaming* durchgeführt: Beteiligung von Frauen
  und inhaltliche Differenzierung

Beeinflussung von Recht, Politik und gesellschaftlicher Entscheidungsmacht

- Dialog mit politischen, wirtschaftlichen und anderen gesell-
  schaftlichen Entscheidungsträgern geführt
- Politikentwurf bzw. -vorschlag formuliert, Gesetze und staatliche
  Steuerungsinstrumente entworfen
- Lobbying betrieben
- Nachhaltigkeitsstrategie entwickelt
- Vorschlag bzw. Konzept politikgestaltend in staatliche Regelun-
  gen oder Maßnahmen eingebracht
- Rechte im Sinne eines öffentlichen Umweltinteresses und nach-
  haltiger lokaler Nutzung kodifiziert (Verursacherprinzip,
  Dezentralisierung, demokratische Beteiligung an Entscheidung
  und Planung)
- Staatliche Richtlinien und Durchführungsbestimmungen
  beschlossen
- Kontrollmechanismen von Umwelt- und Entwicklungsprojekten:
  Öko-Audit, Umwelt- und Sozialverträglichkeitsprüfung ein- und
  durchgeführt
- Gerichtsverfahren gegen Umweltsünder gewonnen
- Rechte an Ressourcen werden eingelöst, Richtlinien umgesetzt
- Umsetzung von Regularien und Gesetzen beobachtet *(Monitoring)*
- *Gender Mainstreaming*: Frauenrechte, z. B. an Ressourcen, ein-
  geführt, gesellschaftliche Entscheidungsmacht geschlechterde-
  mokratisch geteilt, Geschlechterperspektive in politische Konzep-
  ten und Programme eingebracht
- Unternehmenspolitik beeinflußt

**8.2.1 Praktischer Umweltschutz und Ressourcen-
management**

Erfolge und Stärken:

– Die Projektpartner haben Initiativen zu Umweltschutz und
ökologischem Ressourcenmanagement angestoßen oder aber
bestehende Initiativen gefördert und gestärkt: von Müllsam-
melaktionen über das Anlegen von Erosionsgräben bis zum
Einsatz organischer Schädlingsbekämpfung.

– Durch Proteste, Widerstand und Skandalisierung konnten
umweltzerstörerische Entwicklungs- und Infrastrukturprojekte
einstweilig verhindert, einige Investitionsvorhaben aufgehalten
werden. So wurden Staudammbauten in Thailand teilweise
ausgesetzt, der Bau von Industrieanlagen fürs erste verzögert.
Durch das Publikmachen von Industrieunfällen und Aufklärung über industrielle Verschmutzung wurde öffentlicher
Druck erzeugt, um Umweltschädigung durch die Industrie zu
reduzieren.

– Aktionen zur Reparatur von Umweltschäden werden in akuten
Not- und Risikosituationen durchgeführt. Dabei handelt es sich
zum Teil um Katastropheneinsätze, wie beim Ölunfall in Rio
de Janeiro (Insel Paquetá), bei dem die Maßnahmen ökologisch sinnvoll koordiniert werden mußten; zum anderen um
Reparaturmaßnahmen, die einer fortschreitenden Degradierung von Umwelt und Ressourcen Einhalt gebietet. Z.B. werden durch Aufforstung Böden, die infolge von Erosion oder
Monokulturen degradierten, regeneriert (Äthiopien, Somaliland) oder Korallenriffs gesäubert (Naher Osten), damit sie sich
selbst regenerieren können.

– Effiziente Ressourcennutzung konnte vor allem in den Projekten des ökologischen Landbaus und der Erhaltung lokaler Ökosysteme realisiert werden. Mithilfe organischer Anbaumethoden wurde auf kleinen Feldern die Nahrungsmittelproduktion
gesteigert. Aufforstung oder veränderte Nutzungsformen im
Waldbereich erlauben Erhalt und Nutzungssteigerung zu
kombinieren (Maya-Projekt). Effiziente Nutzung des knappen

Trinkwassers wird in Nordostbrasilien erreicht durch die Einführung der Zisternen-Technologie.
- Vorsorgemaßnahmen zur Vermeidung von Umweltschädi-
gungen wurden erfolgreich durch Aufforstung und organische
Anbau- und Schädlingsbekämpfungsmethoden durchgeführt.
Erosionsschutz ist gleichzeitig Reparatur- und Vorsorgemaß-
nahme. In Industriebetrieben und im Bergbau wurden durch
Öko-Audits, die Einführung von Kontrollsystemen zur Früher-
kennung von Schäden z.b. durch Wasserproben und durch
Vorschläge für schadstoffreduzierende Technologien, Vorsor-
geansätze entwickelt (Äthiopien, Südafrika, Bolivien).
- Umweltmanagement wird z.B. durch verbessertes Abraummanagement im Bergbau, bei der Abfallbeseitigung und beim
Müllsammeln geleistet. Die in den Projekten durchgeführten
Aktivitäten haben teils zur Müllreduzierung, zu einer sachge-
rechten Trennung und Verwertung oder aber zur Verbesserung
der Entsorgung geführt, wodurch negative Umwelteinflüsse
reduziert werden (Rußland, Polen, Äthiopien, Südafrika, Kuba).
- Die Entwicklung und Präsentation von Modellen ist eine stif-
tungstypische Aufgabe und wird als ein Element in der Ökonomie der Aufmerksamkeit von einer Reihe von Projektpartnern durchgeführt. Organisch bewirtschaftete Modellfelder
und -farmen, die zeigen, daß Ökolandbau durchaus existenz-
und einkommenssichernd ist, Baumschulen, Saatgutaustausch
oder das Anlegen von Saatgutbanken, Vorführung alternativer
Energiequellen, Festivals für lokale Nahrungsmittel und spektakuläre Einzelaktionen z.B. am Weltumwelttag haben Demon-
strationscharakter und sollen zur Nachahmung anregen.
Tatsächlich haben sie in mehreren Regionen zur Verbreitung
ökologischer Initiativen und Ansätze geführt.

Hindernisse und Schwächen:
- Für die Verbreitung von Beispielen und modellhafter, innovativer Lösungsansätze ist eine systematische Dokumentation
nötig, die unkompliziert zugänglich sein muß. Bisher werden
praktische Erfahrungen zwischen den Projektpartnern zu

wenig ausgetauscht und *Good Practices* und Modelle ungenügend publik gemacht. Konstruktive Alternativen müssen auch auf der praktischen Ebene umgesetzt und erprobt werden, um die konzeptionellen Vorschläge praktisch zu untermauern.

– Effizientere Ressourcennutzung durch Technologie wird wenig praktisch bearbeitet. Information über Umwelttechnologien und ihre Verbreitung wird von den Projekten kaum betrieben. So wird z.B. die Energiefrage mehr auf der wissenschaftlich-technischen und der politischen Ebene umweltverträglicher Energieerzeugung und -nutzung bearbeitet und weniger durch die Propagierung und Verbreitung dezentraler Nutzung alternativer Energiequellen.

– Frauen sind im praktischen Umweltschutz, beim organischen Landbau und bei städtischen Säuberungsaktionen prominent vertreten und werden von den Projekten auch stark eingespannt, ohne daß über eine Arbeitsüberlastung nachgedacht wird. Geschlechtergerechtigkeit in bezug auf Ressourcennutzung und Lastenausgleich beim Umweltschutz wird nicht thematisiert.

8.2.2 Zivilgesellschaftliche Kapazitäts- und Institutionenbildung

Erfolge und Stärken:
– Das umweltpolitische Mandat der Heinrich-Böll-Stiftung und der Auftrag zur politischen Bildung werden durch die Maßnahmen ihrer Auslandsbüros und die Projektaktivitäten ihrer Partnerorganisationen in den Zielländern umgesetzt. Die Stiftung leistet vor allem Unterstützung und Befähigung zivilgesellschaftlicher Kräfte bei der Verbreitung politischer Ökologie durch Kapazitäts- und Institutionenbildung.

– Die Partnerorganisationen und die Auslandsbüros der Heinrich-Böll-Stiftung leisten mit ihren Projekten und Maßnahmen eine Politik der Aufmerksamkeit für Öko- und Nachhaltigkeitsfragen. Sie setzen sie auf die öffentliche und politische Tagesordnung, schaffen damit Relevanz sowie Akzeptanz und

machen sie durch Skandalisierung und Aufklärung zum Politikum im gesellschaftlichen Macht- und Interessengefüge.

- Bei von Umweltschäden Betroffenen, in einer breiten Öffentlichkeit und auch in der Politik tragen die Projektpartner und
die Auslandsbüros der Heinrich-Böll-Stiftung zur Sensibilisierung für Umweltprobleme, zur Aufklärung über Umweltzerstörung und zum Wissen über Ansätze zu ökologisch angepaßter und sozial gerechter Entwicklung bei. Sie schaffen ein
Umweltbewußtsein und setzen damit für ihre Adressaten auch
das Recht auf Information um. Aufklärung, Informationsvermittlung und ökologische Kapazitätsbildung sind als Komponenten in fast alle Projekte eingebunden. Aufmerksamkeit für
ökologische Themen wird tatsächlich geschaffen.

- Die Projektpartner popularisieren ökologische Themen und
bereiten Informationen in angemessener Form für lokale
Bevölkerungen auf. Sowohl die Trägerorganisationen als auch
die Auslandsbüros stellen eine Vielzahl von Publikationen her
und organisieren Informations- und Diskussionsveranstal-
tungen. Als Folge davon ist ein Zugewinn an Wissen über
die lokalen Ökosysteme, Ursachen von Umweltschäden und
Ansätze zu ihrer Vermeidung oder Reparatur zu verzeichnen,
aber auch ein zunehmendes politisches Verständnis von
Zusammenhängen zwischen der Degradierung von Umwelt
und Ressourcen einerseits, dem entwicklungs- und wachs-
tumsorientierten Wirtschaftsmodell andererseits. Gleichzeitig
wurde auch das Bewußtsein für Rechte, die sich aus dem
traditionellen Gewohnheitsrecht, nationalen Gesetzen oder
internationalen Konventionen ableiten lassen, gestärkt. In
einigen Fällen wurden indigene Wissenssysteme reaktiviert
und aufgewertet.

- Die Projektpartner institutionalisieren, professionalisieren und
vernetzen sich und bilden damit selbst zivilgesellschaftliche
Strukturen. Sie sind Kompetenzzentren, Motor für zivilgesellschaftliche Mobilisierung und Seismographen für die Taug-
lichkeit neuer demokratischer Möglichkeiten und Instrumente.

- Die meisten Projektpartner haben eine Nähe zur Basis, indem

Mitarbeiter selbst an der Basis aktiv sind oder eng mit CBOs und lokalen Mittlerpersonen zusammenarbeiten. Deshalb haben sie Kenntnisse und Erfahrungen bezüglich der Lebenszusammenhänge der lokalen Gemeinschaften, werden von diesen akzeptiert und können durch ihre Basisnähe auch ihr umweltpolitisches Handeln legitimieren. Entsprechend wird in den meisten Projekten ein *bottom-up*-Ansatz verfolgt. Der politische Willens- und Meinungsbildungsprozeß orientiert sich an den unmittelbaren Lebensumständen, Bedürfnissen und Rechten der lokalen Bevölkerung. Durch den *bottom-up*-Ansatz stärken die Projektpartner demokratische Partizipation von unten und Dezentralisierung.

- In einer Reihe von Fällen wurde Mobilisierung für ökologische Themen erzeugt, und politische oder Selbsthilfe-Initiativen wurden angestoßen, d.h. es erfolgte tatsächlich ein ökologisches *Empowerment* einzelner Bevölkerungsgruppen, vor allem lokaler Gemeinschaften. Da, wo bereits soziale Bewegungen aktiv sind, übernahmen lokale Gemeinschaften oder ihre Organisationen selbst *Ownership* für umweltpolitische Forderungen oder Kampagnen. Teils werden Bewegungsstrukturen z.B. durch die Vernetzung umweltpolitischer Akteure aufgebaut. Aber von der Entstehung von Umweltbewegungen mit einer breiten Massenbasis kann nicht die Rede sein. Allerdings wurden in Lateinamerika und Thailand ökologische Aspekte in bestehende soziale Bewegungen inkorporiert und dort mit sozialen Fragen verknüpft.

- Die Partnerorganisationen der Heinrich-Böll-Stiftung werden von den Regierungen und Verwaltungen zunehmend als Akteure oder auch Partner angesehen, deren Fachkompetenz in bestimmten Sachfragen und deren Nähe zur lokalen Bevölkerung sinnvoll in Entwicklungsvorhaben und politische Entscheidungsprozesse einbezogen werden können. Das Image der »Unruhestifter« und des organisierten Protestes weicht dem Bild der Expertenorganisation. Diese Anerkennung ist vielfach nicht von allein gewachsen, sondern durchaus auch in Auseinandersetzungen erstritten worden. Dadurch haben sich

die demokratischen Spielräume und die Einflußmöglichkeiten
der NGOs erweitert.

- Die Trägerorganisationen setzen ihre Politik der Aufmerksamkeit oft mithilfe der Medien durch. Die Zusammenarbeit mit den Medien hat in vielen Projekten und auch für die Auslandsbüros der Stiftung einen wichtigen Stellenwert. Die NGO-Fachleute haben es verstanden, die Medien in ihre Kampagnen einzubinden und sie zu ihren strategischen Partnern zu machen. Abgesehen von der wachsenden Zahl ökologischer Publikationen, die von den NGOs selbst produziert werden, werden Journalistinnen und Journalisten durch Workshops und Training der Auslandsbüros dafür qualifiziert, Umweltfragen zu bearbeiten.

- Es ist den Auslandsbüros der Stiftung gelungen, Partnerorganisationen und andere NGOs davon zu überzeugen, daß eine Beteiligung am Rio+10-Prozeß für die Verbreitung von Öko- und Nachhaltigkeitsthemen sinnvoll ist und neue Foren für Vernetzung und Politikintervention bietet. Dies macht vor allem in Afrika Sinn, weil die Konferenz in Johannesburg stattfindet. Auf Initiative des Stiftungsbüros in Johannesburg bildete sich in Südafrika eine NGO-Koalition zur Vorbereitung der Konferenz. In Ostafrika und am Horn machen sich NGOs daran, zum einen die Agenda 21 zu »domestizieren«, d.h. heimisch zu machen und eine Bringschuld ihrer Regierungen einzufordern, zum anderen eine eigene »afrikanische Agenda« für die Konferenz zu entwickeln.

Fazit: Mehr öffentliche und politische Aufmerksamkeit für Fragen von Ökologie und Nachhaltigkeit konnte erzeugt, mehr Relevanz in der Gesellschaft und mehr Akzeptanz für ökologische Themen geschaffen werden. Trotzdem übersetzt sich ein erhöhtes Umweltbewußtsein in der Gesellschaft noch nicht in Verhaltens- und Strukturveränderungen. Die Politisierung ökologischer Fragen und ökologisches *Empowerment* erzeugen jedoch wachsenden öffentlichen Druck und gesellschaftliche Produktivkraft für Nachhaltigkeit.

Hindernisse und Schwächen:

– Trotz der verstärkten Aufmerksamkeit, die für ökologische Themen geschaffen wurde, konnte bislang keine deutliche Veränderung der Einstellung und des Verhaltens breiter Bevölkerungsschichten zu Umweltfragen erzielt werden. So herrscht in Rußland immer noch der Mythos von der Unendlichkeit der natürlichen Ressourcen vor. Die Anzahl und die Wirkung der Umwelt-NGOs ist noch zu gering, um die gesamte Bevölkerung zu erreichen. Bei der Sensibilisierung und Mobilisierung Betroffener stießen die Partnerorganisationen häufig auf das Problem, daß für die lokale Bevölkerung wirtschaftliche Probleme drängender sind als ökologische und ihr Alltag von ökonomischen Sorgen bestimmt ist. Deshalb ist ihre Bereitschaft und ihr Wille, sich umweltpolitisch zu engagieren, beschränkt.

– Eine Geschlechterperspektive wurde nur von wenigen gemischten Trägerorganisationen thematisiert, Geschlechtergerechtigkeit und -demokratie selten eingefordert. Auch in zivilgesellschaftlichen Strukturen und bei den meisten Partnerorganisationen besteht eine geschlechtspezifische Arbeitsteilung: die arbeitsintensive Basisarbeit machen die Frauen, die prestigeintensive Öffentlichkeitsarbeit die Männer. Nur eine einzige gemischte Partnerorganisation erarbeitet gerade ein *Gender*-Konzept.

– Wo Vernetzung oder Bewegungsaufbau *top-down* versucht wurden, waren sie wenig erfolgreich.

– Außer in Lateinamerika und Thailand gelingt es den Umweltorganisationen zu wenig, Ökologiethemen in andere soziale Organisationen einzubringen. Die Möglichkeit der Vernetzung über die Grenzen des Umweltsektors hinaus wird nicht konsequent und systematisch betrieben.

– Insgesamt sind Jugendliche – die nächste Generation, an die Umwelt und Ressourcen weitergegeben wird – bisher in nur wenigen Projekten Ziel- und Bezugsgruppe. Allerdings werden sie in einer offenbar wachsenden Zahl von Kleinmaßnahmen der Auslandsbüros angesprochen.

– Das Lokale-Agenda-21-Konzept dient nur in ganz wenigen Projekten als Ausgangsidee und Hintergrund. In einer breiten Öffentlichkeit und selbst in Fachöffentlichkeiten vieler Länder ist die Agenda 21 von Rio kaum bekannt. Dies gilt selbst für Länder, wo Regierungen unmittelbar nach der Rio-Konferenz Agenda-Gruppen einrichteten oder offiziell eine Agenda-Runde institutionalisiert haben. In Osteuropa ist die Resonanz auf die Agenda 21 und entsprechend auch auf den Rio+10-Prozeß höchst verhalten. Die in den neunziger Jahren neu entstandenen Umweltorganisationen haben den Anschluß an internationale Debatten noch nicht herstellen können, weil sie sich auf die Probleme vor der eigenen Haustür konzentrieren.

– Kaum eine Trägerorganisation arbeitet mit einem konsumkritischen und suffizienzorientierten Ansatz, der vor allem auf Verbraucher und städtische Mittelschichten abzielt. Nur in Thailand wird diese Adressatenschaft seit neuestem stärker angesprochen und mit besonderen Taktiken auch wirklich erreicht. Im Cono-Sur-Programm wird diese Frage bisher nur auf der konzeptionellen Ebene behandelt.

8.2.3 Beeinflussung von Recht, Politik und gesellschaftlicher Entscheidungsmacht

Erfolge und Stärken:

– Es finden vermehrt Konsultationen, Dialoge und Verhandlungen zwischen zivilgesellschaftlichen Akteuren und gesellschaftlichen Entscheidungsträgern statt. Die Partnerorganisationen bemühen sich um diskursive, nicht-konfrontative Methoden der Annäherung und Kontakte mit dem Staat, teils auch mit der Wirtschaft. Eine neue Interaktionsform ist die Ausrichtung von *Multi-Stakeholder*-Dialogen, bei denen Vertreter unterschiedlicher Interessengruppen an einem Runden Tisch zusammenkommen. Verhandlungs- und Kooperationsformen scheinen derzeit in vielen Ländern effektiver als ein konfrontativer Politikstil, um ökologische Anliegen und die

Interessen lokal betroffener Bevölkerungsgruppen einbringen und durchsetzen zu können.

- Die Partnerorganisationen nutzen solche Dialog-Foren, Lobbytaktiken und Beratungsrunden, zu denen sie im Zuge von Demokratisierung und Dezentralisierung, aber auch wegen ihrer Sachkompetenz und Basisnähe eingeladen werden, um Kritik und konstruktive Vorschläge für die Formulierung von Politikpapieren, staatliche Richtlinien oder Gesetzesvorlagen einzubringen. Damit leisten sie einen konstruktiven Beitrag zum Aufbau einer neuen politischen Kultur zwischen Zivilgesellschaft und Staat. Die meisten reflektieren jedoch auch die Gefahr politischer Vereinnahmung und bemühen sich, autonome Positionen und ihre Unabhängigkeit zu bewahren.

- Auf der Kommunal- und Provinzebene sprechen die Projektpartner häufiger Verwaltungen an, bieten eine Zusammenarbeit in Umweltfragen an und bilden sie fachlich weiter. Außerdem unterstützen sie die lokale Bevölkerung, ihre Interessen gegenüber den kommunalen Verwaltungen vorzutragen und Maßnahmen auszuhandeln.

- Ein Grund für die Unterstützung staatlicher Stellen am Horn von Afrika war für die Heinrich-Böll-Stiftung, daß sie Teil neuer Regierungen und in einer Schlüsselposition sind, um umweltpolitische Regularien und Gesetze zu erlassen, die in den neu formierten Staaten noch fehlten. In bezug auf die Formulierung von Richtlinien haben die beiden staatlichen Projektpartner in Eritrea und Somaliland einige Ergebnisse vorzuweisen, wobei dies in Somaliland durch die Beratung von Experten des von der Heinrich-Böll-Stiftung geförderten *Think Tanks* möglich wurde. Die Unterstützung von Behörden half auch, der Umweltpolitik im Kabinett und in den Machtkämpfen zwischen einzelnen Ressorts mehr Aufmerksamkeit und Gewicht zu geben.

- Die Einführung von obligatorischen Umweltverträglichkeitsprüfungen gibt zivilgesellschaftlichen Kräften ein Kontrollinstrument in die Hand, mit dem sie in Planungsprozesse eingreifen können. Dies wurde von einigen Partnerorganisationen als Kontroll- und Eingriffschance genutzt.

- Die Arbeitsgruppen der drei Länder Brasilien, Chile und Uruguay im Programm *Cono Sur Sustentable* haben ein umfangreiches Programm zur Zukunftsfähigkeit fertiggestellt. In Studien zu den relevanten Strukturen von Gesellschaft, Wirtschaft, Umwelt und Politik wurden auf der Makro-Ebene Vorschläge für die Umgestaltung erarbeitet. Erste Schritte in Richtung Vermittlung und öffentlicher Diskussion wurden soeben begonnen (Popularversion der Studie in Chile, Gewerkschaftsarbeit in Uruguay). Die Methodik wurde bereits in anderen Ländern vorgestellt, in Mexiko wird schon danach gearbeitet.

- Im untersuchten Zeitraum kam es in vielen Ländern zur Verabschiedung umweltpolitischer Verordnungen und Gesetze, auf die die Partnerorganisationen durch Lobbyarbeit und vermittelt über die Erzeugung eines öffentlichen Drucks Einfluß zu nehmen versuchten. Doch neue demokratische Handlungsspielräume wurden auf diese Weise zunehmend tätig erobert und genutzt.

Fazit: Mehr umweltpolitische Einmischung findet statt. Bislang sind jedoch Erfolge, die sich in tatsächlicher Beeinflussung messen ließen, noch eher beschränkt. Allerdings ist das Ausloten und Nutzen neuer demokratischer Handlungsspielräume als ein eigenständiger Erfolg von ökologischem *Empowerment* und der Politisierung ökologischer Themen zu werten.

Hindernisse und Schwächen:

- In einigen Ländern fehlt es immer noch an demokratischen Handlungsräumen für NGOs, um Einfluß auf die Gesetzgebung zu nehmen. Teils fehlt es ihnen aber auch an fachlicher Expertise, strategischer Erfahrung oder am Know-how, wie vorhandene Gelegenheitsstrukturen und Foren politisch genutzt werden können.

- Bisher wurden Forderungen und Vorlagen von NGOs nur sehr punktuell in die staatliche Politik- oder Rechtsformulierung sowie in Programme und Maßnahmen aufgenommen. Die Aushandlungen von Politikpapieren und Gesetzestexten zeigte, wie stark die Festschreibung von Rechten, Vorschriften, Kontrollen und Sanktionen ein Terrain ist, auf dem gesellschaftliche Interessenkonflikte ausgetragen werden und daß das sogenannte Gemeinwohl einen Interessenkompromiß oder -ausgleich herstellen muß.

- Die Umsetzung neuer umweltpolitischer Richtlinien und Gesetze ist stark vom politischen Willen der Verwaltung und Regierung, von ihren Durchführungsbestimmungen und finanziellen Mitteln abhängig. Oft fehlt es jedoch an diesen Bedingungen für die Umsetzung. Außerdem findet auch sie erneut im Konfliktfeld gesellschaftlicher Macht- und Interessenunterschiede statt und wird dadurch häufig behindert.
- Insgesamt findet relativ wenig Bezug auf die Privatwirtschaft als gesellschaftlichem Akteur statt. Der Bezug auf Konzerne ist meist sehr konfrontativ und konfliktorientiert. Die Beeinflussung von Unternehmenspolitik scheint noch schwieriger zu sein als die staatlicher Politik. Mit wenigen Ausnahmen (Abraumbeseitigung durch Bergbauunternehmen in Gauteng in Südafrika, Rückzug finnischer Chemie-Unternehmen aus einem Investitionsvorhaben in Thailand) läßt sich die Privatwirtschaft offenbar nur schwer dazu bewegen, das Verursacherprinzip anzuerkennen und ihren ressourcen- und energieverschwendenden und umweltschädigenden Kurs zu ändern.
- Auf der politischen und rechtlichen Ebene sind Frauen immer noch stark unterrepräsentiert. Von einer geschlechterdemokratischen Machtteilung kann noch lange nicht die Rede sein. Fast allen gemischten Partnerorganisationen fehlt es an Konzepten, wie sie eine Geschlechterperspektive in politische Programme, Richtlinien und Gesetzesvorlagen einbringen könnten.
- Im Programm *Cono Sur Sustentable* haben die Diskussionen stark akademischen Charakter. Eine Verzahnung mit Basis-NGOs und der Bewegung hat erst begonnen, ebenso wie Schritte, sie in die politischen Strategiedebatten und praktischen Aktionen einfließen zu lassen. Dabei fällt auf, daß die bisher dazu vorgelegten Vorschläge nicht mehr die Radikalität und konsequente Kritik widerspiegeln, die bei der Analyse des Entwicklungsmodells noch beherrschend waren.

8.3 GOOD PRACTICES

Good Practice bedeutet eine für die jeweilige Problemstellung gelungene Lösung. Nicht immer sind solche erfolgreichen Problemlösungen verallgemeinerbar und in andere Kontexte übertragbar. Aus den ersten hier aufgelisteten modellhaften Projekterfahrungen lassen sich kontextunabhängig Lektionen lernen, die letzten vier sind als innovative Einzelbeispiele hervorzuheben, jedoch aufgrund ihrer spezifischen Situation nicht auf andere Projekte übertragbar.

– Einige Projekte leisten einen **Spagat zwischen der lokalen Ebene** der Betroffenheit von Umweltschäden **und der politischen Ebene**, d.h. die Projekte selbst stellen die Brücke zwischen den Ebenen dar. Dies geschieht z.b. bei den Bergbauprojekten in Südafrika, wo die Trägerorganisationen sowohl in Bergbaugemeinden entweder selbst oder vermittelt durch eine CBO aktiv sind und dort ökologisches *Empowerment* der Betroffenen betreiben und Runde Tische für die verschiedenen Interessensgruppen organisieren. Gleichzeitig beteiligen sie sich in einer advokatorischen Rolle an Verhandlungs- und Beratungsgremien von Verwaltung und Regierung und versuchen, durch Lobbying die Formulierung eines neues Bergbaugesetzes zu beeinflussen.
– Der Brückenschlag zwischen Basis- und Politikebene beinhaltet auch die **Verknüpfung praktischer ökologischer Interessen** (z.B. an Reparatur von Umweltschäden) mit **strategischen ökologischen Interessen** an einer Ökologisierung aller gesellschaftlichen Bereiche und an strukturellen Veränderungen im Umgang mit der Umwelt und im Entwicklungsparadigma. Ein Beispiel ist das praktische Bedürfnis von Bäuerinnen und Bauern, Kleinkredite für den organischen Landbau zu bekommen und das strategische Interesse an einer Wende der Agrarpolitik. Daraus folgt zwangsläufig die Kombination mehrerer Handlungsstrategien.
– Der **Bezug auf Rechte** – seien es verfassungsmäßig oder durch die nationale Gesetzgebung garantierte Rechte oder aber tradi-

tionelle Rechte der lokalen Gemeinschaften – ist in jedem Fall eine starke normative Bezugsgröße und Berufungsgrundlage für das umweltpolitische Handeln der Partnerorganisationen. Rechte werden als gesellschaftliche Gemeinschaftsgüter genutzt. Dabei beziehen sich z.B. Partnerorganisationen in Thailand auf einen ganzen Rechtskatalog vom Recht zur Ressourcennutzung und auf eine intakte Umwelt bis zum Recht auf Information und Partizipation beim Ressourcenmanagement und der Entwicklungsplanung durch die Regierung. Die Nutzung des emanzipatorischen und demokratischen Gehalts von Rechten verschafft dem umweltpolitischen Handeln der Partner Legitimation.

– **Gewohnheitsrechte der lokalen Gemeinschaften** – und nicht das moderne Recht des Nationalstaats – sind der zentrale Referenzpunkt für NGOs in Thailand, Äthiopien und Simbabwe. Diese Kollektivrechte definieren die thailändischen Projektpartner als »lokales Recht auf Überlebenssysteme basierend auf indigenem Wissen«. Sie sind die Grundlage für ihr Konzept einer Lokalisierung als Gegenkonzept gegen das von der Regierung und der Privatwirtschaft gesteuerte nicht-nachhaltige Entwicklungsmodell. Ressourcennutzung und Ressourcenschutz werden aus diesen lokalen Rechten und Regeln abgeleitet. Die NGO *Hundee* in Äthiopien diskutiert mit den lokalen Gemeinschaften ihr Gewohnheitsrecht als ein selbstkonstruiertes Regel- und Ordnungssystem. Danach wird dieses Ordnungssystem entlang ökologischer und gleichheitsorientierter Werte weiterentwickelt, damit die lokalen Gemeinschaften auch tatsächlich *Ownership* über ihre Selbstverwaltungsregeln und ihr nachhaltiges Handeln in bezug auf Umwelt und Ressourcen, das Geschlechter- und Generationenverhältnis haben.

– Für die **Entwicklung von Programmen** kann die Vorgehensweise beim *Cono-Sur-Sustentable*-Programm als erfolgreiches Beispiel angeführt werden. Es wurde von Diskussionsprozessen in den beteiligten Ländern Brasilien, Chile und Uruguay ausgegangen, die zusammengeführt wurden. Entscheidend war dabei, daß von Anfang an ein inhaltlicher Zusammenhang den Programmcha-

rakter ausmachte. Dabei sorgen drei starke Klammern kontinuierlich für den Zusammenhalt: die gemeinsame Fragestellung
Zukunftsfähigkeit des Landes, die gemeinsam erarbeitete und
kontinuierlich abgestimmte Methodik und der regelmäßige und
intensive Austausch bei der Zusammenarbeit.

– Das Programm hat auch als inhaltliches Konzept Vorreiterfunk-
tion. Die Erarbeitung umfassender **Konzeptionen für die Zukunftsfähigkeit** eines Landes markiert einen wichtigen Referenzrahmen für Umweltgruppen und Ökologiebewegungen. Für die
politischen Diskussionen wird ein konstruktives Gegenmodell
zum herrschenden Entwicklungs- und Wirtschaftskonzept vorgestellt.

– Eine deutlich größere Breitenwirkung wird erzielt, wenn die
Thematik Ökologie und Nachhaltigkeit über die reine Umweltbewegung hinaus in **sozialen Bewegungen** und Organisationen
verankert werden kann. Diese **Integration** erfolgte z.B. in Brasilien, weil die sozialen Bewegungen in Form von stabilen Organisationen günstige Voraussetzungen boten. Dem Umwelt-
projekt von IBASE ist es einerseits gelungen, Ökologie und
Nachhaltigkeit als Querschnittsthema in der NGO zu verankern und andererseits die Ökologieproblematik auf die Agenda
anderer Gruppen der sozialen Bewegungen zu setzen und
andere politisch aktive Gruppen auch für ökologische Fragen
zu sensibilisieren. Durch die Verknüpfung ökologischer mit
sozialen Fragestellungen kann vermieden werden, daß arme
Bevölkerungsgruppen Umweltbelange hinter ihre wirtschaftlichen Sorgen und Nöte stellen.

– Einen anderen Brückenschlag stellt der Arbeitsansatz im FASE-
Projekt dar, das in der Konstellation in Brasilien dafür günstige
Ausgangsbedingungen vorfand. Bei der Erstellung **praxisorien-
tierter sozio-ökonomischer Analysen**, die als Grundlage für die
Beratungsarbeit dienen, wurde Neuland betreten. Die drei Be-
reiche Wissenschaft, NGO und Bewegung, genauer gesagt die
Betroffenen, wurden zusammengeführt, um in enger Koopera-
tion eine Studie über ein konkretes Problem zu erarbeiten.
Schon die Fragestellung wurde gemeinsam entwickelt und der

gesamte Prozeß war in jeder Hinsicht partizipativ. Dabei wurden Forscher und Studenten mit den Lebensrealitäten breiter Bevölkerungsschichten und mit den konkreten Umweltproblemen direkt konfrontiert. Die Basisgruppen der Betroffenen erfuhren nicht nur eine Aufwertung, sondern sie profitieren durch ihre aktive Einbeziehung, weil ihre Sichtweise der Probleme in die Analyse einging und die Ergebnisse Grundlage für die weitere Arbeit sind. Der NGO kommt bei dieser Brückenbildung eine wichtige Mittlerrolle zu. Vervollständigt wird dieser Ansatz dadurch, daß die Forschungsergebnisse in verständlicher Form an die Basis vermittelt und dort diskutiert werden und die NGO bei der Umsetzung der Ergebnisse beratend mitwirkt.

– Ein herausragendes Beispiel für den Entwurf eines Gesetzes durch eine Partnerorganisation ist die **Vorlage eines Modellgesetzes zu *Farmers' Rights*** in Simbabwe, das auch von anderen afrikanischen Ländern übernommen werden könnte und deshalb bereits der OAU vorgelegt wurde. Den zuständigen Ministerien fehlten die Kompetenzen, um ein solches Gesetz zu formulieren. Es gelang der NGO (CTDT), durch die Etablierung einer Fachkommission, die sich aus Vertretern der Ministerien, der Wissenschaft und der Zivilgesellschaft zusammensetzt, ein Forum der Legitimation und der Akzeptanz für eine solche Gesetzesvorlage zu schaffen. Es gelang in diesem Gesetzentwurf, die Rechte von Bäuerinnen und Bauern an ihrem Saatgut und ihren Pflanzensorten, d.h. Gewohnheitsrechte, festzuschreiben und gegen die von der WTO geforderten Patentrechte an geistigem Eigentum und lebenden Organismen zu stellen. Damit ist es gelungen, traditionelle Rechtsgüter gegen eine Unterordnung unter das Freihandelsabkommen abzusichern.

– Im euro-mediterranen **Kooperationsprojekt** arbeiteten vier **Auslandsbüros** der Stiftung ziel- und terminorientiert zusammen, um das zivilgesellschaftliche Umweltforum anläßlich der euro-mediterranen Außenministerkonferenz in Stuttgart vorzubereiten und durchzuführen. Die Büros der Heinrich-Böll-Stiftung im Nahen Osten stießen in sieben Ländern im südlichen und östlichen Mittelmeerraum einen Vernetzungsprozeß von

Umweltorganisationen an, der zum Ziel hatte, ökologische Themen auf die Agenda der Außenministerkonferenz zu setzen. Auf dem zivilgesellschaftlichen Umweltforum, das maßgeblich vom Stiftungsbüro in Brüssel koordiniert wurde, verabschiedeten die NGOs dann ein gemeinsames Positionspapier, in dem eine Nachhaltigkeitsstrategie für die Region gefordert wird.

– Ein nachweislich großer Einfluß auf die **Formulierung internationaler Konventionen**, d.h. auf völkerrechtlich bindende Regeln, konnte von den Expertinnen der Frauenorganisation DWD im Bereich Biodiversität und *Biosafety* ausgeübt werden. Dies geschah durch Lobbying und Kapazitätsbildung für Mitglieder der verhandelnden Regierungsdelegationen und eine geschickte Bündnispolitik mit Regierungen des Südens.

– Durch eine gezielte **Informationskampagne für kommunale Entscheidungsträger** konnte in Polen, wo es zu Beginn der neunziger Jahre noch keine Müllverbrennungsanlagen gab, der Bau von ca. 50 Anlagen verhindert werden. Die Kommunalpolitiker wurden über die negativen Nebenwirkungen und die Folgekosten von Müllverbrennung unterrichtet und waren so für die Verhandlungen mit den (überwiegend italienischen) Vertretern der Herstellerfirmen gut gewappnet und entschieden sich gegen den Erwerb dieser Anlagen.

– Die Partnerorganisation *Baikal Welle* machte ein **Gerichtsverfahren** gegen die Betreiber des Zellulosekombinats am Baikalsee in Rußland zu einem Teil ihrer Kampagne gegen die immense Umweltverschmutzung durch einen Industriebetrieb. Das Gericht stellte nach einem langwierigen Verfahren fest, daß der Betrieb die Grundrechte der Anwohner auf eine saubere Umwelt einschränkt und deshalb stillgelegt werden muß.[15]

– Die Heinrich-Böll-Stiftung organisierte im Rahmen ihres energiepolitischen Projektes 1996 in Kiew eine Konferenz aus Anlaß

15 Leider wurde diese Entscheidung bis heute nicht umgesetzt, weil die Betreiber eine Veränderung der Eigentumsverhältnisse durchführten, ohne die Rechtsnachfolge zu regeln. Die lokale Verwaltung will als Miteigentümer des Kombinates die Arbeitsplätze erhalten und ist an dem Vorgang nicht unbeteiligt.

des 10. Jahrestages der Reaktorkatastrophe von Tschernobyl. Dort nahm eine **internationale Protestbewegung** gegen den von der Ukrainischen Regierung geplanten Ausbau der Atomkraftwerke in Khmelitsky 2 und Rovno 4 (mit finanzieller Hilfe der G7-Staaten) als Ersatz für das zu schließende Werk in Tschernobyl ihren Ausgang. Die internationalen Proteste sorgten 2001 letztendlich für eine Rückzug der Europäischen Bank für Wiederaufbau und Entwicklung und damit für einen Stop des Projektes, das die Ukraine aus eigener Kraft auch nicht in Angriff nahm.

8.4 EMPFEHLUNGEN

Allgemeine Empfehlungen:

– Der Trend zur **Politisierung ökologischer Fragen** sollte weiter unterstützt werden. In der Schwerpunktsetzung von Projektaktivitäten auf der politischen und rechtlichen Ebene liegt der komparative Vorteil der Heinrich-Böll-Stiftung im Vergleich zu anderen Geberorganisationen. Die von der Heinrich-Böll-Stiftung unterstützten Projektaktivitäten sollten sich in ihrem Profil gerade durch die politische Herangehensweise von konventionellen Ansätzen der Entwicklungszusammenarbeit unterscheiden.

– Der Trend zur **Verknüpfung praktischer ökologischer Anliegen** an der Basis **mit strategischen ökologischen Interessen** an struktureller Veränderung und Ökologisierung von Gesellschaften ist zu unterstützen. Auch wenn politische Intervention und Konzeptionsentwicklung notwendig sind, so dürfen sie doch nicht völlig die Bodenhaftung verlieren. Sie sollten an konkrete Problem- und Bedürfnislagen anknüpfen, damit nachhaltige Strukturveränderungen und Entwicklung nicht nur zur Angelegenheit von Experten und Politikern werden, sondern von möglichst vielen gesellschaftlichen Akteuren mitgetragen werden. Das bedeutet nicht, daß praktische Basisprojekte direkt unterstützt werden müssen.

– Auch die Tendenz zu integrierter und **sektorübergreifender Bearbeitung** von Umweltproblemen ist begrüßenswert und weiter

zu fördern, weil sie der Komplexität von Ökosystemen und der
Komplexität politischer Ordnungssysteme gerechter wird als
ein *Single-Issue*-Ansatz. Nichts desto trotz sind *Single-Issue*-Pro-
jekte in manchen Ländern und in konkreten Problemsituatio-
nen angebracht und effektiv. Es sollte jedoch darauf geachtet
werden, daß sie hinreichend Möglichkeiten zur Vernetzung
und Kooperation mit anderen Projekten erhalten.

Programmpolitische und strategische Empfehlungen:

- Die Heinrich-Böll-Stiftung sollte zum Kernthema »Ökologie
  und Nachhaltigkeit« ihr Profil durch **klare Positionierungen**
  schärfen. Gegenüber den Partnerorganisationen muß das Verständnis von Nachhaltigkeit und Zukunftsfähigkeit weiter
  geklärt werden. Darüber hinaus sollten auch Grundpositionen
  zu den Zukunftsthemen Handel, Wasser, Biodiversität, Gentechnik, Ernährungssicherung, Energieversorgung und Klima
  bezogen werden. Ein inhaltlicher und strategischer Grundkonsens über die Stiftungsarbeit im Ausland sollte als ein Orien-
  tierungsrahmen mit Eckpunkten und Leitorientierungen festgelegt werden. Dieser Rahmen könnte eine klar definierte und
  auch verbindliche Klammer für die Arbeit der Stiftungszentrale
  und der Auslandsbüros abgeben. Innerhalb diese Rahmens
  muß jedoch reichlich Spielraum und Flexibilität sein, um lokal
  angepaßte Wege beschreiten und auf aktuelle Anforderungen
  flexibel reagieren zu können. Hierbei kommt dem Querschnittsreferat »Ökologie und Nachhaltigkeit« eine zentrale
  Rolle zu. Sein gutes konzeptionelles Potential sollte stärker
  genutzt werden.
- Die Heinrich-Böll-Stiftung muß einen sowohl pragmatischen
  als auch diplomatischen **Mittelweg** zwischen der Vorgabe politischer Leitorientierungen und strategischer Richtungsweisung
  einerseits und *donor drive* andererseits finden. Dies ist eine
  Gratwanderung zwischen politischer Partnerschaft und der Bildung transnationaler Allianzen und einer politischen Vor-
  mundschaft oder gar Dirigismus in einem durch die Finanzierung bedingten Dominanz- und Abhängigkeitsverhältnis. Nur

der Dialog kann hier vermittelnde Wege finden. Es empfiehlt sich auch, einmal eine exemplarische Evaluierung eines *donor-driven*-Prozesses aus der Sicht und in der Regie der Partnerorganisationen durchzuführen.

– In einigen Regionen wissen die Projektpartner immer noch zu wenig über die Stiftung als politische Institution und ihre Ziele. Die Auslandsbüros haben hier eine permanente **Vermittlerrolle** zwischen Zentrale und Partnern. Ausgehend von den eigenen Konzepten sind die Schnittmengen mit potentiellen Partnerorganisationen zu suchen und darauf aufbauend dialogisch Programme zu entwickeln.

– Die Heinrich-Böll-Stiftung sollte ihre **Partnerorganisationen** stärker in die inhaltlichen und strategischen Diskurse **einbeziehen**. Bisher wird überwiegend noch eine Einbahnstraße politischer Konzeptionalisierung von Norden nach Süden oder Osten befahren.

– Die **Komplementarität** der beiden Instrumente »Kleinmaßnahmen« und »Programme bzw. Projekte« muß verstärkt, die Abstimmung verbessert werden, damit größere Synergieeffekte erzeugt werden können.

– Eine **strategische Bündnispolitik** ist zu stärken. In den meisten Regionen ist der Vernetzungsgrad von Umwelt- mit Nicht-Umwelt-Organisationen gering, aber für die Verbreitung ökologischen Denkens und Verhaltens absolut notwendig. Es müssen ein politischer Grundkonsens und mögliche Anknüpfungspunkte identifiziert werden. Die Auslandsbüros sollten verstärkt aktuelle Anlässe für eine mögliche Zusammenarbeit zwischen Umweltaktivisten und anderen zivilgesellschaftlichen Akteuren aufgreifen und zur Vernetzung motivieren. In konkreten Fällen und für klar definierte Ziele wie Kampagnen könnten taktische Allianzen durch Kleinmaßnahmen der Auslandsbüros unterstützt werden.

– Das Interesse der Partnerorganisationen an **regionalen Ansätzen** und grenzüberschreitender Kooperation in den Programmregionen ist zu unterstützen. Natur und Umwelt machen an nationalstaatlichen Grenzen keinen Halt, die Staaten richten

auf der internationalen Ebene eine *Global Environmental Gover-*
nance ein und Konzerne fusionieren und handeln grenzüberschreitend. Es ist sozusagen ein Gebot der Stunde, daß sich
auch zivilgesellschaftliche Kräfte stärker transnational vernetzen und Ansätze regional abstimmen. Dies erhöht Synergie,
Breitenwirkung und politische Schlagkraft.

- Horizontale und vertikale **Vernetzung** ist verstärkt zu fördern,
  muß als strategische und zielgerichtete Kooperation jedoch
  genau definiert werden. Vernetzung ist nicht automatisch
  Wundermittel des zivilgesellschaftlichen *Empowerment* und der
  Synergiebildung. Sie erfordert kontinuierliche Arbeitsinvesti-
  tion und eine lokale Anpassung an die Rahmenbedingungen.
  Die Heinrich-Böll-Stiftung, besonders die Auslandsbüros, können dabei eine *Facilitator*-Rolle übernehmen, sollten jedoch
  nicht die Regie an sich ziehen.

- **Ökologisches *Empowerment*** als ein zentrales strategisches Ziel
  muß in seiner politischen und gesellschaftlichen sowie fachlichen Dimension definiert werden, damit die Aktivitäten an
  der Zielvorgabe orientiert werden können.

- Die Heinrich-Böll-Stiftung sollte mehr **Austausch** zwischen den
  Projektpartnern aus den Öko-Programmen verschiedener
  Regionen ermöglichen. Themenspezifische Konferenzen oder
  Besucherreisen sind nützliche Instrumente, um Kapazitätsbil-
  dung und Austausch zu fördern.

- *Gender Mainstreaming* sollte in den Umweltprogrammen systematisch durchgeführt werden. Die beiden zentralen Aufgaben
  der Heinrich-Böll-Stiftung – Geschlechterdemokratie und Nachhaltigkeit – können nur umgesetzt werden, wenn beide als Querschnittsthemen bearbeitet werden. Es ist immer noch notwendig, kontinuierlich von außen Anregungen zu geben, damit die
  Partnerorganisationen in umweltpolitischen Handlungsfeldern
  aufklärend in bezug auf Frauenrechte, Geschlechtergerechtigkeit und -demokratie wirken und Fragen der Ressourcennutzung
  und des Umweltschutzes mit Geschlechtergleichstellung verbinden. Den meisten Partnerorganisationen fehlt es an entspre-
  chendem Know-how. *Policy*, Konzepte, Leitlinien, Indikatoren

und Berichts- und Monitoring-Formen sollten im Kontext der jeweiligen Kultur in den Partnerländern partizipativ entwickelt werden. Eine Feminisierung ökologischer Verantwortung an der Basis und eine Überlastung von Frauen durch Umweltschutz und Ressourcenschonung ist gezielt zu vermeiden. Strategien zur Umsetzung von Frauenrechten an Ressourcen sowie zur geschlechterdemokratischen Teilung von Lasten, Pflichten und Entscheidungsmacht müssen erarbeitet werden.

- Eine **Evaluierung der Kooperation mit staatlichen Stellen** steht noch aus. Es empfiehlt sich, eine langfristige Förderung von Ministerien bzw. Umweltämtern in Ministerien der bi- und multilateralen Entwicklungszusammenarbeit zu überlassen.

- Der **Zusammenhang von Verbraucherverhalten und Ökologie** sollte stärker aufgegriffen werden. Hier liegt ein großes Potential für die weitere Ökologisierung der Gesellschaften in bezug auf Alltags- und Konsumverhalten und indirekt auch in bezug auf Handel und Wirtschaft.

- Insbesondere in den MSOE-Ländern, wo die Projekte Wirtschaft und Handel bisher wenig in ihre Analyse und ihr Handeln einbeziehen, sollten diese **Perspektivenerweiterung** und Versuche der Beeinflussung von Unternehmenspolitik gefördert werden.

- **Jugendliche**, die nächste Generation und zentrale Akteursgruppe für Zukunftsfähigkeit, verdienen eine größere Aufmerksamkeit und Unterstützung und sollten in den Projekten stärker Ziel- und Bezugsgruppe sein.

- Durch die Schwerpunktverlagerung bei den Handlungsstrategien zugunsten von politischen und öffentlichen Aktivitäten verändern sich die Handlungskontexte und damit die **Tätigkeitsanforderungen** an die Partnerorganisationen. Diesen steigenden oder neuen Kapazitätsanforderungen sollte die Heinrich-Böll-Stiftung mit einem entsprechenden Angebot von Förder- und Trainingsmaßnahmen zu Presse- und Öffentlichkeitsarbeit, Organisierung von Kampagnen, Lobbying, Politikberatung und Monitoring etc. begegnen.

- Um die **Good Practices** und andere beispielhafte Erfahrungen aus dem Partnerspektrum der Heinrich-Böll-Stiftung im Sinne von *Lessons Learnt* zu nutzen, sollten diese in der Heinrich-Böll-Stiftung konsequent dokumentiert und z.B. über Internet verfügbar gemacht werden. Sie sollten auch als Instrument genutzt werden, um einen Süd-Süd-Austausch und Ost-Süd-Austausch zwischen Partnerorganisationen zu fördern. Vor allem praktische gemeinsame Lernprozesse sind zu unterstützen.

ANHANG

REGIONALE VERTEILUNG DER PROJEKTE DER HEINRICH-BÖLL-STIFTUNG

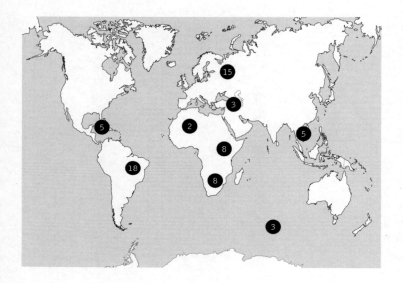

1   Projektbezeichnung
2   Trägerorganisation
3   Organisationsstruktur
4   Projektlaufzeit / Budget
5   Ziele
6   Projektgebiet
7   Zielgruppe / Partner
8   Politischer Adressat
9   Vernetzung / Kooperation
10   Organisationsidentität / Projektprofil
11   Aktivitäten
12   Handlungsebene
13   Thema / Sektor
14   Ergebnisse / Erfolge
15   Stärke der Organisation
16   Externe Hindernisse / Probleme
17   Interne Schwächen
18   Langfristige Strategie / Prinzipien
19   Gender Mainstreaming
20   Wichtige Veränderungen im Projektverlauf
21   Kommentar
22   Quelle

PARTNERFRAGEN (Umfrage bei Projektpartnern)

Heinrich Böll Foundation (hbf) asked three consultants to analyse the hbf funded projects and programmes in the area of environment, ecology and sustainable development. The objective is to get an overview and an assessment of the respective activities of the partner organisations in order to clarify and redesign the hbf policy with regard to this field of work, in the wake of the forthcoming Rio+10-conference. Projects from Latin America, Asia, Middle East, Africa and East Europe will be included.

Our stocktaking will be based on proposals, progress reports and evaluation reports of the projects concerned. However, we would like to invite the partner organisations of hbf to participate actively in this exercise. Therefore, we phrased some questions which will be sent out to all partner organisations in the four continents. We would like to ask you to give brief answers to our questions and would be happy to receive your answers by e-mail within ten days.

1. What is the philosophy or what are the guiding principles behind the project concerned? If you refer to the principle of sustainability, please, define how you understand sustainability with regard to the project.
2. What do you consider to be a success or »good practice« of the project? What are your *indicators* for success? Which mechanisms for internal monitoring & evaluation did you establish?
3. What are the main obstacles in the course of the implementation of the project?
4. What is the particular strength of your organisation with regard to the project?
5. Where would you identify weaknesses within the organisation with regard to planning or implementation of the project?
6. Can you identify indirect impacts (negative and positive) of the project activities, others than directly planned objectives and results?
7. In which networks do you participate actively? With which environmental NGOs do you network and with which other organisations or movements could you establish strategic alliances?

October 2000

AEP	Association Ecologie et Population, Mali
AIPE	Asociación de Instituciones de Promoción y Educación, Bolivien
APAEB	Associação dos Pequenos Productores da Bahia, Brasilien
APWLD	Asia Pacific Forum on Women, Law and Development, Thailand
ARCAS	Associação Regional de Convivência Apropriada à Seca, Brasilien
ASED	Asian-European Dialogue
BÖW	Ökologische Baikal Welle, Rußland
CDC	Centro de la Defensa del Consumidor, El Salvador
CEDAPRODE	Centro de Derecho Ambiental y Promoción para el Desarollo, Nikaragua
CEMINA	Comuncação, Educação, Informação em Genero, Brasilien
CFOA	Comité Federatif des ONG et Associations, Niger
CSE	Chemical Society of Ethiopia, Äthiopien
CTDT	Community Technology Development Trust, Simbabwe
DWD	Diverse Women for Diversity, international
EFAF	Environmental First Aid Fund, Südafrika
EMG	Environmental Monitoring Group, Südafrika
ESAT	Ethiopian Society for Appropriate Technology, Äthiopien
ETC	Environmental Training Centre, Thailand
FASE	Federação de Órgãos de Assistência Social e Educacional, Brasilien
FNH	Fundación António Nuñez Jimenez de la Naturaleza y el Hombre, Kuba
FOBOMADE	Foro Boliviano sobre Medio Ambiente y Desarollo, Bolivien
FoEME	Friends of the Earth Middle East, Nahost
FUNDALEMPA	Fundación Rio Lempa, El Salvador
FWIE	Fundacja Wspierania Inicjatyw Ekologicznych, Polen
GEM	Group für Environmental Monitoring, Südafrika
GRAMA	Grupo de Acción y Reflexión sobre Medio Ambiente, Bolivien
IBASE	Instituto Brasileiro de Análises Sociais e Económicas, Brasilien
IEP	Instituto de Ecologia Política, Chile
INDES	Instituto para el Desarollo Sostenible, Nikaragua
IRPAA	Instituto Regional da Pequena Agropecuária Apropriada, Brasilien
ISALP	Investigación Social y Asesoramiento Legal Potosí, Bolivien
IUCN	International Union for the Conversation of Nature, Schweiz (Hauptsitz)
MECH	Monitoring the Environment and Community Health, Südafrika
NFN	Natural Farming Network, Simbabwe

OTZO	Ogolnopolskie Towarzystwo Zagospondarwania Odpadow »3R«, Polen
PafMaya	Plan de Acción Florestal, Maya, Guatemala
PER	Project for Ecological Recovery, Thailand
PLANT	Pesticide Legal Action Network, Thailand
REDES	Red de Ecologia Social / Amigos de la Tierra, Uruguay
REDEH	Rede de Desenvolvimento Humano, Brasilien
SENT	Sustainable Energy Network, Thailand
TVS	Thai Volunteer Service, Thailand (APWLD)
WEN	Women and the Environment Task Force, international

ABKÜRZUNGEN

ADB	Asian Development Bank
BMZ	Bundesministerium für Wirtschaftliche Zusammenarbeit und Entwicklung
CBO	Community Based Organisation
COP	Conference of the Parties, hier: Vertragsstaatenkonferenz zur Klima-Konvention bzw. zum Kyoto-Protokoll
CSD	Commission on Sustainable Development
FNO	Fundo Constitucional de Financiamento do Norte
G 7	Die 7 mächtigsten Industrieländer: Frankreich, Großbritannien, Italien, Japan, Kanada, USA, Deutschland
GTA	Grupo de Trabalho Amazônia – Amazonas-Arbeitsgruppe, Brasilien
IMF	International Monetary Fund
MSOE	Mittel-, Südost-, Osteuropa
NGO	Non Governmental Organisation (Nicht-Regierungsorganisation)
MST	Movimento Sem Terra (Landlosenbewegung Brasilien)
OAU	Organisation of African Unity
PRA	Participatory Rural Appraisal
SADC	Southern African Development Community
TRIPS	Trade Related Intellectual Property Rights, handelsbezogene geistige Eigentumsrechte
UVP	Umweltverträglichkeitsprüfung
WTO	World Trade Organisation

Altvater, Elmar/Brunnengräber, Achim/Haake, Markus/Walk, Heike (1997): Vernetzt und verstrickt. Nicht-Regierungsorganisationen als gesellschaftliche Produktivkraft, Münster

Altvater, Elmar/Mahnkopf, Birgit (1997): Grenzen der Globalisierung. Ökonomie, Ökologie und Politik in der Weltgesellschaft, Münster

Anheier, Helmut K./Salamon, Lester M. (1998): The Nonprofit Sector in the Developing World: A Comparative Analysis (Johns Hopkins Nonprofit Sector Series), Manchester

Becker, Horst/Langosch, Ingo (1995): Produktivität und Menschlichkeit, Organisationsentwicklung und ihre Anwendung in der Praxis, Stuttgart

Biermann, Frank (1998): Weltumweltpolitik zwischen Nord und Süd, Baden-Baden

Bundesministerium für Umwelt, Naturschutz und Reaktorsicherheit (Hrsg.) (1992): Konferenz der Vereinten Nationen für Umwelt und Entwicklung im Juni 1992 in Rio de Janeiro. Dokumente. Agenda 21, Bonn

Brand, Ulrich/Brunnengräber, Achim/Schrader, Lutz/Stock, Christian/Wahl, Peter (2000): Global Governance – Alternative zur neoliberalen Globalisierung, Münster

Brand, Ulrich/Demirovic, Alex/Görg, Christoph/ Hirsch, Joachim (Hrsg.) (2001): Nichtregierungsorganisationen in der Transformation des Staates, Münster

Brunnengräber, Achim/Walk, Heike (1997): Die Erweiterung der Netzwerktheorien: Nicht-Regierungs-Organisationen verquickt mit Markt und Staat, in: Altvater u.a.: Vernetzt und verstrickt, a.a.O., S.65-85

BUND/Misereor (Hrsg.) (1996): Zukunftsfähiges Deutschland. Ein Beitrag zu einer global nachhaltigen Entwicklung, Basel

Bündnis 90/Die Grünen (Hrsg.) (2000): Auf dem Weg in die Nachhaltigkeit. Zukunftsrat für Deutschland. Dokumentation der Fachtagung, Berlin

Castells, Manuel (1997). The Power of Identity, Oxford

Dams and Development (2000). A New Framework for Decision-Making. The Report of the World Commission on Dams, London

Deutscher Bundestag (1992): Klimaveränderung gefährdet globale Entwicklung. Bericht der Enquête-Kommission zum Schutz der Erdatmosphäre, Bonn

Deutscher Bundestag (2001): Globalisierung der Weltwirtschaft – Herausforderungen und Antworten. Zwischenbericht der Enquête-Kommission, Drucksache 14/6910

Dodds, Felix (2000): Earth Summit 2002. A New Deal, Sterling

Elbinghaus, Helga/Stickler, Armin (1996): Nachhaltigkeit und Macht – zur Kritik von Sustainable Development, Frankfurt

Enquête-Kommission des Deutschen Bundestages »Schutz des Menschen und der Umwelt« (1996): Materialien zur Anhörung zum Thema »Kommunen und Nachhaltige Entwicklung – Beiträge zur Umsetzung der Agenda 21«, Bonn

Exner, Alexander/Königswieser, Roswita (2000): Wenn Berater in Netzen werken; in: Organisationsentwicklung Heft 3/2000, Basel, S. 22–29

Gleich, Albrecht v. (2000): Conference Report: Environment and Sustainable Development in Latin America, Challenges and Opportunities for the Private Sector (KfW & IBD) – EXPO 2000, Hamburg

Hagemann, Helmut (1996): Bancos Incendiários e Florstas Tropicais; Rio de   364
Janeiro (FASE/IBASE)
Hauchler, Ingomar/Messner, Dirk/Nuscheler, Franz (1999): Globale Trends
2000, Stuttgart
Hein, Wolfgang (Hrsg.) (1991): Umweltorientierte Entwicklungspolitik; in: Schrif-
ten des Deutschen Übersee-Instituts N° 7, Hamburg
Hein, Wolfgang (Hrsg.) (1997): Tourism and Sustainable Development. Schrif-
ten des Deutschen Übersee-Instituts N° 41, Hamburg
Hein, Wolfgang/Fuchs, Peter (Hrsg.) (1999): Globalisierung und ökologische
Krise; in: Schriften des Deutschen Übersee-Instituts N° 43, Hamburg
Holman, Peggy (Hrsg.) (1999): The Change Handbook. Group Methods for Sha-
ping the Future, San Francisco
Kohlhepp, Gerd (Hrsg.) (2001): Brasil: Modernização e Globalização, Frank-
furt/Madrid
Konzept Nachhaltigkeit (1998): Vom Leitbild zur Umsetzung. Abschlußbericht
der Enquête-Kommission »Schutz des Menschen und der Umwelt des 13.
Deutschen Bundestages«, Bonn
Martin, Hans-Peter/Schumann, Harald (1997): Die Globalisierungsfalle. Der
Angriff auf Demokratie und Wohlstand, Hamburg
Martinuzzi, André (2000): Evaluation nachhaltiger Entwicklung – Projekt Nach-
haltigkeit und Umweltmanagement des FWF, Wien
Mildeberger, Elisabeth (2001): Synergien für das grosse Ganze – Perspektiven für
Programme; in: Akzente aus der Arbeit der GTZ, Heft 3/2001, Eschborn
Neue Umweltordnung (1993): Theorien und Strategien nach Rio, Peripherie
51/52, Dezember 1993
Ökologie und Ökonomie (1994): Peripherie 54, August 1994
Owen, Harrison (2000): The Power of Spirit. How Organizations Transform, San
Francisco
Preuss, Hans-Joachim/Roos, Günter (Hrsg.) (1994): Ländliche Entwicklung und
regionales Ressourcenmanagement; Konzepte – Instrumente – Erfahrungen;
Zentrum für regionale Entwicklungsforschung der Uni Giessen, Materialien
No. 32, Giessen
REDES (Hrsg.) (2000): Uruguay Sustentable – una propuesta ciudadan,; Monte-
video/Uruguay
REDES (Hrsg.) (2000): Biodiversidad, Sustento y Culturas, – Compendio 1997 –
1999 (Sonderausgabe: Zusammenfassung wichtiger Artikel)
Reinecke, Rolf-Dieter/Sülzer, Rolf (Hrsg.) (1995): Organisationsberatung in Ent-
wicklungsländern, Konzepte und Fallstudien, Wiesbaden
Reyes, Bernardo/Wautiez, Françoise (Hg.): Indicadores Locales para la Sustenta-
bilidad, Santiago de Chile, o.J.
Rodenberg, Birte/Wichterich, Christa (1999): Macht gewinnen. Eine Studie über
Frauenprojekte der Heinrich-Böll-Stiftung im Ausland, Berlin
Rucht, Dieter (1994): Modernisierung und neue soziale Bewegung, Frankfurt
Ders., (1996): Multinationale Bewegungsorganisationen: Bedeutung, Bedingun-
gen, Perspektiven, in: Forschungsjournal NSB, Jh.9, Heft 2, S. 30–41
Sachs, Wolfgang (Hrsg.) (1994): Der Planet als Patient. Über die Widersprüche
globaler Umweltpolitik, Basel
Sachs, Wolfgang (2000): Wie zukunftsfähig ist die Globalisierung? Über ökono-
mische Entgrenzung und ökologische Begrenzung, Studien & Berichte der
Heinrich-Böll-Stiftung, Nr.3, Berlin

365   Segschneider, Karl H. (2001): 10 Years after Rio – Debating Development Perspectives, Discussion Paper World Summit 2002 der Heinrich-Böll-Stiftung, N° 2, Chiang Mai

Senge, Peter (1996): Die fünfte Disziplin, Kunst und Praxis der lernenden Organisation, Stuttgart

Shiva, Vandana/ Moser, Ingunn (1995): Biopolitics. A Feminist and Ecological Reader on Biotechnology, London/New Jersey

South African NGO Caucus (ed.) (2001): Towards the World Summit on Sustainable Development, Discussion Paper World Summit 2002 der Heinrich-Böll-Stiftung N° 1, Johannesburg

Stichwort »NGO« (1998): Peripherie 71, September 1998

Stiftung Entwicklung und Frieden (1992): Nach dem Erdgipfel. Global verantwortliches Handeln für das 21. Jahrhundert. Kommentare und Dokumente, Bonn

Sülzer, Rolf/Zimmermann, Arthur (1996): Organisieren und Organisationen verstehen – Wege der Internationalen Zusammenarbeit, Opladen

Swaminathan, M.S.(ed.) (1995): Farmers' Rights and Plant Genetic Resources, Madras

Tappeser, Beatrix/Baier, Alexandra (2000): Wem gehört die biologische Vielfalt? Studien & Berichte der Heinrich-Böll-Stiftung, Nr.4, Berlin

Trompernaars, Fons/Hampden-Turner, Charles (1998): Riding the Waves of Culture, Understanding Diversity in Global Business, New York

Tura, Letícia Rangel/de Assis Costa, Francisco (2000): Campesinato e Estado na Amazônia – Impactos do FNE no Pará; Belém , FASE/Brasilia Jurídica, Brasília/Belém

Voogt, Sabina/van Bennekom, Sander (1999): Nachhaltige Entwicklung – ein permanenter Spagat; in: Liebig (Hrsg.) (1999): Die Zukunft des Welthandels – Perspektiven und Reformvorschläge deutscher und internationaler Nichtregierungsorganisationen; Schriften des Deutschen Übersee-Instituts, N° 44, Hamburg

Weisbord, Marvin/Janoff, Sandra (2000): Future Search, An Action Guide to Finding Common Ground in Organizations & Communities, San Francisco

Wichterich, Christa (1992): Die Erde bemuttern. Frauen und Ökologie nach dem Erdgipfel in Rio, Heinrich-Böll-Stiftung, Köln

DIE AUTOREN

Theo Mutter

Volkswirt und Politologe; arbeitet freiberuflich als entwicklungspolitischer Consultant, Vorstand der Arbeitsgemeinschaft Entwicklungspolitischer Gutachter (AGEG). Arbeitsschwerpunkte:
Politikberatung, Organisationsentwicklung, Ländliche Regionalentwicklung, Ökologie und ökonomische Entwicklung sowie Eva-
luierungsmethoden, vorwiegend in den Regionen Lateinamerika
sowie südliches und Westafrika. Mitarbeit in der Deutschen Gesellschaft für Evaluation sowie der Lokalen Agenda 21 am Wohnort
und in verschiedenen Vereinen für ökologische Regionalentwicklung.

Jochen Töpfer

Sozialpädagoge und Berater für Organisationsentwicklung; arbeitet als freiberuflicher Berater im In- und Ausland, Arbeitsschwerpunkte: Großgruppenverfahren, Organisationstransformation,
Non-Profit-Management und Veränderungsprozesse. Regionaler
Schwerpunkt: Osteuropa. Mitarbeit beim Ost-West-Institut für
Sozialmanagement, beim Deutsch-Russischen Austausch und in
der »berlin open space cooperative«. Mehr unter www.joconsult.de

Christa Wichterich

Dr. rer. pol., Soziologin, Pädagogin und Germanistin, arbeitet als
freiberufliche Journalistin, Buchautorin und Beraterin in der Entwicklungszusammenarbeit. Arbeitsschwerpunkte: Globalisierung,
Ökologie, internationale Frauenpolitik. Regionale Schwerpunkte:
Süd- und Südostasien, Ost- und Südafrika. Mitarbeit im NRO-
Frauenforum, beim Forum Umwelt und Entwicklung, bei Women
in Development Europe (WIDE) und bei ATTAC.

DIE HEINRICH-BÖLL-STIFTUNG

Die Heinrich-Böll-Stiftung mit Sitz in den Hackeschen Höfen im Herzen Berlins ist eine politische Stiftung und steht der Partei Bündnis 90/Die Grünen nahe. Die Stiftung arbeitet in rechtlicher Selbständigkeit und geistiger Offenheit. Ihre Organe der regionalen Bildungsarbeit sind die 16 Landesstiftungen.

Heinrich Bölls Ermutigung zur zivilgesellschaftlichen Einmischung in die Politik ist Vorbild für die Arbeit der Stiftung. Ihre vorrangige Aufgabe ist die politische Bildung im In- und Ausland zur Förderung der demokratischen Willensbildung, des gesellschaftspolitischen Engagements und der Völkerverständigung. Dabei orientiert sie sich an den politischen Grundwerten Ökologie, Demokratie, Solidarität und Gewaltfreiheit.

Ein besonderes Anliegen ist ihr die Verwirklichung einer demokratischen Einwanderungsgesellschaft sowie einer Geschlechterdemokratie als ein von Abhängigkeit und Dominanz freies Verhältnis der Geschlechter.

Die Stiftung engagiert sich in der Welt durch die Zusammenarbeit mit rund 200 Projektpartnern in 60 Ländern auf vier Kontinenten.

Jedes Jahr vergibt das Studienwerk der Heinrich-Böll-Stiftung rund 90 Stipendien an Studierende und Promovenden.

Die Heinrich-Böll-Stiftung hat ca. 160 hauptamtliche Mitarbeiterinnen und Mitarbeiter, aber auch rund 300 Fördermitglieder, die die Arbeit finanziell und ideell unterstützen.

Die Mitgliederversammlung, bestehend aus 49 Personen, ist das oberste Beschlußfassungsorgan und wählt u.a. den Vorstand.

Den hauptamtlichen Vorstand bilden z. Zt. Ralf Fücks und Barbara Unmüßig. Die Geschäftsführung hat Dr. Birgit Laubach inne.

Die Satzung sieht für die Organe der Stiftung und die hauptamtlichen Stellen eine Quotierung für Frauen sowie für Migrantinnen und Migranten vor.

Zur Zeit unterhält die Stiftung Auslands- bzw. Projektbüros bei der EU in Brüssel, in den USA, in Tschechien, Rußland, Südafrika, Kenia, Nigeria, Israel, El Salvador, Pakistan, Kambodscha, Bosnien-Herzegowina, Brasilien, Thailand, der Türkei und dem arabischen Nahen Osten.

Jährlich stehen der Stiftung rund 35 Millionen Euro aus öffentlichen Mitteln zur Verfügung.